国家科学技术学术著作出版基金资助出版

TSV 三维集成理论、技术与应用

金玉丰　马盛林　著

科 学 出 版 社

北　京

内 容 简 介

后摩尔时代将硅通孔（through silicon via，TSV）技术等先进集成封装技术作为重要发展方向。本书系统介绍作者团队在TSV三维集成方面的研究工作，包括绪论、TSV工艺仿真、TSV工艺、TSV三维互连电学设计、三维集成微系统的热管理方法、三维集成电学测试技术、TSV转接板技术、TSV三维集成应用、发展趋势。为了兼顾全面性、系统性，本书综述国内外相关技术进展。

以期为集成电路专业高年级本科生、研究生及相关领域工程技术人员、科研人员等提供一定参考。

图书在版编目（CIP）数据

TSV三维集成理论、技术与应用/金玉丰，马盛林著. —北京：科学出版社，2022.9

ISBN 978-7-03-061836-8

Ⅰ. ①T…　Ⅱ. ①金…　②马…　Ⅲ. ①集成电路工艺－研究　Ⅳ. ①TN405

中国版本图书馆CIP数据核字（2019）第142439号

责任编辑：余　丁　霍明亮／责任校对：崔向琳
责任印制：吴兆东／封面设计：蓝　正

科学出版社 出版
北京东黄城根北街16号
邮政编码：100717
http://www.sciencep.com
北京中石油彩色印刷有限责任公司 印刷
科学出版社发行　各地新华书店经销
*
2022年9月第　一　版　开本：720 × 1000　1/16
2023年8月第二次印刷　印张：20 1/2　插页：4
字数：411 000

定价：188.00元

（如有印装质量问题，我社负责调换）

前　言

电子产品的多功能、小型化和低成本一直是人们的追求。1946 年诞生的第一台通用计算机 ENIAC，含 18000 个电子管，占地 $170m^2$，重 30t，耗电功率为 150kW，但每秒钟只有 5000 次运算。现今一个普通的计算芯片远超 ENIAC 的运算性能，“天河二号”超级计算机的计算速度已经达到每秒 5.49 亿亿次。品种繁多的电子产品更是进入千家万户，成为人们日常生活的必需品。支撑电子产品发展的一大关键就是集成技术。

随着信息时代的到来，大数据、物联网、穿戴式电子装备、移动终端、集成微系统等多种应用发展对半导体集成技术提出了更高的要求——更小体积、更高密度、更快速度、更多功能、更低成本。而基于摩尔定律发展的硅平面集成已经进入亚十纳米阶段，研发三维集成技术受到业界的高度重视。

在“极大规模集成电路制造装备及成套工艺”项目（02 专项）和国家重点基础研究发展计划（973 计划）等支持下，在清华大学、上海交通大学、中国科学院微电子研究所、中国航天科技集团公司第九研究院第七七一研究所、香港应用科技研究院、中国科学院苏州纳米技术与纳米仿生研究所等合作伙伴的大力协同下，在中国电子科技集团有限公司、中国航天科工集团有限公司、中国航天科技集团有限公司和三星电子等有关公司真诚支持下，我们研究团队开展 TSV 三维集成基础研究十多年，在工艺仿真、加工制作、电设计、热管理、测试与可靠性等方面开展多方位的探索研究，取得一些成果，例如，三十多项发明专利申请或授权、在 IEEE Electronic Components and Technology Conference 会议上发表二十多篇学术论文。

受研究同行和各界朋友鼓励，作者团队认为很有必要把多年研究成果进行系统总结，形成书面读物与相关人士进行交流和分享。通过分析团队多年研究基础和 TSV 集成技术体系，作者团队与陈兢老师一起策划了本书基本框架和写作特点，并听取了多方意见，许居衍院士、尤政院士和汪正平院士给予热情鼓励与指导。按照作者团队科研特长和已有技术成果，特别请于民博士和朱韫晖博士负责第 2 章，缪旻教授负责第 4 章，王玮教授和王艳博士负责第 5 章，崔小乐教授负责第 6 章，苏飞博士和丁桂甫教授负责第 7 章，马盛林负责第 1、3、8、9 章，金玉丰负责全书统稿。中国航天科技集团公司第九研究院第七七一研究所团队提供了有关应用内容。遗憾的是，虽然射频 TSV 转接板、IPD（integrated passive device）、TGV、微流道散热等技术、高频率信号完整性设计和集成微系统可靠性等多个方面的技术成果也很有特色，但由于篇幅所限只能忍痛割爱了，期待在以后的出版计划中进行考虑。初稿完成后，作者团队对全稿进行系统审核修改并形成本书。刘欢、夏雁鸣、杨洋、孙允恒、霍冠廷、李婷玉、雷雯和龚丹等多位研究生参与了本书相关资料的搜集和整理。

TSV 技术发展日新月异，本书的编写过程中作者团队深刻地体会到基础研究的艰巨性和市场应用的迫切性，期望本书的出版对于从事相关研究与应用的工程技术人员、科研人员和在校学生有所启迪，大家共同努力提高我国先进制造技术能力与水平，为我国尽早成为科技强国贡献力量。

感谢 02 专项和 973 计划项目专家组专家一直以来的指导，感谢海内外同行和合作伙伴多年来的真诚帮助与扶持，特别感谢项目组所有成员的无私奉献，也感谢国家科学技术学术著作出版基金的支持。

由于作者水平有限，书中难免有不足之处，敬请各位读者批评指正。

金玉丰　马盛林

2022 年 6 月

目　　录

第1章　绪　　论

1.1　发展机遇

自集成电路（integrated circuit，IC）出现以来，半导体技术一直沿着摩尔定律发展，有力地支撑了电子信息产业的发展。目前，半导体先进制造工艺进入7nm/5nm节点，台湾积体电路制造股份有限公司宣称7nm工艺节点IC技术已经进入量产水平，单颗SoC芯片可集成的晶体管数量已达千亿级别。但是，随着IC制造工艺进入纳米/原子级时代，微纳电子IC的设计、制造、封装与测试等研发难度越来越大，先进工艺节点晶圆制造厂投资达百亿美元量级，沿着摩尔定律发展步履维艰。基于新结构、新材料、新工艺及集成新方法等的三维异质集成技术成为半导体技术重要的发展方向，被认为是摩尔定律发展的有效拓展与延伸[1]，如图1.1所示。

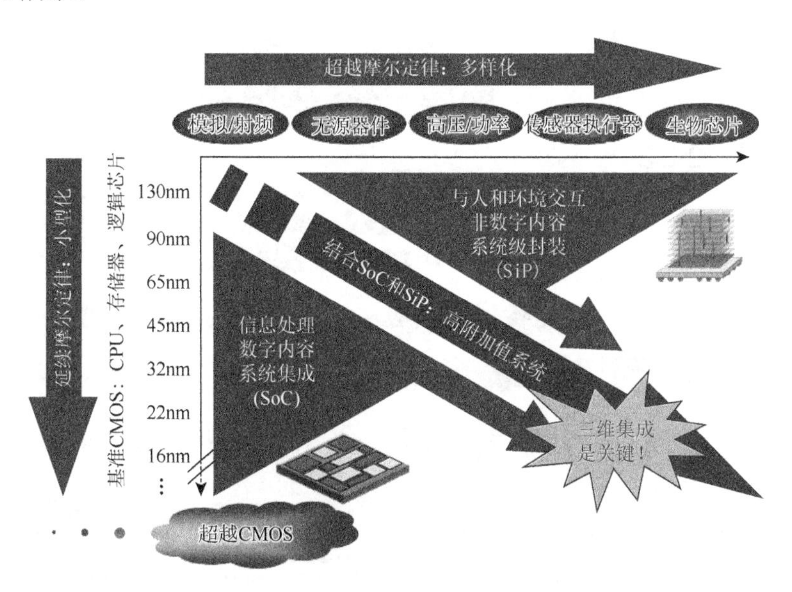

图1.1　半导体集成技术发展路线图

互补金属氧化物半导体（complementary metal oxide semiconductor，CMOS）；中央处理器（central processing unit，CPU）；系统级芯片（system on chip，SoC）；系统级封装（system in a package，SiP）

三维异质集成技术可以从封装级、晶体管器件级和芯片级等层面实施，封装级三维集成主要指多芯片组件封装、封装体叠层封装、多层芯片叠层封装等，晶体管器件级主要指晶体管有源层三维叠层、多种晶体管器件有源层转移实现同一衬底。芯片级主要指准三维集成、TSV 三维集成等新方法，利用贯穿芯片衬底的垂直电互连，结合微凸点键合工艺实现多种功能芯片叠层集成，具有高密度集成的突出优点，被认为是 IC 产业的一项革命性技术，成为半导体产业界和学术界研究的热点[2-7]。

TSV 三维集成技术基础性强，可应用在 CMOS 图像传感器类光学图像器件、红外焦平面阵列传感器等，微机电系统（micro-electro-mechanical system，MEMS）/纳米机电系统（nano-electro-mechanical system，NEMS），功率/模拟/射频器件，存储类 IC，逻辑类 IC 等，图 1.2 是 YOLE Development 发布的 TSV 三维集成技术发展路线图[8]。

随着人工智能、高性能计算、云计算、物联网、5G 通信、可穿戴电子产品、智能硬件、数据中心、无人机、微小卫星等新应用市场的兴起发展，新一代电子信息产品在体积、功能、性能、成本等方面要求越来越高，需要将多种衬底、多种工艺制备、多种功能器件/芯片集成整合在一起，硬件与软件集成越来越呈现出微系统的技术特征，为 TSV 三维集成技术发展注入了新动能。

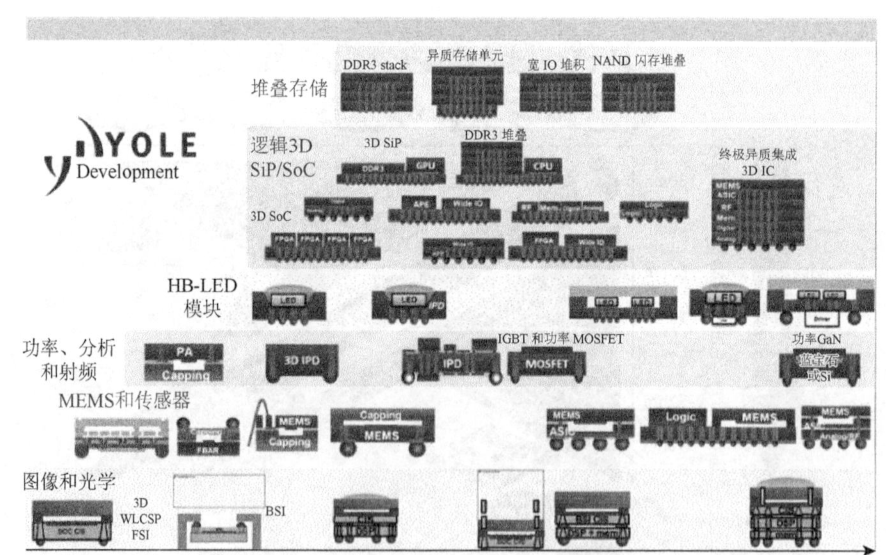

图 1.2　YOLE Development 发布的 TSV 三维集成技术发展路线图

近年来，制造业重新成为全球经济竞争制高点，IC 作为高端制造业重要领域，随着摩尔定律进入亚十纳米/原子级时代，三维异质集成是美国等先进国家和国际领先电子信息产品公司布局后摩尔时代、提高功能集成密度的战略性技术。我国作为IC产品消费大国，目前国家和地方出台了一系列政策支持IC产业的发展。如果说沿着摩尔定律追赶是补短板、夯实基础，那么布局后摩尔时代集成电路技术、结合在电子信息产品终端应用整合创新方面的优势则是实现超越的必由之路。

1.2 TSV集成技术发展历史

TSV是Through-Si-Via的缩写，业界认为最早是由Savastiouk[9]在2010年提出来的，TSV的核心指垂直贯穿芯片衬底的电互连，建立芯片衬底正反两个表面之间的立体信号通道，如图1.3所示，这为堆叠芯片之间互连提供了便利的电学通道。

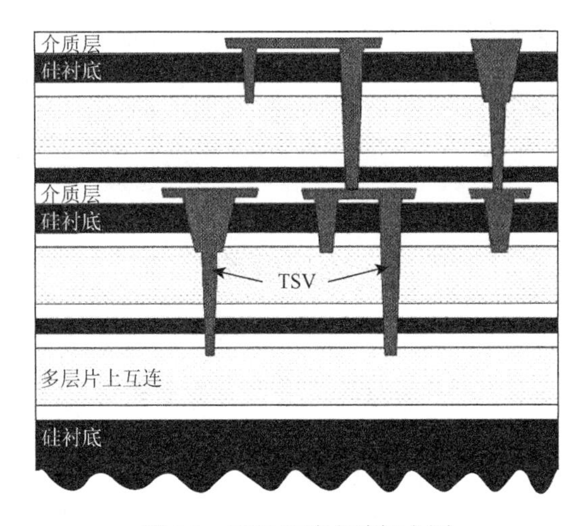

图1.3 TSV互连方法概念图

在半导体芯片衬底之上制作纵向微孔电通道，可以追溯至Shockley[10]提出的一项发明专利申请——Semi-conductive wafer and method of making the same，该专利提供了一种适用于制造高频器件的半导体晶圆及形成这种晶圆的方法，核心思想是金属化的贯穿晶圆的通孔为高频器件提供电气接地通道，该专利于1962年7月17日获得授权。1976年，惠普（Hewlett-Packard，HP）公司在GaAs RF单片微波集成电路（monolithic microwave IC，MMIC）产品中率先使用了金属化通孔接地技术[11, 12]。为突破计算能力瓶颈，Feynman[13]于2008年提出了一种三维集成替代硅平面集成的新概念，即通过纵向堆叠提高集成密度进而提高计算能力。

20 世纪 80 年代，业界开始出现了利用三维集成提高晶体管集成密度的工艺实现技术方案。当时，业界提出了通过垂直电互连实现两层或两层以上的有源电子器件叠层的技术概念，以得到一个更高密度的 IC[12, 14]，如图 1.4 所示。1978 年，美国斯坦福大学 Gat 等[15]提出了利用激光再晶化工艺将低温沉积在衬底表面介质层上的多晶硅或非晶硅转变为单晶硅的方法，首次制作了绝缘体上硅结构（silicon-on-insulator，SOI），可以在已有晶体管器件层上方的介质层上再次沉积多晶硅，经过再晶化处理为单晶硅以制造晶体管器件，首次验证并演示了三维集成的技术概念及集成方法。

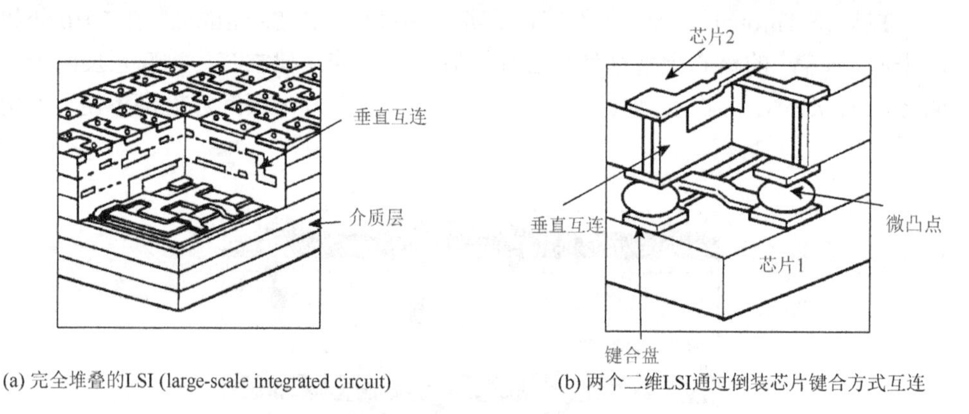

(a) 完全堆叠的LSI (large-scale integrated circuit)　　(b) 两个二维LSI通过倒装芯片键合方式互连

图 1.4　三维集成结构概念图

除了采用 SOI 制造多层晶体管器件有源层的三维集成，利用纵向互连提供的芯片级垂直互连，将并行制造 IC 晶圆/芯片叠层实现三维集成也开始得到研究。20 世纪 80 年代初，日本通商产业省（Ministry of International Trade and Industry，MITI）通过“未来工业基础技术”项目资助研发三维集成技术，成立了“未来电子器件研发协会”及“3D IC 研究委员会”，目标是在 1990 年完成堆叠晶体管有源层基础技术的研发，2000 年设计并实现高封装密度存储器、高速逻辑处理器或图像处理器等，将多种不同功能、不同工艺的电路芯片集成到一个三维器件中。

当时业界提出了两种 TSV 三维集成方案：第一种方案如图 1.4（a）所示，通过堆叠硅晶圆有源器件层实现，堆叠有源器件层之间通过垂直通孔实现电学连接；第二种方案如图 1.4（b）所示，采用 TSV 和微凸点进行堆叠集成。与第二种方案相比，第一种方案的晶体管密度、集成度、I/O 密度等指标更高，但由于采用晶圆形式集成制造，可能会造成功能良好的器件与功能失效器件之间堆叠的良率损失。而第二种方案可实现不同衬底、不同工艺、不同种类器件的堆叠集成，功能集成度高。遗憾的是，两种方案都未成功实现商业化，根本原因是当时条件下摩尔定律发展更容易引起投资者和技术人员的重视，SOC 等技术路线更具有竞争力。

21 世纪初，随着摩尔定律进入深亚微米阶段，新一代集成度的提高需要付出更加巨大的投入，TSV 三维集成技术再次进入产业界和学术界的视野。2012 年，国际半导体技术发展蓝图（International Technology Roadmap for Semiconductors，ITRS）作为权威的预测组织在报告中指出：基于 TSV 技术的芯片级三维异质集成方案，可望实现不同衬底材料、不同工艺制程、多种功能微电子芯片的高密度集成，是半导体行业未来发展的重要方向[1]。存储器 IC 是现代电子信息系统中不可或缺的组成部分，特别是随着智能手机普及化、人工智能与大数据火热化，超大容量存储器市场表现更为亮眼。随着人们对存储器容量需求的不断提高，存储器 IC 一度被业界认为是最适宜 TSV 三维堆叠集成应用的领域，有望在成倍地提高存储器容量的同时，克服传统三维堆叠集成中引线键合工艺给电信号引出带来的不利影响。

2006 年，三星公司宣称采用 TSV 互连技术和微凸点键合工艺制作了 8 层堆叠存储器 IC 样品[16]。2009 年，三星公司演示了 TSV 三维集成 4 层 DDR3 DRAM（double-data-rate three dynamic random access memory）芯片[17]，存储器采用主-从结构设计，单层存储器 IC 芯片使用 20nm 工艺制作，叠层之间芯片通过 TSV 互连实现信号通信，容量达到 8GB，具有高速度、大容量的特点，如图 1.5 所示。由于工艺复杂、制作成本高，主要针对高性能计算（high performance computing，HPC）等应用。2011 年，三星公司报道了用于移动设备的 TSV 集成 LPDRAM（low power double random access memory）芯片，如图 1.6 所示[17]，采用 4×128 通道 Wide-I/O 接口可以达到 12.8Gbit/s 的带宽，同时具有小尺寸和低功耗的特点。

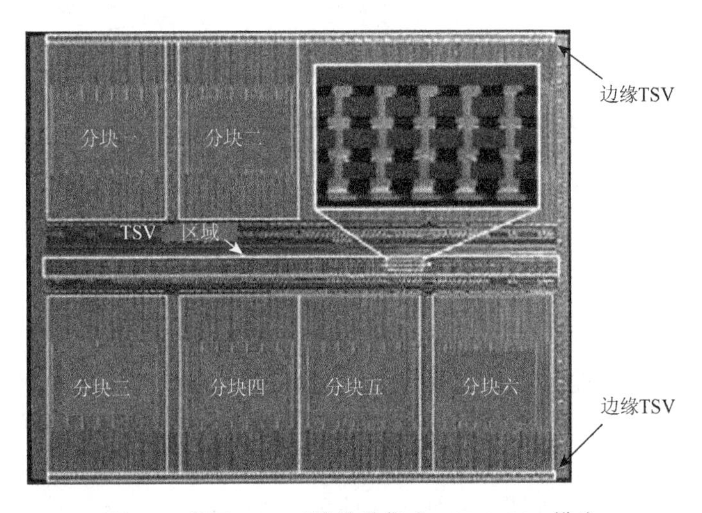

图 1.5 基于 TSV 三维堆叠集成 8GB DDR3 模片

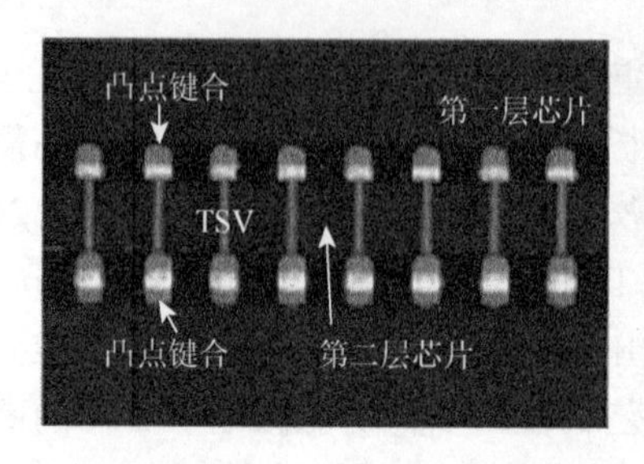

图 1.6　带宽为 12.8Gbit/s Wide-I/O 接口堆叠移动 LPDRAM 芯片

2011 年电子器件工程联合委员会（Joint Electron Device Engineering Council，JEDEC）固态技术协会制定了“Wide I/O SDR”的移动 DRAM 标准，Wide I/O 采用 TSV 互连技术将数据输入/输出宽度由原来的 32bit 扩大至 512bit，通过堆叠多层 DRAM 芯片实现 12.8Gbit/s 的高速数据传输。2014 年，JEDEC 固态技术协会将高带宽内存(high bandwidth memory，HBM)作为 JEDEC 标准“JESD235A”。三星公司于 2014 年 8 月发布了配备 36 颗 2GB DRAM 的 64GB 服务器用 RDIMM（registered dual in-line memory module）内存条，每个 DRAM 芯片堆叠了 4 个 4Gbit DDR4 型 SDRAM 裸片，堆叠裸片之间通过微焊点电气连接，裸片内 TSV 与裸片之间微凸点构成垂直电互连，图 1.7 是三星公司基于 TSV 的 RDIMM 内存条 SEM（scanning electron microscope）照片（部分）。

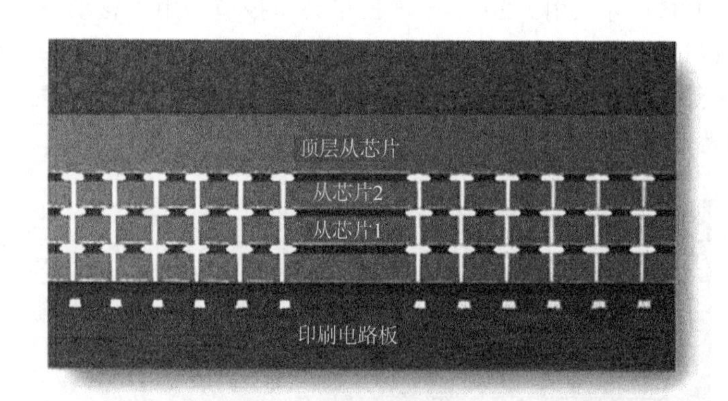

图 1.7　三星公司基于 TSV 的 RDIMM 内存条 SEM 照片（部分）

美国 Micron 公司提出了混合存储器立体（hybrid memory cube，HMC）模块概念，采用 TSV 三维集成技术将 DRAM 芯片存储单元部分与逻辑控制部分在三维空间内重新划分优化，每层 DRAM 芯片仅包含存储单元阵列和简单的电路，并被划分为若干个存储区块，叠层中不同层的存储区块组成一个立体存储库，由叠层底层逻辑芯片控制，如图 1.8 所示，此种与传统平面架构不同的三维集成新架构开辟了超大容量存储器件技术的新途径[18, 19]。新型的 DRAM 芯片存储单元和逻辑控制单元可以采用优化工艺分别制作，实现低成本、低漏电 DRAM 和高性能的逻辑电路。

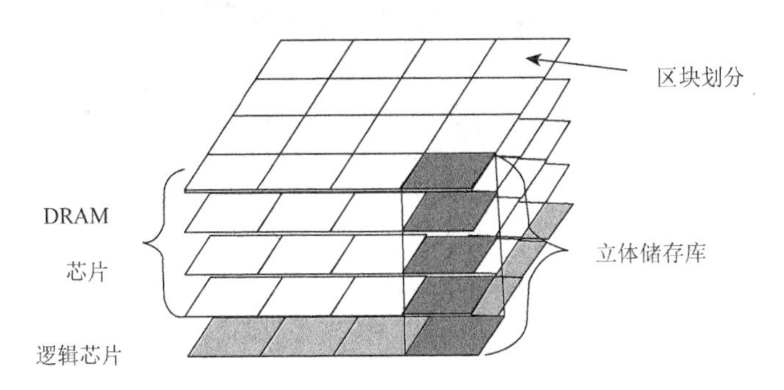

图 1.8 HMC 混合堆叠存储器结构示意图

2013 年 9 月 Micron 公司发布了第一款容量为 16GB 的 HMC 工程样品芯片，底层逻辑控制芯片采用 IBM 32nm 工艺制作，之上堆叠 4 层 DRAM 芯片，叠层之间采用 TSV 互连实现通信，如图 1.9 所示，可以达到 160GB/s 的带宽，减少 70%的能量消耗，可满足交换机和高性能计算等应用需求。高性能芯片制造商 ARM、三星、海力士、Altera 和 Xilinx 等公司都开展相关研究，并共同制定了 HMC 技术标准[20-32]。

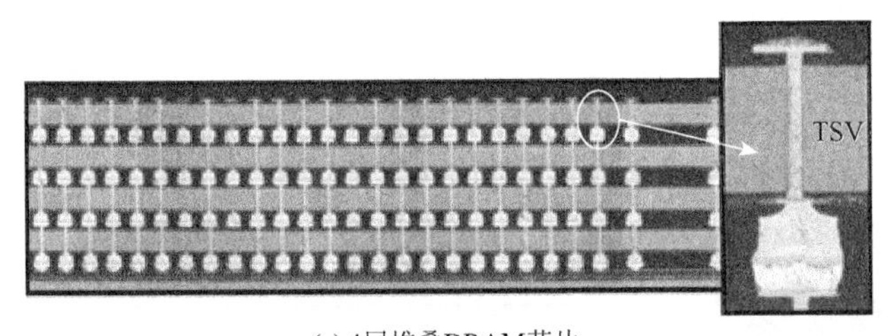

(a) 4层堆叠DRAM芯片

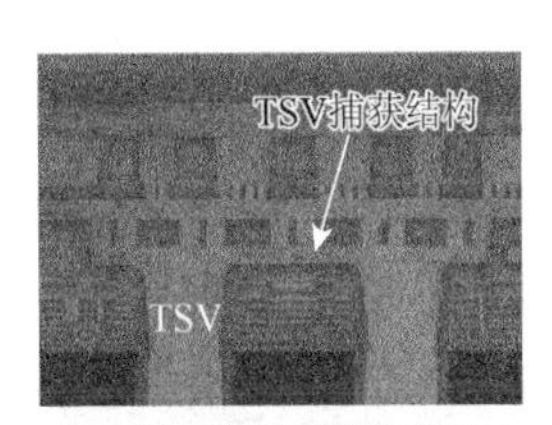

(b) IBM公司开发的包含TSV的逻辑控制芯片

图 1.9 HMC 混合堆叠存储器

针对图像信号处理等应用，美国 AMD 公司联合韩国海力士公司开发了高带宽堆叠 DRAM 存储器 HBM。如图 1.10 所示的 HBM 由 4 层 DRAM 存储芯片和 1 层逻辑芯片构成，每层 DRAM 芯片分为左右 2 个通道，堆叠中所有 8 个通道都有独立的数据和地址端口，可以同时读写。如图 1.11 所示，HBM 样品芯片采用 29nm 工艺制作，集成容量达到 8GB，存储器采用 8×128 通道 Wide-I/O 接口，带宽可以达到 128GB/s[33]。

(a) HBM存储器与处理器集成

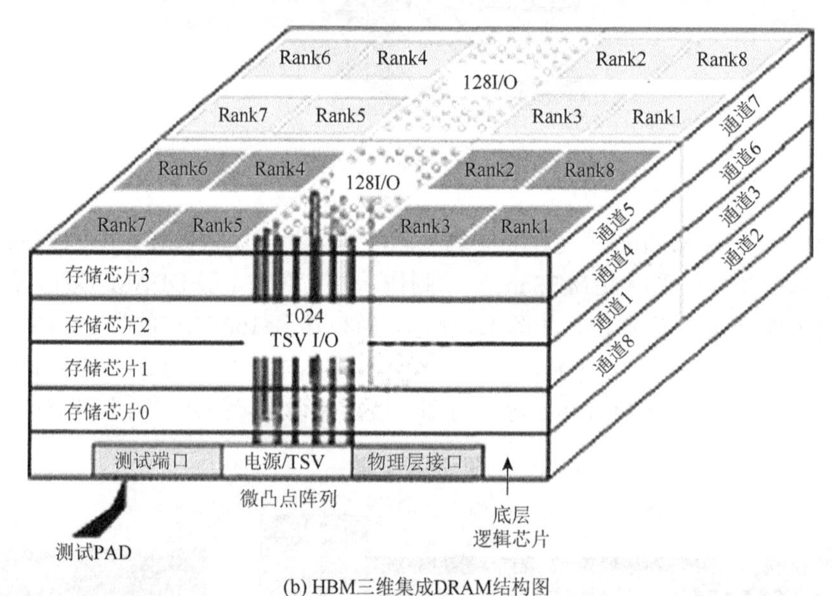

(b) HBM三维集成DRAM结构图

图 1.10　HBM 存储器示意图

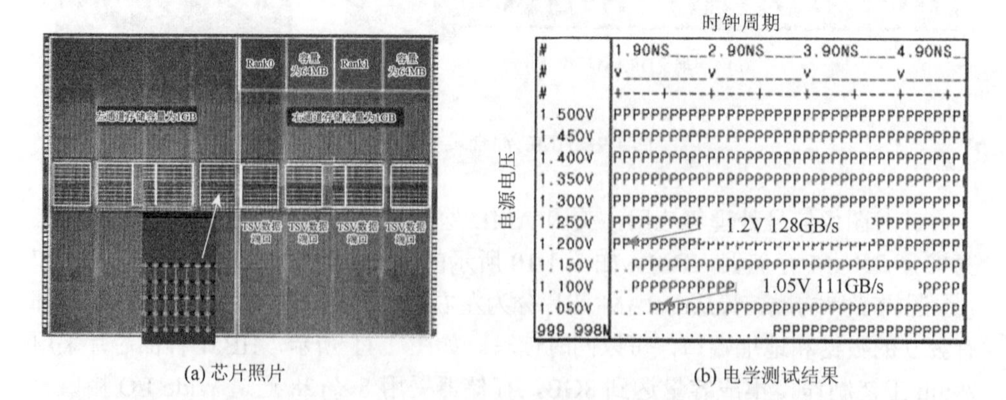

(a) 芯片照片　　(b) 电学测试结果

图 1.11　美国 AMD 公司联合韩国海力士公司开发的 HBM 三维集成 DRAM 模块

TSV 三维集成 SRAM 也取得了不俗进展。2010 年东京大学报道了基于苯并环丁烯（BCB）硅晶圆键合和叠层 TSV 自底向上电镀填充工艺，实现减薄至 7μm 的 SRAM 叠层芯片，如图 1.12 所示[34]。

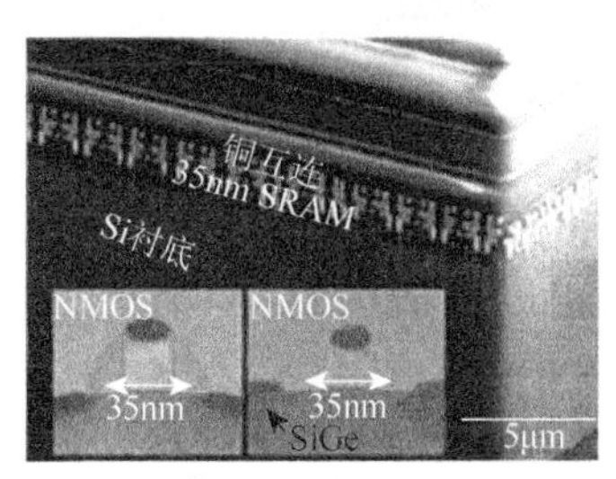

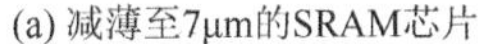
(a) 减薄至7μm的SRAM芯片

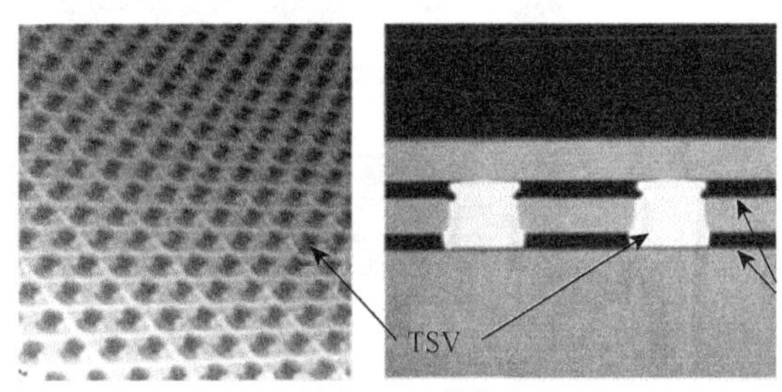

(b) BCB键合TSV三维集成

图 1.12 东京大学 SRAM 三维集成

2011 年，美国麻省理工学院林肯实验室报道了 TSV 三维集成 SRAM（3 层），每层 SRAM 芯片容量为 64KB，采用 0.15μm 工艺制作，包含 3 层金属互连，首先通过 SiO_2 低温键合工艺将 2 片完成全部 IC 工艺的 SOI 晶圆有源面相对结合在一起，减薄抛光至 SOI 晶圆埋氧层，制作贯穿器件层的钨互连实现堆叠器件有源层之间电互连，重复上述步骤，通过 SiO_2 低温键合工艺将第 3 片完成全部 IC 工艺的 SOI 硅晶圆有源面相对结合，减薄抛光至 SOI 晶圆埋氧层，制作贯穿器件层的钨互连，3 层器件层总厚度为 20μm，钨互连直径约为 1.25μm，如图 1.13 和图 1.14 所示[35]。

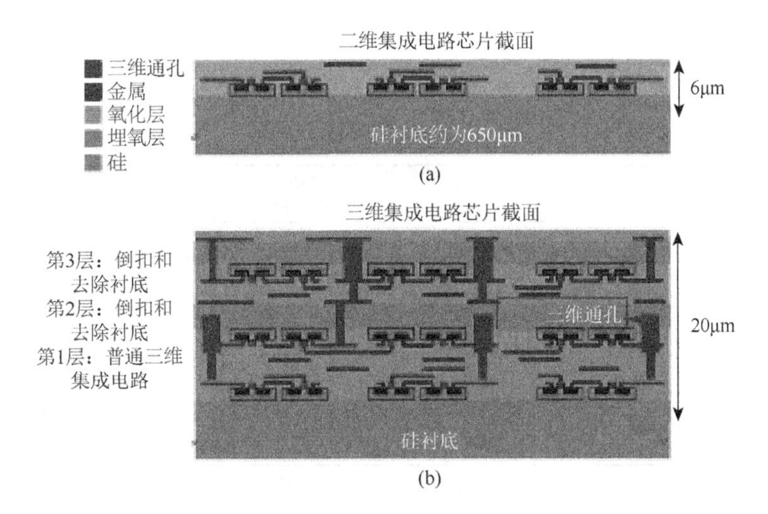

图 1.13 美国麻省理工学院林肯实验室 SOI 三维集成结构

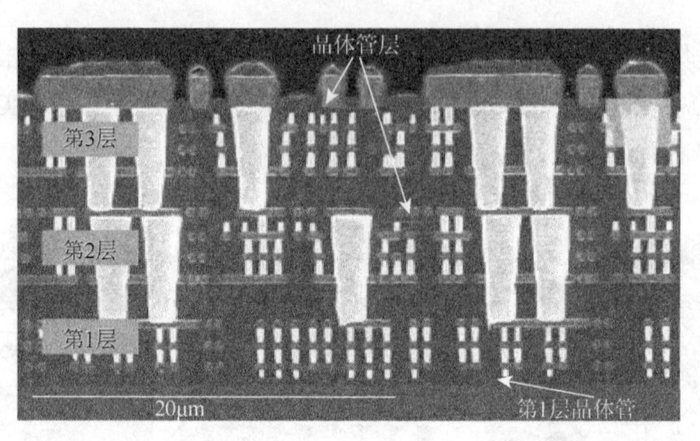

图 1.14　3 层 SOI 三维集成 SRAM 截面

TSV 三维集成在 NAND 闪存应用方面取得了很大的进步，日本东芝公司于 2015 年推出全球首款 TSV 堆叠 16-Die 的 NAND Flash。

总体而言，TSV 三维集成技术在 DRAM、SRAM、Flash 等存储器 IC 应用方面均取得了长足的进步，突破了工程化难题，基于 TSV 三维集成提出了新架构存储器，形成了多种 TSV 三维集成工艺路线，包括在完成晶体管器件层之后与 IC 后端金属化之间插入铜 TSV 互连工艺的 Via Middle 路线、完成 IC 工艺后 SOI 晶圆堆叠减薄后制作钨 TSV 互连工艺的 Via Last 路线等，表 1.1 展示了大容量、高密度、低功耗、高速的 TSV 三维集成存储器样品。

存储器与处理器 TSV 三维集成应用是另一个重要发展方向，通过二者叠层间 TSV 互连解决存储与数据传输效率的瓶颈，实现高性能信号处理。如图 1.15 所示，美国 Intel 公司曾报道了 4MB 的 SRAM 与逻辑 IC TSV 三维集成器件，SRAM 芯片与逻辑 IC 采用 65nm CMOS 工艺制作，通过 Cu-Cu 晶圆键合工艺实现二者有源层面对面结合，通过铜 TSV 互连实现底层芯片之间的电学引出。

表 1.1　三维集成存储器样品

存储器类型	DDR DRAM	Wide-I/O DRAM	HMC DRAM	HBM DRAM	SRAM
集成容量	8GB	2GB	16GB	8GB	192KB
堆叠层数	4	2	4 + 1	4 + 1	3
带宽/时延	12.8GB/s	12.8GB/s	160GB/s	128GB/s	3ns
三维集成方式	Via Middle TSV	Via Middle TSV	Via Middle 混合集成	Via Middle 和转接板	Via Last F2F
TSV 数量	300～1000	1000～1500	1500～2000	2000～3000	100～200
TSV 节距	80μm	40μm	60μm	55μm	—
优势	高速度、大容量	高带宽 低功耗	高性能 高带宽	高带宽 多通道	低时延、低功耗
应用方向	高性能计算	移动设备	交换机、高性能计算	图像处理	嵌入式系统

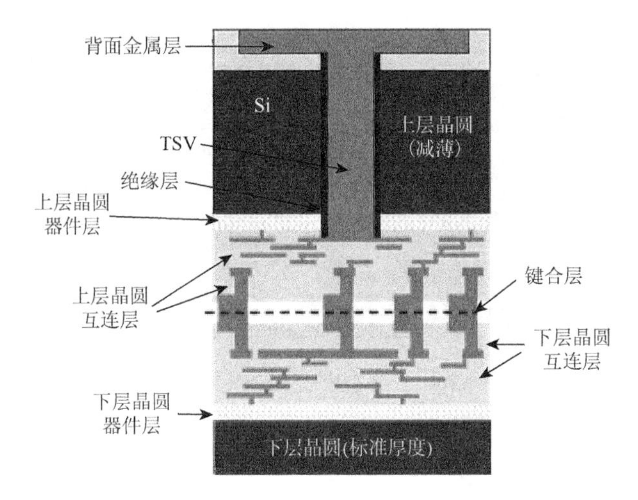

图 1.15 美国 Intel 公司 Cu-Cu 键合三维集成方案

针对嵌入式应用，美国 Tezzaron 公司报道了 1MB IT SRAM 芯片与 8051 处理器芯片 TSV 三维集成模块，如图 1.16 所示，SRAM 芯片与 8051 处理器芯片采用有源面面对面键合的方式，通过铜 TSV 互连将 8051 处理器芯片信号引出，功耗降低 90%，主频最高达到 200MHz，是标准 8051 处理器芯片功耗的 12 倍[36, 37]。

TSV 三维集成技术在逻辑 IC 领域取得突破的一大标志性成果是三维集成现场可编程门阵列（field programmable gate array，FPGA）芯片。2011 年 9 月，美国 Xilinx 公司发布了当时全球容量最高的 FPGA 芯片，如图 1.17（a）所示，即采用 TSV 转接板技术的 Virtex-7 2000T 产品[38]。TSV 转接板是基于 TSV 互连技术，采用 IC 后道工艺实现布线密度比传统有机或陶瓷互连基板高 10 倍以上的新型互连基板，在该基板上通过微焊点将 4 颗 28nm 制程的 FPGA 芯片集成到 65nm 制程的转接板上，实现了具有 200 万逻辑单元容量的（相当于 20nm 制程的 FPGA 芯片）高性能 FPGA 芯片，其逻辑单元容量是 28nm 制程 FPGA 的 2.8 倍。该技术方案避免了将多个 FPGA 芯片堆叠在一起可能导致的功耗和可靠性问题，单个 FPGA 变成了 4 个小芯片，部分布线转移到转接板上，减小了芯片的面积，提高了产品的成品率，也使得其能够快速地实现量产。2012 年 5 月，美国 Xilinx 公司发布了全球首款异质集成的 TSV 转接板产品 Virtex-7 H580T，如图 1.17（b）所示，转接板集成了 2 个 28GB 收发器和 3 个 28nm 制程的 FPGA 芯片。

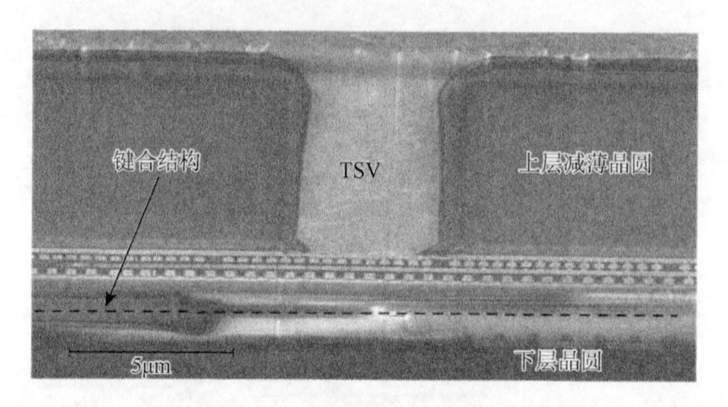

图 1.16　三维集成 65nm SRAM 截面

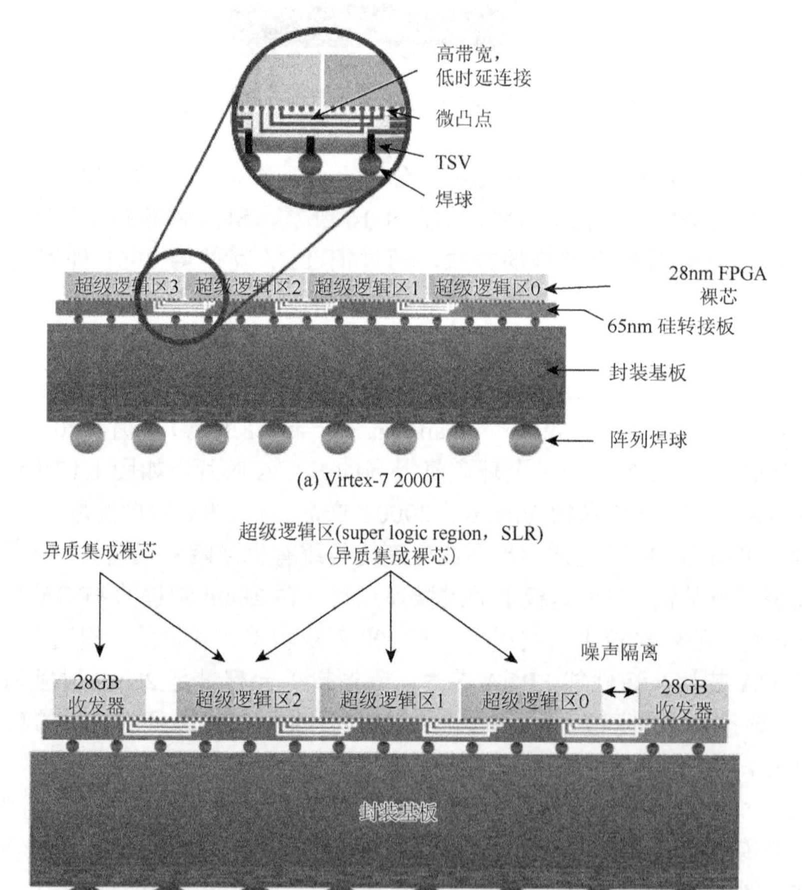

图 1.17　Xilinx 公司 TSV 转接板产品

自Xilinx公司推出基于TSV转接板准三维集成FPGA器件，验证了TSV转接板与IC后端金属化工艺，可以提供与微电子芯片匹配的线宽精度、热膨胀系数等，在无源硅晶圆或有源硅晶圆上制作TSV互连及表面再布线层，并将其作为公共封装衬底，在衬底上集成不同衬底基质、不同工艺、不同功能芯片成为重要的发展方向，其应用从数字逻辑芯片向不同工艺节点芯片、高频器件、光电子器件、MEMS等领域拓展。基于转接板的高密度系统集成示意图如图1.18所示。

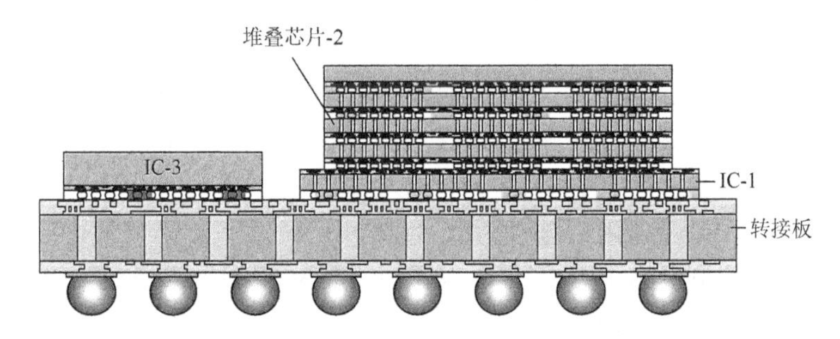

图1.18 基于TSV转接板的高密度系统集成示意图

在射频微波领域应用方面，2012年，荷兰NXP公司提出了硅基射频系统级三维封装技术的概念。德国英飞凌科技公司报道了射频/微波用TSV转接板研究成果，利用薄膜技术在TSV转接板上制作集成无源元件，包括片上集成电容、电感等无源元件等，适用于2.4～5GHz甚至更高频率的射频应用。

在光学成像方面，CMOS图像传感器被认为是TSV技术率先实现产品化应用的领域[20]。2008年，日本东芝公司推出了基于TSV技术晶圆级封装的CMOS图像传感器。随后的十年内，该类技术的图像传感器技术不断进步，较好地满足了智能手机等产品的应用需求[21, 22]。2013年，美国RTI公司报道了TSV技术的红外传感器应用，如将红外焦平面阵列器件层和数字信号处理（digital signal processing，DSP）电路层堆叠集成。

在MEMS应用方面[23]，TSV技术是晶圆级封装集成解决方案的重要支撑技术。2013年美国mCube公司推出了基于钨TSV互连的三轴MEMS加速度计芯片，面积约为2mm^2，器件结构层中采用金属钨TSV纵向互连，提供了专用ASIC芯片与MEMS结构叠层之间的电气连接，叠层衬底通过Al-Ge晶圆级键合工艺实现器件结构的气密性封装。美国Avago公司推出了基于金TSV互连的晶圆级封装薄膜体声波谐振器，在处理电路硅晶圆衬底上制作金TSV互连，通过晶圆级键合工艺与薄膜体声波器件晶圆键合工艺实现三维集成。

综上，TSV三维集成技术在大容量存储器等同质三维集成、存储器与逻辑处理或存储器与 CPU 等异构电路三维集成、图像传感器晶圆级封装、MEMS 晶圆级封装等异质集成等领域的应用技术开发取得了重要突破[24]，部分领域商业化大获成功。然而，TSV 产业化进程总体上严重滞后于早前的预期（如超大容量存储器三维集成大批量应用）。主要原因：一方面摩尔定律发展带来的技术优势与产业基础依然具有强大的生命力，如三维 V-NAND（vertical not and）等新技术的出现和快速应用、扇出型晶圆级封装等先进封装集成技术有效地提高了功能集成密度和市场竞争力；另一方面 TSV 技术以三维结构为特征，与现有平面集成产品在设计、制造、封装测试和可靠性等诸多方面差异很大，技术复杂度导致成本居高不下，新兴市场出现缓慢，产业发展滞后。随着人工智能、大数据、云计算、高性能计算等新兴产业的兴起和发展，考虑到 TSV 三维集成在高性能、小体积、高功能集成度，以及功耗大幅度降低等方面带来的技术优势，未来 TSV 三维集成技术产业将迎来高速发展的时代。

随着中国半导体市场的不断壮大，TSV 相关技术基础研究和产业也取得显著进展。国家重大科技专项安排了重点课题“TSV 关键技术研究（2009—2013）（项目编号为 2009ZX02038）”，由北京大学、清华大学、华中科技大学和中国科学院微电子研究所联合承担，多家研究机构和公司参与，为发展 TSV 技术打下了坚实的基础。科技部 973 计划“20/14nm 集成电路晶圆级三维集成制造的基础研究（2015—2019）”进一步开展了相关 TSV 重大基础问题研究并取得重要进展。半导体代工厂和微电子封测行业紧随全球的三维集成技术发展浪潮，华为技术有限公司、中芯国际集成电路制造有限公司、长电科技股份有限公司、天水天华科技股份有限公司、中国航天科技集团有限公司、中国电子科技集团有限公司等布局 TSV 三维集成技术研究与应用多年，取得许多成果。在国家集成电路推进政策的支持与集成电路产业基金的推动下，可以预见 TSV 相关产业将呈现快速发展的态势。

1.3 TSV 三维集成的挑战

当今半导体先进制造工艺已实现 7nm 工艺节点量产，3～5nm 技术关键也已经突破。多种新结构、新材料、新工艺纳米级/原子级器件快速发展并实现产业化应用，持续为摩尔定律延续发展注入新活力。扇出型封装等先进封装技术快速发展并批量制造，从封装层级提供了一种技术先进、效益显著的三维互连方法。

与上述基于现有工业基础发展起来的先进集成技术不同，TSV 技术以芯片内纵向互连为特征，作为一种由芯片制造工艺与片间键合方法构成的高密度集成技术，优点十分明显。TSV 互连技术本质上是一种芯片级纵向电互连方法，为微电子芯片与微系统的高密度集成提供了一种新方法，应用面广，被认为是超越摩尔的重要途径。

与传统的引线键合堆叠、封装体层叠（package on package，PoP）及多芯片组件（multi-chip module，MCM）等多芯片系统集成技术相比，TSV 技术具有如下的技术优势[25-29]。

（1）高性能，由于芯片间互连长度和互连密度缩小至微米级，互连线的 *RC* 时延获得大幅降低，芯片间的数据传输速率和数据传输带宽获得大幅提高[30]。

（2）低功耗，由于芯片间互连线缩短减少了互连阻抗，降低了芯片间互连功耗，整体功耗可望降低 30%以上[31]。

（3）小尺寸，通过将芯片减薄到数十微米后进行堆叠集成，有效地减少了芯片占用系统的面积和体积、重量。

（4）高密度，通过超薄芯片堆叠技术，可以在相同的技术节点下成倍地提升系统的功能集成密度，得到跨代工艺才能达到的芯片功能。

（5）多功能，TSV 技术可以将不同技术节点、不同技术类型、不同衬底材料，以及不同厂家生产的芯片进行立体集成，各芯片可以根据需求和技术优势分别进行工艺实现，实现多功能集成微系统[32]。

优势是明显的，但挑战是巨大的。必须清晰地认识到 TSV 技术发展是对现有半导体产品研发生产模式提出的新挑战，与相对成熟的平面集成为特征的半导体产品设计、制造和封测分工模式不同，TSV 技术需要根据产品总体性能要求，从三维架构出发重新规划设计、制造、封装的协同分工模式。延续摩尔定律新材料新器件新工艺等竞争性技术路线的产业惯性、优势，以及 TSV 技术本身在可靠性、热管理、电磁兼容等方面的问题，都是 TSV 三维集成技术应用发展面临的重大挑战。

乐观的是，一方面，作为一种新的三维互连方法，TSV 互连技术是一项基础性技术，与现有工业基础上发展起来的各种集成技术是一种有益补充；另一方面，随着人工智能、云计算/雾计算、智能硬件、微纳传感器、物联网等新应用市场的发展，电子产品微系统特征越发凸显，多样化微电子芯片三维异质集成不可避免，创新微电子产品的研发生产模式以满足信息产业不断变化发展的需求，将为 TSV 技术应用发展带来难得的机遇。

在技术实现层面，TSV 互连、微凸点制作及键合、减薄及封装测试等单项技术都取得了工程化突破。虽然针对具体应用的 TSV 三维集成设计、工艺整合及可靠性等方面研究仍需伴随着其应用发展而深化，应用多样性势必造成 TSV 三维集成实施路线的多样性，类似于 MEMS 产业发展过程遇到的一种器件一种工艺一种封装的情形，难以形成通用性较强、应用覆盖面广的技术平台，这或许是 TSV 三维集成自身面临的另一个挑战。

参 考 文 献

[1] 郭新军. 国际半导体技术发展路线图（ITRS）2012 版综述（1）. 中国集成电路，2013，22（3）：13-21.

[2] Benkart P，Kaiser A，Munding A，et al. 3D chip stack technology using through-chip interconnects. IEEE Design and Test，2005，22（6）：512-518.

[3] Lu J Q. 3D hyperintegration and packaging technologies for micro-nano systems. Proceedings of the IEEE，2009，97（1）：18-30.

[4] Banerjee K，Souri S J，Kapur P，et al. 3D ICs：A novel chip design for improving deep-submicrometer interconnect performance and systems-on-chip integration. Proceedings of the IEEE，2001，89（5）：602-633.

[5] Ramm P，Klumpp A，Weber J，et al. 3D integration technologies. Symposium on Design，Test，Integration and Packaging of MEMS/MOEMS，New York，2013.

[6] Beyne E. 3D interconnection and packaging：Impending reality or still a dream. IEEE International Solid-State Circuits Conference，San Francisco，2004.

[7] Pascal V. 3D IC and 2.5D interposer market trends and technological evolutions. Proceedings of SEMICON China，Shanghai，2013.

[8] Yole development Global road map for 3D integration with TSV Yole Development. http://www.yole.fr. [2012-06-15].

[9] Savastiouk S. Moore's Law-the z dimension-increased focus on affordable，vertical miniaturization and integration will be necessary to sustain circuit advances in the 21st century. Proceedings of the Solid State Technology，New York，2010.

[10] Shockley W. Semiconductive wafer and method of making the same：US3044909A，1962.

[11] Lau J H. Who Invented the TSV and When？https://www.3dincites.com/2010/04/who-invented-the-through-silicon-via-tsv-and-when/#:～:text=TSV%20is%20the%20heart%20of%203D%20integration. %20Most，granted%20on%20September%2026%2C%201967%2C%20as%20shown%20below. [2020-05-15].

[12] Akasaka Y. Three-dimensional IC trends. Proceedings of the IEEE，1986，74（12）：1703-1714.

[13] Feynman R P. The Computing Machines in the Future. Tokyo：Springer，2008.

[14] Akasaka Y，Nishimura T. Concept and basic technologies for 3D IC structure. IEEE International Electron Devices Meeting，Los Angeles，2005.

[15] Gat A，Gerzberg L，Gibbons J F，et al. CW laser anneal of polycrystalline silicon：Crystalline structure，electrical properties. Applied Physics Letters，1978，33（8）：775-778.

[16] Jiang T，Luo S. 3D integration-present and future. IEEE Electronics Packaging Technology Conference，Singapore，2009.

[17] Kang U，Chung H J，Heo S，et al. 8 Gb 3D DDR3 DRAM using through-silicon-via technology. IEEE Journal of Solid-State Circuits，2010，45（1）：111-119.

[18] Kim J S，Chi S O，Lee H，et al. A 1.2 V 12.8 GB/s 2 Gb mobile wide-I/O DRAM with 4×128 I/Os using TSV based stacking. IEEE Journal of Solid State Circuits，2012，47（1）：107-116.

[19] Jeddeloh J，Keeth B. Hybrid memory cube new DRAM architecture increases density and performance. Symposium on VLSI Technology，Honolulu，2012：87-88.

[20] Lau J H. Overview and outlook of three-dimensional integrated circuit packaging，three-dimensional Si

integration, and three-dimensional integrated circuit integration. Journal of Electronic Packaging, 2014, 136 (4): 040801.

[21] Sekiguchi M, Numata H, Sato N, et al. Novel low cost integration of through chip interconnection and application to CMOS image senso. IEEE Electronic Components and Technology Conference, San Diego, 2006: 1367-1374.

[22] Wakabayashi H, Yamaguchi K, Okano M, et al. A 1/2.3-inch 10.3Mpixel 50frame/s back-illuminated CMOS image sensor. IEEE International Solid-State Circuits Conference, San Francisco, 2010.

[23] Sukegawa S, Umebayashi T, Nakajima T, et al. A 1/4-inch 8Mpixel back-illuminated stacked CMOS image sensor. ITE Technical Report, 2013, 56: 484-485.

[24] Lau J H. Advanced MEMS packaging. McGraw-Hill Professional, 1969, 317 (8): 2002.

[25] Lau J H. Overview and outlook of through-silicon via (TSV) and 3D integrations. Microelectronics International, 2011, 28 (2): 8-22.

[26] Beyne E. PDC-3D system integration technology. IEEE Electronic System-Integration Technology Conference, Austin, 2012.

[27] John H L. 硅通孔 3D 集成技术. 曹立强，秦飞，王启东，译. 北京：科学出版社，2014.

[28] Beyne E. Solving technical and economical barriers to the adoption of through-Si-via 3D integration technologies. IEEE Electronics Packaging Technology Conference, Singapore, 2009: 29-34.

[29] Yu C H. The 3rd dimension-more life for Moore's Law. IEEE International Microsystems, Package, Assembly Conference, Taipei, 2006: 1-6.

[30] Yu R. High density 3D integration. 2008 电子封装技术与高密度集成技术国际会议，上海，2008: 1-10.

[31] Nomura K, Abe K, Fujita S, et al. Hierarchical cache system for 3D-multi-core processors in sub 90nm CMOS. Proceedings of Automation and Test in Europe Conference on 3D Integration, Grenoble, 2009: 117-118.

[32] Lau J H. The future of interposers for semiconductor IC packaging. Chip Scale Review, 2014, 18: 32-36.

[33] Dong U L, Kim K W, Kim H J, et al. 25.2 A 1.2V 8Gb 8-channel 128GB/s high-bandwidth memory (HBM) stacked DRAM with effective microbump I/O test methods using 29nm process and TSV. 2014 IEEE International Solid-State Circuits Conference Digest of Technical Papers, San Francisco, 2014: 432-433.

[34] Takayuki O. Bumpless through-dielectrics-silicon-via (TDSV) technology for wafer-based three-dimensional integration (3DI). ECS Transactions, 2012, 44 (1): 827-840.

[35] Gaspard N J, Ahlbin J R, Gouker P M, et al. Characterization of single-event transients of body-tied vs. floating-body circuits in 150nm 3D SOI. 12th European Conference on Radiation and Its Effects on Components and Systems, Seville, 2011: 252-255.

[36] Lee J B. Boosting the performance of SAPS/4HANA and analytical banking applications on SAP HANA, New York, 2016.

[37] Dukovic J, Ramaswami S, Pamarthy S, et al. Through-silicon-via technology for 3D integration. IEEE Memory Workshop, Seoul, 2010.

[38] Madden L, Ramalingam S, Wu X, et al. Xilinx stacked silicon interconnect technology delivers breakthrough FPGA performance. Advancing Microelectronics, 2013, 40 (3): 6-11.

第2章 TSV工艺仿真

2.1 概 述

制作TSV涉及多种不同的加工工艺，包括高深宽比孔刻蚀、介质层淀积、电镀填充等，TSV高深宽比结构特征对反应粒子输运有较大的影响，在工艺机理研究基础上进行相关工艺的计算机模拟仿真研究，有助于加深对工艺机理的理解，提高工艺开发的效率，节省开发的成本，对三维集成工艺开发提供有效的支持。

进行TSV工艺模拟仿真的基础是建立物理模型和数学模型，物理模型和数学模型有很多种，必须围绕实际应用特征，根据工艺模拟仿真计算的实际应用需求选择合适的模型。TSV深孔刻蚀和介质层淀积工艺主要采用等离子体实现，等离子体中的粒子在硅衬底表面发生刻蚀或淀积的物理和化学反应从而实现硅衬底的刻蚀与淀积。TSV深孔剖面形状及侧壁形态对后续工艺及其可靠性具有重要影响，是模拟仿真分析的重点。因此，建立仿真的物理模型应该以深孔形状变化的物理过程为主，如深孔边缘造成的遮蔽效应。等离子体反应中的物理过程十分复杂，对应的物理模型需要进行必要的简化和近似。另外，工艺开发时希望了解设备参数与工艺仿真结果的相关性。然而，建立一个物理模型来描述设备参数和TSV深孔形状之间的关系是十分困难的。

根据TSV工艺开发需要和多年研究基础，本章将对TSV深孔刻蚀[1, 2]、介质层淀积[3]和电镀工艺的模拟仿真进行研究，其中，TSV深孔刻蚀和介质层淀积采用粒子流的模型并考虑粒子的各向分布，建立一种线单元混合模型以描述深孔边界的变化，基于此本章开发工艺模拟仿真的软件，以便更好地应用于工艺开发。

2.2 TSV深孔刻蚀工艺模拟仿真

2.2.1 等离子刻蚀的物理模型

图2.1是一个电容耦合等离子反应室中进行刻蚀加工过程的示意图。等离子体的产生是通过在一对平行板上施加射频功率来实现的，平行板放置于一个低压强的反应室中，以Cl_2等离子体刻蚀为例，Cl_2同等离子体中的电子发生碰撞，产

生出 Cl 自由基和 Cl_2^+ 离子，Cl 自由基通过扩散或者气流的对流作用输运到硅片衬底并吸附在表面上，Cl_2^+ 离子在硅片上方自然产生的鞘层中加速，并以垂直的方向轰击到硅片上，自由基和离子轰击的共同作用产生了 $SiCl_4$，并由气流除去，完成解吸附[4]。离子轰击具有方向性，使得对微结构的刻蚀是各向异性的，即垂直方向的刻蚀相比于水平方向的刻蚀速度要更快。在原子级别，离子轰击在衬底表面上产生了一个薄层，Cl 混合在 Si 的晶格结构中，根据离子能量的不同，深度为几十埃，离子轰击带来的能量促成了生成物的形成，这些生成物被溅射或者以气相方式解吸附。

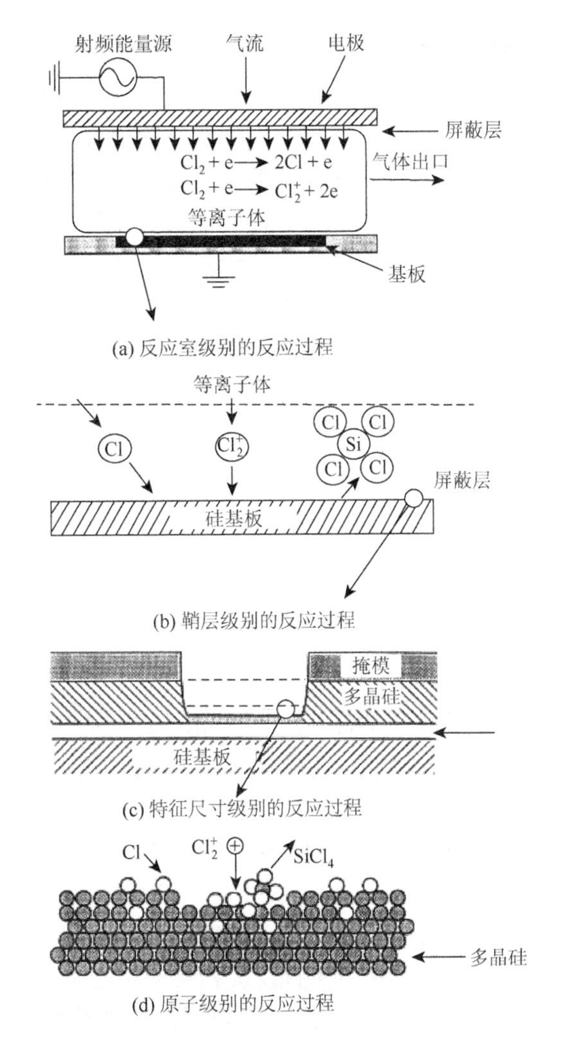

图 2.1　以 Cl_2 刻蚀硅为例，等离子体刻蚀加工过程的示意图

图 2.1 介绍了从反应室级别至原子级别的等离子体刻蚀加工过程中的反应过程。反应室级别尺度为几十厘米；根据 Debye 长度和电极施加电压的不同，鞘层厚度一般为 0.1～10mm，特征尺寸级别是硅衬底刻蚀图形的尺寸，一般为 1～100μm；原子级别的晶格尺度在 Å 的量级。显然地，根据尺寸级别的不同，TSV 刻蚀工艺模拟仿真应该分为反应室级别、鞘层级别、特征尺寸级别和原子级别的模拟仿真，理论上，上一级别的模拟仿真工作所生成的输出数据会成为下一级别模拟的输入参数。对于反应室级别（鞘层级别）的模拟仿真，输入参数是根据加工设备设置的，包括几何尺寸、材料属性、等离子体功率、气体压强、激励频率、衬底电压、输入气体的组成及各自的流量等，通过计算过程确定等离子体关键特征，包括电子、离子和中性粒子在空间中的密度与运动速度分布，离子和中性粒子输运到衬底电极的流量、能量和角度的分布及其在整个衬底电极上的均匀性，以及系统中的电压和电流分布。对于特征尺寸级别的模拟仿真来说，采用鞘层级别模拟仿真的输出参数及适当的表面反应模型，可以计算得出刻蚀的速率、加工的均匀性、各向异性度、刻蚀的选择比、辐射损伤及硅片的温度等参数。原子级别的模拟仿真则要深入到更加微观的原子分子间的相互作用，对等离子体加工进行模拟仿真。理论上应该将各个级别的模拟模型联合成为一个整体进行模拟仿真分析，但是在目前的情况下，业界对等离子体加工过程的理论理解还不是十分的透彻，只能对复杂的物理过程进行简化，并进行模拟仿真，再考虑到 TSV 工艺模拟仿真分析的主要目的是获取 TSV 深孔剖面形貌和侧壁微观形貌的特征信息，因此，我们开展仿真应该以特征尺寸级别的模型为主，简化反应室级别、鞘层级别和原子级别的模拟仿真。

深反应离子刻蚀（deep reactive ion etching，DRIE）技术是在硅衬底上加工深孔的主要工艺，是 TSV 技术的关键工艺。DRIE 普遍采用 Bosch 工艺方法，以刻蚀与钝化交替进行来获得高侧壁垂直度和高深宽比。

图 2.2 为 Bosch 的 DRIE 工艺加工示意图[2]，显示了 DRIE 的刻蚀钝化交替流程。图 2.2（a）是含有图形掩模的硅衬底。首先，在刻蚀步骤利用 SF_6 对硅衬底进行一步刻蚀［图 2.2（b）］，然后，进行钝化步骤，利用 C_4F_8 在衬片上产生一层均匀保护层［图 2.2（c）］；此后类似地，刻蚀与钝化交替进行，利用钝化步骤对刻蚀孔的侧壁产生的保护抑制横向刻蚀，实现深度方向的刻蚀，刻蚀出高深宽比结构［图 2.2（d）］。

一般地，等离子体对硅衬底的作用，包括纯化学刻蚀、物理溅射、化学溅射、离子增强化学刻蚀、离子增强抑制剂刻蚀及淀积等多种基本反应机制。

纯化学刻蚀是指通过反应性粒子同衬底表面发生的化学反应实现刻蚀的过程。因为化学反应具有选择性，所以这种刻蚀机制也具有选择性。但是由于反应成分是电中性的粒了，无法被鞘层电压加速，所以具有各向同性的角度分布，这

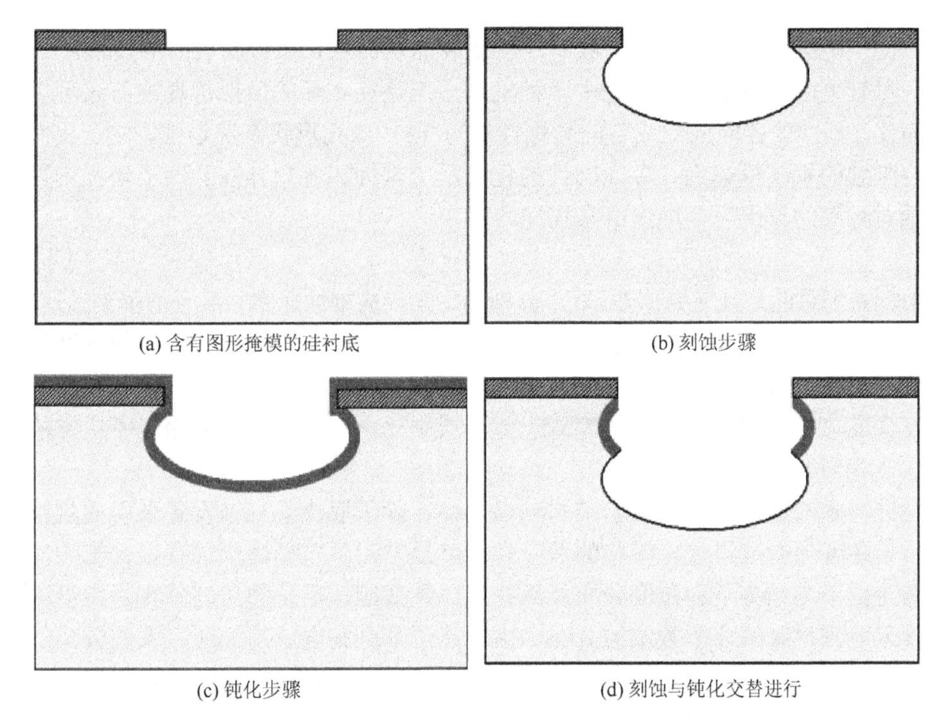

(a) 含有图形掩模的硅衬底　(b) 刻蚀步骤

(c) 钝化步骤　(d) 刻蚀与钝化交替进行

图 2.2　Bosch 的 DRIE 工艺加工示意图

意味着垂直的侧壁也能够接收到足够数量的反应性粒子而被刻蚀。因此，纯化学刻蚀具有各向同性刻蚀的性质。

物理溅射是通过非反应性离子的轰击实现的。离子通过鞘层时，被高达几百伏特的鞘层电压所加速而具有较高的动能，离子通过碰撞将动能传递给衬底原子，衬底原子被溅射出去。离子通过很高的鞘层电压的加速后，在垂直衬底的方向上具有非常密集的角度分布，这使得轰击到垂直的侧壁上的离子数较少，因此，物理溅射的刻蚀过程具有很好的各向异性的性质。

化学溅射是通过反应性离子的轰击实现的。在化学溅射中，鞘层电压加速下产生的带有动能的反应离子同衬底原子发生反应，使衬底原子脱离衬底。

在离子增强化学刻蚀的过程中，离子和化学成分共同发生作用，使得该过程的刻蚀速率远远超出两者中任何单一的成分所能获得的刻蚀速率。

在离子增强抑制剂刻蚀过程中，存在离子、化学性成分（刻蚀剂）及抑制剂。抑制剂黏附在衬底表面上，抑制在该处发生进一步的刻蚀，直到以某种方式被去除。离子将深孔结构底部的抑制剂清除掉，使得刻蚀过程在清洁的表面上继续进行。如前面所述，经过鞘层电压加速的离子具有非常密集的角度分布，对侧壁不会发生太大的作用，侧壁上的抑制剂得以一直保留，减缓了侧壁表面上的刻蚀过程，从而整体呈现出各向异性刻蚀的性质。

淀积是离子或者中性粒子吸附在衬底表面从而生长在衬底表面的过程。

尽管上面讨论了刻蚀过程中多种机制，但是在实际的模拟仿真中，还可以进行简化。刻蚀的各向同性或各向异性性质对 TSV 深孔形状有决定性影响。我们这里将刻蚀的机制描述为：各向同性的化学反应刻蚀和各向异性的离子增强刻蚀。刻蚀对衬底的作用以刻蚀速率来描述，有

$$R = R_C + R_i \tag{2.1}$$

式中，R 为总的刻蚀速率；R_C 与 R_i 分别为化学反应刻蚀速率和离子增强刻蚀速率。

硅衬底的各向同性的化学反应刻蚀速率主要取决于刻蚀设备采用的刻蚀气体及各项参数设置。当然，随着刻蚀孔的宽度和深度的变化，这种化学刻蚀速率也会发生变化，这种变化主要是等离子体鞘层中化学反应性离子的输运所决定的，这一点我们暂未考虑。

硅衬底的各向异性的离子增强刻蚀速率，除了取决于刻蚀设备采用的刻蚀气体及设备各项参数设置，深孔的深度和宽度显然对各向异性刻蚀有很大影响，这主要是由于刻蚀离子的角度分布及深孔的遮蔽效应。离子的角度分布是指沿不同角度入射到衬底的离子数量的分布。由于离子受到高电压的加速，大部分离子是沿加速电场方向垂直向下入射到衬底的，但离子入射方向也会有一定的偏离，离子入射的角度的分布可以近似表示为高斯分布函数。另外，深孔的结构也会对离子构成遮蔽效应，如图 2.3 所示，入射到深孔中某点的离子的运动方向位于 $\theta_1 \sim \theta_2$ 方向。

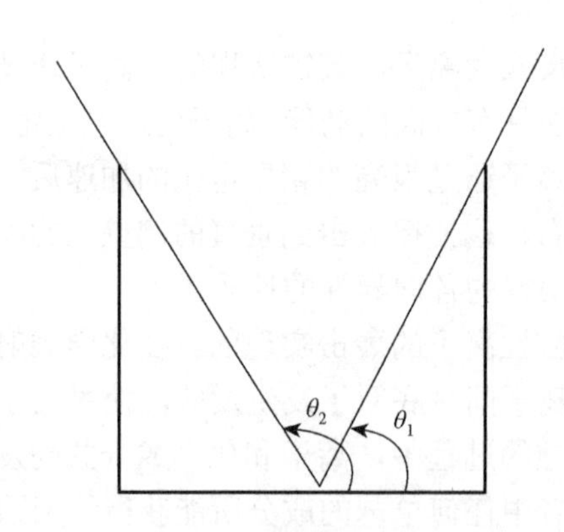

图 2.3　遮蔽效应示意图

TSV 深孔中某点的离子增强刻蚀速率可以描述为

$$R_i = C_i \int_{\theta_1}^{\theta_2} \cos\alpha \cdot J(\theta) \cdot \mathrm{d}\theta \tag{2.2}$$

式中，$J(\theta)$ 为描述离子的角度分布的高斯函数；C_i 为刻蚀速率系数，由其设备参数等其他因素决定；α 为离子入射方向和入射点的硅表面法向的夹角，当离子垂

直硅面入射时，α 为零度角，$\cos\alpha$ 函数描述入射角度的不同对刻蚀速率的影响。

$J(\theta)$ 可以表示为

$$J(\theta)=\frac{1}{\sigma\sqrt{2\pi}}\exp\left[-\frac{\left(\theta-\frac{\pi}{2}\right)^{2}}{2\sigma^{2}}\right] \tag{2.3}$$

式中，σ 为标准偏差。

一般地，正离子被鞘层电场加速，通过几十伏或者几百伏的电压降，以几乎垂直的角度到达硅片表面。应该注意到，入射到衬底的部分离子的入射角度会偏离 90°，所有离子的入射角度会围绕 90°形成一个角度分布函数。入射角发生偏转的原因之一是离子通过鞘层时发生碰撞。如果鞘层的厚度 s 大于离子-中性粒子碰撞的平均自由程 λ_i，当离子穿越鞘层时，将会同中性粒子发生碰撞。在这种情况下，离子在每次碰撞后，都会损失一部分能量并发生方向改变。对于电容耦合等离子体，其壳层厚度较大，与离子的自由程相当，则应该考虑壳层中的离子碰撞过程。对于高密度等离子体，其壳层厚度较小，明显大于离子自由程，则离子碰撞过程可忽略，应该考虑离子温度造成的离子角度分布。

上面所讨论的是硅衬底的刻蚀速率的物理模型，在 Bosch DRIE 工艺中，还会淀积聚合物，刻蚀过程中还会涉及聚合物的刻蚀，聚合物的刻蚀的物理模型与硅的刻蚀模型是相似的，不过聚合物刻蚀的物理模型中的参数与硅的刻蚀模型不同。

我们所建立的刻蚀基本物理模型，尽管可模拟基本的物理过程，但是，从工艺开发的需求角度看，刻蚀的过程如何受到设备参数的影响是备受关注的问题。从模型角度看，就是应该建立前面所讨论的反应室级别和鞘层级别的模型。然而这是一个十分困难的问题，建立精确的物理模型会大大增加模拟仿真的成本，而且如果将反应室级别的模型、鞘层级别的模型、硅表面加工特征尺寸级别的模型联合起来的，模型将变得十分复杂，增加实际应用的难度。一种简化的处理方法是将设备参数与上面建立的模型参数之间建立经验性的数学模型，代替复杂的物理模型可以得到较为理想的结果[3]。

2.2.2　刻蚀工艺模拟的算法

为了描述刻蚀和淀积产生的边界形状的变化，一般应进行二维的模拟，建立二维图形的仿真算法。传统的图形表示模型包括线模型和单元模型，它们都可以对于器件表面的形貌进行表示。

在线模型中，随着时间的推移，演进的刻蚀剖面是由若干节点组成的线结构来表示的。每个节点的数据包含节点的二维坐标，还可以包含其他需要记录的局部信息参数，如材料类型、离子流流量及掩模开口的临界屏蔽角度等。一般来讲，这些参数是随时间而不断变化的。节点的二维坐标参数的改变，代表了随着刻蚀过程的进行，刻蚀剖面的位置在不断改变。离子流流量等其他参数也会相应地改变。在线模型中，节点演进的方向和演进量一般是由相邻的线段单元的演进方向和演进量来决定的。

同线模型一样，单元模型在刻蚀工艺、淀积工艺及光刻工艺中都有广泛的应用，是二维模拟中基本的图形表示方法。在单元模型中，刻蚀空间被划分成一系列相邻的正方形小单元。每个单元记录着该位置区域的材料属性和已被刻蚀程度等信息。每个单元为材料单元或者为已被刻蚀留下的空单元。衬底材料表面的单元可以以一定的速率被刻蚀，从而模拟刻蚀过程的发生。

线模型表示方法能够十分精确地记录剖面形状，并且在二维的条件下易于实现。但是对于模拟 Bosch 工艺过程，其最大的不足之处在于缺少材料类型的分辨能力。也就是说，在线模型表示方法中，很难分辨正在刻蚀的衬底是什么材料类型，这样选择合适的刻蚀模型参数就十分困难了。单元模型图形表示方法可以实现对不同材料的辨识，但是同时具有剖面不精确及刻蚀方向难以提取的缺点，限制了其应用。

一般来说，单独的线表示方法或者单元表示方法，都不能满足模拟 Bosch 工艺过程的需要。因此，本节设计并应用一种线-单元混合图形表示方法，同时保持了线模型表示方法和单元模型表示方法的优点。

图 2.4 表示了线-单元混合模型表示方法的示意图，其中不同灰度的小正方形阵列是单元表示方法，代表了具有不同材料类型的单元格点。*A*、*B*、*C* 等节点及由节点连接起来组成的 *AB*、*BC* 等线段就是线结构的表示方法，代表着衬底暴露出来的剖面形状[2]。

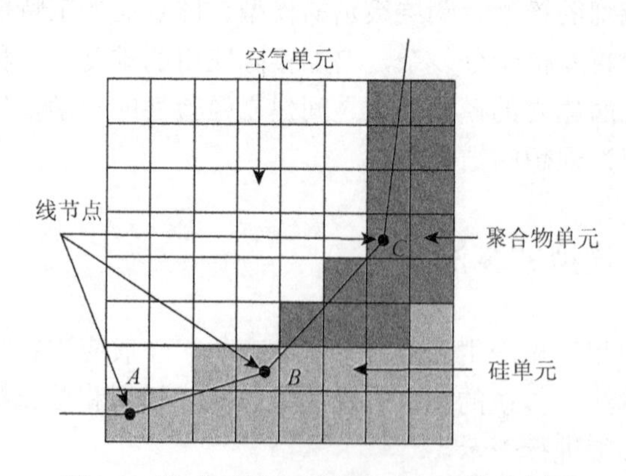

图 2.4　线-单元混合模型表示方法的示意图

一方面，线结构用于计算线边界的单位法向向量，计算节点的淀积向量，并记录衬底表面的确切形状。另一方面，单元结构用于记录空间的材料类型，分辨单元的材料类型（这样可以对不同的表面材料采取不同的模型参数），以及计算入射离子和中性粒子的屏蔽状况。

但二者的结合并不是简单应用的叠加，而应该满足一定的自洽条件，互相协调配合。线结构与单元结构表示的剖面形状不能矛盾，它们必须得到完全统一，即线结构所穿越的格点必须是单元结构表示的器件表面的边界。在刻蚀和淀积的演进过程中，二者必须同时演进，线结构能够实现关键的数学计算，予以计算和演进，单元结构则辅助性地修改相应格点的材料属性，提供给输出显示模块，并为下一步线结构的数学计算提供模型参数的依据，提供屏蔽检测。为了正确地模拟，整个演进过程需严格保证这样的自洽条件。如果发生了失配，还必须及时地修正单元结构。

通过线结构和单元结构的协同作用，比较容易实现对 Bosch 加工过程的模拟，在计算线结构上各个线单元的刻蚀/淀积向量时，首先要选择线单元的材料类型，这可以通过单元结构来实现。在刻蚀步骤或者淀积步骤中，需要对单元结构进行调整，将刻蚀掉的单元部分的材料属性改变为空气，或者将淀积上的单元部分的材料属性改变为聚合物，这可以通过线结构的新旧位置信息来实现。

2.2.3　刻蚀模拟软件

基于以上讨论的刻蚀模拟仿真算法，我们开发了工艺仿真软件。图 2.5 是软件的 Bosch 刻蚀工艺仿真的流程图[2]。首先，进行初始化，包括初始化线结构的位置、离子源线段的位置及计算空间的材料类型。模拟仿真其余部分由刻蚀和淀积组成，在刻蚀部分中，首先通过屏蔽情况的探测，确定各个线单元的离子入射窗口，其次，根据线单元的材料类型，选用适当的模型参数，计算线节点的刻蚀向量，再次，线结构演进到新的位置，并调整新旧线结构之间的单元格点的材料类型，其中刻蚀的步骤会循环执行，以达到预先设置的刻蚀时间。然后循环执行淀积步骤，直至达到预先设置的淀积时间。通过预先设置交替周期次数，上述的刻蚀和淀积操作也会循环

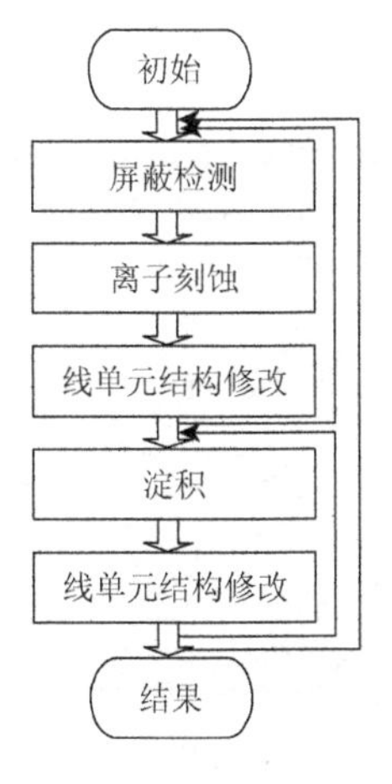

图 2.5　软件的 Bosch 刻蚀工艺仿真的流程图

执行，实现 Bosch 刻蚀工艺的模拟仿真。最后，输出模拟结果的剖面位置和材料的数据。

前面讨论了刻蚀和淀积模拟算法，以及仿真计算的基本流程，开发了工艺模拟仿真软件，以此来辅助指导 TSV 刻孔工艺开发。但是，也要注意到在实际的工艺开发中，模拟软件的模型需要与实际应用的设备关联，模型的参数需要与设备的参数关联。针对上面讨论的物理模型，我们采用了经验模型建立设备级的模型[1, 2]，通过模拟结果与典型实验结果的对比，将式（2.1）和式（2.2）中的参数与工艺设备参数拟合，建立工艺设备特征的经验模型。图 2.6 是 TSV 孔刻蚀深度的模拟结果和实验结果的对比，可以发现，基于 Bosch 工艺的深孔刻蚀结果可以被有效地模拟仿真，模拟结果很好地再现了深刻蚀得到的侧壁陡直的深孔。图 2.7 是在线圈功率为 900W 的条件下，横向刻蚀宽度的模拟结果和实验结果的对比，可以发现存在明显的横向刻蚀，刻蚀深度和横向刻蚀宽度都在模拟结果中得到了再现。

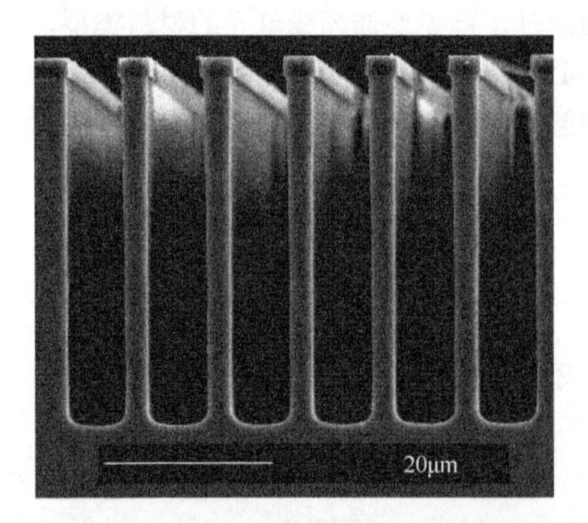

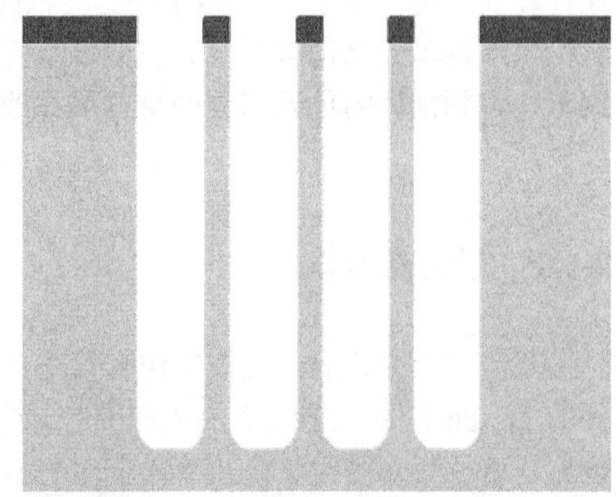

图 2.6 TSV 孔刻蚀深度的模拟结果和实验结果的对比

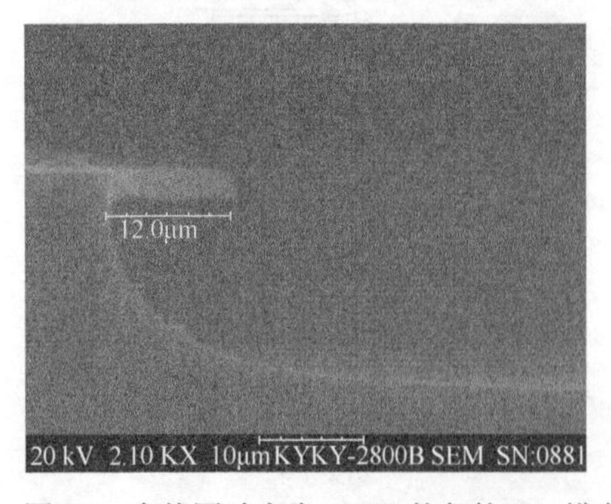

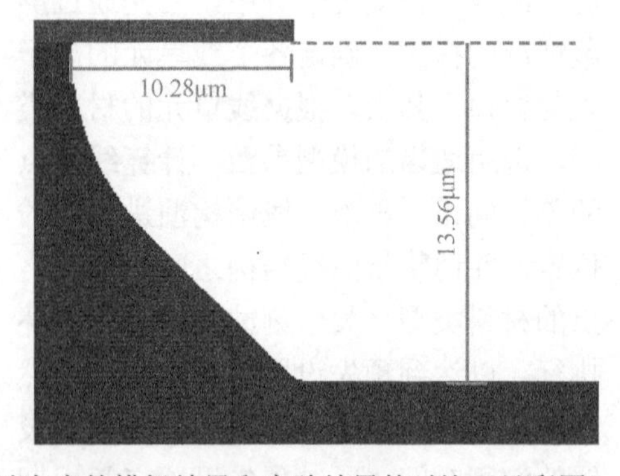

图 2.7 在线圈功率为 900W 的条件下，横向刻蚀宽度的模拟结果和实验结果的对比（见彩图）

模拟结果图中红色的部分代表刻蚀掩模

2.3　TSV 深孔氧化硅介质层淀积工艺模拟仿真

TSV 深孔刻蚀完成后，需要在 TSV 深孔侧壁制作绝缘介质层，TSV 深孔侧壁绝缘介质层制作方法有多种，利用等离子体增强化学气相淀积（plasma enhanced chemical vapor deposition，PECVD）技术制作氧化硅（SiO_x）是较常用的一种。TSV 深孔 SiO_x 绝缘介质层淀积工艺的模拟仿真模型中假定任意一点的沉积速率都相等，即近似假定为均匀淀积过程，类似 DRIE 刻蚀硅过程中的聚合物淀积过程。如果获得更加精确的模拟结果，就需要针对 TSV 深孔绝缘介质层淀积的过程建立更加精确的物理模型。本节主要针对 PECVD 淀积 SiO_2 绝缘介质层的物理模型进行讨论。

2.3.1　淀积的物理模型

PECVD 是目前常用的化学气相淀积系统，在低真空反应腔内反应气体分子在施加射频功率的作用下发生分解、激发，发生化学反应，在衬底沉积形成薄膜。具体而言，在施加的射频功率作用下低真空反应腔内反应分子放电并发出辉光，在这个过程中激发出的电子经外电场加速后具有较高的动能，可以破坏反应气体分子的化学键，通过高能电子和反应气体分子的非弹性碰撞，就会使气体分子电离（离化）或者使其分解，使中性原子和分子电离成正离子或负离子，或者处于激发态，形成多种粒子，包括多种离子、基团、自由基、中性的分子原子等。某些到达衬底并被吸附的粒子，由它们之间的相互化学反应生成新的分子，形成薄膜。PECVD 的优点是降低了化学反应所需的温度，提高了成膜速率。此外，在气相沉积时等离子体溅射去除了基体和膜层表面结合不牢固的粒子，加强了薄膜和基板的附着力。

PECVD 淀积 SiO_x 通常采用 SiH_4、N_2O 或者 CO_2，在低真空反应室内射频功率作用下辉光放电产生的电子经过外电场加速后和 SiH_4 发生作用，生成了多种离子或活性基团，包括 Si、SiH、SiH_2、SiH_3 等，同样地，N_2O 或者 CO_2 氧化气体也会发生分解电离，这些产物向薄膜生长表面运输、发生反应，到达生长表面的各种成分被表面吸附或与表面反应，某些被吸收的产物或在表面反应中新生的产物释放回等离子体。

针对 PECVD 淀积 SiO_x 绝缘介质层填充 TSV 孔模拟仿真以硅表面的特征尺寸级的模拟仿真为主。在施加的射频功率作用下 PECVD 淀积 SiO_x 绝缘介质层填充 TSV 深孔工艺将反应气体转变为多种离子和活性基，带电的离子可以在电场的加速下获得垂直入射硅片衬底的速度，而不带电的中性粒子扩散到硅片表面。若到达衬底表面的粒子可以吸附于表面上，若粒子不能立即黏附于表面，则它会按一定概率分布的角度再发射出去。粒子分布在整个结构中不断调整，再发射能使那些受到屏蔽而得不到粒子直接入射的角落也能得到再发射过来的粒子，所以具有一定程度的保形性。表面扩散是粒子到达该点后会继续沿表面发生迁移，这是调整形貌的一个重要的机制，有利于维持保形性。

文献[5]对上面所说的物理机制进行研究，采用一种屋檐结构进行 SiO_2 淀积的实验，实验示意图如图 2.8 所示。左右两侧伸出的屋檐结构对于洞内底部有遮蔽作用。粒子直接入射只能到达屋檐的上表面，通过中间的缝隙可以到达洞底部中心处。图 2.8 中右半部分展示了表面扩散机制的效果。由于扩散的机理是从高浓度向低浓度扩散，会形成从上往下，沿着表面形成厚度逐渐减薄的形状。此外，洞的深度不会影响淀积的形貌，除非扩散长度显著地超出屋檐的宽度，这种情况较为少见。图 2.8 中左半部分展示了再发射机制的效果。屋檐的上表面形成了厚度均匀的淀积生长。梁下表面收到来自底部粒子的再发射。此外，随着洞的加深，檐下表面生长的厚度会减小。通过此类实验，可以研究表面扩散机制及再发射机制。文献[5]中实验结果表明，表面扩散机制可以忽略，而表面的再发射机制对淀积生长有重要影响。

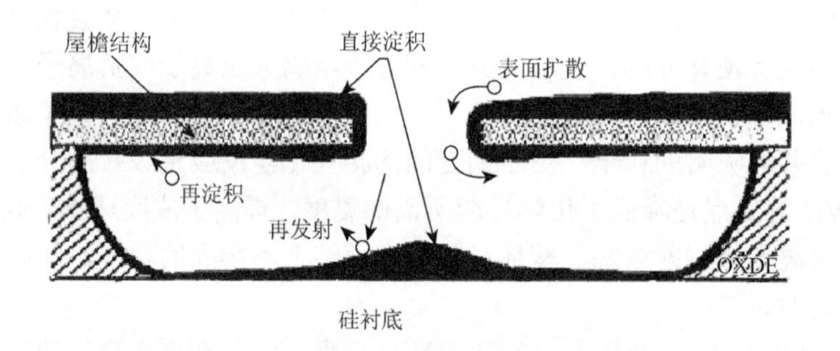

图 2.8　屋檐结构淀积 SiO_2 实验示意图

因此在淀积的模型中，基本模型考虑离子的直接入射、中性离子的入射、粒子在表面的再发射机制。淀积的速率可以表示为

$$D=\frac{1}{\rho}(S_c\Gamma_n+\Gamma_i) \tag{2.4}$$

式中，ρ 为淀积层的密度；S_c 为反应的黏滞系数；Γ_n 为中性粒子流量；Γ_i 为离

子流量。由于离子增强淀积由离子轰击激发，离子活性很高，而不考虑离子的再发射。对于离子而言，经过等离子体鞘层的加速，整体速度向下、与加速电场方向一致，并且具有一定的速度分布，其速度分布近似角度的余弦函数[5]，而中性粒子，没有经过电场的加速，一般近似为各向同性的分布。关于黏滞系数的确定则更困难，需要更多的实验验证和校准[6]，对于中性粒子在衬底表面产生的再发射，也可近似采用各向同性的分布来描述。除了如上的基本物理模型，在模拟中需要考虑开孔形状的遮蔽效应，这一点与上面讨论的刻蚀仿真是类似的。

中性粒子和离子的流量在衬底表面的分布是由它们从鞘层射到表面的角度分布决定的。在鞘层区域，电场驱动了离子的加速，而对中性粒子没有影响。由于离子在PECVD沉积系统环境条件下的平均自由程为100μm的数量级，远小于平均鞘层厚度，所以鞘层区域内有很多离子直接的碰撞[7]。这些碰撞决定了离子在器件表面的角度分布。在器件表面，局部的离子流的计算可以表示为

$$\varGamma = \frac{1}{\pi}\varGamma_{0,\text{top}}\int_{\varOmega(\theta,\phi)} \boldsymbol{n}_t \cdot \boldsymbol{p}_t f(\theta)\mathrm{d}\theta\mathrm{d}\varphi \tag{2.5}$$

式中，$\varGamma_{0,\text{top}}$为顶部源层的总流量；$\varOmega(\theta,\phi)$为衬底某点所对应的粒子入射的空间，并用球坐标(θ,ϕ)表示出来；$\boldsymbol{n}_t$为器件表面的单位法向量；$\boldsymbol{p}_t$为入射方向的单位法向量；$f(\theta)$为已对φ在0～2π内积分后的函数，仅与θ相关，它是离子的分布概率。

中性粒子不带电，不受电场影响，仅通过扩散或者气流的对流作用输运到器件表面。在反应室和鞘层过程中不断地受到彼此的碰撞，所以完全有理由假定当中性粒子射向器件表面时，呈现出各向同性的特性。中性粒子的粒子流量为

$$\varGamma = \varGamma_{0,\text{top}} \cdot \int_{\varOmega(\theta)} \boldsymbol{n}_t \cdot \boldsymbol{p}_t \cdot \frac{1}{\pi} \cdot r \cdot \mathrm{d}\theta \tag{2.6}$$

式中，r为到离子源的距离。

对于黏滞系数远小于1的中性粒子，在到达表面后不能马上参与淀积，还会因为晶格热振动，在短暂的停留之后会按角度分布的规律再发射出去。在二维模型中由某一点再发射源沿φ的夹角到达衬底边界的粒子流量为

$$\varGamma = \frac{1}{2r}\varGamma_{\text{out}} \cdot \cos\varphi \tag{2.7}$$

式中，$\varGamma_{\text{out}}$为再发射出来的粒子流量。

2.3.2　淀积过程的模拟仿真

线模型的边界演进算法可以较好地描述淀积的过程，依然采用前面所述的线-单元混合模型进行 TSV 深孔内 PECVD 淀积 SiO_x 绝缘介质层工艺模拟。淀积工艺模拟仿真基本流程示意图如图 2.9 所示。首先，程序要读入深孔刻蚀仿真的结果，初始化深孔的结构，以此为初始条件开始仿真。其次，经过屏蔽检测，先进行离子淀积的计算，计算边界处各点的离子流，然后进行中性粒子淀积的计算，计算边界处的中性粒子流。最后进行中性粒子的再发射计算，中性粒子从边界处再发射出来进行淀积，这个再发射过程要进行多次循环。将上面讨论的淀积过程进行循环执行，直到淀积步骤达到预定的要求。

利用开发的模拟软件，我们对 PECVD 淀积 SiO_x 绝缘介质层工艺过程进行了仿真模拟。图 2.10 是屋檐结构淀积的仿真[4]。

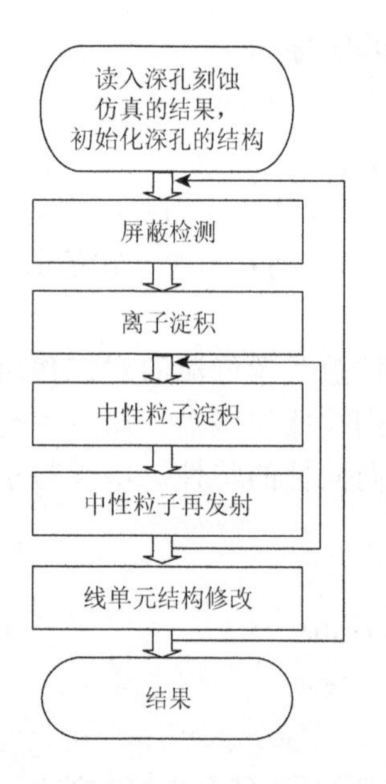

图 2.9　淀积工艺模拟仿真基本流程示意图

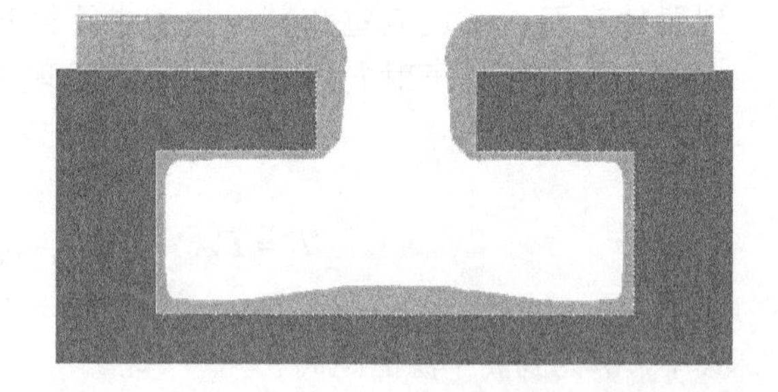

图 2.10　屋檐结构淀积的仿真

槽内受到屋檐结构的屏蔽，槽内侧壁和底部无法接收直接入射的粒子，只有从槽内其他部位再发射出来的粒子才有机会撞击到被屏蔽的区域，所以侧壁和屋檐的底面的膜厚度明显较薄，而槽底部中间位置为了接收直接入射进来的粒子，膜层较厚，这与实验观察的结果是一致的。

2.4　TSV 深孔电镀工艺模拟仿真

2.4.1　TSV 深孔电镀工艺原理和模型

电镀铜填充 TSV 深孔是 TSV 三维集成的关键工艺，TSV 填充的质量会对 TSV 互连的电阻和电容等电学参数造成影响，同时影响 TSV 互连的可靠性。无孔洞缺陷填充是 TSV 填充的首要目标，是实现具有良好电性能和高可靠性 TSV 三维集成的基础。TSV 深孔具有小孔径、高深宽比的结构特点，反应粒子难以有效输运，电镀铜填充工艺开发面临挑战大，需要对种子层质量、电镀液配方、电镀工艺参数及电镀设备等多方面进行优化改进。

根据 TSV 孔的种类不同，可以将 TSV 电镀铜填充分为通孔填充、自底向上填充和盲孔保形填充三种。对于通孔填充，种子层覆盖 TSV 的侧壁，电镀铜层从 TSV 中部开始生长，向两端扩展，其优点是可以填充大深度的 TSV，但是通孔电镀需要特殊的电镀设备和夹具，而且不适用于超薄晶圆的电镀。对于自底向上填充，这里介绍两种：一种是将 TSV 通孔晶圆键合在带有电镀铜种子层的衬片上，TSV 深孔侧壁不需要制作电镀铜种子层，电镀铜层从 TSV 底部开始生长，不存在电镀中的夹断效应，因此可以达到较高的填充深宽比；另一种是 TSV 盲孔在电镀液添加剂等成分控制下，自底向上生长。对于盲孔保形填充，种子层覆盖 TSV 的全部内壁和晶圆表面，通过电镀液中的添加剂抑制 TSV 开口处电镀铜的生长以防止夹断效应，通过电镀工艺参数和电镀液成分调整实现保形填充、自底向上填充，优点是工艺步骤简单，但由于 TSV 开口处存在夹断效应，工艺机制复杂，工艺开发难度大，对其开展建模与仿真研究，有助于指导工艺的开发。

电镀铜工艺将待镀工件作为阴极放入镀液中，阳极一般采用含磷的铜板，电镀液采用含有二价铜离子的硫酸铜或甲基磺酸铜溶液，并加入相应的酸，增强导电性。电镀液中需含有各种添加剂，用于改善镀层的质量，包括均匀性、光亮度、电阻率、黏附性等。常用的添加剂主要有抑制剂、加速剂、整平剂和氯离子。

电镀铜的电流效率接近 100%，在阴极没有副产物生成，因此可以得到高质量的铜镀层，而且其淀积速率快、成本低，在半导体行业的大马士革工艺中得到了广泛的应用。电镀铜淀积发生在阴极表面，因此电镀铜模拟仿真主要关注阴极附近发生的化学反应，图 2.11 展示了电镀铜阴极附近离子浓度和电势的变化示意图。电镀液中的粒子在阴极表面消耗，因此浓度 c_i 呈下降趋势，主要由扩散过程主导，遵循菲克定律。电势 Φ 在阴极内部和电镀液中都遵循欧姆定律，与距离呈线性关系。但由于极化作用，阴极表面电势 ϕ_m 与电镀液表面电势 ϕ_e 并不相等，其电势差 η 称为过电位，是电化学反应中的一个重要参数。

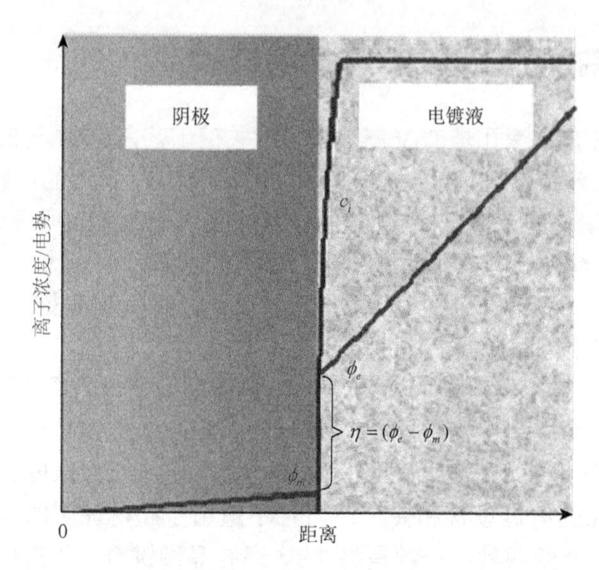

图 2.11 电镀铜阴极附近离子浓度和电势的变化示意图

完整的电镀铜填充工艺模型包含电镀液的流动、粒子输运、电极表面的电化学反应等过程，是一个复杂的多物理场耦合模型。其基本原理遵循以下几个方程。

粒子输运方程：

$$\frac{\partial}{\partial t}(c_i)+\nabla\cdot(Uc_i)+\nabla\cdot(z_i\omega_i Ec_i)=\nabla\cdot J_i \tag{2.8}$$

式中，c_i 为粒子 i 的浓度；U 为电镀液的流速；E 为电场强度；z_i 为粒子 i 的价态；ω_i 为粒子 i 的迁移率；J_i 为扩散通量。

电流传导方程：

$$\nabla\cdot(\sigma\nabla\phi)=F\left[\nabla\cdot\left(U\sum_i z_i C_i\right)+\sum_i z_i(\nabla\cdot J_i)\right] \tag{2.9}$$

式中，σ 为溶液电导率；ϕ 为电势；F 为法拉第常数。

阴极表面电流连续性方程：

$$\sum_i Fz_i(D_i\nabla C_i+\omega_i EC_i)=\sum_i j_k \tag{2.10}$$

式中，D_i 为粒子 i 的扩散系数；j_k 为第 k 个化学反应的阴极表面电流。

式（2.8）～式（2.10）通过与阴极电流边界条件联立进行求解。常用的阴极电流边界条件有许多种，这里介绍 Butler-Volmer 方程：

$$j = j_0\left[\exp\left(\frac{\alpha_a F}{RT}\eta\right) - \exp\left(-\frac{\alpha_c F}{RT}\eta\right)\right]\prod_{i=1}^{N} C_i^{\alpha_i} \tag{2.11}$$

式中，j_0 为交换电流密度；α_a 与 α_c 分别为阳极和阴极传递系数；R 与 T 为普适气体常数和温度；η 为过电位。

在电镀铜填充硅深孔过程中，考虑到添加剂的作用，阴极反应将变得更为复杂。铜电镀液中包括抑制剂聚丙二醇（polypropylene glycol，PPG）、加速剂聚二硫二丙烷磺酸钠（sodium polydithiopropane sulfonate，SPS）和氯离子等，在考虑这些成分后，阴极反应方程将包括 14 个化学反应和 29 个反应系数。通过电化学实验的方法对全部反应系数进行测定，并代入阴极电流边界条件中进行求解，计算量大，难以在实际工程应用，因此，业界引入了一些等效的模型来简化阴极反应过程。扩散-吸附模型是一种常用的阴极反应模型，经过了反复的实验验证，如图 2.12 所示。在扩散-吸附模型中主要考虑抑制剂和加速剂的作用。抑制剂由分子量较大的有机物构成，吸附在阴极表面，由于分子体积较大对铜离子的吸附产生位阻效应，阻碍铜离子在阴极表面的淀积。加速剂的分子量较小，与抑制剂存在竞争吸附关系，吸附在阴极表面的加速剂可以阻止抑制剂的吸附，但不阻碍铜离子在表面的淀积。因此，当加速剂替换了阴极表面吸附的抑制剂时，会对铜离子淀积产生加速作用。在电镀开始阶段，抑制剂吸附在整个阴极表面，包括 TSV 侧壁和底部，阻止铜离子的淀积，如图 2.12（a）所示。随着电镀的进行，抑制剂在阴极表面不断消耗，而抑制剂分子量较大，扩散速率慢，TSV 底部的抑制剂得不到有效补充，加速剂逐步在阴极表面的吸附过程中占据了主导，加速了 TSV 底部的铜离子淀积速率，如图 2.12（b）所示。添加剂的扩散-吸附过程难以在 TSV 电镀铜填充过程中进行原位测量，但可以通过分析镀层元素组成等方法得到间接验证[8, 9]。

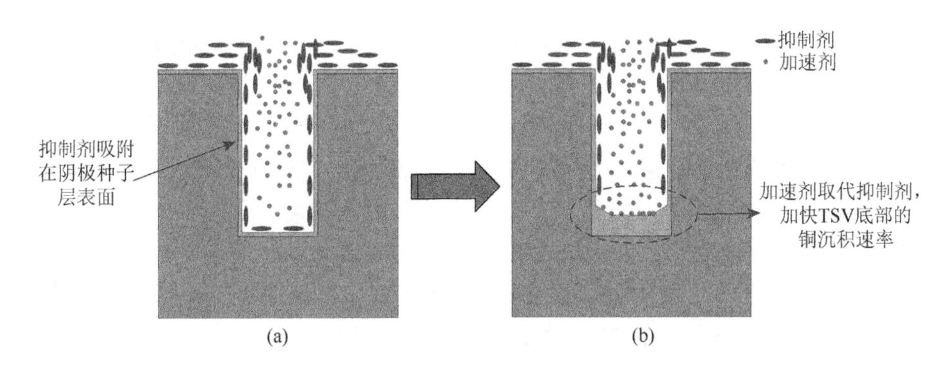

图 2.12　TSV 电镀铜填充中的扩散-吸附模型示意图

在采用扩散-吸附模型的仿真中，如何定量计算铜离子的淀积速率与添加剂吸附的比例关系是关键。众多研究者利用数值计算方法对 TSV 填充机理和填充过程演变规律进行了数值仿真计算。

Moffat 等[10]利用 Pythonxy 软件模拟了大马士革工艺中填孔演变过程，如图 2.13 所示。该模型基于添加剂间的竞争吸附机制和曲率增强加速剂覆盖机制。模型的关键在于加速剂 SPS 在电镀过程中能够替换掉吸附在铜层的抑制剂聚乙二醇（polyethylene glycol，PEG）。在整平剂存在的情况下，需要考虑另外两个过程，电解液中的整平剂吸附在铜的表面或者在相互作用的过程中整平剂使加速剂失活。金属沉积速率与铜离子浓度、添加剂覆盖率有关。

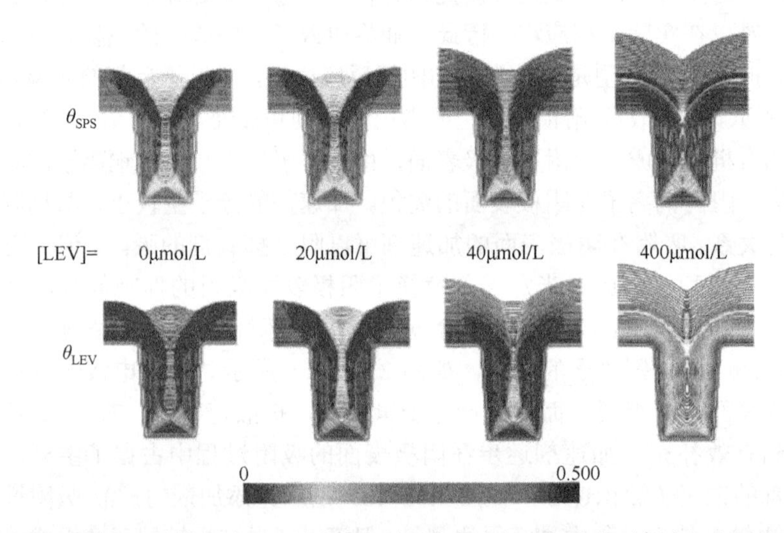

图 2.13 铜沉积演变过程模拟结果，轮廓线上的颜色代表加速剂和整平剂在沉积层表面的表面覆盖率（见彩图）

Akolkar 和 Landau[11]利用扩散吸附方程模拟了各添加剂在填孔中的浓度分布情况，并得到了填孔过程的演变轮廓图，模型有几点假设：①假设铜离子和加速剂在孔内的扩散不受限制，因此孔内各处铜离子和加速剂浓度相等，均为体浓度；②随着沉积过程的进行，吸附在孔壁上的抑制剂 PEG 会被加速剂 SPS 逐渐替换掉；③抑制剂受到扩散因素的限制，在孔内存在浓度梯度；④沉积过程中，由于孔内镀层表面积逐渐减小，加速剂在孔底部存在积累效应。

Yang 等[12]利用水平集方法（level set method，LSM）结合 Atanasova 等[13]提出的抑制剂脱附理论模拟了 TSV 的填充过程。该模型尺寸比 Akolkar[14]建立的模型大 20 倍。该模型涉及加速剂、抑制剂、铜离子、氯离子等，考虑了铜离子在孔内的浓度梯度问题，使模型更加接近真实实验条件。此外，该模型利用

Atanasova 等[13]在实验过程中发现的抑制剂在特定条件下表现出脱附行为这一结论，得到了自底向上的生长模式。该模型去除了 Moffat 等[10]在大马士革电镀工艺中提出的曲率增强加速剂覆盖率（curvature-enhanced accelerator coverage，CEAC）理论，分析了沉积过程中添加剂的覆盖率演变过程，并对沿孔深方向上电流密度变化情况进行了模拟，有利于对深孔电镀机理的研究。

Li 等[15]和 Zheng 等[16]提出了采用动力学蒙特卡罗（kinetic Monte Carlo，KMC）方法分析铜离子的淀积机理。Andricacos 等[17]开发了一种可以模拟浅槽和过孔电镀填充过程的方法。Kobayashi 等[18]在此基础上，引入了添加剂消耗的模型。Taephaisitphongse 等[19]和 Wheeler 等[20]进行了进一步的改进，引入了抑制剂表面覆盖率参数。

2.4.2　Tafel 曲线作为阴极边界条件的实验模型

在现有的模型中，阴极表面过电位的变化都被忽略了。在大马士革工艺中，过孔的尺寸很小，阴极表面过电位基本相同，但在 TSV 电镀铜填充工艺中，由于 TSV 的深度要大得多，阴极表面过电位的变化将不能忽略。我们通过对 TSV 填充过程中各要素的系统分析，认为 TSV 电镀填充本质上是一个传质严重受限的微区电化学反应，并通过添加剂的综合运用，实现电极深部反应速度高于入口部位的填充效果。

基于此，我们从理论和实验出发，提出了扩散-吸附-脱附-夹杂物理模型及采用不同添加剂浓度下测量得到的 Tafel 曲线作为阴极边界条件的实验模型，分别利用 COMSOL Multiphysics 软件平台和 CFD-ACE + 软件平台，建立了微尺度 TSV 盲孔填充的数学模型，对 TSV 填充过程中孔内各物质传质和转化过程进行了数值模拟，仿真演示了各种典型填充模式的实现条件，以及 TSV 孔尺寸、孔形状等主要结构因素对填充模式的影响规律，为 TSV 填充机理认知和填充工艺优化提供指导。

采用 Tafel 曲线作为阴极边界条件的二次电流分布模型可以得到与实验数据较为吻合的仿真结果[21]。但是，二次电流分布模型不考虑浓度极化，不能计算添加剂的耗尽效应。我们对此进行了改进，将不同添加剂浓度下测量得到的 Tafel 曲线作为阴极边界条件，计算了添加剂的浓度分布，因此可以模拟添加剂的耗尽效应。阴极表面电流密度可以认为是与铜离子浓度正相关的：

$$i = \frac{c_{\mathrm{Cu}^{2+},0}}{c_{\mathrm{Cu}^{2+},\infty}} f\left(\eta, c_{\mathrm{Acc}}, c_{\mathrm{Sup}}\right) \tag{2.12}$$

式中，i 为阴极表面电流密度；$c_{\mathrm{Cu}^{2+},0}$ 和 $c_{\mathrm{Cu}^{2+},\infty}$ 分别为阴极表面和电镀液中铜离子的浓度；$f\left(\eta, c_{\mathrm{Acc}}, c_{\mathrm{Sup}}\right)$ 为不同添加剂浓度下测量得到的电流密度与过电位关系的 Tafel 曲线。

TSV 电镀铜填充模型示意图如图 2.14 所示。TSV 直径为 D，深度为 H，节距为 W。考虑到实际的电镀中，TSV 为阵列排布，采用对称边界条件可以较好地模拟实际情况。

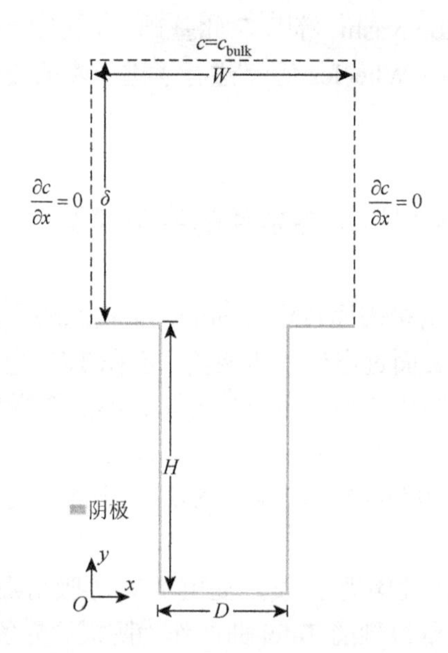

图 2.14　TSV 电镀铜填充模型示意图

模型中采用了扩散层假设，扩散层厚度为 δ，即在 $y<\delta$ 的范围内，不受电镀液流动的影响，粒子运动规律符合扩散定律。因此可以得到

$$\nabla^2 c_{\mathrm{Cu}^{2+}}=0 \tag{2.13}$$

$$\nabla^2 c_{\mathrm{Acc}}=0 \tag{2.14}$$

$$\nabla^2 c_{\mathrm{Sup}}=0 \tag{2.15}$$

式（2.13）～式（2.15）的约束条件为在 $y=\delta$ 处的粒子浓度与电镀液中的粒子浓度相同。

两种添加剂在阴极表面的消耗速率可以认为与其浓度和表面电流密度正相关：

$$-D_{\mathrm{Acc}} \frac{\partial c_{\mathrm{Acc}}}{\partial n}=k_{\mathrm{r,Acc}} i c_{\mathrm{Acc}} \tag{2.16}$$

$$-D_{\mathrm{Sup}}\frac{\partial c_{\mathrm{Sup}}}{\partial n}=k_{\mathrm{r,Sup}}ic_{\mathrm{Sup}} \tag{2.17}$$

我们基于多物理场仿真软件 CFD-ACE + 开展 TSV 电镀铜填充仿真工作，重新定义了阴极边界条件模块，将实验测量得到的 Tafel 曲线代入阴极表面反应。并增加了 LSM 追踪电镀铜生长的移动边界，实现了 TSV 电镀铜填充过程的动态仿真。

影响 TSV 电镀铜填充的因素比较多，电流密度是影响 TSV 电镀填充形貌的最主要因素，我们着重分析了不同电流密度下 TSV 电镀铜填充的形貌。电流密度的取值范围为 0.3～4.6ASD（安培/平方分米，A/dm^2）。TSV 电镀铜填充形貌和阴极表面初始电流密度分布仿真结果如图 2.15 所示。可以看出不同的电流密度导致不同的 TSV 填充形貌。当平均电流密度为 0.32ASD 时，如图 2.15（a）所示，TSV 开口处有明显的夹断效应。当平均电流密度增大到 1.0ASD 时，如图 2.15（b）所示，可以得到无缺陷的 TSV 填充。当平均电流密度继续增大到 2.97ASD 时，如图 2.15（c）所示，TSV 近似保型填充，中央有条状的缝隙。

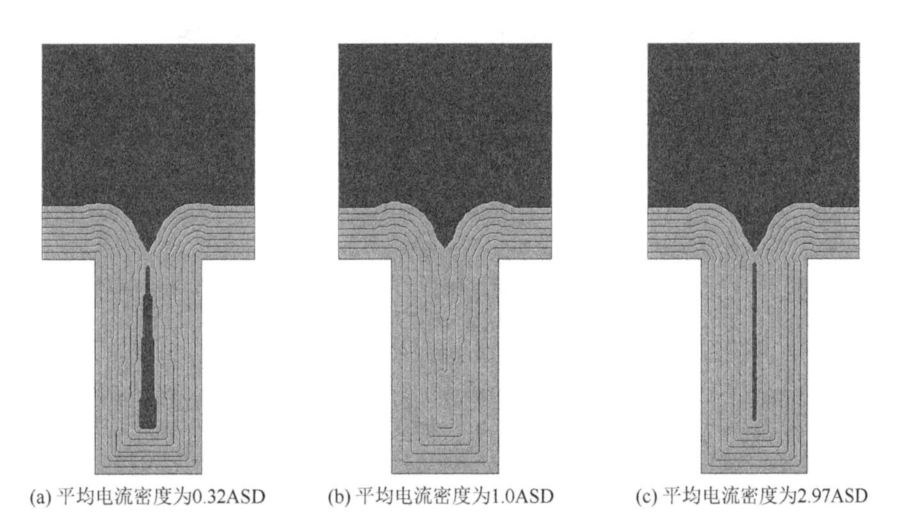

(a) 平均电流密度为0.32ASD　(b) 平均电流密度为1.0ASD　(c) 平均电流密度为2.97ASD

图 2.15　TSV 电镀铜填充形貌和阴极表面初始电流密度分布仿真结果

对 TSV 电镀铜填充仿真结果进行了实验验证。采用直径 50μm、深度 100μm 的 TSV 盲孔，淀积了 SiO_2 绝缘层和 TiW/Cu 种子层。不同电流密度下的 TSV 电镀铜填充结果如图 2.16 所示，与仿真结果基本符合。图 2.16（a）中电流密度为 0.3ASD 时，TSV 中有明显的孔洞，孔口处的夹断效应明显。图 2.16（b）中电流密度为 1.0ASD 时，可以实现无缺陷的 TSV 电镀铜填充。图 2.16（c）中电流密度为 3.0ASD 时，得到近似保形的覆盖。

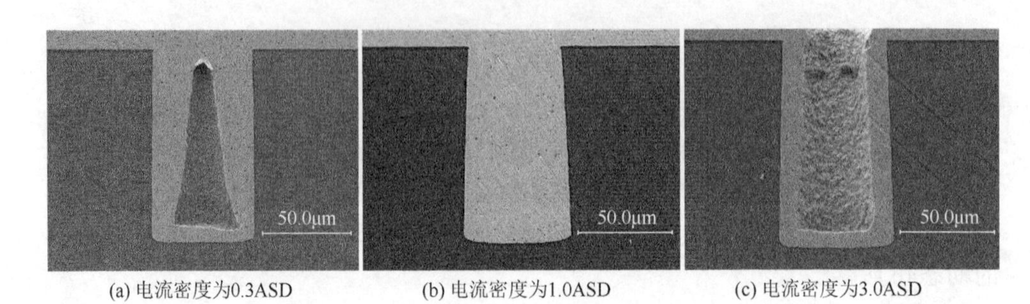

(a) 电流密度为0.3ASD　　(b) 电流密度为1.0ASD　　(c) 电流密度为3.0ASD

图 2.16　不同电流密度下的 TSV 电镀铜填充结果

参考文献

[1] 周荣春. 高深宽比硅刻蚀工艺技术的模型分析与仿真及实验验证. 北京：北京大学，2005.

[2] Zhou R，Zhang H，Hao Y，et al. Simulation of the Bosch process with a string-cell hybrid method. Journal of Micromechanics and Microengineering，2004，14（7）：851.

[3] Du H，Yu M，Qi L，et al. Improvement of DRIE simulation method for process development application. 2015 16th International Conference on Electronic Packaging Technology，Changsha，2015：672-675.

[4] Yang F，Zhu F，Yu M，et al. Simulation studies on PECVD SiO_2 process aiming at TSV application. 2011 12th International Conference on Electronic Packaging Technology and High Density Packaging，Shanghai，2011：1-4.

[5] Economou D J. Modeling and simulation of plasma etching reactors for microelectronics. Thin Solid Films，2000，365（2）：348-367.

[6] Mcvittie J P，Rey J C，Cheng L Y，et al. LPCVD profile simulation using a re-emission model. International Technical Digest on Electron Devices，San Francisco，1990：917-920.

[7] Cheng L Y，Rey J C，Mcvittie J P，et al. Sticking coefficient as a single parameter to characterize step coverage of SiO_2 processes. 7th International IEEE Conference on VLSI Multilevel Interconnection，Santa Clara，1990：404-406.

[8] Li J，Mcvittie J P，Ferziger J，et al. Optimization of intermetal dielectric deposition module using simulation. Journal of Vacuum Science and Technology B：Microelectronics and Nanometer Structures Processing，Measurement，and Phenomena，1995，13（4）：1867-1874.

[9] Diehl D，Kitada H，Maeda N，et al. Formation of TSV for the stacking of advanced logic devices utilizing bumpless wafer-on-wafer technology. Microelectronic Engineering，2012，92：3-8.

[10] Moffat T P，Wheeler D，Kim S K，et al. Curvature enhanced adsorbate coverage mechanism for bottom-up superfilling and bump control in damascene processing. Electrochimica Acta，2007，53（1）：145-154.

[11] Akolkar R，Landau U. A time-dependent transport-kinetics model for additive interactions in copper interconnect metallization. Journal of the Electrochemical Society，2004，151（11）：C702.

[12] Yang L，Radisic A，Deconinck J，et al. Modeling the bottom-up filling of through-silicon vias through suppressor adsorption/desorption mechanism. Journal of the Electrochemical Society，2013，160（12）：D3051.

[13] Atanasova T A，Strubbe K，Vereecken P M. Adsorption/desorption of suppressor complex on copper：Description of the critical potential. ECS Transactions，2011，33（37）：13.

[14]　Akolkar R. Characterizing transport limitations during copper electrodeposition of high aspect ratio through-silicon vias. ECS Electrochemistry Letters，2012，2（2）：D5.

[15]　Li X，Drews T O，Rusli E，et al. Effect of additives on shape evolution during electrodeposition：I. multiscale simulation with dynamically coupled kinetic monte carlo and moving-boundry finite-volume codes. Journal of the Electrochemical Society，2007，154（4）：D230.

[16]　Zheng Z，Stephens R M，Braatz R D，et al. A hybrid multiscale kinetic Monte Carlo method for simulation of copper electrodeposition. Journal of Computational Physics，2008，227（10）：5184-5199.

[17]　Andricacos P C，Uzoh C，Dukovic J O，et al. Damascene copper electroplating for chip interconnections. IBM Journal of Research and Development，1998，42（5）：567-574.

[18]　Kobayashi K，Sano A，Akahoshi H，et al. Trench and via filling profile simulations for copper electroplating process. Proceedings of the IEEE 2000 International Interconnect Technology Conference，San Francisco，2000：34-36.

[19]　Taephaisitphongse P，Cao Y，West A C. Electrochemical and fill studies of a multicomponent additive package for copper deposition. Journal of the Electrochemical Society，2001，148（7）：C492.

[20]　Wheeler D，Moffat T P，Josell D. Spatial-temporal modeling of extreme bottom-up filling of through-silicon-vias. Journal of the Electrochemical Society，2013，160（12）：D3260.

[21]　Gochberg L，Sheu J C. A tertiary current distribution model with complex additive chemistry and turbulent flow. ECS Meeting Abstracts，Denver，2006：1312.

第 3 章 TSV 工艺

3.1 概　述

TSV 工艺是 TSV 三维集成的基础，是推动 TSV 三维集成应用发展的核心支撑。TSV 工艺包括 TSV 刻孔、TSV 绝缘、填充金属化、晶圆减薄与平坦化、微凸点及键合等工艺，涉及设备、材料、参数优化与控制等多层面因素与机理，以及技术路线多样化。目前，TSV 工艺研究与发展一方面呈现出明显的以 TSV 三维集成应用需求为导向的特征，另一方面也出现一些探索性的新材料与新工艺，这些新工艺为 TSV 三维集成发展提供了新支撑。

结合作者的研究实践，本章将从工艺原理、工艺效果与评测方法、主要参数机理、失效分析、发展趋势与未来方向等方面探讨分析 TSV 工艺，以供读者参考。

3.2 TSV 刻孔

3.2.1 引言

TSV 刻孔是实现 TSV 三维集成的基础，TSV 孔的形貌特征会影响后续 TSV 加工如绝缘层沉积、阻挡层/种子层沉积、TSV 电镀填充等工艺难度与质量，甚至会引起可靠性问题。

传统 IC 制造工艺中处理的通孔一般在 SiO_2 材质上，深度不超出 1μm，深宽比不大于 2∶1，多采用反应离子刻蚀（reactive-ion-etching，RIE）工艺实现。TSV 三维集成技术应用情形中的 TSV 孔尺寸与形貌特征变化大，TSV 孔径尺寸为 1～100μm，深宽比为 0.5～10，TSV 轮廓形貌多样化，有圆柱形、倒台柱形等，这对刻孔能力提出了新要求。

TSV 刻孔技术是利用 Bosch 工艺、DRIE 工艺、KOH 或 TMAH 湿法腐蚀工艺、激光烧灼打孔、喷砂、激光诱导打孔等工艺中的一种或多种组合实现的。

其中，Bosch 工艺[1]最初主要应用于体硅 MEMS 器件的成型与释放步骤中，器件的刻蚀区域多是条状刻蚀面，待刻蚀深度一般小于 100μm，刻蚀侧壁面与刻蚀掩模表面呈垂直关系。在工程实践中，Bosch 工艺应用于体硅 MEMS 一般需要关注刻蚀速率、与不同掩模的刻蚀速率选择比、片内均匀性、刻蚀图形几何尺寸不同引起的刻蚀速率变化的 Lag 效应、刻蚀阻挡介质层面电荷积累引起的 Notching 效应、周期性刻蚀/钝化造成的周期性侧壁纹波等[2]。目前 MEMS 工艺多在 4in（1in = 2.54cm）晶圆至 8 英寸晶圆衬底上进行，而在涉及 IC 的 TSV 三维集成应用中硅晶圆尺寸为 6～12in 甚至更大，并且硅晶圆尺寸仍在持续增大。在采用大直径硅晶圆方面，MEMS 工艺比 IC 工艺发展相对滞后。考虑到这些因素，Bosch 工艺应用于 TSV 刻孔将面临特征形貌多样化、大尺寸硅晶圆刻孔、刻蚀效率等一系列新挑战。

Bosch 工艺可以实现孔径尺寸从亚微米至上百微米的垂直型 TSV 孔、锥形 TSV 孔、异性 TSV 孔等的加工，是加工 TSV 孔的常用技术手段[2, 3-11]。

随着 TSV 技术在三维 IC 的应用与发展，大尺寸硅晶圆上的小孔径（$\phi \leqslant 10\mu m$）、高密度（$10^3 \sim 10^6 pins \cdot cm^{-2}$）TSV 刻孔成为一个重要发展方向。周期性刻蚀/钝化造成的周期性侧壁纹波成为 Bosch 工艺在侧壁粗糙度优化时面临的不利因素。基于深反应离子刻蚀技术的硅各向异性刻蚀工艺的刻蚀侧壁平滑，也开始应用于小孔径、高密度的 TSV 刻孔。

TSV 转接板技术是从 TSV 技术衍生发展而来的，具有与待封装集成的微电子芯片相匹配的线宽尺寸、热膨胀系数等优点，有望在 2.5 维 IC 集成及涉及 IC、MEMS、功率器件、光电子器件等三维混合集成中获得广泛应用，已经成为 TSV 技术发展的重要方向。应用情况不同，TSV 转接板的 TSV 孔特征尺寸也不相同。就 TSV 转接板在 2.5 维 IC 集成的情况中，TSV 孔尺寸一般小于 100μm，深宽比一般小于 10，多采用 Bosch 工艺实现加工。而 TSV 转接板应用于 MEMS、高频功率器件、光电电子器件等三维集成或三维混合集成的情况下，TSV 孔形貌特征与尺寸一般需要根据 TSV 互连在热力学、高频电学等方面性能的表现来确定，在尺寸相对较大、形貌特征多样的情况下可以采用 Bosch 工艺、KOH 或 TMAH 湿法腐蚀等工艺中的一种或多种实现加工。激光打孔不需要制作掩模，可以实现高深宽比微孔（$\phi \geqslant 10\mu m$；深宽比≥10）的加工，有望在 TSV 转接板加工中获得应用[12-22]。

喷砂打孔多应用于玻璃晶圆打孔，可以应用于 TGV 转接板的制作。

本节将重点对 Bosch 工艺、深反应离子刻蚀技术、TMAH 湿法腐蚀工艺、激光打孔等 TSV 刻孔技术进行介绍，主要包括 TSV 刻孔原理、刻孔质量、关键机理、典型工艺故障与分析、刻孔技术发展趋势与未来发展方向等内容。

3.2.2 Bosch 工艺

Bosch 工艺通过 SF_6/C_4F_8 周期性刻蚀/钝化交替实现硅各向异性深刻蚀，刻蚀/钝化周期一般在几秒钟的量级，其中，SF_6 反应等离子源对硅衬底进行刻蚀，尽管这一刻蚀过程并不是理想的各向异性刻蚀，但是由于刻蚀时间短，刻蚀侧壁会形成一小段相对陡直但仍有一定弧度的波纹，如图 3.1（a）所示，C_4F_8 反应等离子源对刻蚀侧壁与衬底进行钝化保护，在刻蚀侧壁底部形成一层保形性好的钝化薄膜，如图 3.1（b）所示，接下来的刻蚀周期 SF_6 反应等离子源将首先把刻蚀底面的钝化薄膜刻蚀去除，由于 SF_6 反应等离子源的方向性，所以刻蚀侧壁钝化薄膜不会被全部去除，进而在刻蚀底面打开刻蚀窗口继续形成一小段相对陡直但存在一定弧度的刻蚀侧壁，如图 3.1（c）所示，多周期持续下去实现硅各向异性深刻蚀加工，如图 3.1（d）所示。图 3.2 是典型的 Bosch 工艺刻蚀/钝化周期的主要参数。图 3.3 是基于 Bosch 工艺制作的 TSV 孔实物剖面扫描电子显微镜照片，可以发现 TSV 孔侧壁上存在周期性纹波。TSV 孔侧壁纹波单周期长度与形状主要由刻蚀/钝化周期参数确定。

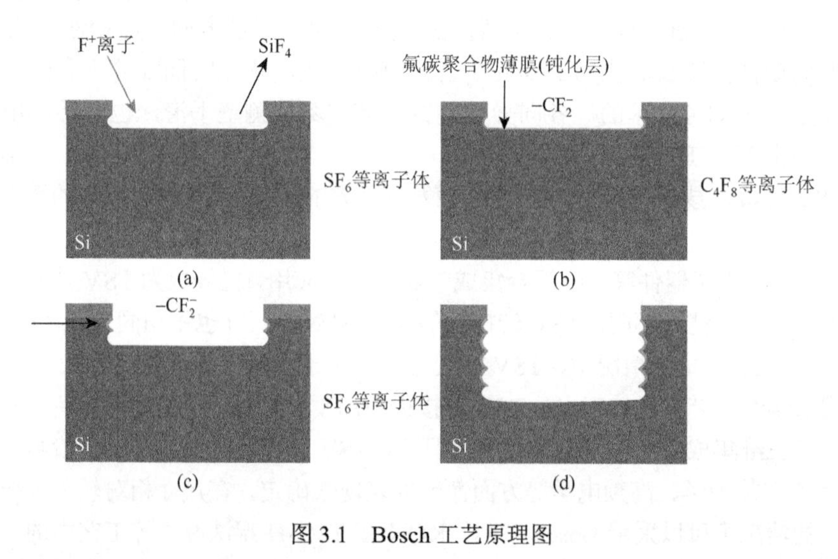

图 3.1　Bosch 工艺原理图

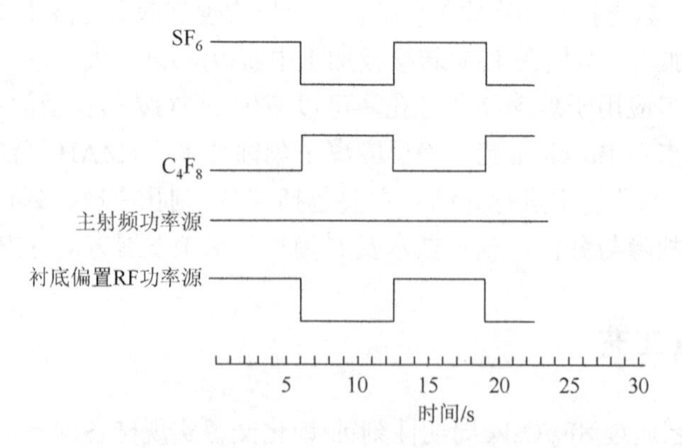

图 3.2　典型的 Bosch 工艺刻蚀/钝化周期的主要参数

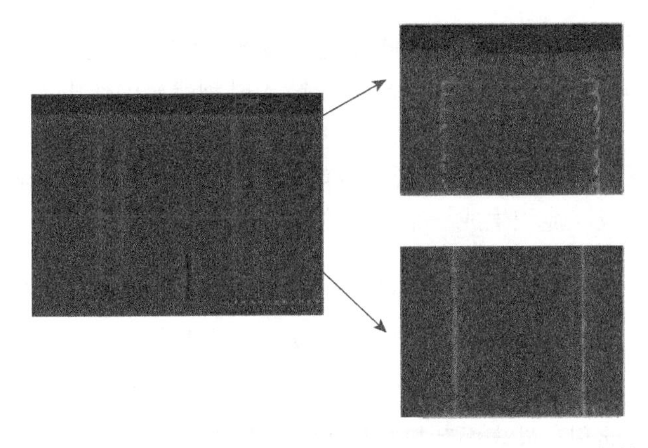

图 3.3　基于 Bosch 工艺制作的 TSV 孔实物剖面扫描电子显微镜照片

Bosch 工艺中 SF_6/C_4F_8 反应等离子源可以通过电感耦合等离子体（inductance coupling plasma，ICP）、电容耦合等离子体（capacitance coupling plasma，CCP）等方式生成。图 3.4 是基于 ICP 的反应等离子源的 Bosch 工艺反应室示意图。该反应室一般配置两组独立的工作频率为 13.56MHz 的射频功率源，其中一组提供给环绕反应室的电感线圈，用于产生 SF_6 反应等离子源，称为主射频功率源，另一组连接放置硅晶圆的电极，通过与主射频功率源配合以提高 SF_6 反应离子的方向

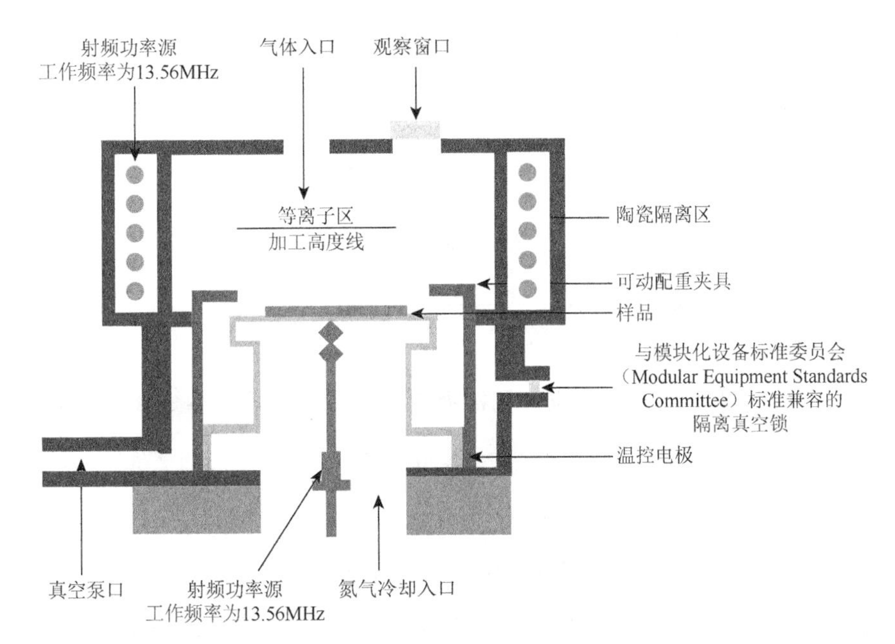

图 3.4　基于 ICP 的反应等离子源的 Bosch 工艺反应室示意图

性。工作状态下，反应室一般处于低真空状态下，在刻蚀/钝化周期分别通入反应气体（SF_6 气体与 C_4F_8 气体），反应气体在馈入射频能量的作用下产生反应等离子源，进行硅刻蚀与刻蚀面钝化。

在淀积步骤中，C_4F_8 气体离解，分解为 CF_x^+ 基、CF_x^- 基和活性 F^- 基等成分，随后发生聚合反应，淀积生成一个聚合物层。

$$C_4F_8 + e^- \to CF_x^+ + CF_x^- + F^- + e^- \tag{3.1}$$

$$nCF_x^- \to nCF_2(ads) \to nCF_2(sf) \tag{3.2}$$

式中，（ads）代表吸附态（adsorption）；（sf）代表表面淀积层（surface film）；钝化层 nCF_2（sf）淀积在硅表面和掩模层上，如图 3.5 所示。

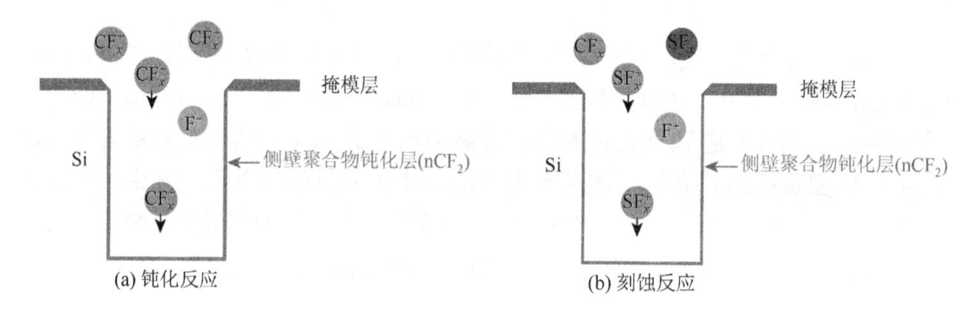

图 3.5　ICP 中的钝化反应和刻蚀反应[7]

在刻蚀步骤中，SF_6 在电子的撞击下，发生离解：

$$SF_6 + e^- \to S_xF_y^+ + S_xF_y^- + F^- + e^- \tag{3.3}$$

然后氟基与表面钝化层发生化学反应：

$$nCF_2(sf) + F^- \xrightarrow{\text{离子能量}} CF_x(ads) \to CF_x(g) \tag{3.4}$$

式中，(g) 代表气态（gas）。

F 基继续同硅发生刻蚀反应，包括吸附、生成物形成、生成物解吸附 (g)：

$$Si + F^- \to Si - nF \tag{3.5}$$

$$Si - nF \to SiF_x(ads) \tag{3.6}$$

$$SiF_x(ads) \to SiF_x(g) \tag{3.7}$$

上述 SF_6/C_4F_8 等离子体刻蚀/淀积中包含着六种基本的反应机制：纯化学刻蚀、物理溅射、化学溅射、离子增强化学刻蚀、离子增强抑制剂刻蚀、淀积。为了便于后续分析，刻蚀/沉积速率可以表示为

$$ER = ER_c + ER_{ps} + ER_{cs} + ER_{iic} + ER_{iii} \quad (3.8)$$

$$DR = DR_c \quad (3.9)$$

式中，ER为衬底表面总的刻蚀速率；ER_c为纯化学刻蚀的刻蚀速率分量；ER_{ps}为物理溅射刻蚀速率分量；ER_{cs}为化学溅射刻蚀速率分量；ER_{iic}为离子增强化学刻蚀速率分量；ER_{iii}为离子增强抑制剂刻蚀速率分量；DR为衬底表面总的淀积速率；DR_c为没有离子参与的纯化学淀积的速率。

上述将Bosch工艺过程中的反应机制分成六种不同的反应过程，并不意味着在Bosch工艺过程中只有其中某一种反应过程在进行。实际上，Bosch工艺中任何刻蚀/淀积反应都可能是上述某几种反应过程的组合，通过平衡这六种刻蚀反应机制，Bosch工艺的刻蚀方向性和选择性得到控制与调节。

结合上述的化学反应式可以发现：在钝化步骤中，CF_x^-是起到主要作用的化学基，CF_x^- CF_x^*纯化学淀积主要是表面反应机制。CF_x^+离子会在等离子体鞘层电压的加速下向衬底材料轰击，造成钝化膜损失。其中，等离子体鞘层电压由等离子体自偏压和外加偏压两部分构成，自偏压由等离子体自身特征参数决定，外偏压主要由衬底偏置射频源决定。工程应用中，钝化步骤中衬底偏置射频功率源功率一般较低，甚至设置为0W，而反应等离子体自偏压分量通常在十几伏的量级，离子轰击的能量是比较小的，因此，CF_x^+离子的轰击不会改变化学反应的机制，钝化步骤中CF_x^+离子的作用可以忽略。

在刻蚀步骤中，$S_xF_y^+$离子在等离子体鞘层电压加速下向衬底材料轰击，去除衬底材料，即构成物理溅射刻蚀速率分量ER_{ps}。另外，$S_xF_y^+$离子轰击也会对化学机制发生起到辅助作用，即构成离子增强化学刻蚀速率分量ER_{iic}。$S_xF_y^+$离子在等离子体鞘层电压加速下向刻蚀衬底底部轰击，侧壁承受的轰击作用弱，承受较强轰击的衬底上的聚合物和硅容易与F^-化学基发生化学反应被快速去除，而承受较弱轰击的侧壁材料不易与F^-化学基发生化学反应，得以保存下来。工程应用中，可以通过调节衬底偏置射频功率源与主射频功率源来调节等离子体鞘层电压，进而调控刻蚀步骤中$S_xF_y^+$轰击作用与F^-化学基的反应等机制的强弱。当然，也可以通过反应腔室压强与反应气体分压进行调节，反应室压强决定了反应室内气体分子平均自由程参数，反应分子平均自由程越长，反应分子方向性越不容易受到破坏，有利于各向异性硅刻蚀。

Bosch工艺效果与质量一般通过刻蚀速率、不同掩模刻蚀速率选择比、刻蚀侧壁倾角与侧壁粗糙度、片内均匀性与一致性等指标参数进行评估分析，其中，主射频功率源与衬底偏置射频功率源、SF_6/C_4F_8反应气体流量配比与交替周期时间、反应室压强等工艺参数对Bosch工艺质量有决定性的影响[2]。

TSV孔尺寸与平面布局也会影响Bosch工艺的刻孔效果[23, 24]。图3.6是Bosch

工艺刻孔中的 Lag 效应[3]。从图 3.6 中可以发现：经过同样的刻蚀历程后，孔径大的 TSV 盲孔的深度比孔径小的 TSV 盲孔深度大，这一现象即 Bosch 工艺刻孔中的 Lag 效应在 TSV 刻孔上的典型表现。Lag 效应的主要原因是反应离子输运能力受刻蚀结构尺寸的影响，刻蚀开口的线宽越小，随着刻蚀进行反应离子输运难度越大，造成刻蚀速率变小。

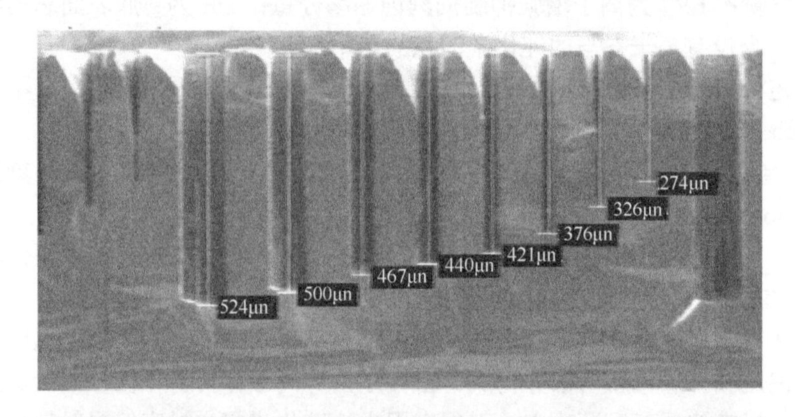

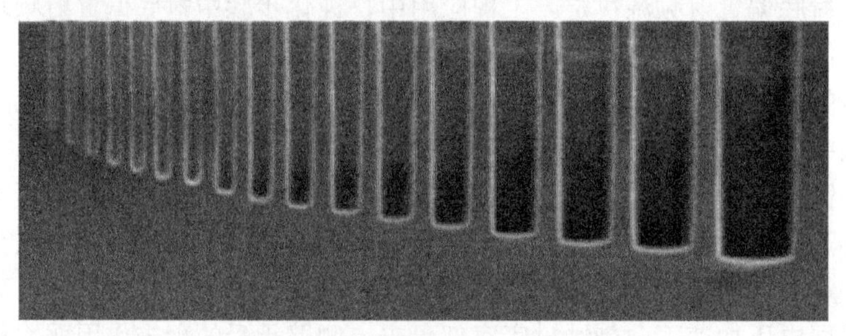

图 3.6　Bosch 工艺刻孔中的 Lag 效应[3]

Bosch 工艺刻蚀硅过程中，刻蚀贯穿硅层到达下面的非导电材料层时，会发生横向刻蚀及斜上方刻蚀，损伤刻蚀结构底与侧壁，这一效应称为 Footing 效应。Footing 效应的主要原因是带电离子在非导电材料层积累，使反应离子发生反射，造成刻蚀侧壁底部横向刻蚀。图 3.7 是 Bosch 工艺刻蚀 SOI 晶圆贯穿器件硅层到达 SiO_2 埋氧层时产生的横向刻蚀，即 Footing 效应[2]。

Bosch 工艺主要应用于制作垂直 TSV 孔，刻孔质量一般可以通过对 TSV 孔的刻蚀速率、TSV 孔径/深宽比、侧壁倾角、侧壁纹波、片内均匀性等方面的表现进行评估分析。为了评估刻孔质量，试验中可以在硅片不同位置进行随机抽测分析。图 3.8 是 6in 硅晶圆上不同位置制作的 TSV 孔的检测剖面结果。表 3.1～表 3.5 是不同批次不同晶圆不同位置上制作的 TSV 孔的试验检测数据。

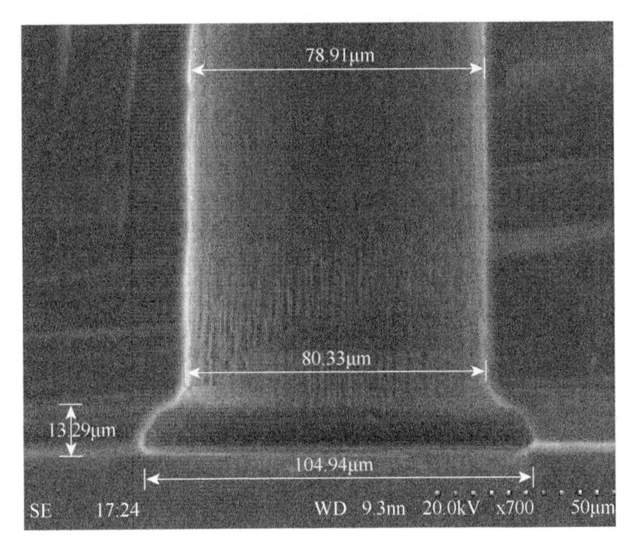

图3.7　Bosch工艺中的Footing效应[2]

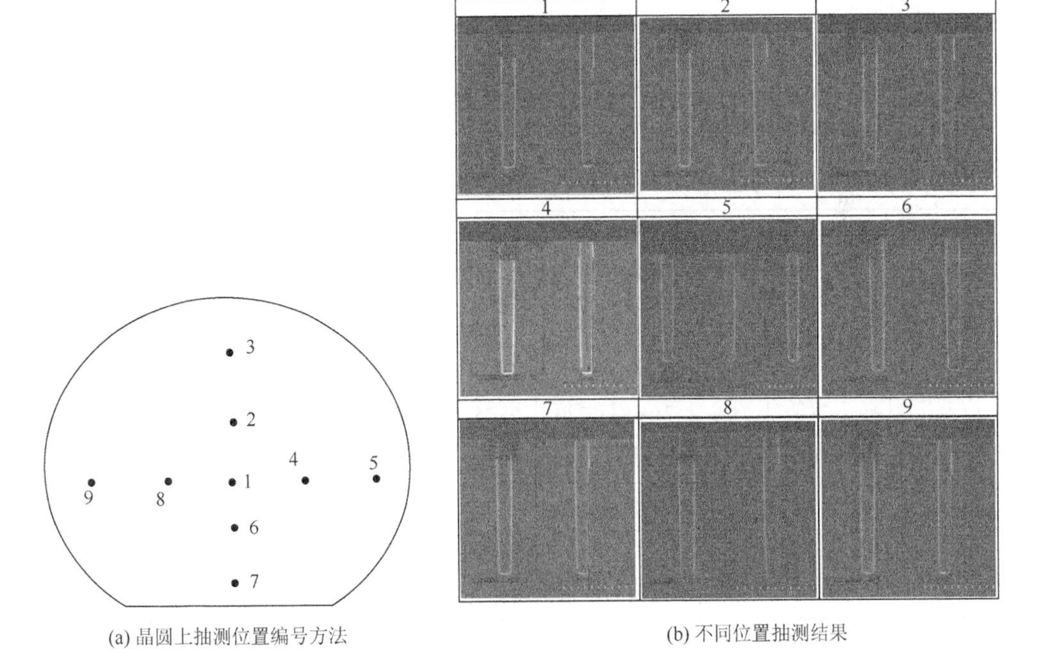

(a) 晶圆上抽测位置编号方法　(b) 不同位置抽测结果

图3.8　6in硅晶圆上不同位置制作的TSV孔的检测剖面结果

TSV孔直径为10μm；深度为70μm

表 3.1　不同批次不同晶圆位置上制作的 TSV 孔的刻蚀速率测量结果

测试条件	片号	项目	结果
片内	01 号	刻蚀速率/(m/min)	1.48
		刻蚀速率均匀性/%	0.60
	02 号	刻蚀速率/(m/min)	1.41
		刻蚀速率均匀性/%	0.55
	03 号	刻蚀速率/(m/min)	1.4
		刻蚀速率均匀性/%	0.51
片间	01 号、02 号和 03 号	刻蚀速率/(m/min)	1.43
		刻蚀速率均匀性/%	3.00

注：01 号、02 号、03 号分别为不同批次中随机抽测的硅晶圆。

表 3.2　不同批次不同晶圆位置上制作的 TSV 孔的刻蚀孔径测量结果

片号	设计值/μm	晶圆位置/μm									平均值/μm	均匀性/%
		1	2	3	4	5	6	7	8	9		
01 号	10±1	9.9206	9.7403	9.3795	9.7222	9.7403	9.3795	9.5238	9.3795	9.7403	9.614	2.10
02 号	10±1	9.72	9.52	9.92	9.72	9.67	9.52	9.72	9.74	9.92	9.7167	1.47
03 号	10±1	9.92	9.56	9.92	9.74	10.1	10.1	9.74	9.56	9.92	9.84	2.07

表 3.3　不同批次不同晶圆位置上制作的 TSV 孔的深度测量结果

片号	晶圆位置/μm									平均值/μm	均匀性/%
	1	2	3	4	5	6	7	8	9		
01 号	73.41	74.07	74.40	73.41	73.61	73.25	73.45	73.53	73.38	73.61	0.51
02 号	71.03	70.44	70.83	70.24	70.44	70.24	70.44	70.17	70.44	70.47	0.40
03 号	69.26	69.26	70.17	69.62	69.62	70.35	69.99	69.81	69.99	69.79	0.55

表 3.4　不同批次不同晶圆位置上制作的 TSV 孔的侧壁倾角测量结果

片号		01 号	02 号	03 号
晶圆位置/(°)	1	88.99	89.12	88.57
	2	89.02	89.39	89.20
	3	88.72	88.93	88.87
	4	89.79	89.26	88.18
	5	90.21	88.63	89.27

续表

片号		01 号	02 号	03 号
晶圆位置/(°)	6	88.19	89.60	89.61
	7	88.41	88.98	89.81
	8	89.45	88.52	89.16
	9	89.19	88.68	88.66
平均值/(°)		89.11	89.01	89.04
最大值/(°)		90.21	89.60	89.81
最小值/(°)		88.19	88.52	88.18

表 3.5　不同批次不同晶圆位置上制作的 TSV 孔的侧壁粗糙度测量结果

片号	位置	晶圆位置/nm								平均/nm	最大值/nm		最小值/nm
		1	2	3	4	5	6	7	8	9			
01 号	槽口	0	0	28	0	0	0	0	0	0	3	28	0
	中间	0	0	12	0	0	0	0	0	0	1	12	0
	槽底	0	0	0	0	0	0	0	0	0	0	0	0
02 号	槽口	48	0	48	69	72	54	45	63	56	51	72	0
	中间	0	0	0	0	0	0	0	0	0	0	0	0
	槽底	40	48	0	0	0	40	48	40	45	29	48	0
03 号	槽口	54	63	45	63	45	72	54	63	54	57	72	45
	中间	0	0	0	0	0	0	0	0	0	0	0	0
	槽底	0	40	60	0	0	46	40	0	0	21	60	0

Bosch 工艺应用于制作垂直 TSV 孔的实践中的典型故障有 TSV 孔底部长草、TSV 孔形貌异常、TSV 孔侧壁异常等几种情况，这些故障一般与刻蚀面初始状态、刻蚀/钝化周期工艺参数稳定性等因素有关。图 3.9（a）是底部长草的 TSV 孔，图 3.9（b）是侧壁异常出现微孔洞的 TSV 孔。TSV 孔底部长草、形貌/侧壁异常会引起后续 TSV 填充工艺故障、TSV 互连电性能漂移和可靠性等问题。TSV 孔侧壁的孔洞缺陷一般认为是 Bosch 工艺钝化周期钝化不良造成的钝化缺失或者沉积钝化物薄膜内的微小孔洞缺陷引起的，钝化缺失或薄膜内微小孔洞缺陷导致周围钝化膜消耗在刻蚀过程中可引起侧壁硅刻蚀，在 TSV 孔侧壁形成孔洞，如图 3.10 和图 3.11 所示。

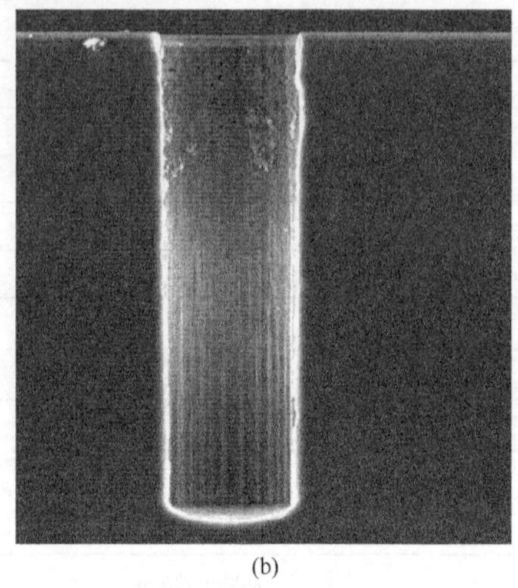

(a)　　(b)

图 3.9　基于 Bosch 工艺的垂直 TSV 刻孔工艺典型故障

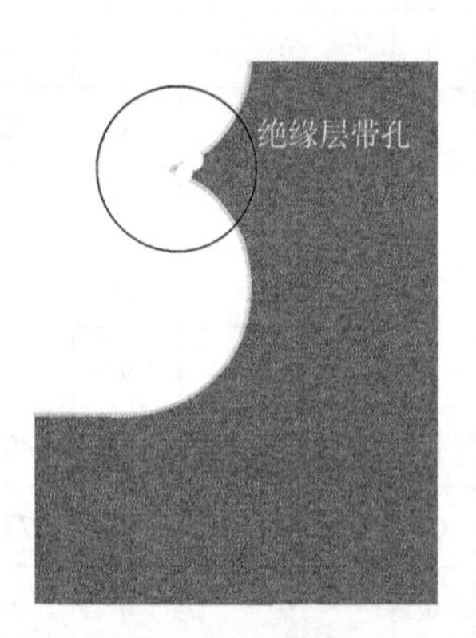

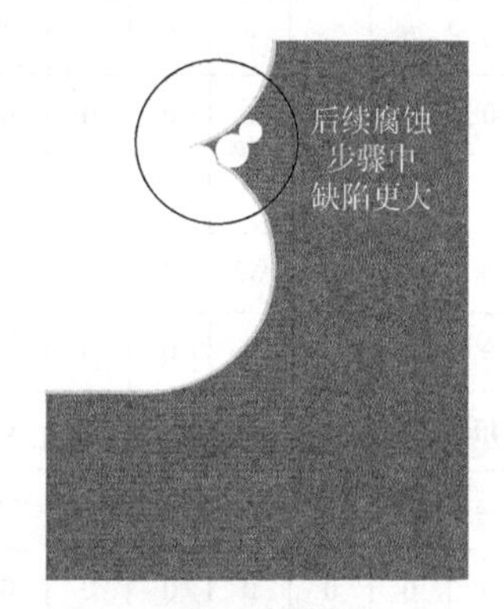

图 3.10　钝化层缺失导致 TSV 孔侧壁形成孔洞[23]

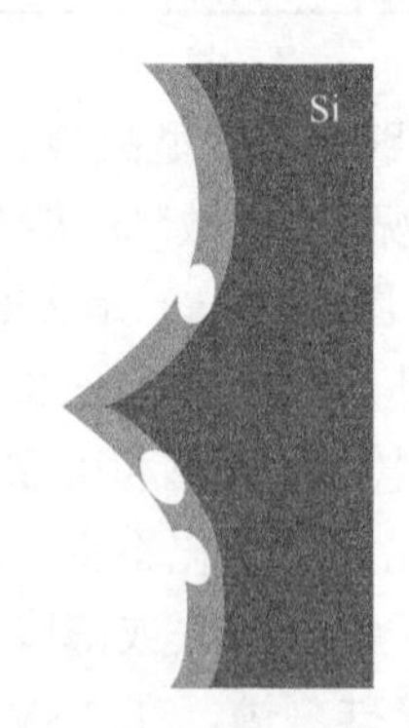

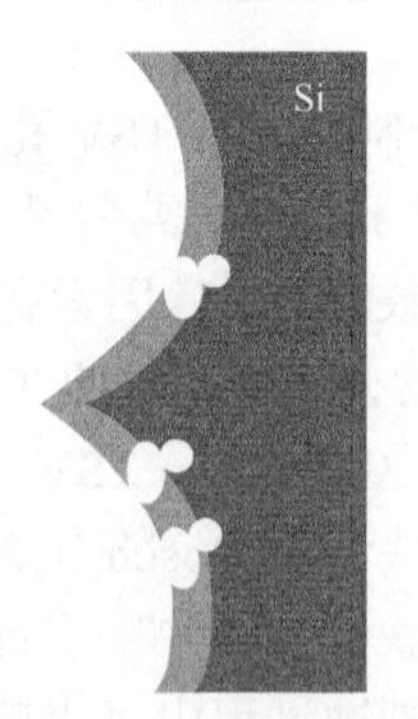

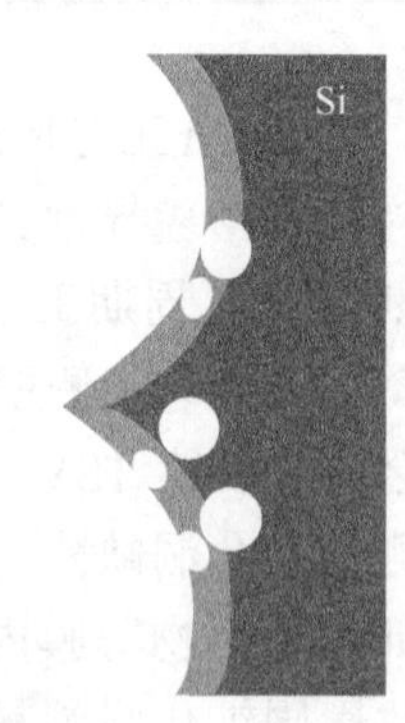

图 3.11　钝化层存在气泡导致 TSV 孔侧壁形成孔洞[23]

Bosch 工艺制作的垂直 TSV 孔孔径覆盖微米级至几百微米量级，应用广泛。其中，小尺寸、高密度的垂直 TSV 孔主要应用在三维 IC 领域，大尺寸晶圆、形貌控制与侧壁粗糙度优化、高工艺控制精度等是现阶段 Bosch 工艺应用于小尺寸垂直 TSV 孔工艺发展的方向。中大尺寸垂直 TSV 孔主要应用于 TSV 转接板、射频 MEMS、功率器件、光电子、微纳传感器等三维集成中，高刻蚀速率、形貌控制与侧壁粗糙度优化等是现阶段 Bosch 工艺应用于中大尺寸垂直 TSV 孔的主要发展方向。

利用 Bosch 工艺、SF_6 与钝化气体混合同步反应离子刻蚀工艺制作非垂直 TSV 孔，如锥形 TSV 孔、异型 TSV 孔等[3-11]。图 3.12（a）是通过 Bosch 工艺先刻蚀然后结合平面 ICP 刻蚀工艺调整孔型制作的锥形 TSV 孔[9]。图 3.12（b）是先使用 Bosch 工艺刻蚀然后使用 SF_6/O_2 混合气体 RIE 刻蚀制作的锥形 TSV 孔[6-8]。图 3.12（c）

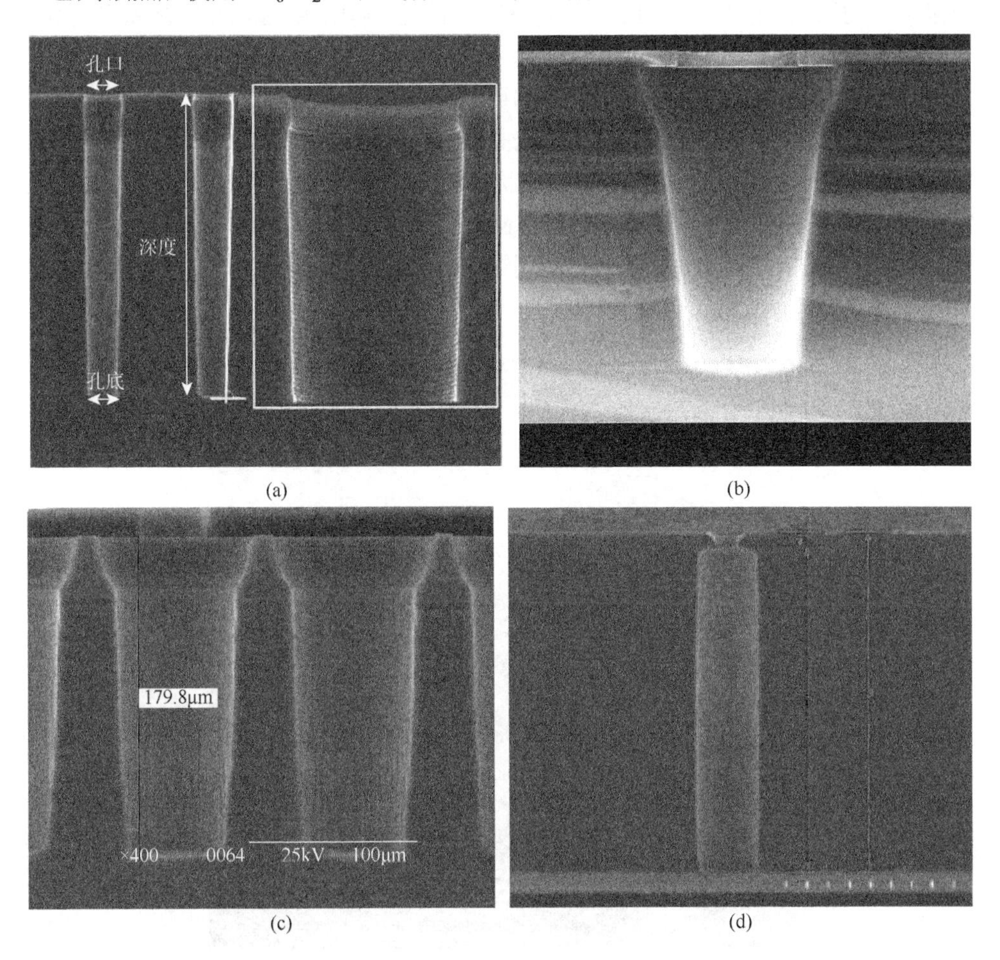

(e)

图 3.12　典型锥形 TSV 孔剖面 SEM 照片

是先使用基于 SF_6 与钝化混合气体的 RIE 刻蚀工艺然后结合 Bosch 工艺制作的开口呈锥形的 TSV 孔[4]。图 3.12（d）是在硅片两面分别采用 Bosch 工艺和采用 SF_6 与钝化气体的 RIE 刻蚀工艺制作的异型 TSV 孔[13]。图 3.12（e）是先用基于 SF_6 与钝化混合气体的 RIE 刻蚀工艺然后利用 Bosch 工艺制作的异型 TSV 孔[10]。

Bosch 工艺也可以通过与硅湿法腐蚀工艺结合制作异型 TSV 刻孔，如双铰链状 TSV 孔等。图 3.13 是典型的双铰链状 TSV 互连实物剖面 SEM 照片[12]。双铰链状 TSV 孔是在硅衬底两表面上利用 TMAH 或 KOH 腐蚀等各向异性腐蚀工艺分别制作锥状深坑，然后利用 Bosch 硅刻蚀工艺在两表面上分别进行深硅刻蚀，直至实现贯穿。

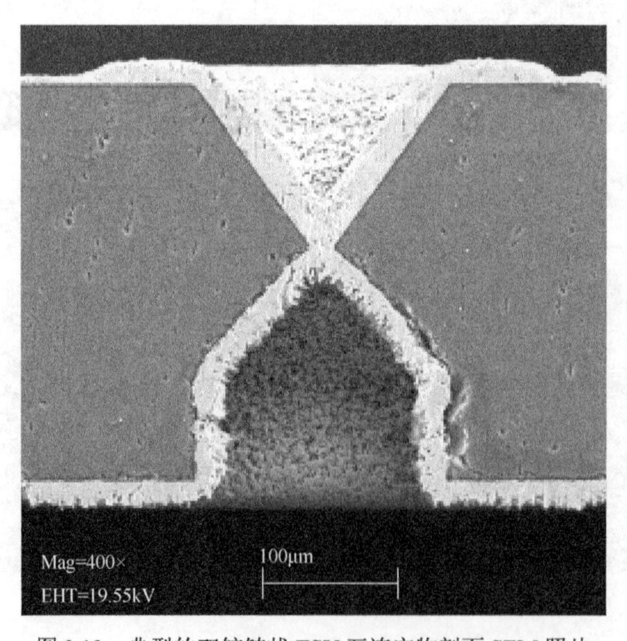

图 3.13　典型的双铰链状 TSV 互连实物剖面 SEM 照片

目前，锥形TSV和异型TSV孔在降低后续绝缘材料/导电材料填充难度，以及提高工艺效率、性能与可靠性优化等方面具有一定作用。但是，随着绝缘材料/导电材料填充工艺发展及新填充技术的出现，这方面的作用或优势有可能会消失。但是，随着TSV技术逐渐应用于MEMS、功率器件、光电子、微纳米传感器与执行器等领域，相信未来锥形TSV和异型TSV孔在满足TSV三维集成多样化需求等方面仍将发挥重要作用。随着技术发展，小尺寸锥形TSV孔刻孔也是一个重要的发展方向，有望在TSV三维IC集成方面获得应用。

3.2.3 其他刻孔技术

非Bosch的硅深反应离子刻蚀工艺指基于硅刻蚀气体（SF_6、HBr、Cl等）与钝化气体（C_4F_8、O_2、Ar、HBr等）混合气体的反应离子刻蚀技术，混合反应气体可以通过电感耦合或电容等方式激发产生高密度反应等离子体源，结合辅助电磁场增强等方式调控反应离子方向性与刻蚀面形貌[14, 15]。反应室压强、反应气体配比、射频功率源、辅助电磁场、衬底温度等因素会对刻蚀形貌产生决定性影响，TSV孔形貌特征与布局、衬底电阻率也会影响刻孔质量。由于不存在刻蚀/钝化周期交替，所以刻蚀侧壁不存在周期性纹波，相对平滑。图3.14是基于HBr反应气体的采用磁增强电容耦合反应等离子刻蚀工艺制作的锥形TSV孔照片[14]。图3.15是基于SF_6/O_2反应气体的通过双射频功率源调控的反应离子刻蚀工艺制作的锥形TSV孔照片[15]。

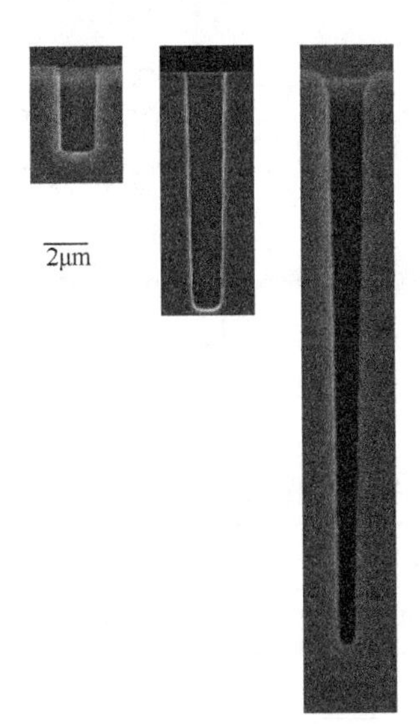

图3.14 基于HBr反应气体的采用磁增强电容耦合反应等离子刻蚀工艺制作的锥形TSV孔照片

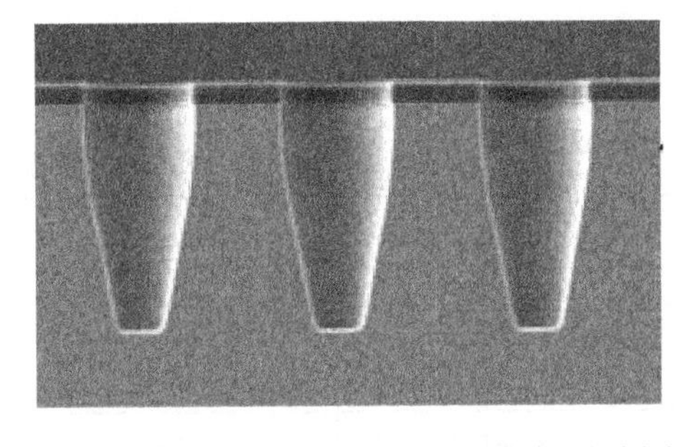

图3.15 基于SF_6/O_2反应气体的通过双射频功率源调控的反应离子刻蚀工艺制作的锥形TSV孔照片

基于激光打孔技术的 TSV 刻孔指利用一定波长的激光束以脉冲方式多次照射硅衬底，使照射区域的温度急剧升高产生熔化气化实现照射区域材料的去除。图 3.16 是利用激光打孔技术制作的 TSV 孔实物样品的剖面 SEM 照片。目前应用于 TSV 刻孔的激光器主要有纳秒激光、皮秒激光、飞秒激光等，参见表 3.6[16-20]。飞秒激光能够提供高脉冲能量，可以在小于典型的热化时间范围内（亚皮秒）实现相当高的脉冲能量，热扩散距离短，工艺表面的热输入可忽略，热损伤小。短脉冲周期还有助于缩短激光束与激光等离子体发生作用的时间，确保激光能量全部作用于目标，效率高。图 3.17 是利用长脉冲激光器和短脉冲激光器加工的 TSV 孔剖面形貌[16]。从图 3.17 中可以发现，长脉冲激光加工的 TSV 孔剖面侧壁可以观测到热损伤层，而短脉冲激光加工的 TSV 孔样品上没有观测到热损伤层。除了激光脉冲能量与脉宽等参数，TSV 孔形貌特征主要与打孔过程中激光脉冲重复次数有关。实践发现，在打孔过程中随着重复次数的增加，硅去除速率也存在下降的现象[20]。目前，打孔效率、与 TSV 三维集成工艺兼容等是激光打孔技术应用于 TSV 刻孔面临的现实问题。

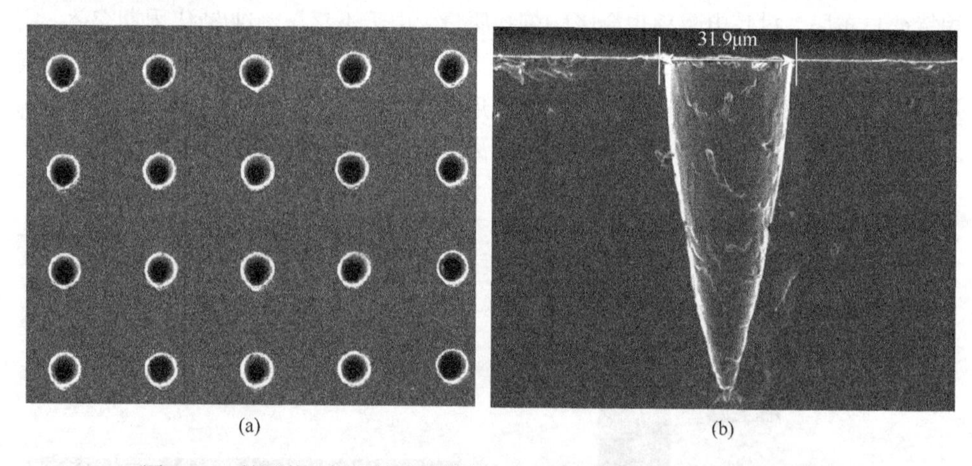

图 3.16　利用激光打孔技术制作的 TSV 孔实物样品的剖面 SEM 照片

表 3.6　应用于 TSV 刻孔的主要激光器的技术参数与加工指标

激光类型	纳秒激光	皮秒激光	飞秒激光
型号	Nd:YAG	Nd:YAG	TitaniumSapphire
波长	1.06μm	532nm	775nm
脉冲时间	190ns	16ps	＜500fs
平均功率	50W	400mW	84mW

续表

激光类型	纳秒激光	皮秒激光	飞秒激光
脉冲频率	3kHz	30kHz	1kHz
通孔直径	75μm	50μm	100μm
通孔深度	约为500μm	约为500μm	90μm
打孔技术	脉冲钻孔	套孔	套孔

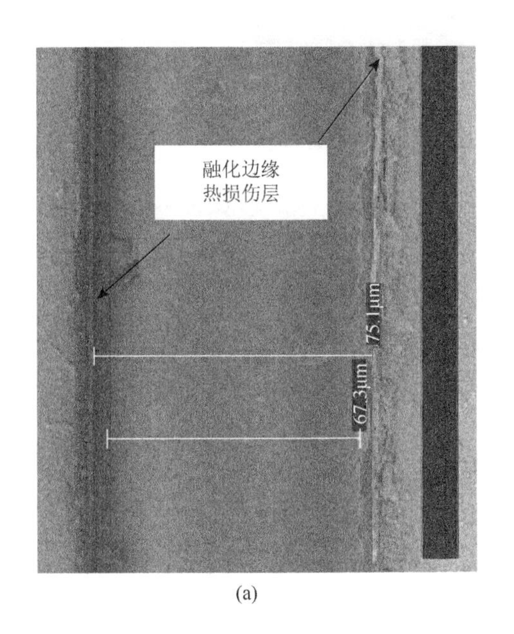

(a)

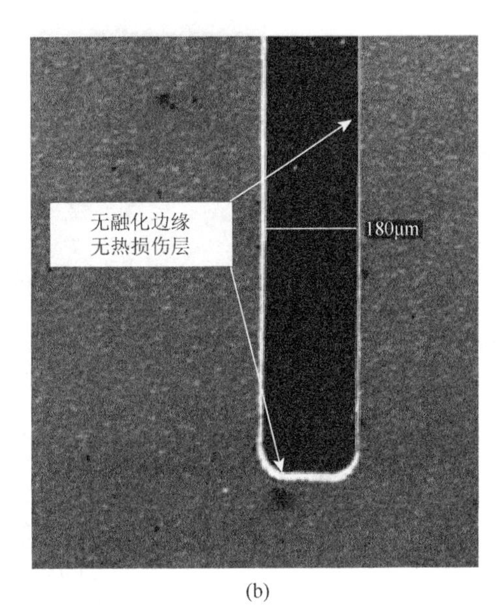

(b)

图3.17　利用长脉冲激光器和短脉冲激光器加工的TSV孔剖面形貌

喷砂刻孔采用掩模板作为遮挡保护，通过高速颗粒物轰击玻璃衬底实现掩模板图形转移至玻璃衬底上，图形转移深度控制精度低，侧壁与表面水平方向夹角约为70°，最小孔径约为100μm，深宽比一般在1左右，侧壁面粗糙度在≥100nm量级，多应用于玻璃打孔。

激光诱导打孔方法分为两个步骤：①用激光对玻璃进行辐射改性；②在HF溶液中刻蚀，由于激光辐射改性区反应速率较高，HF溶液选择性蚀刻玻璃。扫描电镜观察的激光辐射改性区的微观形貌与玻璃通孔截面图如图3.18所示。

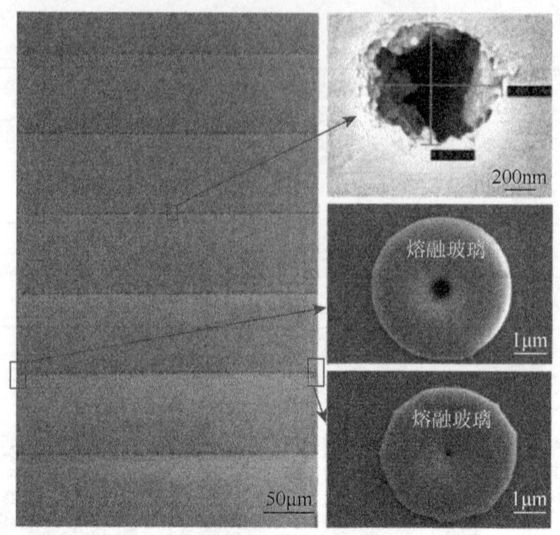

(a) 激光幅射改性区的微观形貌

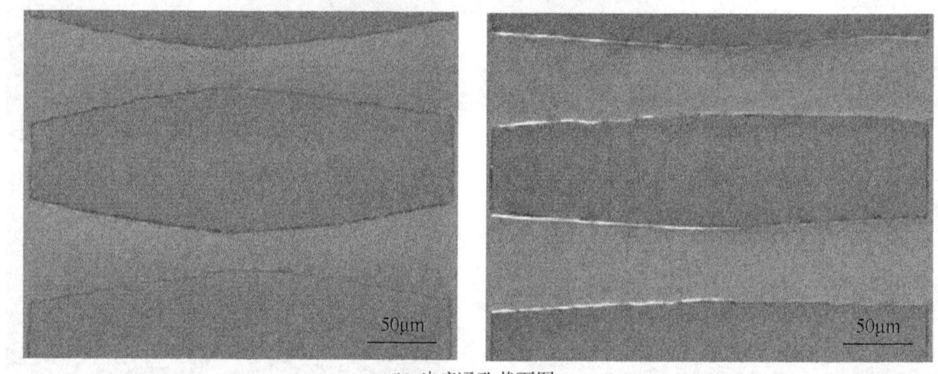

(b) 玻璃通孔截面图

图 3.18　激光诱导加工玻璃形貌

3.2.4　小结

Bosch 工艺刻孔具有批量化、与 TSV 三维集成工艺兼容等优点，在 TSV 刻孔中应用广泛。随着小尺寸 TSV 技术的（$\phi \leqslant 10\mu m$）应用与发展，Bosch 工艺将面临大尺寸晶圆（$\phi \geqslant 8in$）刻蚀情况下一致性、均匀性、形貌控制精度等方面的挑战，非 Bosch 工艺的硅反应离子刻蚀工艺可能会成为这一应用领域的竞争性技术。提高工艺效率与兼顾形貌质量将是 Bosch 工艺在中大尺寸 TSV（$\phi \geqslant 40\mu m$）刻孔应用的主要发展方向。

激光打孔在 TSV 孔尺寸、形貌、侧壁粗糙度等方面提高很快，但是目前与 Bosch 工艺等半导体刻蚀工艺相比仍然存在一定差距。更重要的是，TSV 三维集成工艺兼容性、打孔效率等仍是其广泛应用的关键的限制性因素。

喷砂工艺在中大尺寸打孔方面具有一定的优势，如何提高孔深度控制精度、侧壁粗糙度、工艺效率等是影响其应用的关键因素。

就 TSV 孔形貌/粗糙度而言，随着绝缘材料/金属材料填充工艺的发展，未来垂直型 TSV 孔的应用范围将进一步扩大，小尺寸锥形 TSV 孔将成为竞争性技术，异型 TSV 孔将有望继续在满足特殊电学、热力学可靠性等方面发挥一定作用。

3.3 TSV孔绝缘工艺

3.3.1 引言

TSV 孔绝缘工艺是实现 TSV 电互连的关键，对 TSV 互连性能有决定性的影响。TSV 孔绝缘材料主要有氧化硅、氮化硅、有机聚合物等。氧化硅可以通过氧化工艺、低压化学气相沉积（low pressure chemical vapor deposition，LPCVD）、等离子体增强化学气相沉积（plasma enhanced chemical vapor deposition，PECVD）等工艺制作。氮化硅可以通过 LPCVD、PECVD 等工艺制作。有机聚合物可以通过物理气相沉积、旋涂等方法制作。TSV 孔绝缘材料一般可以通过绝缘薄膜保形性、连续性、致密性、黏附性、残余应力、电学特性等方面的表现进行评估，这些方面的表现也是决定其应用的依据。TSV 三维集成工艺应用情形不同，TSV 孔绝缘材料制作工艺方案也不同，需要依据 TSV 三维集成工艺兼容性、工艺效率等整体情况确定选择。

氧化工艺温度高，一般在 700～1400℃，薄膜质量好，可以在 TSV 孔侧壁形成连续的 SiO_2 层，多应用于无源 TSV 转接板制作中，工艺相对成熟。PECVD 沉积 SiO_x 实现 TSV 孔具有沉积工艺温度低、与三维集成工艺兼容性好的特点，是 TSV 孔内壁绝缘的常用手段。为了实现高质量 TSV 孔绝缘层制作，针对设备、材料、工艺等不同层面的解决方案被开发出来，如基于 ICP 高密度等离子体的化学气相沉积技术被用来提高沉积氧化硅填充 TSV 孔的工艺质量、加快旋涂保形沉积有机聚合物材料的研发等[21, 24-28]。

结合作者的科研实践，本节对采用 PECVD 沉积 SiO_x 实现 TSV 孔绝缘进行介绍。

3.3.2 PECVD 沉积 SiO_x 实现 TSV 孔绝缘

PECVD 沉积 SiO_x 工艺中衬底晶圆一般控制在 100～400℃以提高 SiO_x 晶核

在衬底上的活性，主要采用经惰性气体（N_2、Ar、He 等）稀释一定比例的硅烷（SiH_4）或四乙氧基硅烷（$C_8H_2O_4Si$、TEOS）等作为反应气体，反应气体输送至反应室，通过电容耦合方式，反应室气体获得高频电磁能量实现激活、电离，在反应室内发生化学反应生成 SiO_x 晶核，生成的 SiO_x 晶核吸附在晶圆衬底上生长成 SiO_x 薄膜，如图 3.19 所示。式（3.10）和式（3.11）分别是基于 SiH_4 和 TEOS[$(C_2H_5O)_4$]的 PECVD 沉积过程中发生的化学反应方程式。

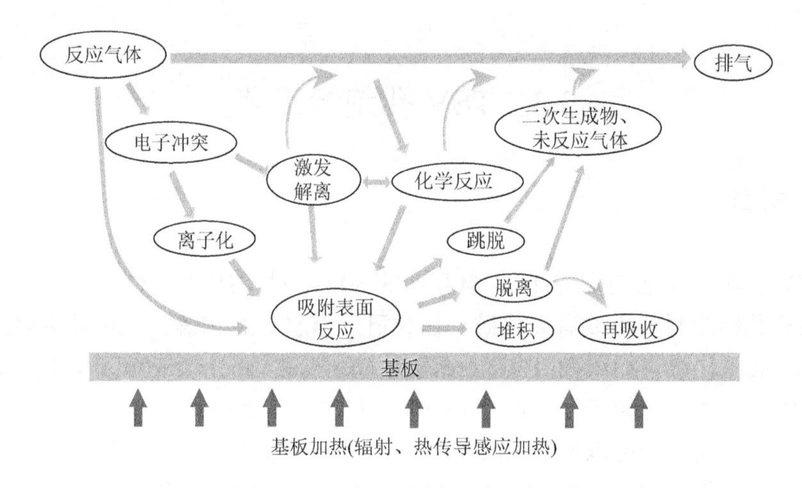

图 3.19 PECVD 沉积 SiO_x 原理图

$$SiH_x + N_2O \rightarrow SiO_x(+ H_2 + N_2) \tag{3.10}$$

$$Si\text{-}(C_2H_5O)_4 + N_2O(\text{或 } O_2) \rightarrow SiO_x(+ H_2 + CO_x + N_2) \tag{3.11}$$

图 3.20 是 PECVD 沉积 SiO_x 工艺反应腔示意图。调控与平衡 SiO_x 晶核生成与 SiO_x 晶核在衬底上生长两种机制是实现高质量 SiO_x 薄膜沉积的关键。反应气体成分配比、反应室压强、反应室等离子密度与能量等对 SiO_2 晶核生成具有决定性的作用。反应等离子密度/能量/角度方向分布、反应室压强、晶圆衬底温度等对 SiO_x 在衬底上的生长有决定性作用，直接影响填充 TSV 孔的 SiO_x 薄膜的连续性、保形性、粗糙度等。

PECVD 沉积 SiO_x 实现 TSV 孔绝缘质量可以通过沉积的 SiO_x 薄膜材料与 TSV 孔侧壁的黏附性、薄膜的台阶覆盖/保形性/连续性、侧壁表面粗糙度、薄膜残余应力、薄膜电学特性等方面的表现进行评估分析。TSV 孔侧壁薄膜台阶覆盖、保形性、连续性、侧壁表面粗糙度等可能会影响后续电镀铜种子层沉积工艺质量，TSV 孔侧壁薄膜电学特性、力学特性会影响 TSV 互连电学性能与可靠性。TSV 孔侧壁沉积薄膜与衬底黏附性可以通过纳米压痕仪等进行测试分析。TSV 孔沉积薄膜残

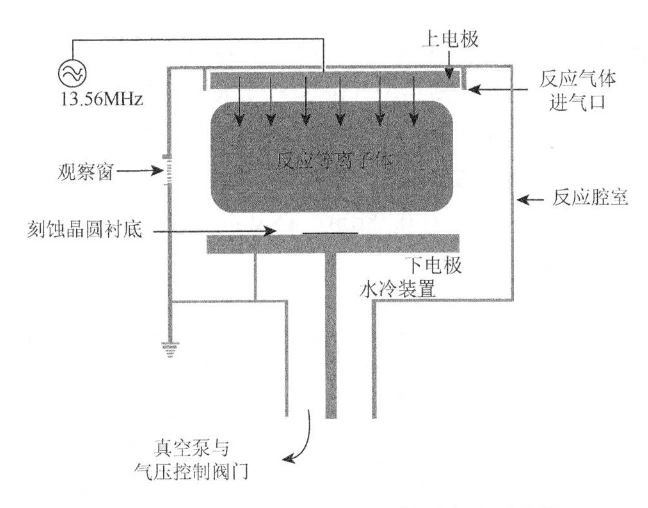

图 3.20 PECVD 沉积 SiO_x 工艺反应腔示意图

余应力可以通过应力仪进行测试分析或通过设计测试结构等进行测试分析。TSV 孔沉积薄膜形貌特征检测一般需制作 TSV 剖面样品，然后利用扫描电子显微镜和光学显微镜等进行测量分析，或者使用聚焦离子束技术进行 TSV 孔剖面形貌测量分析，根据测量数据对台阶覆盖、保形性、连续性、侧壁表面粗糙度等进行评估分析。图 3.21 是基于 SiH_x 的 PECVD 沉积 SiO_x 填充 TSV 孔试样剖面 SEM 照片。

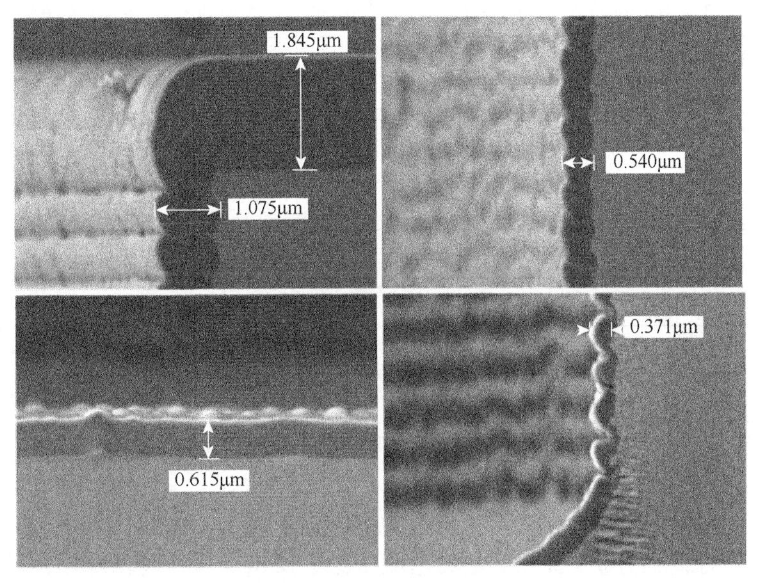

图 3.21 基于 SiH_x 的 PECVD 沉积 SiO_x 填充 TSV 孔试样剖面 SEM 照片

为了较为全面客观地评估 TSV 孔沉积的 SiO_x 绝缘层，研究应用中多随机抽取晶圆进行多点测试，表 3.7 是采用 TEOS 作为反应物基于 PECVD 沉积 SiO_x 实现 TSV 孔绝缘（直径 $\phi = 10\mu m$，深度 $h = 70\mu m$，设计厚度 $t = 0.8\mu m$）的测试数据，可以发现 TSV 孔侧壁顶部薄膜厚度约为 0.85μm，侧壁中部薄膜厚度约为 0.36μm，侧壁底部薄膜厚度约为 0.28μm，TSV 孔底部薄膜厚度约为 0.40μm，厚度偏差 U 控制在 5%以内。

表 3.7 采用 TEOS 作为反应物基于 PECVD 沉积 SiO_x 实现 TSV 孔绝缘的测试数据

01 号（单位：μm）

位置编号	1	2	3	4	5	6	7	8	9	平均值	U%
侧壁顶部	0.846	0.856	0.843	0.891	0.843	0.826	0.833	0.873	0.863	0.853	2.39
侧壁中部	0.345	0.364	0.369	0.369	0.371	0.324	0.360	0.365	0.361	0.359	4.22
侧壁底部	0.297	0.289	0.279	0.289	0.27	0.262	0.275	0.287	0.285	0.281	3.88
底部	0.416	0.387	0.405	0.396	0.405	0.405	0.396	0.426	0.396	0.404	2.92

02 号（单位：μm）

位置编号	1	2	3	4	5	6	7	8	9	平均值	U%
侧壁顶部	0.870	0.851	0.859	0.869	0.827	0.859	0.859	0.847	0.851	0.855	1.52
侧壁中部	0.377	0.368	0.361	0.352	0.381	0.366	0.355	0.367	0.367	0.366	2.54
侧壁底部	0.297	0.283	0.282	0.289	0.270	0.262	0.275	0.287	0.285	0.281	3.88
底部	0.400	0.403	0.381	0.401	0.402	0.424	0.396	0.384	0.404	0.399	3.11

03 号（单位：μm）

位置编号	1	2	3	4	5	6	7	8	9	平均值	U%
侧壁顶部	0.855	0.827	0.859	0.877	0.845	0.857	0.847	0.859	0.859	0.854	1.59
侧壁中部	0.360	0.368	0.346	0.360	0.364	0.369	0.362	0.394	0.369	0.366	3.48
侧壁底部	0.285	0.287	0.287	0.285	0.285	0.288	0.298	0.285	0.288	0.288	1.44
底部	0.403	0.423	0.404	0.405	0.406	0.403	0.406	0.405	0.405	0.407	1.53

注：01 号、02 号、03 号分别为不同批次中随机抽测的硅晶圆。

TSV 孔绝缘效果可以通过侧壁绝缘层击穿电压、泄漏电流、寄生电容等电学参数进行评估分析。图 3.22 是典型侧壁绝缘层击穿电压与泄漏电流测试结构。图 3.23 是 TSV 泄漏电流随扫描电压的变化关系。根据测量的泄漏电流与电压的关系，参考设定容许泄漏电流阈值，可以提取侧壁绝缘层的击穿电压数值。

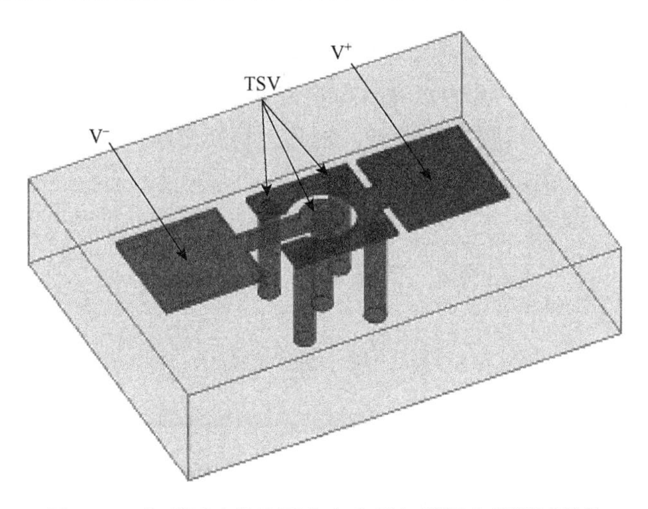

图 3.22　典型侧壁绝缘层击穿电压与泄漏电流测试结构

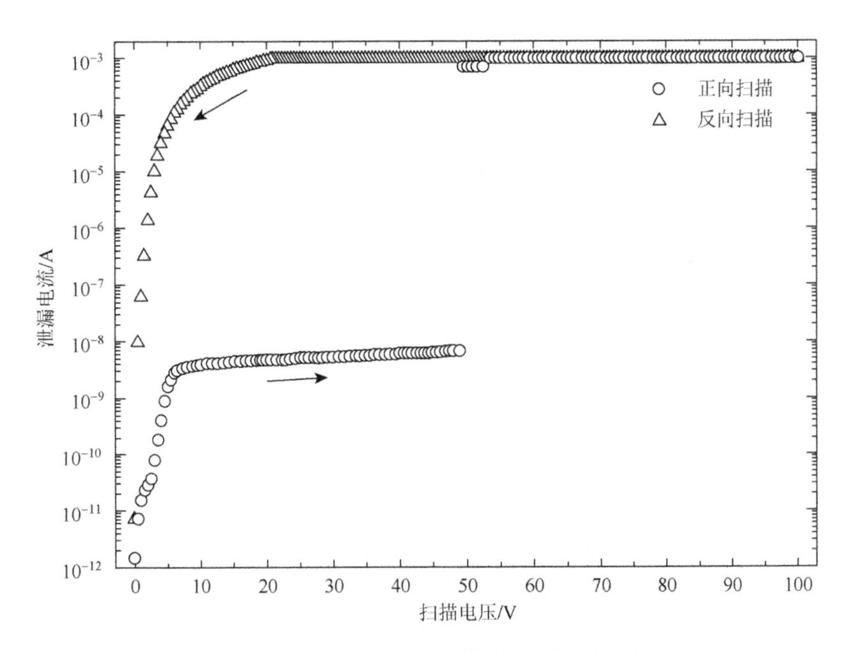

图 3.23　TSV 泄漏电流随扫描电压的变化关系（击穿电压为 49V）

3.3.3　小结

氧化工艺可以在 TSV 孔侧壁生长保形性好、电绝缘特性好的 SiO_2 薄膜，但是氧化工艺温度高，一定程度上限制了在 TSV 孔绝缘中的应用范围。PECVD SiO_2、SiO_x 薄膜的工艺温度低，是实现 TSV 孔绝缘的常用技术手段。

随着高密度 TSV 技术的应用与发展，TSV 孔径达到微米量级，深宽比为 10，在小孔径高深宽比的 TSV 孔内填充具有良好保形性、连续性、一致性的高质量绝缘材料将成为一个技术难题，从设备、工艺、材料多学科交叉中探索解决方法将不失为明智的选择[29-40]。

3.4 TSV 孔金属化

3.4.1 电镀铜工艺简介

TSV 孔金属化材料包括重掺杂多晶硅、钨、铜、金、导电浆料等。电镀铜填充 TSV 孔是实现 TSV 孔金属化常用的技术手段[67]。LPCVD 沉积钨填充 TSV 孔、LPCVD 沉积重掺杂多晶硅填充 TSV 孔等也应用于实现 TSV 电互连。与钨 TSV 互连、多晶硅 TSV 互连相比，铜 TSV 互连具有电阻率低、抗电迁移能力好、与 IC 后端工艺继承性好等特点，在 TSV 三维集成中应用较为广泛[41-50]。

电镀铜工艺指待镀样品浸于含有铜离子的电镀液中，施加负电压作为阴极，电镀液中另一铜质的板材施加正电压作为阳极，阴极与阳极通电构成回路，铜阳极失去电子被氧化成铜离子进入镀液，电镀液中带正电的铜离子在电场力的作用下向阴极移动，在阴极得到电子被还原成为铜原子淀积到阴极表面上，形成铜薄膜，电镀铜工艺原理图如图 3.24 所示。

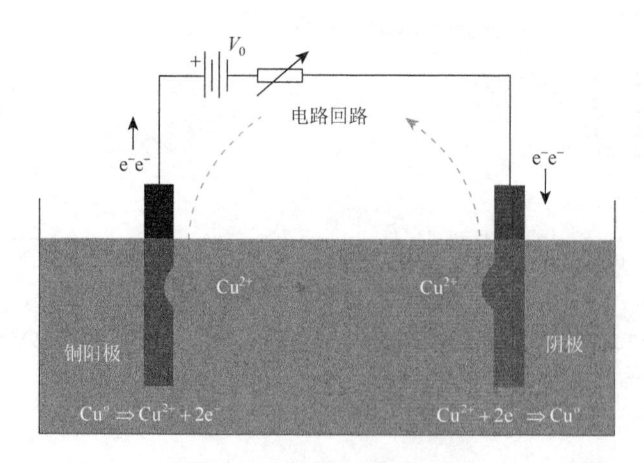

图 3.24 电镀铜工艺原理图

$$Cu-2e^- \rightarrow Cu^{2+} \tag{3.12}$$

$$Cu^{2+} + 2e^- \rightarrow Cu \tag{3.13}$$

电镀铜过程本质上是一种电化学反应过程，电镀过程中阴极铜离子的沉积主要包括传质、表面转化、电化学、新相生成等步骤。在这些步骤中，一般把离子放电后固定位置并形成新相的过程称作电结晶过程。电结晶过程是在电场的存在下进行的，电场起着决定性的影响作用。除此之外，电结晶过程还受到阴极表面状态、溶液中进行的化学与电化学过程等因素的影响。这意味着，在电镀开始时阴极表面需要有适合电结晶的初始金属层，即种子层。

电结晶是一种在运动、变化着的电极表面上沉积、结晶的过程。严格地说这个过程包含了沉积和结晶两个方面。前者包括溶液中的离子向电极运动、放电并进入晶格的过程，后者则包括各个离子放电后如何结合并形成新的晶体或在原有的晶体上生长的过程，即结晶过程。

在晶核已经形成后，按照理想情况，晶体各个面的成长和新晶面的形成是有规则地进行的。落入晶体表面上的粒子（离子、原子或分子），可能立刻转回溶液中去，也可能吸附在晶面上不同的位置，并且吸附粒子首先占有能量最低的位置。晶体的成长是由生长点到生长线一排排地完成的。每一层晶面长满以后，生长点和生长线都消失了，以作为新晶面建造的起点。实际的金属表面上总是存在大量的位错，沿着位错生长，生长线可以永不消失。沿着位错生长是电结晶过程中多晶沉积占优势的原因。

反应粒子在电极形成金属晶体的同时进行着结晶核心的生成和成长过程，这两个过程的速度决定了金属结晶的粗细程度。在电镀过程中，当晶核的生成速度大于晶核的成长速度时，就能获得结晶细致、排列紧密的镀层。晶核的生成速度大于晶核成长速度的程度越大，镀层结晶越细致、紧密；否则，结晶越粗大。电流密度对电结晶效果有直接影响。一般来讲，阴极电流密度过低时，阴极极化作用小，镀层的结晶晶粒较粗。阴极电流密度增大，阴极极化作用随之增大（极化数值的增加量取决于各种不同的电镀溶液），镀层结晶变得细致紧密。但是阴极上的电流密度不能过大，极限电流下，金属的淀积速率受输运的限制，若阴极电位低到足以使溶液中其他粒子发生阴极过程，则会产生新的阴极反应（如析氢），这不仅使电流利用率大大降低，还会产生不合格的镀层。阴极附近严重缺乏金属离子时，在阴极的尖端和凸出的地方会产生形状如树枝的金属镀层，或者在整个阴极表面上产生形状如海绵的疏松镀层。

电镀铜工艺在半导体领域应用历史悠久，铜大马士革工艺已经应用于 IC 后端金属化制程。但是，电镀铜填充 TSV 孔中阴极表面存在大量 TSV 盲孔，TSV 孔直径小、深宽比高，在传统的铜大马士革工艺、多层线路板（multilayered printed circuit board，MLB）工艺中可近似为平面阴极，两者的特征尺寸和工艺参数显然存在质的不同，归纳在表 3.8 中，这种特殊的阴极形貌对阴极铜薄膜生长动力学过程造成不可忽视的影响，对电镀过程中阴极薄膜生长的动力学过程的精准控制提出了更高的要求。铜大马士革工艺电镀表面铜离子浓度与电镀液浓度几乎相同，镀层表面电势分布也几乎相同。而 TSV 孔内铜离子浓度随着 TSV 的深度增加而减小，孔底部的电势也会由于镀液的原因而下降，这会导致 TSV 孔底部电镀速率比孔表面电镀速率低，而且 TSV 孔表面和开口处具有更好的电荷传输条件，容易出现电流集聚，导致 TSV 孔并未实现完全填充之前便已经封口，造成夹断现象。

表 3.8　铜大马士革工艺与 TSV 工艺的特征尺寸和工艺参数

工艺参数	大马士革工艺	TSV 工艺
特征尺寸	＜0.1μm	1～100μm
深宽比	2～5	2～10
比表面积	约为 0.005	约为 5
扩散时间	＜10s	＜10min
填充时间	＜10s	10～120min
是否存在铜损耗	否	是
是否存在欧姆压降	否	是

大量小尺寸高深宽比 TSV 孔给阴极表面连续种子层制作提出了挑战。种子层质量对后续电镀铜填充 TSV 孔至关重要。电镀铜填充 TSV 孔的种子层需要满足以下条件：第一，种子层需要较低的电阻率[51-55]，自然界常用的金属导电性能由强到弱的排列顺序是银、铜、金、铝、镍，考虑到银和金均为贵金属，以及 IC 制造工艺的兼容性，常用铜作为种子层；第二，种子层必须具有良好的连续性[56-60]，在 TSV 孔的表面、侧壁、底部都需要连续的种子层覆盖，通常在 TSV 扇贝状波纹轮廓的下方和底部很难保障其连续性；第三，种子层需要具有合适的厚度，太薄面临连续性问题，太厚则可能导致应力、与衬底结合的黏附性及沉积工艺难度增大等问题。目前，国内外多采用溅射、金属有机物化学气相沉积（metal organic chemical vapor deposition，MOCVD）等工艺沉积制作电镀铜填充 TSV 孔所需的种子层，也可以选择溅射钌（Ru）等制作电镀铜填充 TSV 孔所需的种子层[61-68]。

铜在 SiO_2 介质中扩散速度很快，扩散至 SiO_2 介质层会导致介电性能严重退化。铜扩散入硅衬底会对载流子产生陷阱效应，影响半导体器件电学特性，造成性能退化。再考虑到铜和 SiO_2 材料层之间的黏附性，目前在制作电镀铜种子层之前多采用相同工艺制作 Ta、TaN/Ta、TiN、TiW、Cr、Ti 等[69-73]作为扩散阻挡层、黏附层。

图 3.25 是目前国内外公开的采用溅射工艺和 CVD 工艺可以制作 TSV 孔阻挡层/种子层的几何参数范围。由于 CVD 多采用气相反应物，腔室工艺温度高，更容易进入高深宽比孔的内部，反应生成的种子层能量大，再分布能力好，可以在

较小尺寸、更高深宽比 TSV 孔内制作连续阻挡层/种子层。但是，CVD 制备 TSV 阻挡层/种子层时，一些副产品也会沉积到种子层里，种子层纯度变低，电阻变大，另外其成本相对较高[70]。目前，较主流的方法是利用溅射工艺，能够在 TSV 孔内沉积并保持复杂合金原组分，可沉积高温熔化和难熔的金属，在晶圆表面沉积的薄膜均匀，种子层纯度高、成本低[67]。

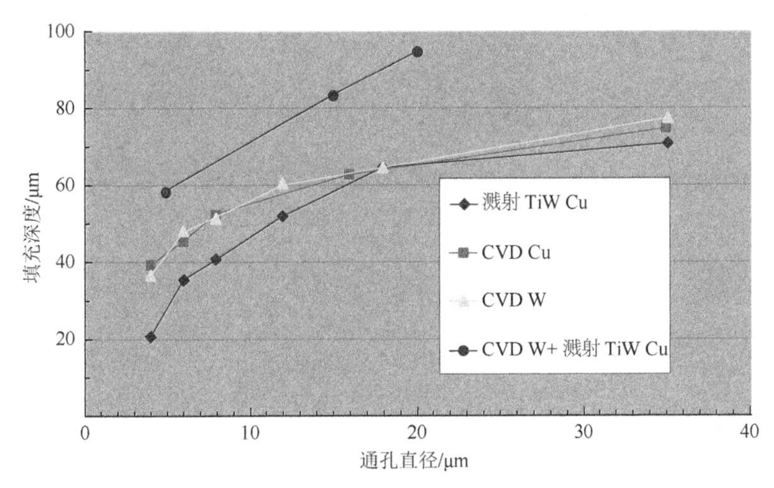

图 3.25　目前国内外公开的采用溅射工艺和 CVD 工艺可以制作 TSV 孔阻挡层/种子层的几何参数范围[72]

随着 TSV 尺寸缩小、深宽比增大，溅射工艺制作阻挡层/种子层难度增大，一方面小尺寸、大深宽比（≥10∶1）造成离子输运困难、引起 TSV 孔底部种子层不连续；另一方面 Bosch 工艺周期性刻蚀形成 TSV 孔侧壁扇贝状波纹轮廓也会引起覆盖困难，溅射离子到达不了扇贝状波纹轮廓的下方[69]，如图 3.26 所示。对于小尺寸、高深宽比 TSV 孔（≤10μm，深宽比＞10∶1）电镀铜种子层制作，原子层沉积工艺（atomic layer deposition，ALD）具有非常良好的共形沉积能力，沉积的种子层纯度比 CVD 高，电阻比 CVD 小，是潜在的解决方案[67]。

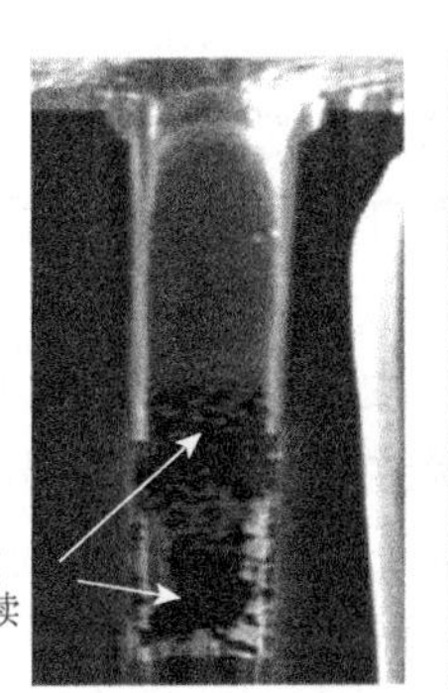

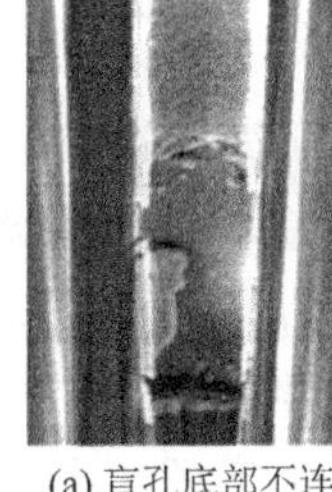
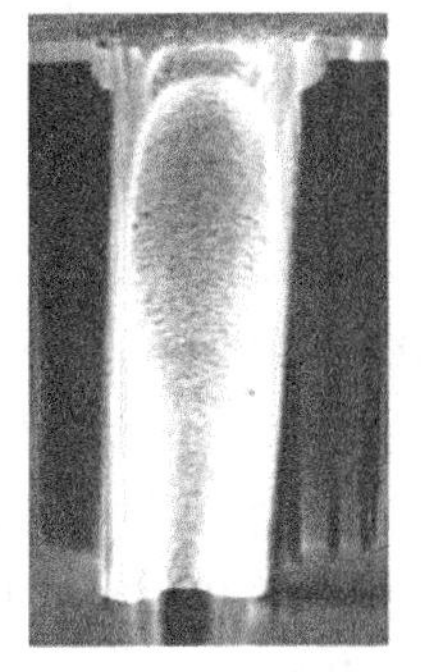

(a) 盲孔底部不连续

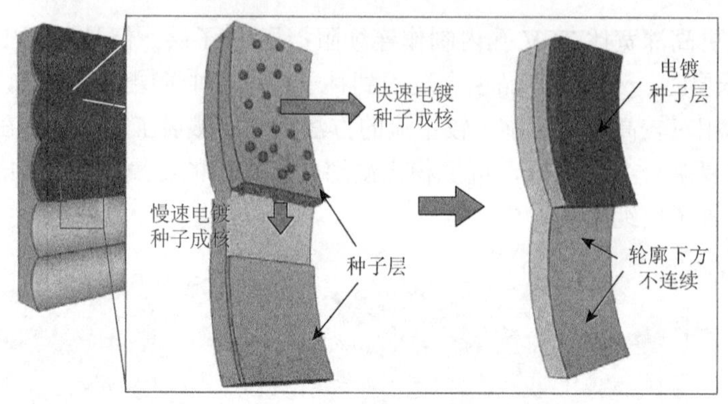

(b) 轮廓下方不连续[71]

图 3.26　TSV 种子层不连续的主要情况

下面将结合作者实践对溅射工艺制作 TSV 孔电镀铜阻挡层/种子层、电镀铜填充工艺展开进一步介绍。

3.4.2　溅射工艺制作 TSV 孔电镀种子层

传统直流磁控溅射技术，一般采用磁控管激发等离子体密度提高溅射速率，金属离子化率低，金属粒子方向性差，主要应用于平面薄膜沉积，TSV 孔容易出现孔内金属层连续性问题。为了解决传统溅射技术应用于微孔填充时面临的开口金属凸出及孔内薄膜连续性问题，主要在设备层面通过提高对溅射金属离子化率、离子能量、方向分布等方面的控制，协调平衡金属离子溅射沉积机制与反溅射去除机制，实现 TSV 孔内金属层可控生长[51, 52]。

目前，针对高深宽比微孔内的金属材料沉积，主要有长距溅射、离子化金属等离子体溅射（ionized metal plasma，IMP）等技术[26, 27]。其中，长距溅射是指靶材与晶圆的距离与硅片尺寸在相当量级，辅以腔室内准直，溅射金属离子以较高能量射入晶圆上微孔，利用入射离子在微孔侧壁的反射机制改善微孔内金属薄膜的连续性与完整性。但是，长抛溅射目标和准直通常会降低粒子溅射到晶片上的数量，降低溅射沉积率与工艺效率，同时，准直的高能量金属离子还引起晶圆温度升高，影响薄膜的连续性[53, 54]。

离子化金属等离子溅射技术主要通过 ICP 激发或 CCP 激发高密度等离子体，提高溅射金属的离子化率，高密度金属离子经过离子体鞘层电压加速后，在衬底偏置负电位的吸引作用下，以较为集中的方向分布入射至 TSV 孔内，孔内侧壁的二次反射会改善侧壁金属的连续性。ICP 等离子体密度一般为 10^{11}～$10^{12}$$\mathrm{cm}^{-3}$，等离子体鞘层相对高，溅射工作气体离子化率高、能量高，相应地可以显著地增加

溅射原子的离子化率。相较而言，CCP 等离子体的等离子浓度低，相应的溅射离子化率要低于 ICP 等离子体。当然，等离子体溅射过程是一个复杂的物理过程，并非单纯的金属离子化率越高越好，除了金属离子与工作气体离子的溅射机制，金属离子与工作气体离子的反溅射刻蚀机制对溅射工艺质量也有重要的影响，中性溅射金属离子对于这些机制具有一定的调控作用。

如图 3.27 所示，在国产离子化金属等离子溅射机台上，本书进行了在 TSV 孔（直径为 15μm、深宽比为 4）内制作 Ta/TaN/Cu 扩散阻挡层/种子层的试验。如图 3.28 所示，结合后续电镀试验，可以制作深宽比 8 以内的 TSV 孔内种子层。溅射过程中，被加速的入射离子（溅射金属离子、工作气体-氩离子等）持续轰击会引起衬底的温度升高，会导致薄膜表面粗糙，工作气体-氩离子也可能会嵌入膜内，这需要在工艺开发中多加注意。

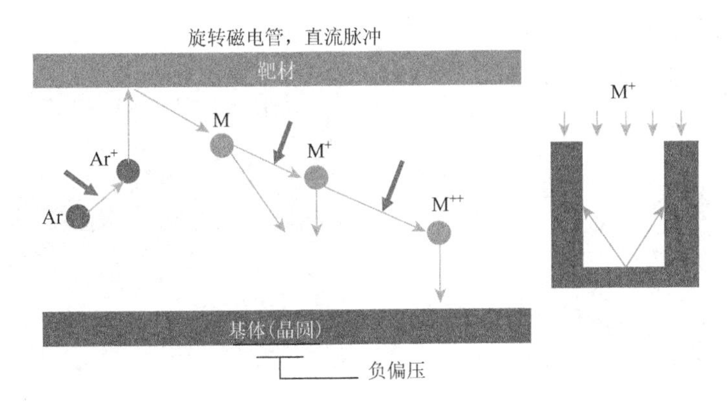

图 3.27　采用高离子化金属等离子体溅射工艺制作 TSV 孔 Ta/TaN/Cu 扩散阻挡层/种子层

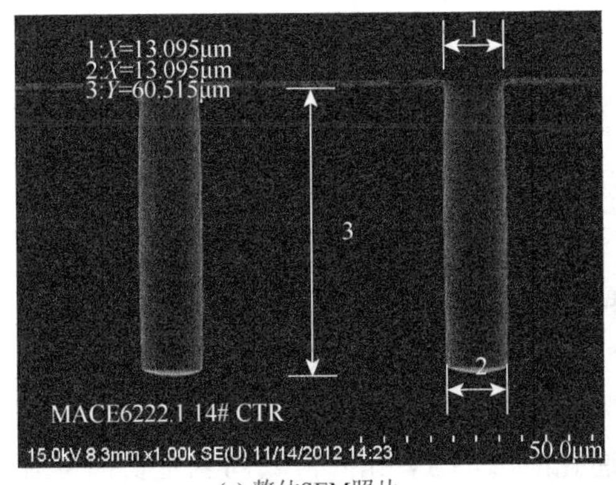

(a) 整体SEM照片

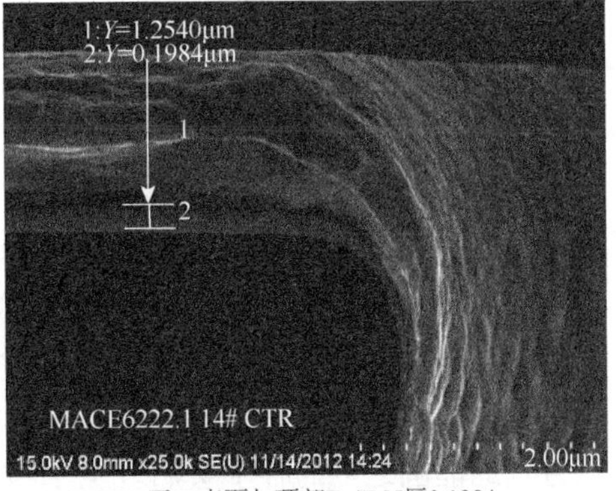

(b) TSV开口表面与顶部Ta/TaN厚0.1984μm，Cu厚1.2540μm

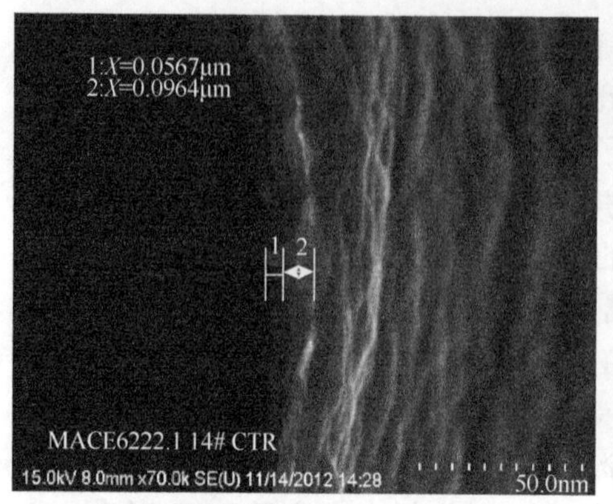

(c) TSV孔侧壁顶部Ta/TaN厚0.0567μm，Cu厚0.0964μm

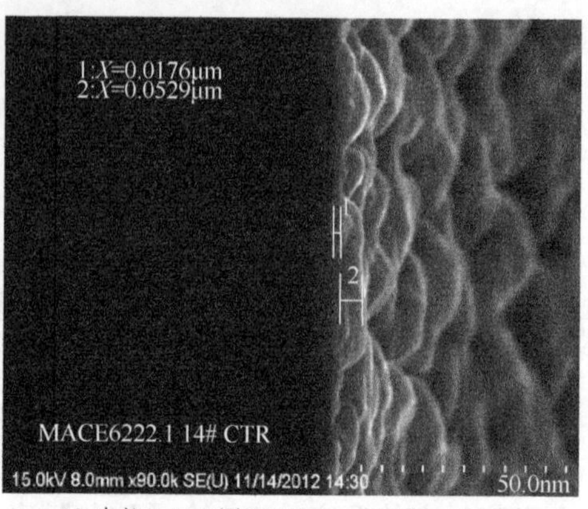

(d) 中部Ta/TaN厚0.0176μm，Cu厚0.0529μm

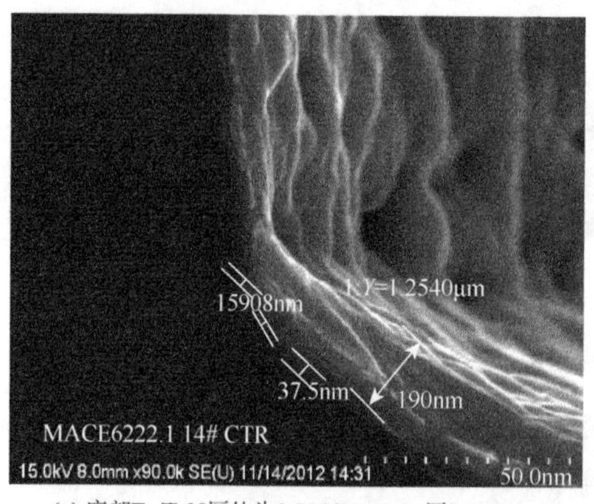

(e) 底部Ta/TaN厚约为0.0375μm，Cu厚0.190μm

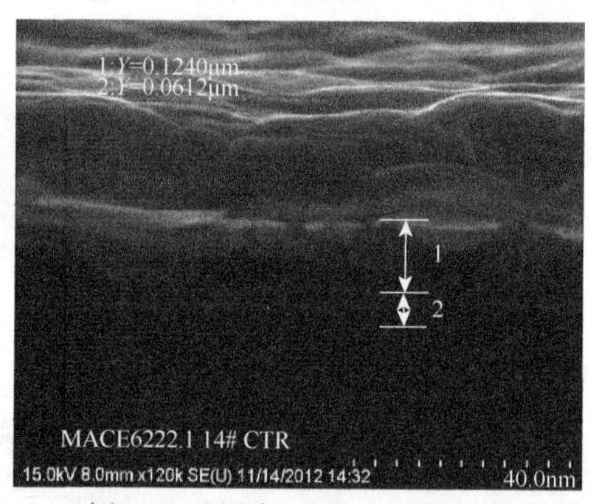

(f) 底部Ta/TaN厚约为0.1240μm，Cu厚0.0612μm

图 3.28 高离子化金属等离子体溅射工艺制作电镀铜填充 TSV 孔阻挡层/种子层

3.4.3 电镀铜填充 TSV 孔

目前，三维集成应用中，电镀铜填充 TSV 孔大致有两种情形，一种是 TSV 盲孔表面填充，另一种是自底向上填充，如图 3.29 所示。其中，前者是在 TSV 盲孔内表面制作连续电镀铜扩散阻挡层/种子层后进行电镀铜，TSV 盲孔内表面铜金属层逐步增厚，形成实心微铜柱或中空微铜柱，如图 3.29（a）所示。TSV 孔表面填充形式也可以在阻挡层与种子层步骤后制作电镀掩模。后者是利用制作在第三方辅助晶圆之上的种子层贴合至 TSV 通孔晶圆，TSV 孔内自底向上生长铜金属层，形成实心微铜柱，见图 3.29（b）。两者相比，TSV 盲孔表面填充工艺简单，与 IC 后端金属化工艺兼容性好。

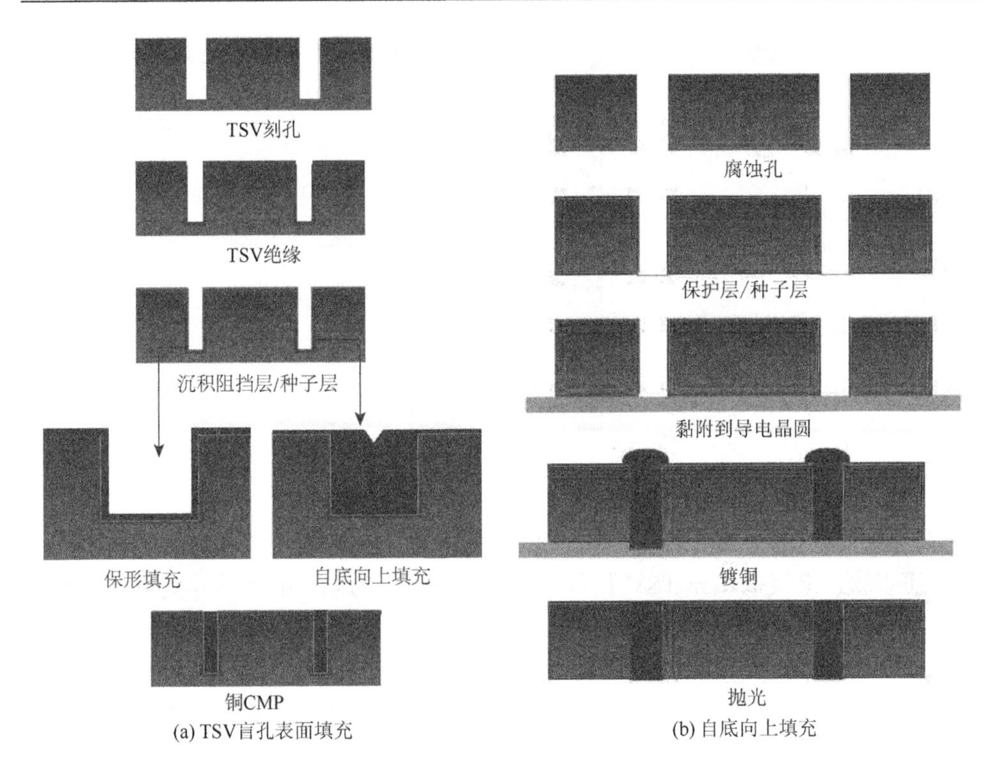

图 3.29　电镀铜填充 TSV 孔工艺示意图

电镀铜填充 TSV 孔所用电镀液一般采用酸性硫酸铜、酸性铜氟硼酸、甲基硫酸铜溶液等作为基础液，为电镀过程提供酸性溶液环境、二价铜离子等[38, 40-43]。其中，酸性溶液环境确保镀液在电镀铜过程中保持低导通电阻，二价铜离子为阴极还原反应提供金属离子。由于 TSV 孔的形貌特殊，填充 TSV 孔所用铜电镀液中一般会添加氯离子及具有抑制、加速、整平等效果的化学添加剂，并引入流体动力学作用，在电化学作用机制下，以确保在电镀铜填充 TSV 孔过程中抑制 TSV 孔开口处铜离子的沉积结晶，同时加速 TSV 盲孔内铜离子有效输运、沉积结晶，实现 TSV 孔内铜材料生长的精准控制[54-56]。

电镀铜填充 TSV 孔的填充机理可以通过抑制剂、加速剂的扩散-吸附模型描述[37]，填充过程开始后，抑制剂 PEG 扩散系数小，TSV 孔外浓度高、TSV 孔内浓度低，在氯离子的帮助下占位或阻止铜离子在 TSV 孔口附近沉积，而其在 TSV 孔的浓度低，抑制效应弱。加速剂 SPS 在电镀液中的扩散系数大，可以在 TSV 孔内外快速分布，内外浓度相差不大，在 TSV 孔内与抑制剂 PEG 竞争中占主导作用，在 TSV 孔外与 PEG 的竞争中占不利地位，因此，TSV 孔内铜离子将加速沉积结晶生长，如图 3.30 所示。

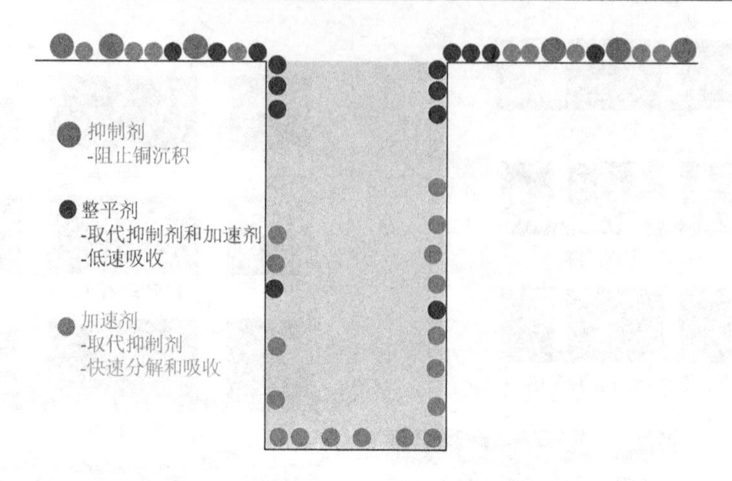

图 3.30 电镀铜填充 TSV 过程中-加速-抑制原理

可以说，电镀铜填充 TSV 孔是一个涉及流体动力学、电化学等复杂机制的过程，影响 TSV 孔填充质量的因素很多，需在多个层面予以关注解决[43-46]。

（1）电镀设备，主要提供晶圆夹持、精密波形电流、可控的电镀液流场，以及电镀前种子层清洗、浸润性增强等预处理，图 3.31 是具备液体循环和阴极喷淋作用的电镀槽示意图。

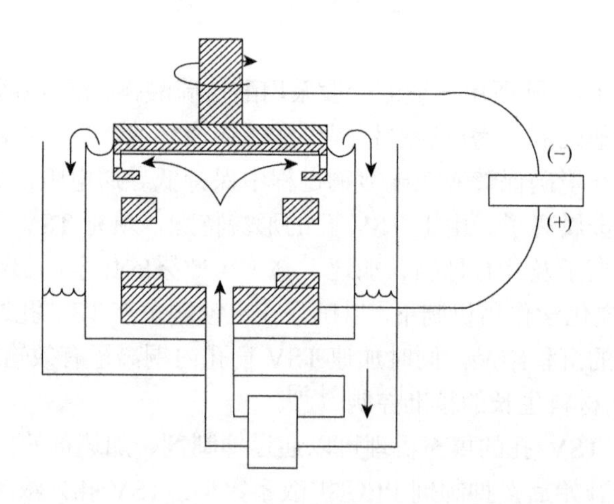

图 3.31 具备液体循环和阴极喷淋作用的电镀槽示意图

（2）电镀液体系应该包括合适配比的基础液和添加剂（加速剂、抑制剂和整平剂），添加剂主要依靠在铜基础液环境中具有不同的扩散系数及电化学性质的特性发挥作用，常见的添加剂有聚丙二醇、二硫化双磺丙基钠、氢离子等[37]。其中：

PEG 分子量大，在电镀液中扩散系数小，在氯离子帮助下容易在铜表面吸附，对铜离子的吸附产生位阻效应，从而对铜离子沉积起抑制作用。加速剂分子量小，在电镀液中的扩散系数大，与抑制剂存在竞争吸附关系。当其吸附在阴极表面时可以阻止抑制剂的吸附，会对铜离子淀积产生加速作用。整平剂一般是分子量相对适中的有机物，容易在金属镀层凸起处（高电流密度区）聚积，抑制加速剂与抑制剂吸附，抑制铜的生长速率。

（3）种子层的质量应该具有良好的连续性和均匀性，与绝缘层/黏附层之间具有较高黏合强度，不易剥落。

（4）电镀工艺参数优化，在前述因素框架约束下，通过精细调控电镀电流密度、电流波形、电镀液流场及进行电镀液成分配比优化可以实现高质量 TSV 孔填充。

试验中基于订制设备，采用上海新阳芯片铜电镀基础液 SYS^{T}2510 及 SINYANG® ADDITIVE UPT3360 系列电镀添加剂，在产品参数推荐范围内进行了电镀铜填充 TSV 孔参数优化试验，其中，添加剂包括加速剂 UPT3360A、抑制剂 UPT3360S、整平剂 UPT3360L 三个组分，推荐参数范围 UPT3360A 为 0.5～5mL/L，UPT3360S 为 3～10mL/L，UPT3360L 为 3～10mL/L，电流密度为 0.1～1ASD。图 3.32 是小尺寸高深宽比 TSV 孔（孔直径为 5μm，深宽比为 9∶1）电镀填充样品截面 SEM 照片。图 3.33 归纳了目前作者团队试验样品可以达到的不同特征尺寸的 TSV 电镀填充结果。

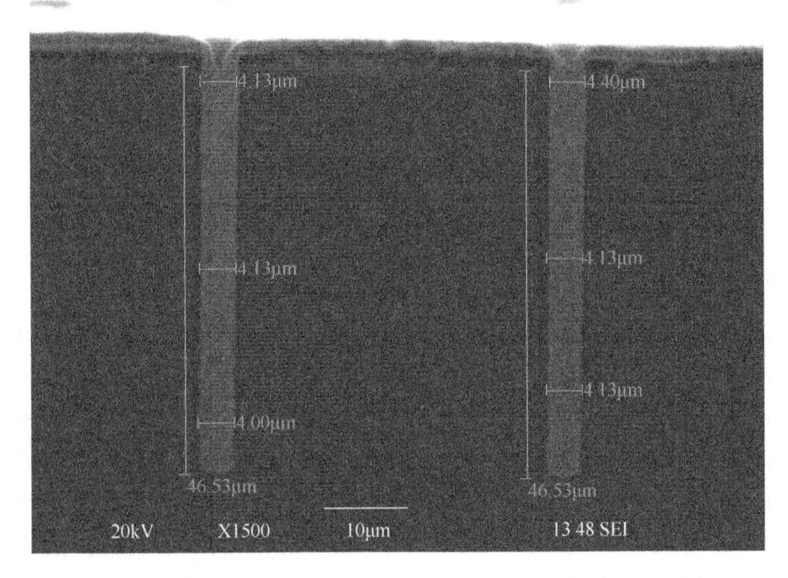

图 3.32 小尺寸高深宽比 TSV 孔电镀填充样品截面 SEM 照片

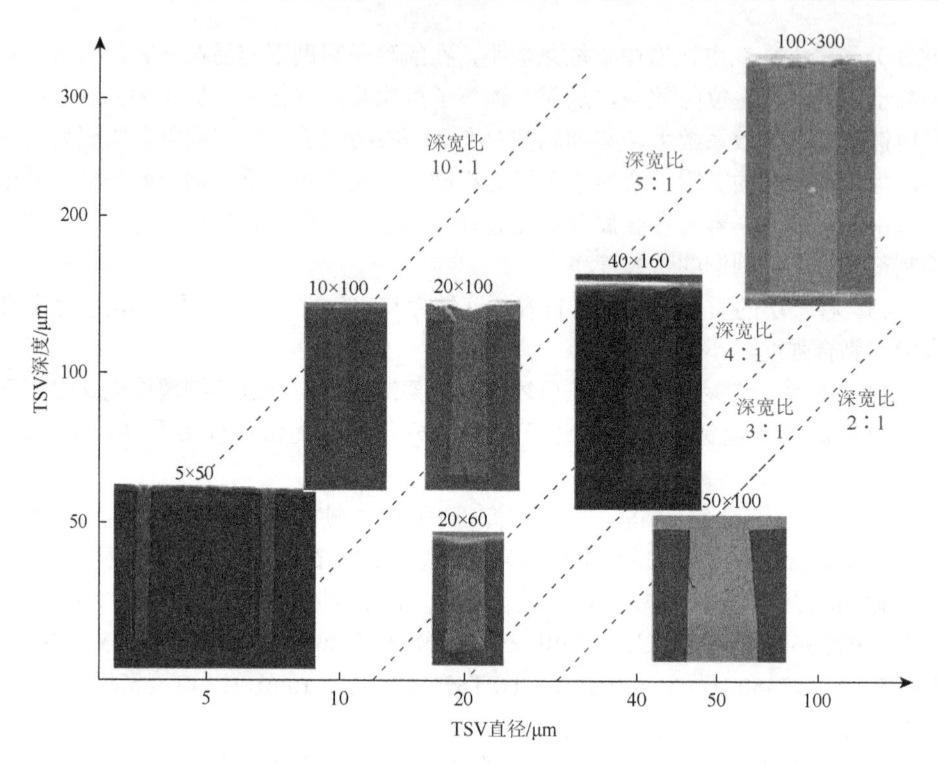

图 3.33　目前作者团队试验样品可以达到的不同特征尺寸的 TSV 电镀填充结果

3.4.4　电镀铜填充 TSV 孔工艺测试评估方法

铜 TSV 互连扩散阻挡层连续性主要与 TSV 孔结构尺寸/侧壁形貌特征和制作工艺相关。就溅射工艺而言，提高溅射金属离子的离子化率与方向性控制能力是制作高质量铜 TSV 互连扩散阻挡层的关键。铜 TSV 互连扩散阻挡层的连续性可以通过制作剖面样品进行测试分析，考虑到阻挡层厚度较薄、制样过程中容易引入损伤，目前精确测量评估仍然是一个技术难题。

铜 TSV 互连中宏微观孔洞、残余应力、晶粒大小不均等容易造成 TSV 互连电阻不稳定、TSV 互连性能退化及可靠性问题。电镀铜填充 TSV 孔质量主要与 TSV 孔特征尺寸与侧壁形貌、铜电镀液成分配比及电镀工艺参数等有关。电镀铜填充 TSV 孔的质量可以通过制作剖面样品利用聚焦离子束（focus ion beam，FIB）、电子背散射衍射（electron backscattered diffraction，EBSD）、X 射线 CT 检测分析和设计测试结构提取电学参数等手段进行测试评估分析[22-26]。就目前 TSV 互连技术应用看，在线、快速、高效的电镀铜填充 TSV 孔工艺质量检测方法仍然是一个技术难题。

其中，采用X射线、超声、红外（配合感应加热）等显微成像检测技术可以对铜TSV互连进行检测，分辨率可以达到微米量级，可以实现对TSV互连宏观孔洞（直径约为10μm）的快速检测定位，但是目前仍难以分辨亚微米尺度的微观针孔，检测效率也有待进一步提高。通过光学显微镜、FIB、SEM、EBSD、TEM（transmission electron microscope）等技术对铜TSV互连截面样品进行检测分析，可以获取铜TSV宏微观孔洞缺陷、晶粒尺寸与均匀性、晶向等方面的数据信息。其中，FIB技术可以对铜TSV互连局部边刻蚀边进行显微检测分析。EBSD技术可以检测宏微观孔洞、晶粒尺寸、局域取向错配角（kernel average misorientation，KAM）等信息，通过KAM的平均大小定性地给出所测区域整体的塑性变形程度，是研究分析铜TSV互连微观结构及演变的有效技术手段。制作铜TSV互连截面样品时剖面位置尽可能地接近铜TSV中心轴线，因为宏观孔洞缺陷多发生在中心轴线附近区域，如果忽略了这一点，可能会影响检测分析结果。图3.34是电镀填充TSV孔后制作的铜TSV剖面SEM照片。图3.35是基于FIB技术对铜TSV制作的剖面样品及检测结果。图3.36是基于EBSD技术提供的铜TSV互连晶向与晶粒尺寸分布数据。铜TSV互连晶粒尺寸与均匀性的表现主要由电镀液与电镀工艺参数决定，热处理可以在一定程度上改善铜TSV互连晶粒尺寸及均匀性[49]。图3.37（a）和（b）分别是热处理前后晶粒尺寸与均匀性的对比图，可以发现，经过热处理后（温度$T=400℃$，时间$t=1h$）铜TSV晶粒尺寸变大，均匀度得到明显的改善。

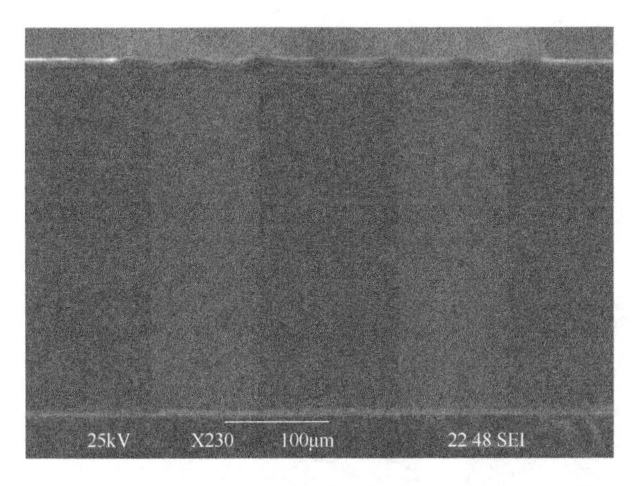

图3.34　电镀填充TSV孔后制作的铜TSV剖面SEM照片

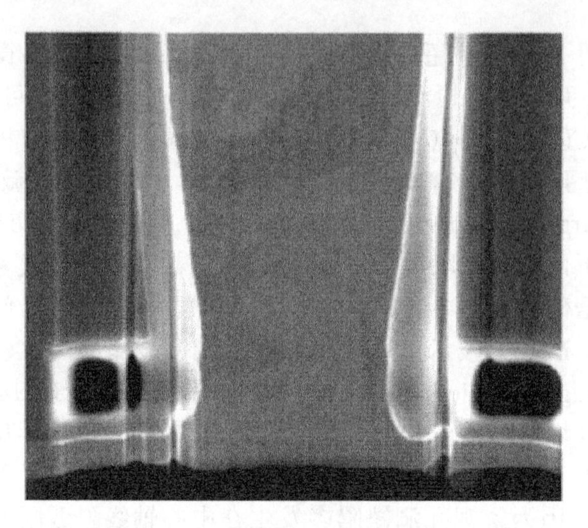

图 3.35　基于 FIB 技术对铜 TSV 制作的剖面样品及检测结果[47]

图 3.36　基于 EBSD 技术提供的铜 TSV 互连晶向与晶粒尺寸分布数据[49]

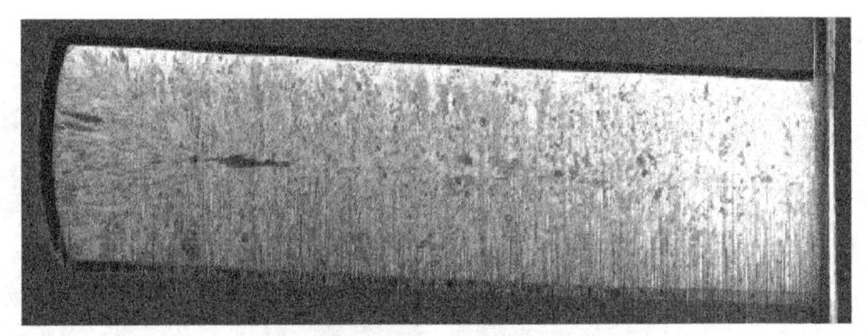

(a) 热处理前

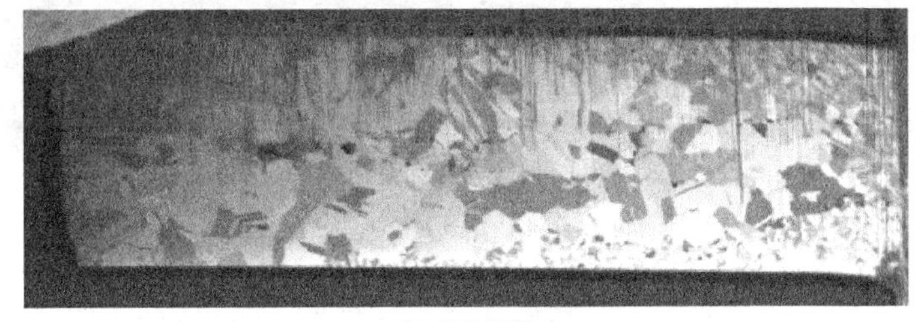

(b) 热处理后

图 3.37 基于 EBSD 技术对铜 TSV 剖面样品的检测结果[46]

铜 TSV 互连的热稳定性指热循环过程中其材料成分/形状及电学参数的变化情况[47]。铜互连的热稳定性与电镀液配方、电镀工艺参数、后续热处理过程等紧密相关，可以通过对经历不同热循环过程后的样品的宏微观形貌、电学等方面表现进行表征分析。图 3.38 是经历不同周期热循环试验后铜 TSV 样品剖面检测结果[47]。

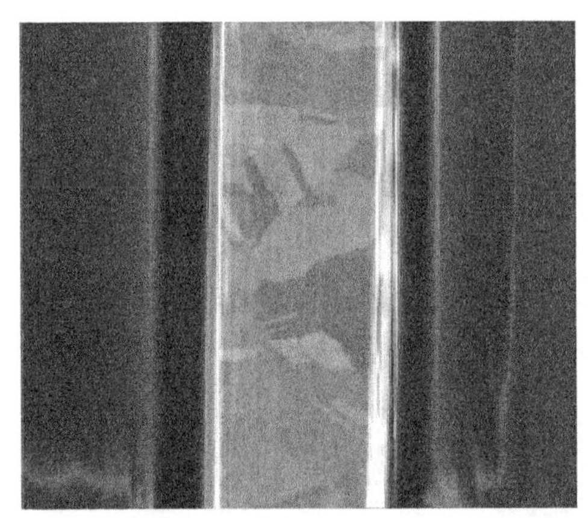

(a) 原样

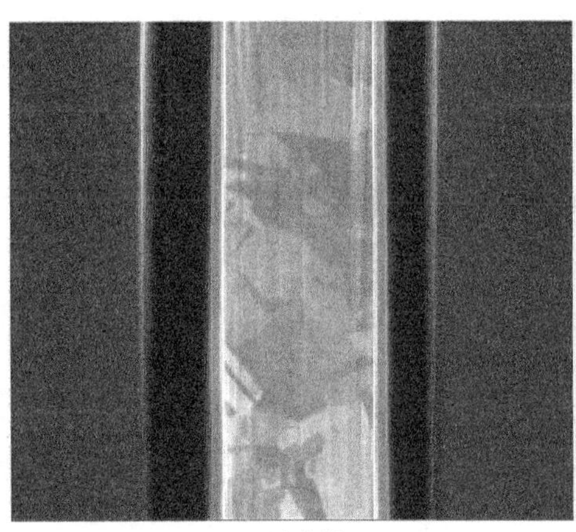

(b) 500次热循环

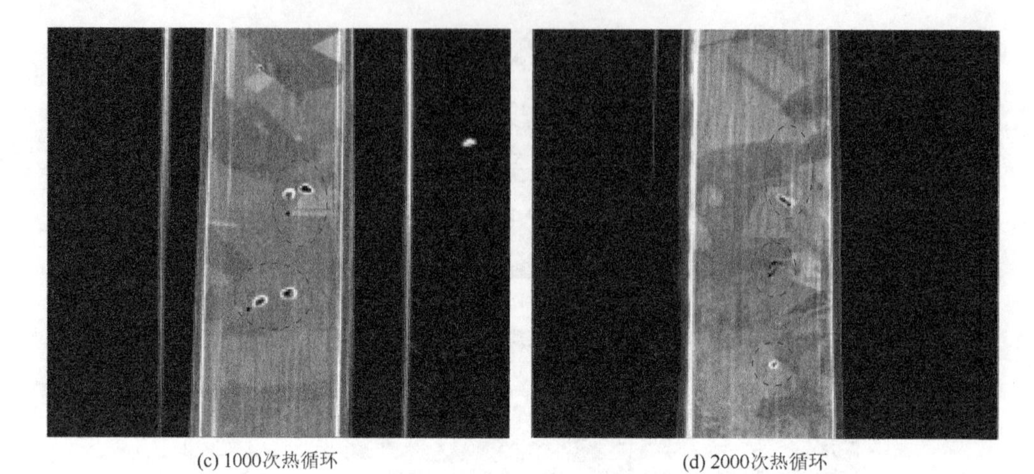

(c) 1000次热循环 (d) 2000次热循环

图 3.38 不同周期热循环试验后铜 TSV 样品剖面检测结果[47]

铜 TSV 互连的宏微观孔洞、晶粒尺寸与均匀性、残余应力应变、稳定性等会影响其在热学、电学方面的表现，因此也可以通过设计铜 TSV 互连的热学或电学测试结构，同时结合电学或热学模型理论预测对填充质量进行评估分析。

TSV 互连直流电阻参数提取典型结构有 Kelvin 四探针测试结构与菊花链测试结构。Kelvin 四探针测试结构可以直接测试单根 TSV 的直流电阻值。图 3.39 是 Kelvin 四探针测试结构示意图与实际测试样品 SEM 照片。图 3.40 是单根铜 TSV 的 *I-V* 测试曲线。根据 *I-V* 测试曲线可以计算出单根 TSV 电阻值，通过 TSV 电阻值的偏差可以对电镀铜填充 TSV 孔的工艺效果与质量做出评估。图 3.41 是铜 TSV 直流电阻测试提取的菊花链测试结构示意图与测试样品 SEM 照片，测试原理与 Kelvin 四探针测试过程类似。图 3.42 是试验中整个晶圆上通过 TSV Kelvin 四探针测试结构获取的 TSV 电阻分布，平均电阻值为 1.5mΩ，最大阻值和最小阻值

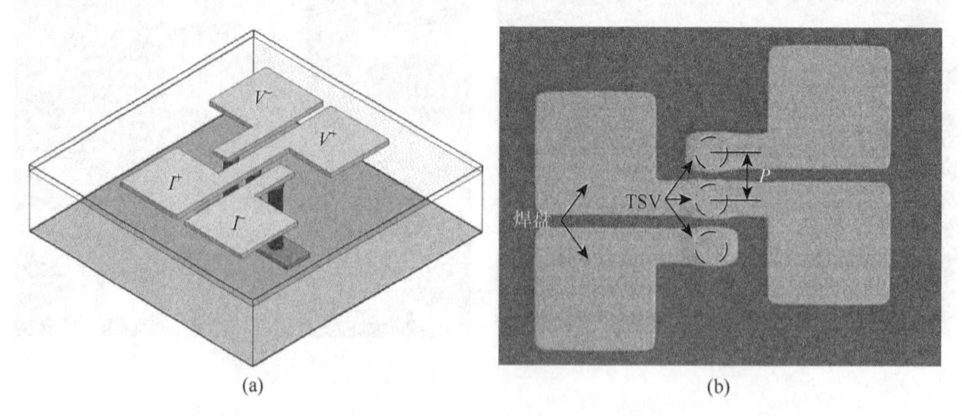

(a) (b)

图 3.39 Kelvin 四探针测试结构示意图与实际测试样品 SEM 照片

分别为 2.4mΩ 和 1.3mΩ，大部分的 TSV 电阻值为 1.3～1.5mΩ，计算得到 TSV 电镀铜的电阻率为 $2.30\times10^{-8}\Omega\cdot m$，与相关报道相同。

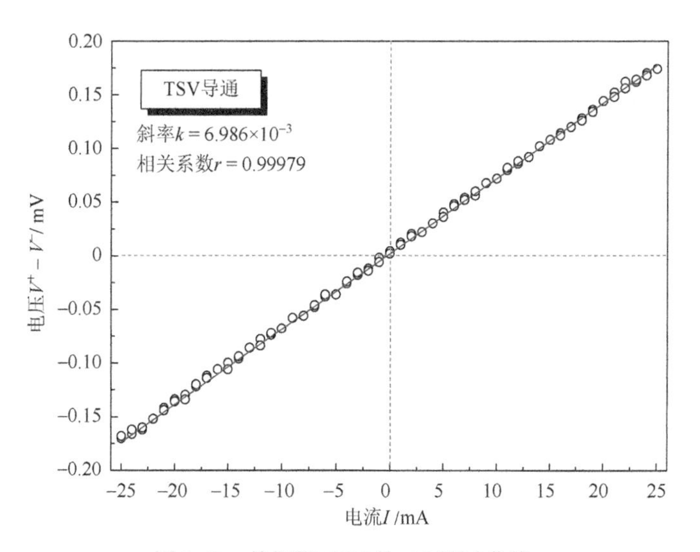

图 3.40 单根铜 TSV 的 *I-V* 测试曲线

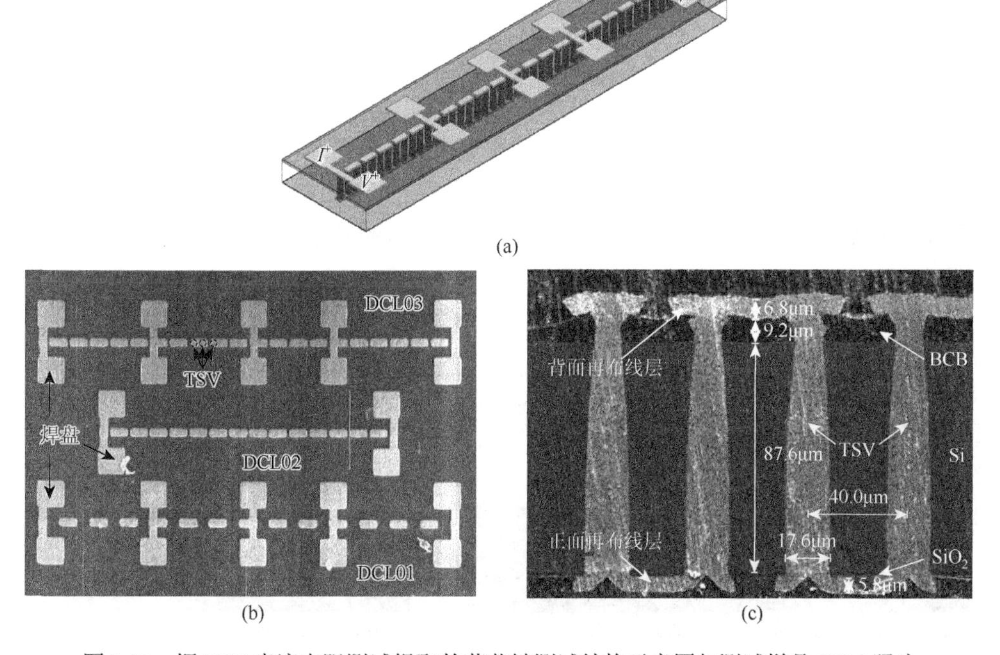

图 3.41 铜 TSV 直流电阻测试提取的菊花链测试结构示意图与测试样品 SEM 照片

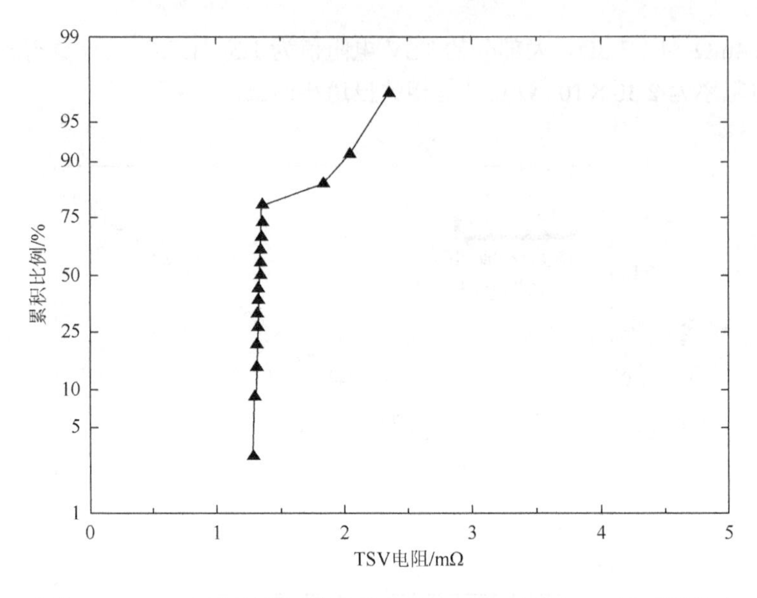

图 3.42　通过 TSV Kelvin 四探针测试结构获取的 TSV 电阻分布（平均电阻值为 1.5mΩ）

铜 TSV 互连残余应力也是衡量填充质量的关键参数，应力问题会导致应用性能退化甚至功能失效。在实验测量方面，目前评价芯片应力的主要方法有微拉曼光谱法、纳米压痕法[27]、同步 X 射线衍射法及红外光弹法[29, 30]等。前三种方法局限于表面应力测试和逐点测试，而红外光弹法利用硅对波长在 1150nm 以上红外线透明且具有应力双折射现象的特点，采用光弹方法对芯片在工艺过程中的应力以全场性、实时性的模式加以监控，为失效分析、工艺优化提供有力的支持。针对铜 TSV 互连应力测量评估，Fang 等[31-33]建立了 TSV 热应力测量的红外光弹系统，如图 3.43 所示，其中包含可以将试件加热至 400℃的微型加热室、溴钨灯光源、温度控制器及中心工作波长在 1200nm 左右的其他光学元件。为了检测微

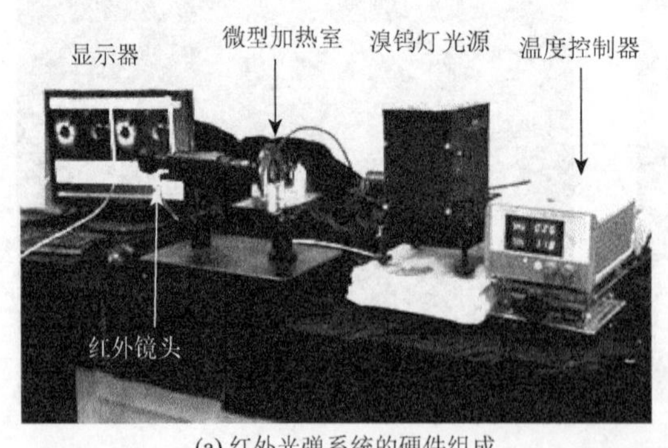

(a) 红外光弹系统的硬件组成

(b) 系统局部及位于微型加热室内的试件

图 3.43　TSV 热应力测量的红外光弹系统

小尺寸 TSV 结构在热循环过程中的应力变化，采用了多种放大倍数的长焦显微镜头。基于显微红外光弹系统，通过在不同温度下观测应力干涉条纹变化，可以确定 TSV 互连结构零应力温度，图 3.44 是 TSV 互连样品在不同温度下获取的红外光弹图片，可以确定零应力温度为 215℃。红外光弹法确定的零应力温度为 TSV 结构的三维应力的有限元分析提供了依据，结合有限元法可系统地评估 TSV 结构的热应力水平及其在不同温度状态下或经历不同温度过程的应力水平。

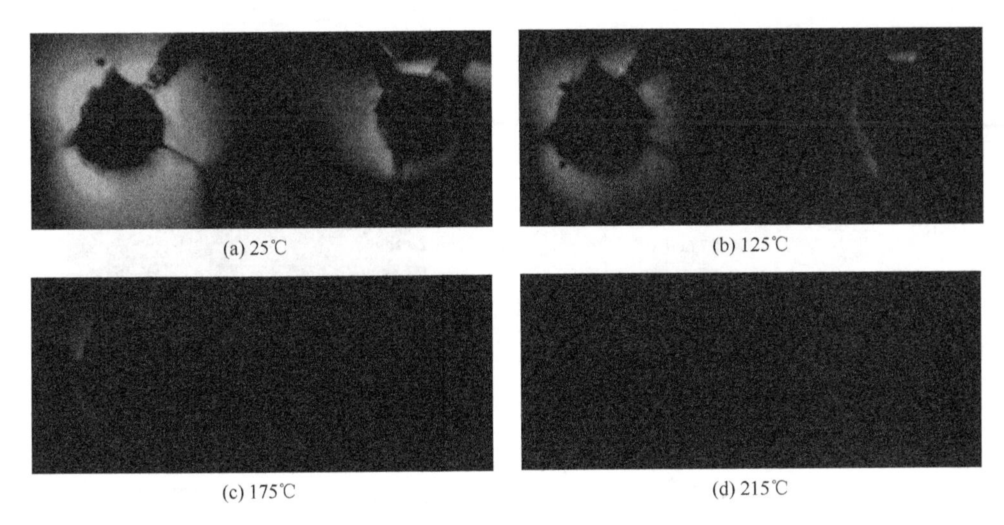

(a) 25℃　(b) 125℃　(c) 175℃　(d) 215℃

图 3.44　TSV 互连样品在不同温度下获取的红外光弹图片

由于沿 TSV 的厚度方向应力分布并不均匀，传统的光弹切片法又不方便应用，一般可以借助有限元法对 TSV 内部的三维应力大小做定量分析[34, 35]。下面给出一个简单的计算分析实例。首先，选取一个 0.2mm×0.2mm×0.18mm 的 TSV 单元作为研究对象，TSV 简化为直径为 50μm 的铜柱，真实结构中 SiO_2 绝缘层、引线、微凸点及铜焊盘则被忽略了。有限元模型中的材料参数见表 3.9，铜的弹塑性参数如图 3.45 所示，其他材料均视为线弹性材料且性能随温度的变化可以忽略。对所建立的几何模型施加周期性边界条件，并划分成 25392 个单元，如图 3.46 所示。在实验测试结果分析中，本书将 TSV 的零应力温度设为 215℃，TSV 应力分布的有限元计算结果见图 3.47。

表 3.9　有限元模型中的材料参数

<table>
<tr><th>材料</th><th>杨氏模量/GPa</th><th>泊松比</th><th>热膨胀系数/(1/℃)</th><th>塑性参数</th></tr>
<tr><td rowspan="2">Cu</td><td rowspan="2">117</td><td rowspan="2">0.35</td><td rowspan="2">1.7×10^{−5}</td><td>屈服应力：180MPa</td></tr>
<tr><td>见图 3.45</td></tr>
</table>

续表

材料	杨氏模量/GPa	泊松比	热膨胀系数/(1/℃)	塑性参数
SiO_2	60	0.16	6×10^{-7}	—
Si	130	0.28	2.3×10^{-6}	—

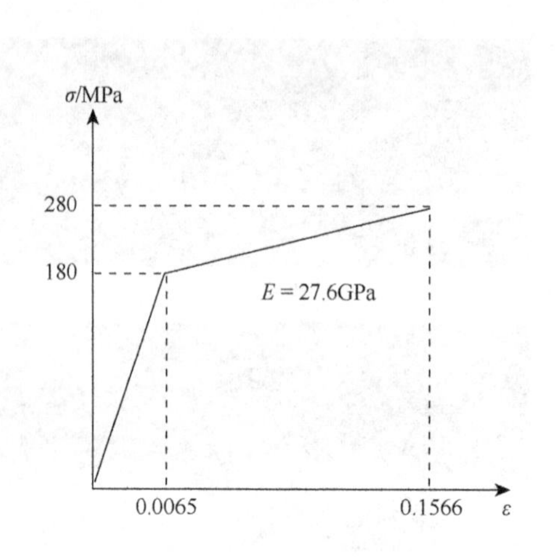

图 3.45　铜的弹塑性参数

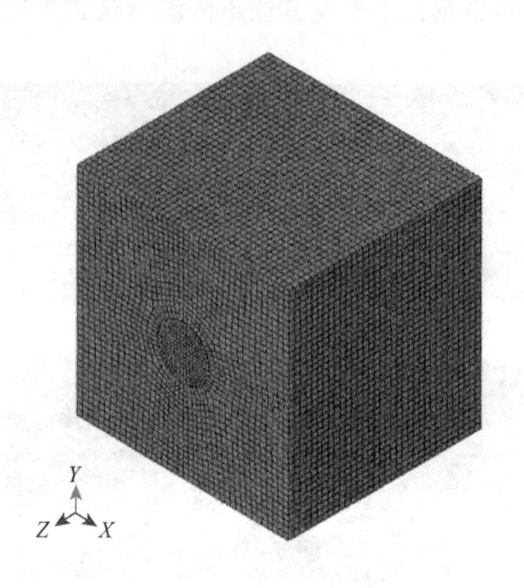

图 3.46　TSV 结构的有限元模型

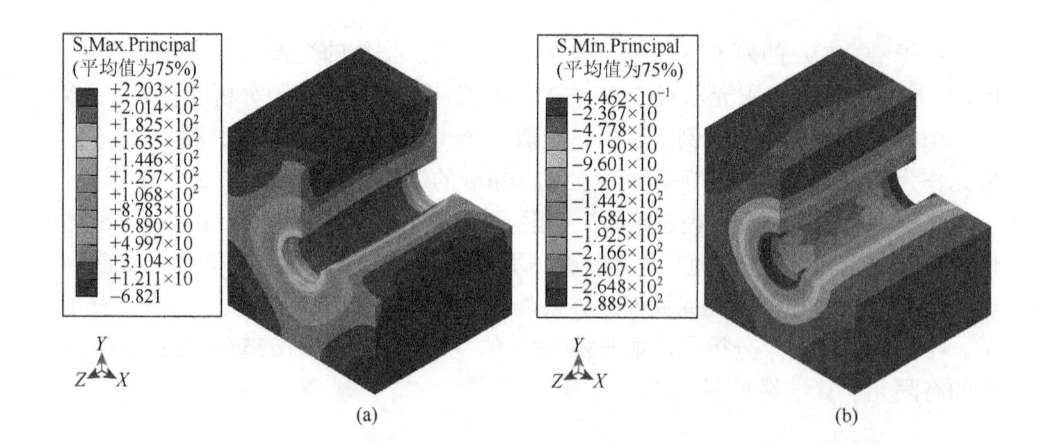

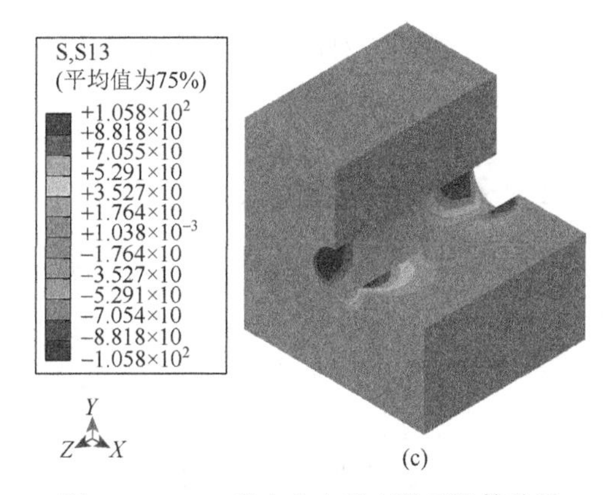

(c)

图3.47　TSV应力分布的有限元计算结果

为了验证模型的正确性，根据上述有限元计算结果和光弹性原理[36]重构了虚拟光弹条纹。在重构过程中，忽略了厚度方向力分量的影响。鉴于不同厚度的面内应力分量也不相同，我们将TSV模型在厚度方向分成33层，并假设每层内的面内应力分量沿厚度均匀分布，其数值由有限元计算得到。根据此假设和光弹性原理，红外线在某点(x,y)处的应力双折射率$\varphi(x,y)$为

$$\varphi(x,y)=\frac{2C\pi}{\lambda}\sum_{i=1}^{N}\left[\sigma_1(x,y,z_i)-\sigma_2(x,y,z_i)\right]\Delta z_i \tag{3.14}$$

式中，C为硅的应力光学系数，测试数据为1.4×10^{-5}/MPa；λ为红外线波长，取值为1200nm；$\sigma_1(x,y,z_i)-\sigma_2(x,y,z_i)$为节点$(x,y,z_i)$处的面内主应力差；$\Delta z_i$为第$i$层的厚度；$N$为模型总的单元层数，取$N$为33。

虚拟光弹条纹（等差线）按如下方式构造：

$$I(x,y)=A\sin2[\varphi(x,y)/2] \tag{3.15}$$

式中，A为常数，若构造8bit虚拟光弹图像，则A为255。根据有限元计算结果和光弹性原理重构出的两个虚拟光弹条纹如图3.48所示。

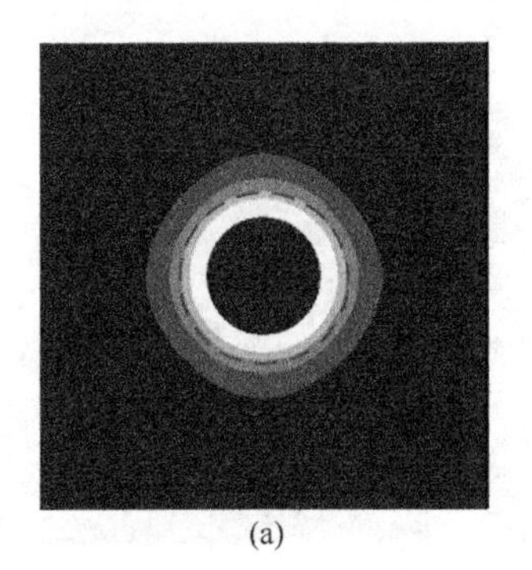

(a)

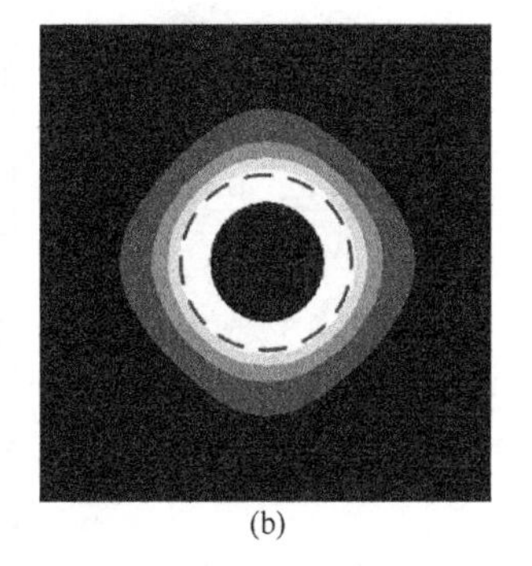

(b)

图3.48　根据有限元计算结果和光弹性原理重构出的两个虚拟光弹条纹（见彩图）

红色虚线为微凸点或铜盘位置

将虚拟光弹条纹与真实条纹进行对比，从条纹的分布范围、亮度变化、形状等特征来看，两者较为相符。

3.4.5 电镀铜填充 TSV 孔工艺失效模式

电镀铜填充 TSV 孔的工艺失效按其形成原因可以分为 3 类。

（1）TSV 刻孔失效引起的，Bosch 工艺刻蚀 TSV 孔的故障主要包括 TSV 孔顶部开口拐角凹槽、底部 Si“长草”、侧壁面存在孔洞缺陷等，这些故障可能会引起 TSV 孔填充绝缘层、扩散阻挡层/种子层薄膜缺陷，进而导致 TSV 电镀铜填充出现孔洞，造成工艺失效[23]。图 3.49 是 TSV 孔底部“长草”引起的电镀铜填充工艺失效的典型照片。可以发现，TSV 孔底部“长草”导致电镀之后 TSV 孔底部仍存在孔洞。图 3.50 是 TSV 孔侧壁存在微小孔洞引起的电镀铜填充 TSV 孔工艺失效的典型照片[48]。

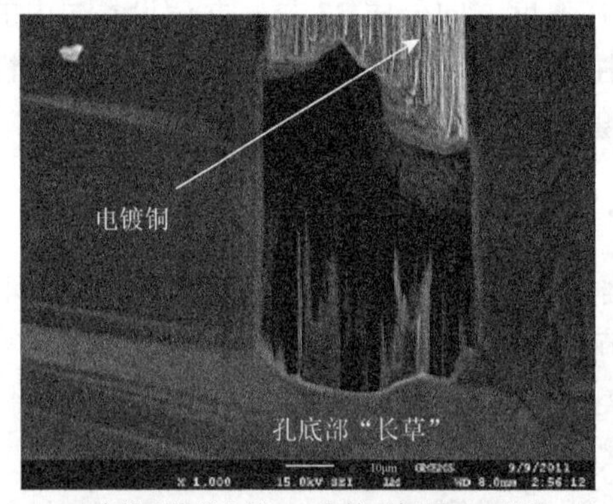

(a) 底部“长草”的TSV电镀后剖面SEM照片

(b) 底部“长草”的TSV电镀后X射线照片

图 3.49　TSV 孔底部“长草”引起的电镀铜填充工艺失效的典型照片[48]

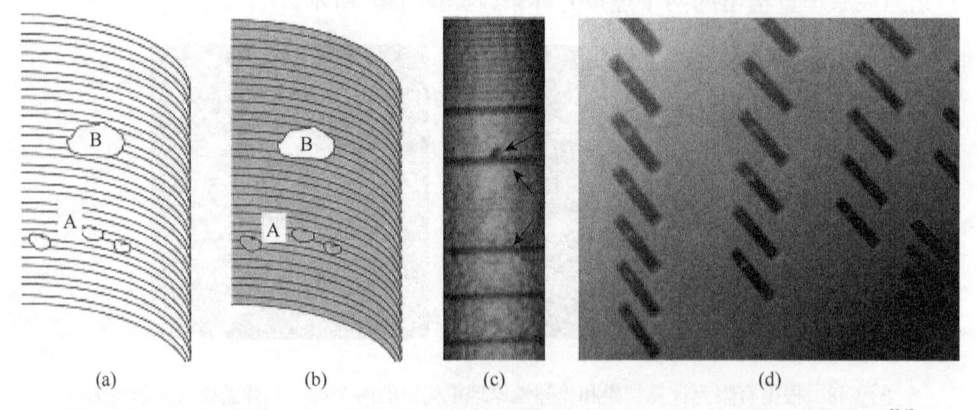

(a)　(b)　(c)　(d)

图 3.50　TSV 孔侧壁存在微小孔洞引起的电镀铜填充 TSV 孔工艺失效的典型照片[24]

TSV孔侧壁的微观孔洞（直径≤0.5μm），尽管存在阻挡层/种子层覆盖，电镀铜填充后仍会在微孔孔洞区域形成孔洞[48]。

（2）TSV孔制作扩散阻挡层/种子层工艺出现故障或种子层氧化等引起的电镀铜填充TSV出现孔洞等造成工艺失效。图3.51是底部种子层不连续的TSV孔电镀铜填充之后剖面光学显微镜照片。

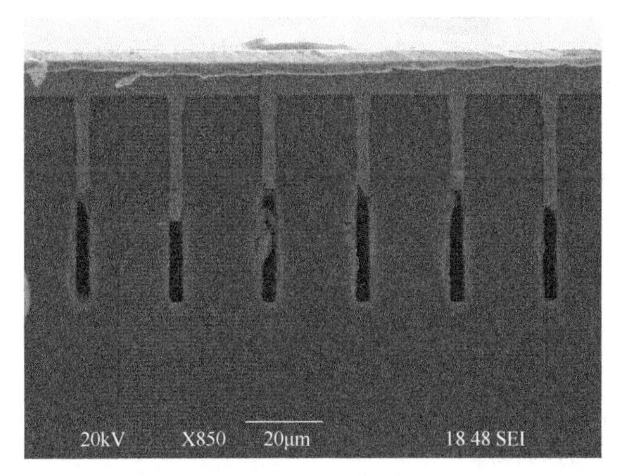

图3.51 底部种子层不连续的TSV孔电镀铜填充之后剖面光学显微镜照片

（3）TSV电镀工艺参数如电镀液成分、电流密度失去控制，以及抑制剂、加速剂和整平剂等化学添加剂之间协同作用失效，这些因素造成TSV孔填充出现孔洞、晶粒大小均匀性差、残余应力偏差大等，造成工艺失效。

3.4.6 小结

溅射工艺、CVD工艺是制作电镀铜填充TSV孔阻挡层/种子层的主要方法。基于国产设备，本书作者团队试验了采用离子化金属等离子体溅射工艺制作TSV孔阻挡层/种子层的方法。随着小尺寸、高深宽比TSV的发展，未来ALD、E-Graft等新工艺及新材料制作TSV孔阻挡层/种子层将是重要的研发方向[51]。

目前，电镀铜填充TSV孔是其金属化的主流方案。其中，TSV电镀铜工艺中，小孔径与中孔径TSV孔多采用实心填充，大孔径TSV孔多采用空心保形填充。LPCVD沉积钨、多晶硅多应用于小孔径TSV（ϕ≤10μm）填充。导电浆料填充多应用于大孔径TSV孔填充，相信随着纳米导电浆料等材料技术的进步，其未来有可能会逐步应用于小孔径TSV孔填充。

基于国产设备与电镀液，本书作者团队开发了可覆盖小孔径（ϕ≤10μm）、中孔径（10μm≤ϕ≤100μm）、大孔径（ϕ≥100μm）TSV孔的电镀铜填充工艺，抑制 TSV 孔开口处铜离子的沉积与结晶、加速 TSV 孔底部铜离子沉积与结晶是实现 TSV 无孔洞填充的关键，需协同设备、材料、工艺等三个方面因素进行参数优化。目前，TSV 电镀铜工艺研发重点已经从宏微观形貌控制逐渐转向于铜 TSV 互连微观结构特征精准控制，这给 TSV 电镀铜工艺提出了更高的要求，高效的、长时稳定的、绿色、无污染杂质残留的铜电镀液添加剂材料与配方是关键，小尺寸高深宽比 TSV 孔高效填充、大尺寸晶圆内一致性、对 TSV 孔尺寸/布局的弱依赖、TSV 铜晶粒微观尺寸精准控制、低残余应力、低污染杂质、高效等是未来电镀铜填充 TSV 孔工艺开发的主要方向。

3.5　硅晶圆减薄与铜平坦化

3.5.1　引言

硅晶圆减薄与铜平坦化是实现 TSV 三维集成的关键，主要应用于含有铜 TSV 互连的减薄芯片的制作步骤中，是 TSV 三维集成实现低互连长度、小尺寸、高集成度等技术优势的有力保障。

在微电子封装技术中，硅晶圆减薄的主要目的是减薄芯片衬底，降低芯片的热阻，提高芯片散热性能，减薄后的芯片或晶圆一般不经历或经历少量半导体制造工艺。在 TSV 三维集成技术中，硅晶圆减薄的主要目的不仅是减薄晶圆衬底，更重要的是提供高质量减薄晶圆衬底，支撑后续半导体制造工艺。

在 IC 制造后端金属化工艺中，铜平坦化主要应用于去除金属化互连过程中覆盖在介质层表面的微米量级的多余铜层，来保证互连铜层的表面平整度与粗糙度，铜层一般在微米级。在 TSV 三维集成技术中，铜平坦化主要应用于铜 TSV 互连制作过程中形成平整表面，电镀铜填充 TSV 孔产生多余的铜层一般在几微米甚至几十微米，晶圆应力状态复杂。

更重要的，微电子封装技术中的晶圆减薄与 IC 后端金属化中铜平坦化应用场景相对单一，而 TSV 三维集成技术中的硅晶圆减薄与铜平坦化应用场景具有多样化的特点，TSV 三维集成工艺不同，减薄与平坦化需求也会随之改变，这为硅晶圆减薄与铜平坦化发展提出了新挑战。

本节中将重点对 TSV 三维集成技术中的硅晶圆减薄与铜平坦化需求、硅晶圆减薄与铜平坦化工艺原理、检测与分析方法、未来发展方向等进行探讨分析。

3.5.2　TSV 三维集成应用中的硅片减薄与铜平坦化

根据超越摩尔定律的描述，在更小的体积内融合集成更多功能器件是 TSV 三维集成技术重要的发展方向。目前，TSV 三维集成技术已经在 IC、MEMS、光电子等方向取得产业化应用突破。下面将结合 TSV 三维集成在 IC、MEMS 等典型应用场景对硅片减薄与铜平坦化情况进行分析。

在 IC 三维集成应用中，根据 TSV 制作步骤与 IC 制造工艺次序间的关系，TSV 三维集成工艺可以划分为：IC 制程前硅通孔工艺路线、制程中硅通孔工艺路线、IC 制程后硅通孔工艺路线、键合后通孔工艺[57]。在 IC 制程前硅通孔工艺路线中，在开始 IC 制造工艺之前，在硅晶圆上制作 TSV 盲孔、TSV 氧化层，填充多晶硅，平坦化晶圆表面，然后开始 IC 制造工艺，之后，键合 TSV 晶圆至辅助晶圆，对硅晶圆背面进行减薄抛光，制作背面电互连层等，最后剥离晶圆。在制程中硅通孔工艺路线中，首先完成 IC 前道工艺，即金属-绝缘层-半导体（metal-oxide-semiconductor，MOS）晶体管的制作，之后插入 TSV 电互连的制作过程，这个过程需要对电镀铜填充 TSV 工艺在硅表面形成的凹凸不平的铜层进行去除与抛光，之后，进行 IC 后道金属化工艺，键合 TSV 晶圆至辅助晶圆，进行背面减薄抛光。在 IC 制程后硅通孔工艺路线中，首先在硅晶圆完成 IC 制造工艺，在 IC 硅晶圆有源面或背面制作 TSV 互连，IC 硅晶圆有源面制作 TSV 互连过程中涉及 TSV 硅晶圆表面铜去除抛光，在背面制作 TSV 互连需要通过辅助晶圆固定后进行减薄抛光、TSV 互连制作，涉及辅助晶圆固定的 TSV 晶圆铜去除抛光。

图 3.52 为 TSV 三维 IC 集成工艺流程。

	步骤1	步骤2	步骤3	步骤4	步骤5	步骤6
IC制程前硅通孔工艺路线	TSV Etch	TSV Fill	FEOL 1000 c	BEOL 450 c	Thinning+ Backside prep 转移载板	解键合 转移载板
制程中硅通孔工艺路线	FEOL 1000 c	TSV Etch	TSV Fill	BEOL 450 c	背面减薄和布线 Handling camer	De-Bonding Handling camer
IC制程后硅通孔工艺路线	FEOL 1000 c	BEOL 450 c	Thinning Handling camer	TSV Etch Handling camer	TSV Fill+ Backside prep Handling camer	De-Bonding Handling camer
键合后通孔工艺	FEOL 1000 c + BEOL 450 c	Bonding	Thinning	TSV Etch	TSV填充和背面布线	

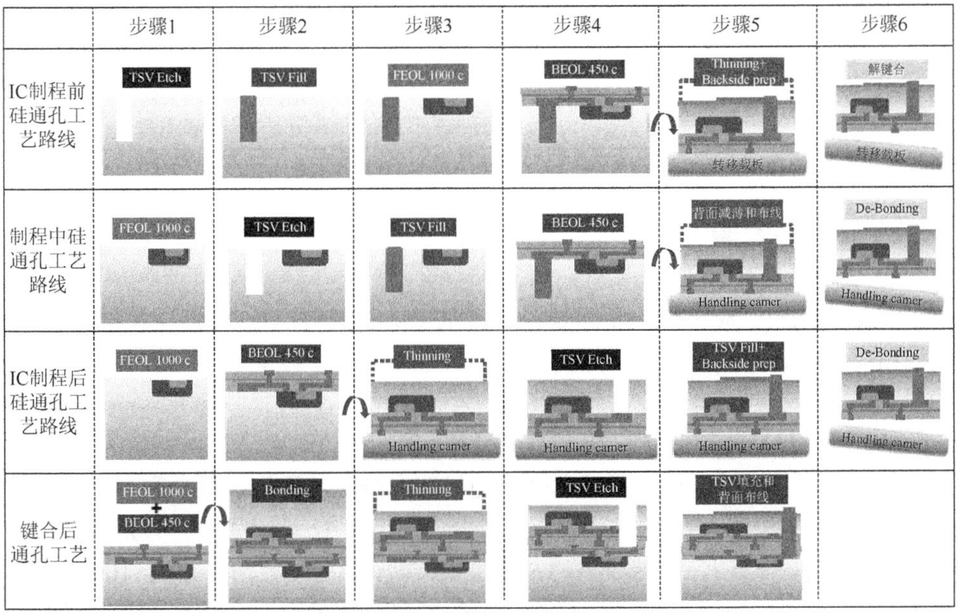

图 3.52　TSV 三维 IC 集成工艺流程[57]

在键合后通孔工艺中，硅晶圆或 SOI 晶圆首先完成 IC 制造工艺，然后，两片 IC 晶圆的有源面对准键合，对键合晶圆背面进行减薄抛光，然后制作 TSV 电互连。需要特别指出的是，如果是 SOI 晶圆，背面一般减薄至埋氧层。这种应用情形下，在硅晶圆进行减薄抛光过程中要求对硅与二氧化硅具有很好的抛光选择比。

在 MEMS 应用情况下，一般需要提供含有凹坑的 TSV 晶圆，实现 MEMS 器件的晶圆级集成封装。这种应用情形下，需要提供对硅晶圆进行局部减薄的工艺能力，或称为选择性减薄/腐蚀硅晶圆的工艺能力。

根据上述对 TSV 三维集成在 IC、MEMS 等典型应用场景的分析，硅片减薄与铜平坦化的技术需求及解决方法归纳在表 3.10 中。值得特别注意的是，引入辅助晶圆固定减薄硅片会出现晶圆厚度不一致、晶圆翘曲等，影响硅晶圆减薄或铜平坦化工艺质量。

表 3.10　TSV 三维集成应用中的硅片减薄与铜平坦化

场景名称	典型应用情况中技术需求	解决方法
场景 1	TSV 硅晶圆铜平坦化（铜层约为 10μm）	铜 CMP 工艺、电化学抛光
场景 2	辅助晶圆固定的 TSV 晶圆背部衬底减薄至暴露铜 TSV（目标减薄厚度≤100μm；不损伤铜 TSV 完整性或无铜残留污染硅表面）	机械减薄与 CMP 工艺、机械减薄与湿法腐蚀工艺、机械减薄与干抛光
场景 3	辅助晶圆固定的硅晶圆减薄及铜平坦化（目标减薄厚度≤100μm）	机械减薄与硅 CMP 工艺、湿法腐蚀工艺
场景 4	TSV 硅晶圆局部减薄（减薄厚度为 100～500μm）	TMAH、KOH 等湿法腐蚀工艺，以及 DRIE 工艺

3.5.3　硅晶圆减薄

TSV 三维集成应用中硅晶圆减薄主要是提供低损伤、低应力、高平整度、低表面粗糙度、高质量减薄硅晶圆支持后续半导体工艺。TSV 三维 IC 集成应用中硅晶圆减薄主要通过机械减薄与硅化学机械抛光工艺（chemical-mechanical-polishing，CMP）实现。

机械减薄指通过机械切削减薄硅晶圆衬底。减薄过程中，硅晶圆多由装夹固定，硅晶圆表面以一定进给速率接触切削砂轮表面，硅晶圆与砂轮分别独立做旋转运动，切削去除硅衬底，参见图 3.53。机械减薄效率高，减薄速率为–10μm/min，容易产生切削划痕损伤，划痕一般在 10μm 量级，参见图 3.54。机械减薄质量一般可以通过晶圆厚度平整度、损伤、切割痕、去除速率等进行评估分析。机械减薄过程中硅晶圆与砂轮转速、进给速率、接触面积、接触压力、砂轮粗糙程度、硅晶圆与砂轮面平行度等因素对机械减薄质量起着决定性作用。

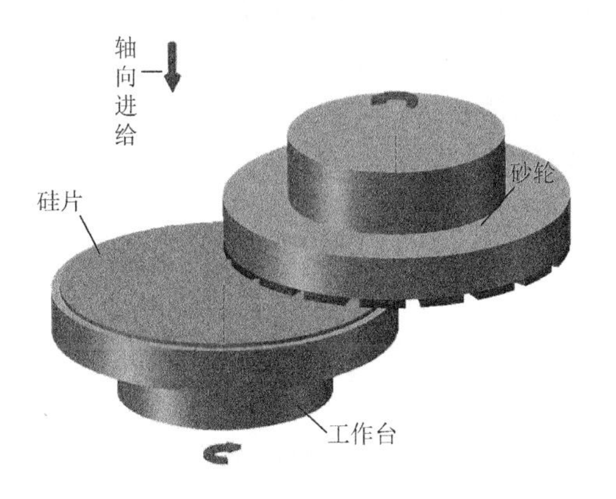

图3.53 机械减薄示意图

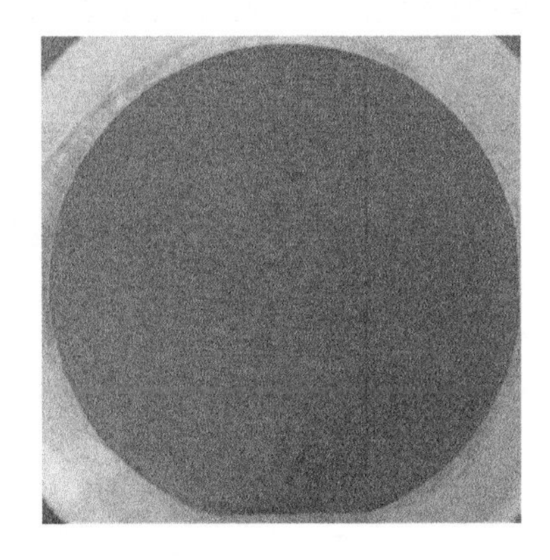
图3.54 机械切削后硅片表面形貌

单纯化学抛光的抛光速率高，表面损伤低、光洁度高，但是表面平整度与平行度差。单纯机械抛光的表面一致性、平整度好，但是表面损伤深、光洁度低。化学机械抛光工艺兼具化学抛光和机械抛光的技术优点，既保证了高抛光速率，又具有表面损伤低、平整度好等优点，是实现硅晶圆抛光的主要技术手段。

硅CMP抛光指通过抛光液中的氧化剂、催化剂等在硅片表面进行化学反应，生成一层较软的氧化膜层，然后由抛光液中的磨粒和抛光垫通过机械摩擦作用去除氧化膜层，通过化学腐蚀和机械研磨协同、交替进行，实现硅晶圆平坦化与表面抛光。抛光垫常为含有聚氨基甲酸酯的聚酰纤维毯，上面布满小孔，用来均匀分散抛光液。硅抛光液是具有良好流动性、稳定性的悬浊液，主要成分包括氧化剂、活化剂、pH稳定剂、抛光颗粒等，其中氧化剂的作用是与硅发生化学反应，活化剂的主要作用是改善硅表面化学活性和抛光液的稳定性，抛光颗粒主要用来去除硅表面化学反应生成物和表面凸起。氢氧根离子是常用的氧化剂，B-羟基乙二胺是常用的活化剂，$Na_2B_4O_7\cdot 10H_2O$-NaOH 是常用的 pH 稳定剂。目前，SiO_2纳米颗粒硬度与硅相当，颗粒尺寸小（10～100nm），颗粒尺寸均匀度高，是常用的抛光颗粒。

抛光过程中，旋转的抛光垫把抛光液均匀分散，硅片表面在一定压力作用下半接触抛光垫进行相对旋转运动，硅片表面与抛光垫之间形成一个稳定的液体界面，抛光液中氢氧根离子与硅发生反应，如式（3.16）所示，运动的抛光颗粒在一定压力作用下磨抛硅片表面，去除化学反应形成硅表面上的反应生成物，实现硅表面平坦化与抛光，如图3.55所示。其中，抛光垫与硅晶圆两者之间的旋转速率、压力等会影响两者之前的液体成分与温度，进而影响化学反应速率，而化学反应速率也会影响机械磨抛去除速率。因此，精准调控硅 CMP 抛光过程中化学反应与机械磨抛两种机制是实现高质量硅 CMP 抛光的关键。如果化学腐蚀作用强于机械磨抛作用，硅片表面将会出现小坑、橘皮状波纹等，相反的话，如果机械磨抛作用强于化学腐蚀作用，硅片表面将产生高损伤层。

$$Si + 4OH^- \rightarrow Si(OH)_4 \tag{3.16}$$

$$Si(OH)_4 \rightarrow SiO_2 + 2H_2O \tag{3.17}$$

$$SiO_2 + 2OH^- \rightarrow SiO_3^{2-} + H_2O \tag{3.18}$$

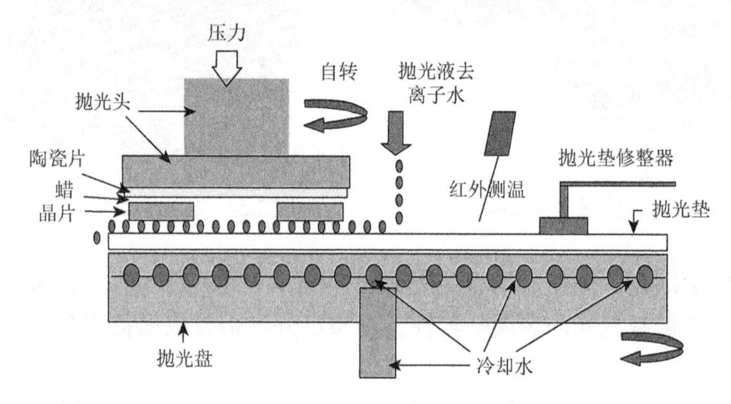

图 3.55　硅片抛光示意图

根据抛光速率和抛光表面的质量不同，硅化学机械抛光也可以分为粗抛光、细抛光和精抛光等。粗抛光使用的抛光颗粒尺度相对大（50～100nm），一般应用在去除机械切削步骤后硅片表面残留的损伤层，抛光速率高，去除厚度一般小于 20μm。细抛光使用的抛光颗粒相对适中（30～50nm），主要是进一步提高晶圆表面平整度，降低表面粗糙度，去除厚度一般小于 10μm。精抛光使用的抛光颗粒尺寸小，颗粒尺寸均匀性高，主要目的是进行硅晶圆表面“去雾”，降低表面粗糙度，抛光速率相对较慢，去除厚度一般小于 1μm。表 3.11 是硅片的化学机械抛光工艺条件。

表 3.11　硅片的化学机械抛光工艺条件

抛光方式		粗抛光	细抛光	精抛光
抛光对象		6in 硅晶圆表面		
抛光垫		Suba800	Suba500	Politex
抛光液	型号	美国 Nalco2398	美国 Nalco2335	日本 FUJMI3900
	pH	10.5～11.0	10.5～11.0	9.0～10.5
抛光盘转速/(r/min)		10～100（约为 62）	10～80（约为 40）	10～60（约为 30）
抛光温度/℃		28～33	28～32	26～30

续表

抛光方式	粗抛光	细抛光	精抛光
抛光速率 v/(μm/min)	0.8～1.2	0.4～0.6	0.2～0.5
抛光压力 P/(N/cm^2)	2.5～3	1～1.5	0.6～1.2
抛光量	16	4	＜1

注：Nalco 和 FUJMI 为公司名称。

图3.56为6in减薄抛光硅片。

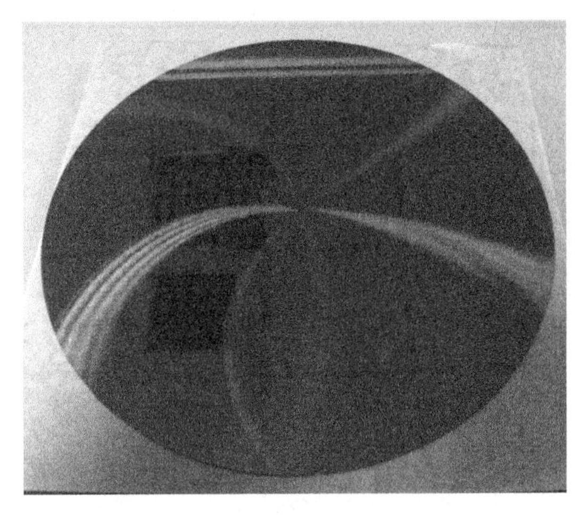

图3.56　6in减薄抛光硅片（厚度为60μm，面粗糙度 $Ra\leqslant$5nm）

抛光过程中，抛光垫、抛光液成分、抛光颗粒大小与分散度、pH、压力与转速、温度等因素对抛光效果具有决定性的作用。硅晶圆材料掺杂类型与浓度、晶向等因素对抛光效果的影响也需要关注。硅晶圆减薄抛光工艺的效果与质量一般可以通过减薄抛光后硅片厚度的均匀性、减薄硅片应力状态、硅片减薄厚度精度、硅片表面宏微观损伤与粗糙度、残余颗粒情况、金属离子污染等方面表现进行综合评估分析。需要特别指出的是，硅减薄抛光工艺在减薄硅片厚度均匀性、减薄硅片应力状态、硅片减薄厚度精度、金属离子污染等方面的表现对其在TSV三维集成应用中尤为重要，同时也是关系TSV三维集成工艺良率的重要因素之一。硅表面宏微观损伤与粗糙度主要与硅 CMP 抛光工艺有关，由抛光工艺参数如抛光液、抛光垫、压力、相对转速等参数决定。减薄硅晶圆厚度均匀性及应力状态主要与机械减薄步骤有关，由硅晶圆初始状态、硅晶圆固定方式、机械减薄工艺参数等多方面因素共同决定，其中在TSV三维集成应用中硅晶圆初始状态、硅晶圆固定环节引入的偏差等需要尤为注意。减薄厚度精度由机械减薄和硅 CMP 抛光步骤共同决定，硅 CMP 抛光步骤可以在微调硅晶圆减薄厚度方面发挥重要作用。

硅片抛光表面微观损伤多通过氧化诱导层错密度进行评估分析。抛光表面粗糙度可以通过光学轮廓仪、原子力显微镜等进行检测分析。图 3.57 是硅晶圆抛光后表面粗糙度典型测量结果。

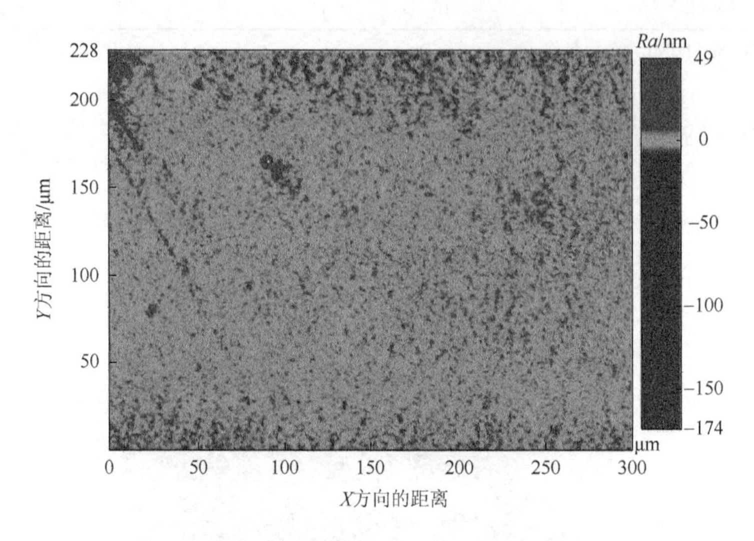

图 3.57　硅晶圆抛光后表面粗糙度典型测量结果（见彩图）

TSV 三维集成应用中，硅晶圆减薄抛光后硅片很薄，小于 100μm，硅晶圆需要临时固定于辅助晶圆上才可以支持后续半导体工艺，这就要求硅片厚度均匀性、应力状态、减薄厚度精度等测试分析必须融入 TSV 三维集成工艺，尽可能地减少对 TSV 三维集成工艺的影响。减薄抛光过程中硅片厚度均匀性、应力状态、减薄厚度精度等在线监测方法是可能的解决方法。

TSV 三维集成应用中，除了应用于去除抛光硅表面，硅晶圆减薄工艺也可能会应用于减薄抛光硅晶圆衬底暴露铜 TSV 孔或 TSV 孔，这意味着硅晶圆减薄抛光过程中将可能碰到多种材料，将涉及对不同材料选择比的问题。

3.5.4　减薄硅晶圆的固定与去除

在 TSV 三维集成工艺中，为了控制最终堆叠芯片的整体高度，单层芯片的厚度将减薄至 100μm 以下，减薄后继续进行背面工艺，包括绝缘层淀积、再布线层（redistribution layer，RDL）和微凸点的制作，涉及 PECVD、光刻、刻蚀、溅射、电镀等工艺步骤。电子封装技术常用于支撑超薄晶圆的划片胶带（如蓝膜等）等无法应用于 TSV 三维集成的背面工艺，需要采用新的减薄硅晶圆固定与转移方法。

目前，临时键合与解键合工艺是主要的减薄硅晶圆固定与转移方法，利用有机黏接材料把 TSV 硅晶圆键合至辅助晶圆上，进行 TSV 硅晶圆背面减薄、RDL 和微焊点制作，然后进行解键合把减薄晶圆转移至划片胶带上，进行后续的划片和堆叠工艺，临时键合与解键合工艺流程如图 3.58 所示。

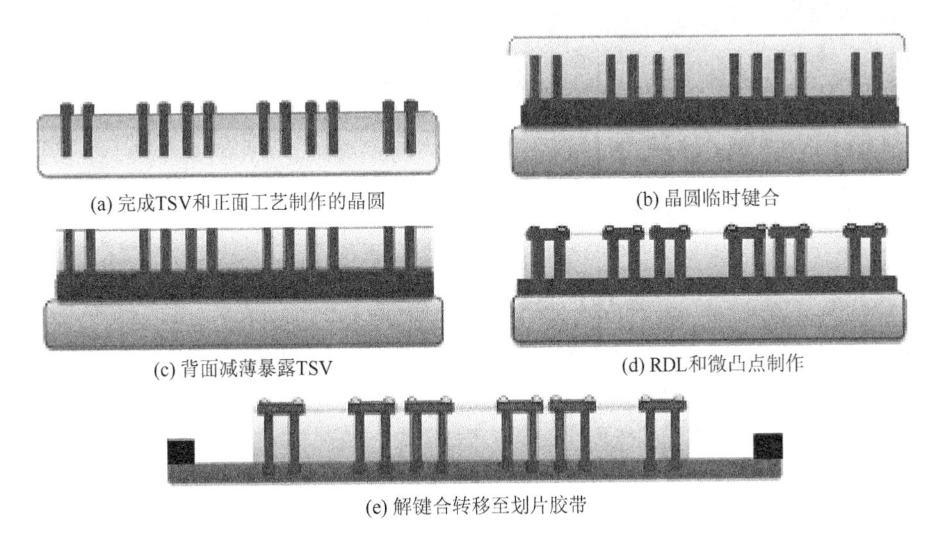

(a) 完成TSV和正面工艺制作的晶圆　(b) 晶圆临时键合

(c) 背面减薄暴露TSV　(d) RDL和微凸点制作

(e) 解键合转移至划片胶带

图 3.58　临时键合与解键合工艺流程

临时键合与解键合应用中的有机黏接材料一般要求 200～300℃下稳定、具有一定化学稳定性、容易键合与解键合、键合强度好、厚度合适等，目前主要材料供应商有美国 3M 公司、Brewer Science 公司、Dow Corning 公司和日本 Hitachi-Dupont 公司等，临时键合的解键合方式一般包括化学解键合、激光解键合、热滑移解键合及机械剥离解键合等几种[58, 59]。

临时键合后晶圆厚度一致性、翘曲等表现对后续减薄与铜平坦化等步骤有重要影响，工程应用中一般需要对这些方面的表现进行检测分析。图 3.59 是利用 Brewer Science 的 HT10.10 型号黏接材料进行临时键合工艺的 6in 硅晶圆照片。其中，主要工艺参数如下：涂覆转速为 1000r/min，涂覆时间为 40s。预固化：室温由 25℃升到 120℃，保温 2min，再从 120℃升温至 160℃，保温 2min。预固化完成后采用 EVG 公司 CB6L 临时键合机实现晶圆与玻璃载片对准，键合压力为 4×10^4Pa，键合温度为 250℃，键合时间为 15min。为了评估键合层厚度的均匀性，对晶圆上 9 个区域内不同位置厚度偏差进行测量，其中晶圆上测量区域编号见图 3.60，测试数据见表格 3.12，最大厚度偏差小于 10μm。

图 3.59 采用临时键合工艺的 6in 硅晶圆照片

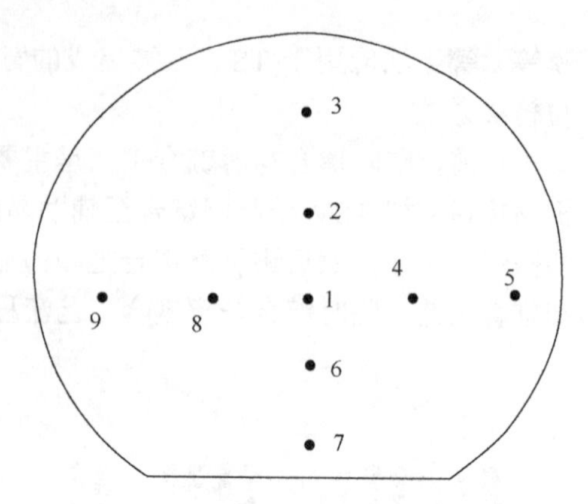

图 3.60 临时键合后硅晶圆测量位置示意图

表 3.12 临时键合层厚度差值表

单位：μm

测量点	1	2	3	4	5	6	7	8	9
01 号	0	2.5	8	8	5	10	4	7.5	4
02 号	0	–3.5	–6.5	–6.5	1	–5	–2	–6	1.5
03 号	0	–0.5	–6	3.5	–1.5	–5	–2	1.5	–3
04 号	0	1	–2	–1.5	0.5	–3.5	0.5	–4	–1
05 号	0	–3.5	–3	–5	–1.5	–4	0.5	–6	1

注：01 号、02 号、03 号、04 号、05 号分别是键合晶圆编号。

3.5.5 铜平坦化

TSV 三维集成应用中铜平坦化主要应用于铜 TSV 互连制作环节，去除表面铜层及阻挡层等，形成高质量表面，尽可能地少损伤或不损伤表面其他材料，少污染残留，主要通过铜化学机械抛光工艺实现，一般包括抛光去除铜和抛光去除阻挡层等步骤。

铜抛光液主要包括氧化剂、配位剂、抑制剂、pH 缓冲剂和抛光颗粒等成分[61-63]。氧化剂主要用来加速铜溶解，发生氧化反应，对铜抛光去除速率有决定性影响，H_2O_2 是常用的氧化剂。配位剂主要用来与铜离子发生反应形成化合物，提高铜去除速率，氨基乙酸乙二胺是常用的配位剂。抑制剂主要用来形成钝化层，减少金属刻蚀速率得到更加平坦的表面，缓蚀剂［5-氨基四唑（ATA）］是常用的抑制剂。pH 缓冲剂可以调节氧化剂、配位剂、抑制剂之间的反应速率，对于铜抛光至关重要。抛光颗粒主要用来去除铜 TSV 表面反应生成物，SiO_2 是常用的抛光颗粒。

铜 TSV 晶圆平坦化的效果与质量一般可以通过铜抛光去除速率、与衬底介质去除速率的选择比、表面宏微观损伤、表面介质上铜残留、铜 TSV 表面形貌、片内均匀性等性能来评价，平坦化质量与效果主要由抛光液成分、抛光垫、压力、转速等因素决定。

铜 CMP 过程与硅 CMP 工艺类似，旋转抛光垫把新鲜铜抛光液持续不断地输运至铜 TSV 硅晶圆表面，抛光垫与铜 TSV 硅片表面之间形成一个稳定的液体界面，两者旋转速率和抛光液滴速决定了抛光液的更新速率，铜抛光液中的氧化剂与铜材料发生化学反应，抛光颗粒磨抛铜 TSV 硅晶圆表面反应物，实现平坦化与抛光。值得指出的是，铜 TSV 晶圆平坦化过程中抛光的材料成分比硅 CMP 更为复杂，包括铜层、扩散阻挡层、介质层等，这对合理调控不同材料的抛光速率提出了不小的难题。

图 3.61 是未经平坦化的铜 TSV 晶圆（介质层为 SiO_2，扩散阻挡层为 TaN，种子层为 Cu）表面形貌 SEM 照片。抛光工艺参数表见表 3.13。图 3.62 是铜平坦化过程中硅片表面形貌光学照片。铜平坦化过程中硅片表面局部细节光学显微镜照片见表 3.14。图 3.63 是铜平坦化过程不同材料抛光速率的测试结果。铜平坦化过程中，多种材料同时抛光但是抛光率不同情况出现等会导致铜 TSV 产生浅碟，这对后续工艺是有害的。图 3.64 是铜平坦化过程中对硅片表面浅碟检测的结果。

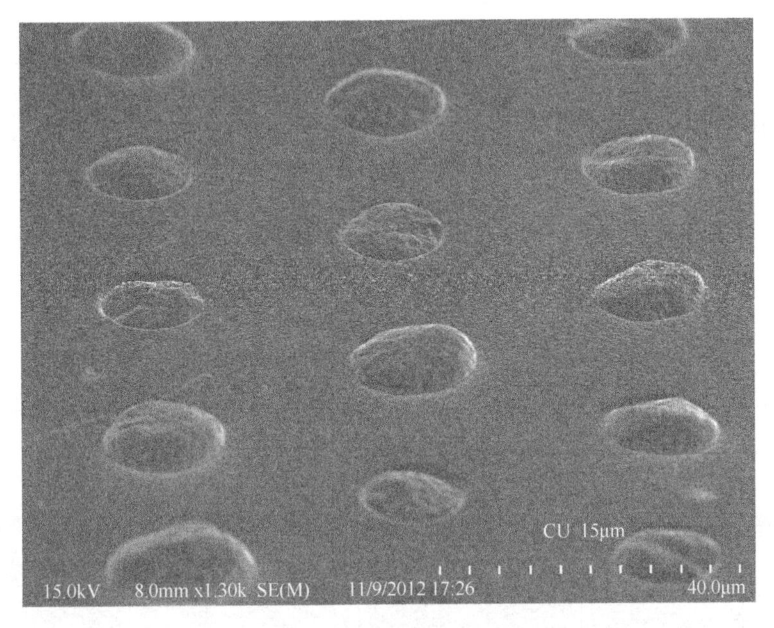

图 3.61　未经平坦化的铜 TSV 晶圆表面形貌 SEM 照片

表 3.13　抛光工艺参数表

编号	目标	步骤	研磨液	工艺时间/s			压力/6.894× 10^3Pa	滚筒速度 /(r/min)	磨头速度 /(r/min)
				总抛光时间	终点检测时间	光学检测时间			
1	磨 Cu	1	A	1502	422	1080	3.0	95	95
	磨 TaN	2	B	129	99	30	3.0	95	95
2	磨 Cu	1	A	1187	377	810	3.0	95	95
	磨 TaN	2	C	122	92	30	3.0	95	95

注：抛光液 A 成分为 Slurry∶DIW∶H_2O_2（30%）= 100∶900∶31；抛光液 B 成分为 Slurry∶DIW∶H_2O_2（30%）= 500∶500∶31；抛光液 C 成分为 Slurry∶H_2O_2（30%） = 100∶1。所有实验抛光垫型号均为 Nitta Haas IC1400。

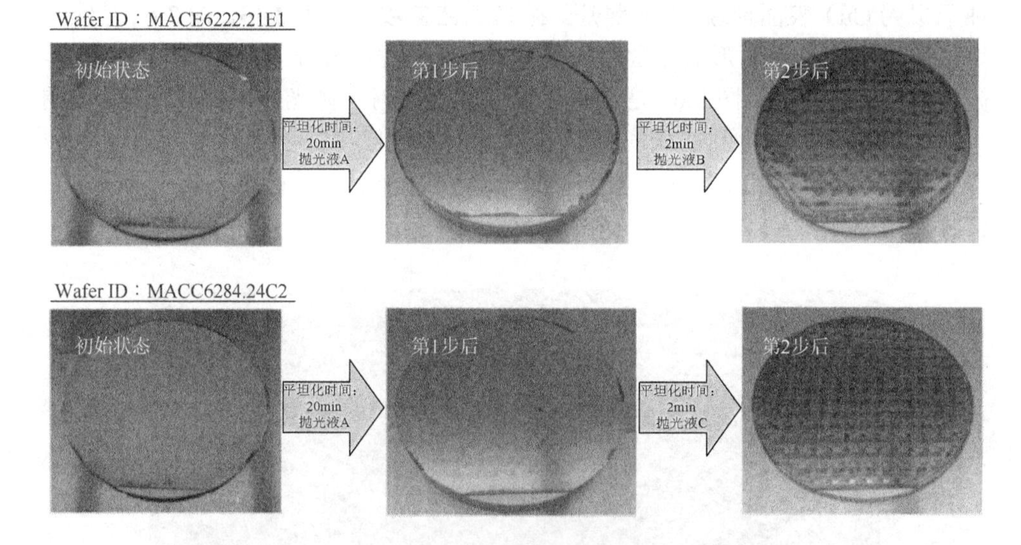

图 3.62　铜平坦化过程中硅片表面形貌光学照片

表 3.14　铜平坦化过程中硅片表面局部细节光学显微镜照片

	步骤 1		步骤 2	
	ϕ30μm（×50）	ϕ10μm（×50）	ϕ30μm（×50）	ϕ10μm（×50）
晶圆中心				

续表

	步骤 1		步骤 2	
	ϕ30μm（×50）	ϕ10μm（×50）	ϕ30μm（×50）	ϕ10μm（×50）
晶圆半径中心				
边缘				

注：ϕ30μm（×50）、ϕ10μm（×50）分别指直径为 30μm、10μm 铜 TSV 在光学显微镜×倍数下的检测图片。

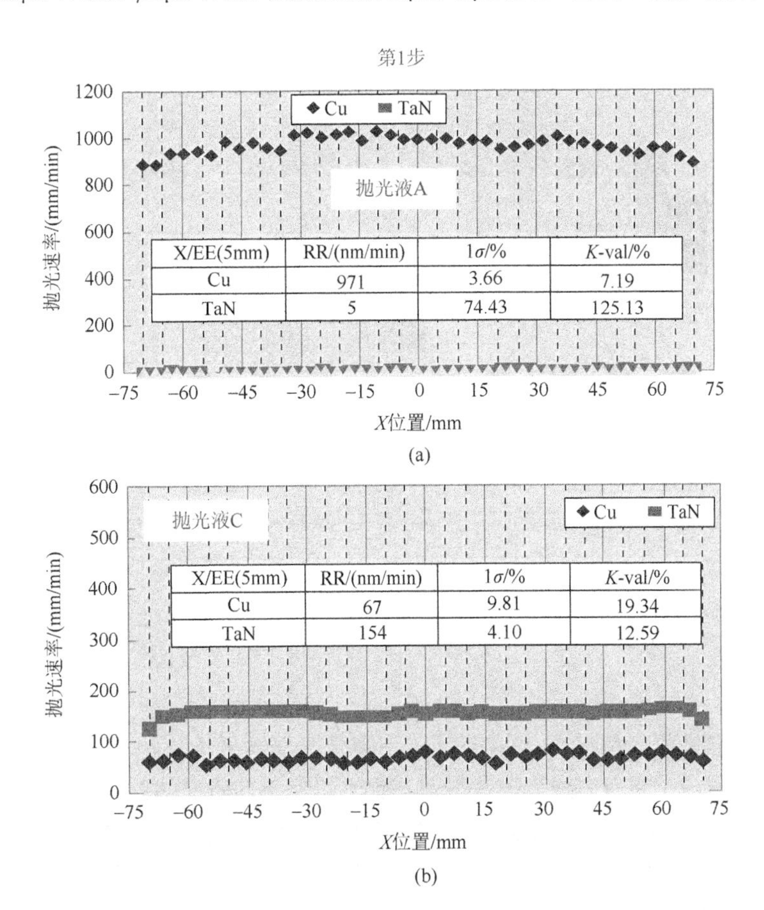

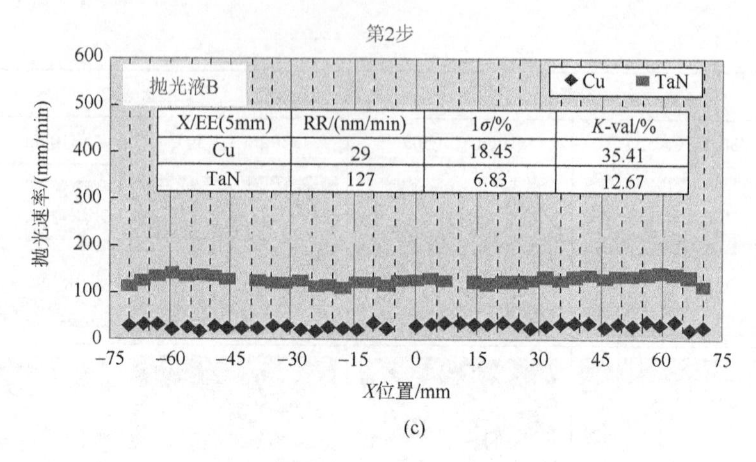

X/EE(5mm)	RR/(nm/min)	1σ/%	K-val/%
Cu	29	18.45	35.41
TaN	127	6.83	12.67

图 3.63　铜平坦化过程不同材料抛光速率的测试结果

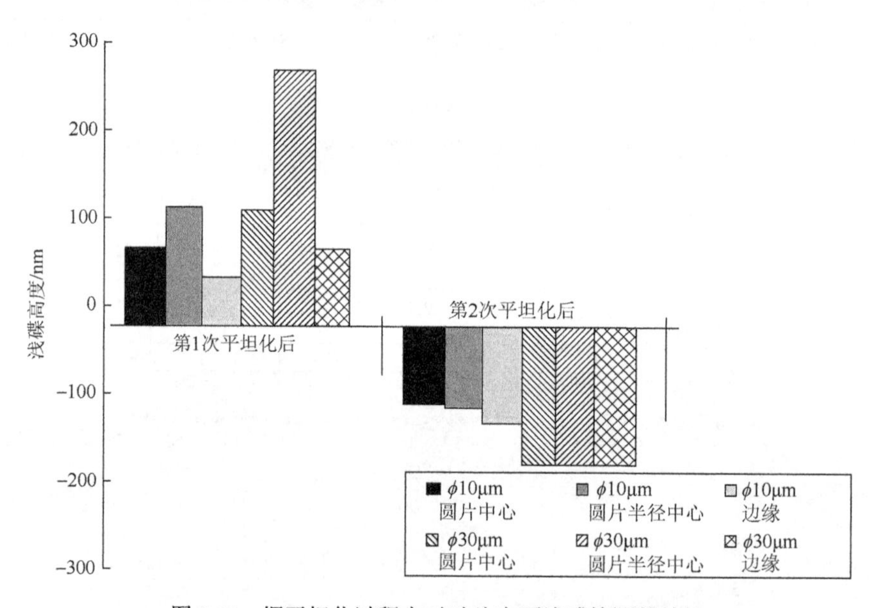

图 3.64　铜平坦化过程中对硅片表面浅碟检测的结果

3.5.6　小结

TSV 三维集成应用多样化特征对硅晶圆减薄与铜平坦化提出了新要求，如何与 TSV 三维集成工艺兼容成为硅片减薄与铜平坦化工艺研究的首要关注点。目前，机械减薄与硅 CMP 工艺是 TSV 三维集成应用中硅片减薄的主要方法，铜 CMP 工艺是实现铜平坦化的主要方法。未来电镀铜填充 TSV 孔的进步发展将一定程度上降低铜平坦化的工艺难度。与 TSV 三维集成工艺兼容与集成、高效低污染低残留的铜抛光液及高性能抛光垫等将成为未来 TSV 三维集成应用中硅片减薄与铜平坦化发展的重要方向，设备与材料层面支持显得更为重要。湿化学腐蚀、干法刻蚀等工艺将在解决机械减薄与 CMP 工艺在 TSV 三维集成应用中面临的兼容性问题上发挥重要作用。低成本硅片减薄新方法、电化学铜抛光等新工艺与新方法有望在未来 TSV 三维集成技术中获得一定的应用。

3.6　微凸点与键合工艺

3.6.1　引言

TSV 三维集成核心思想是通过 TSV 互连、微凸点实现减薄裸芯片叠层之间的电气连接。基于 TSV 互连的减薄裸芯片层叠方法大致可以分为芯片级层叠、晶圆级层叠等。芯片级层叠一般利用裸芯片表面微凸点键合实现层叠减薄裸芯片间的固定与电气连接。晶圆级层叠可以通过 IC 硅晶圆表面的图形化黏结层与电接触区域实现晶圆间层叠对准固定与电气连接，切割分离晶圆层叠获得减薄芯片层叠，或者通过晶圆键合工艺实现 IC 硅晶圆间对准固定，并利用 TSV 互连电接触至底层晶圆内部预留电连接区域实现层叠芯片间电气连接，切割分离芯片获得减薄芯片叠层。晶圆级层叠有可能使晶圆上功能良好的芯片与另一晶圆上功能失效芯片层叠，由此造成工艺良率损失。芯片级层叠则可以通过测试方案确保功能良好的芯片进行层叠，从而降低工艺良率损失。芯片级层叠中芯片厚度较薄（厚度≤100μm），并且持续减小，要求微凸点尺寸需要与其相适应；否则，芯片级层叠小尺寸等优势将难以发挥。另外，芯片级层叠过程可能涉及多次的对准固定与高温处理过程，后续进行焊接的微凸点的工艺过程有可能会对已经对准焊接固定的微凸点造成影响。由于传统焊球在尺寸、堆叠工艺兼容性上难以满足 TSV 三维集成应用要求，需要开发针对 TSV 三维集成应用的微凸点技术。本节中将重点介绍用于芯片级层叠的微凸点及基于微凸点的键合工艺。

3.6.2　微凸点键合工艺原理

微凸点键合是实现减薄芯片层叠的关键，对芯片层叠模块的性能有重要影响。微凸点一般制作在下金属层之上（under-bump-metallization，UBM），多为圆柱形或多棱柱形。下金属层指包括黏附层-扩散阻挡层-润湿层-防氧化层等多层金属化系统，常见的 UBM 组合有 Ti/Cu/Au、Ti/Cu、Ti/Cu/Ni、TiW/Cu/Au、Cr/Cu/Au、Ni/Au、Ti/Ni/Pd 等，可以通过溅射、蒸发、电镀及化学镀等方法制作。微凸点材料构成需要与下金属层材料匹配才可以发挥作用。微凸点材料设计一般需要根据

TSV 三维集成应用场景，结合微凸点材料构成与加工方法、可加工最小尺寸与节距、焊接工艺，以及连接的微凸点电学特性、可靠性等方面进行综合考量。目前，微凸点键合工艺主要有金属-金属直接键合[50]，聚合物键合，以及共晶键合[60]。金属-金属直接键合需要微凸点内金属原子相互充分扩散，所需的键合温度高，键合压力大，键合时间长，且对键合界面的清洁度和平整度要求极高；聚合物键合对硅片和结构的平整度要求较低，可以补偿硅片表面的结构起伏和粗糙度，适合晶圆级键合，但是其对准精度较低，热传导能力有限。铜锡微凸点是减薄芯片层叠中常用的技术方案。铜锡微凸点指利用纯铜作为微凸点主体，纯锡作为焊料，通过一定温度压力条件下铜锡固液扩散实现微凸点间的结合固定。铜锡微凸点键合之后将在接触区域形成一定厚度的 Cu_3Sn 金属化合物（inter metallic compound，IMC），金属化合物 Cu_3Sn 的厚度主要由键合的微凸点铜锡比例及工艺过程决定。金属化合物 Cu_3Sn 熔点在 600℃以上，可以允许在已键合的芯片层叠上继续通过铜锡微凸点实现更多层的芯片层叠。在一定键合温度（大于 Sn 的熔点温度为 232℃）和键合压力下，锡会熔化为液相，与铜相互扩散形成金属间化合物，实现铜-锡共晶键合[64]。图 3.65 为铜-锡二元合金的平衡相图，可知，铜-锡共晶键合过程中会形成多种金属间化合物，而在常温下仍存在的仅有 η-Cu_6Sn_5 和 ε-Cu_3Sn[65]。

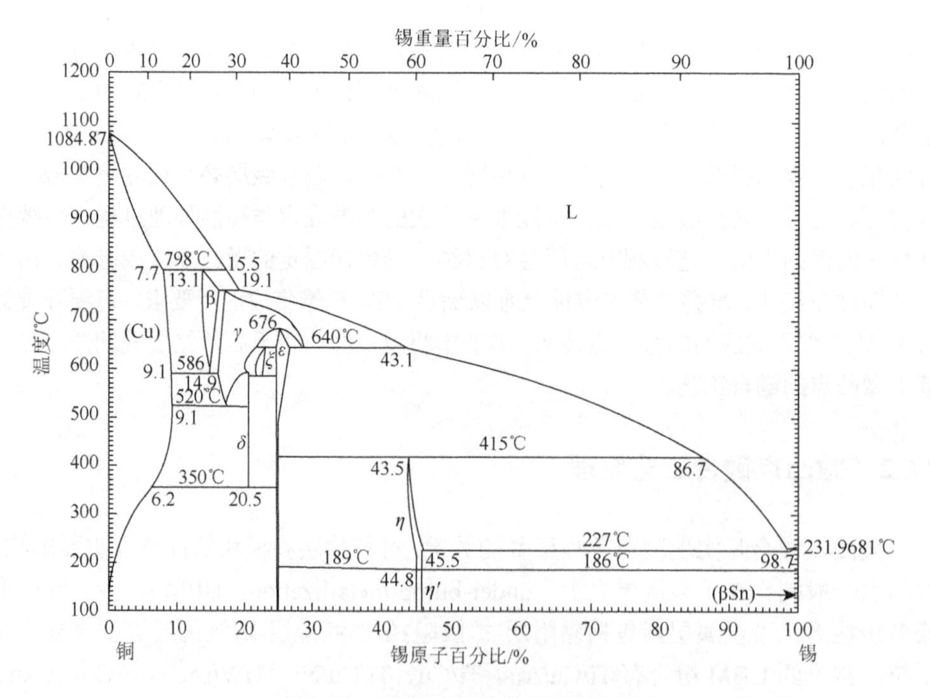

图 3.65 铜-锡二元合金的平衡相图

具体而言，随着键合工艺的进行，会先在铜-锡界面快速地生成扇贝状的 Cu_6Sn_5，而随着键合时间的增加及后续的退火处理及热循环实验，扇贝状的 Cu_6Sn_5 会逐渐减少，在 Cu_6Sn_5 和铜界面逐渐生成层状的 Cu_3Sn。金属间化合物的生长受金属的相互扩散限制，当铜层较厚而锡层较薄时，Cu_6Sn_5 可能会逐渐转化为 Cu_3Sn，反之，当铜层较薄而锡层较厚时，Cu_3Sn 可能会逐渐分解转化为 Cu_6Sn_5，或者与锡发生反应生成 Cu_6Sn_5[65]。Cu_6Sn_5 和 Cu_3Sn 相互转化的化学方程式如下：

$$Cu_6Sn_5 + 9Cu \rightarrow 5Cu_3Sn \tag{3.19}$$

$$5Cu_3Sn \rightarrow 9Cu + Cu_6Sn_5 \tag{3.20}$$

$$2Cu_3Sn + 3Sn \rightarrow Cu_6Sn_5 \tag{3.21}$$

此外，从图 3.65 可知，Cu_3Sn 的熔点高达 600℃，比 Cu_6Sn_5 高，而且 Cu_3Sn 的电阻率为 8.9μm·cm，比锡（电阻率为 11.4μm·cm）和 Cu_6Sn_5（电阻率为 17.5μm·cm）的电阻率低。因此，在进行微凸点设计时，应当设计好铜-锡的比例，以便最后能够全部转化为 Cu_3Sn，铜和锡的摩尔数应该满足以下条件：

$$n_{Cu} : n_{Sn} = \frac{m_{Cu}}{M_{Cu}} : \frac{m_{Sn}}{M_{Sn}} = \frac{\rho_{Cu} \times S_{Cu} \times d_{Cu}}{M_{Cu}} : \frac{\rho_{Sn} \times S_{Sn} \times d_{Sn}}{M_{Sn}} \geqslant 3:1 \tag{3.22}$$

式中，n 为摩尔数；m 为质量；M 为相对分子质量；ρ 为密度；S 为键合面积；d 为微凸点厚度。

因此

$$d_{Cu} : d_{Sn} \geqslant \frac{3 \times \rho_{Sn} \times M_{Cu}}{1 \times \rho_{Cu} \times M_{Cu}} = \frac{3 \times 7.28 \times 63.5}{1 \times 8.9 \times 118.7} \approx 1.31 \tag{3.23}$$

可知，要想最终的生成物为 Cu_3Sn，制备微凸点时铜的厚度应该至少是锡厚度的 1.31 倍。在实际应用中，铜还需与焊盘及凸点下的金属互连，不能将铜全部消耗，因此铜和锡厚度需要远大于此比例。

图 3.66 是键合的铜锡微凸点剖面扫描电子显微镜照片。图 3.67 是采用 EDS（energy dispersive spectroscopy）技术对微凸点键合区域成分分析的结果，可以看出，铜原子分数为 78.52%，锡的原子分数为 24.22%，铜与锡之间的原子比约为 3.2，接近 Cu_3Sn 的原子比。此外，对键合区域不同位置处的成分进行统计分析，结果显示铜与锡之间原子比值为 2.8～3.2，表面键合效果正常。

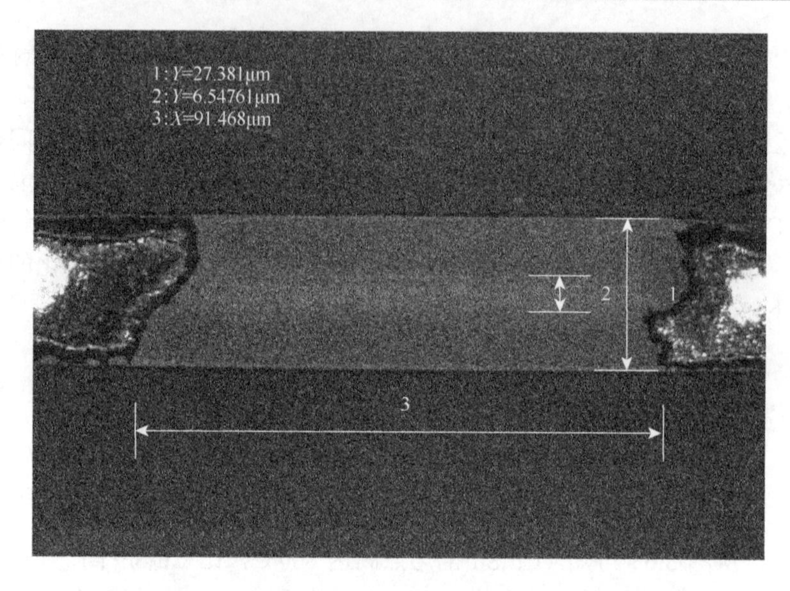

图 3.66　键合的铜锡微凸点剖面扫描电子显微镜照片

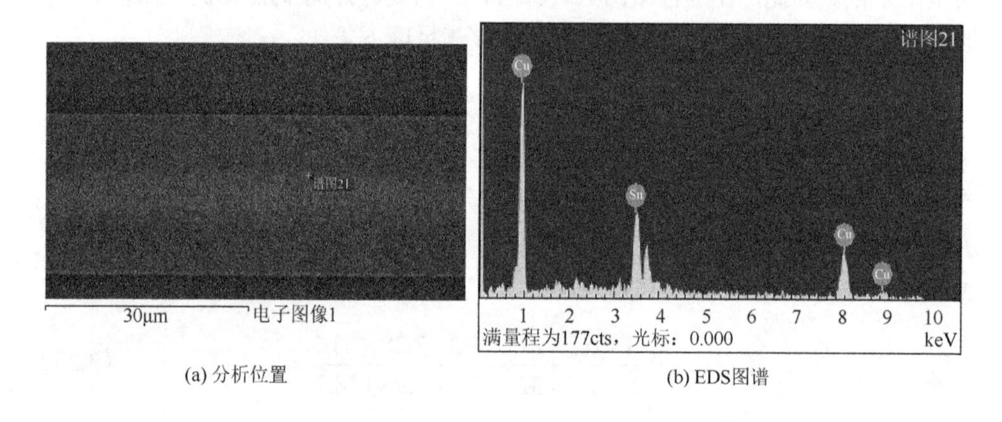

(a) 分析位置

(b) EDS图谱

图 3.67　采用 EDS 技术对微凸点键合区域成分分析的结果

铜锡微凸点的键合对准质量一般可以通过 X 射线进行评估分析，通过制作剖面样品对键合面成分进行分析，以及通过电学测试、推拉力试验等进行分析。图 3.68 为键合芯片的横截面观测结果。图 3.69 为所测试的某组菊花链电阻值拟合曲线。整个菊花链的电阻值是 1.66Ω，通过拟合计算，单条互连线的电阻值为 3.8mΩ，单个微凸点的电阻值为 4.7mΩ。图 3.70 为剪切力测试后的微凸点界面，可以发现，大多数微凸点的破坏都发生在金属间化合物层［图 3.70（a）和（b）］，而该界面仍残留着大量没来得及转换为金属间化合物的锡，仅有少量微凸点的破坏发生在互连线与硅片接触的界面［图 3.70（c）和（d）］。该结果表明，为了提高样品的键合质量，需要将 Sn 全部转换为金属间化合物，并且提高互连线与硅片之间的黏附力。

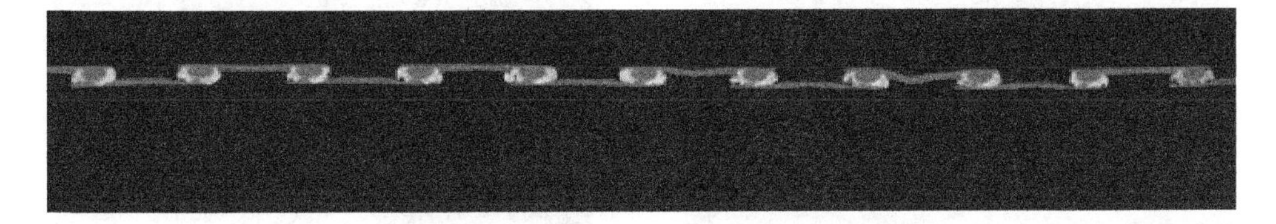

图 3.68　键合芯片的横截面观测结果

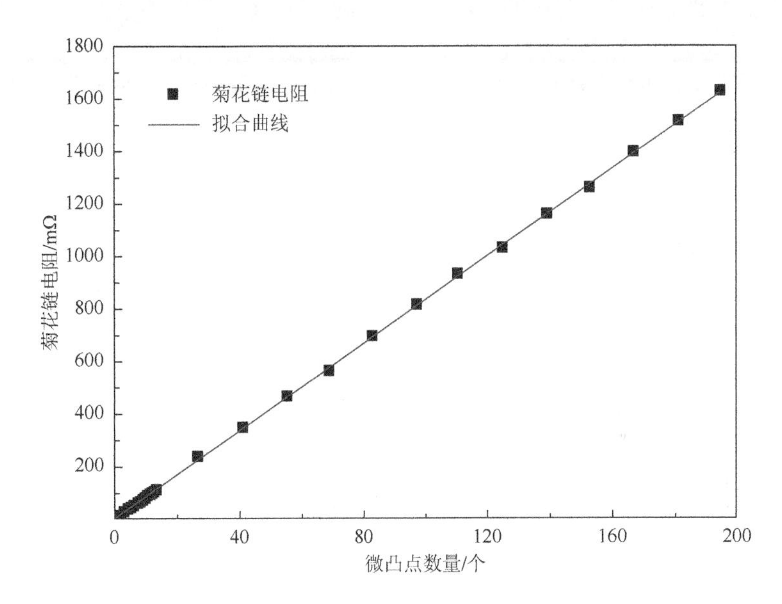

图 3.69　所测试的某组菊花链电阻值拟合曲线

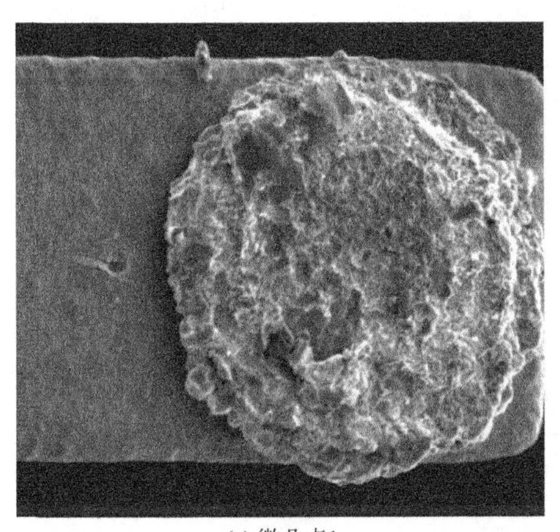

(a) 微凸点1

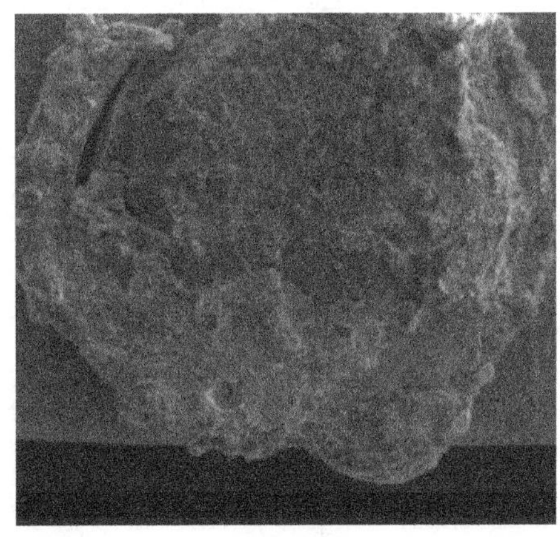

(b) 微凸点2

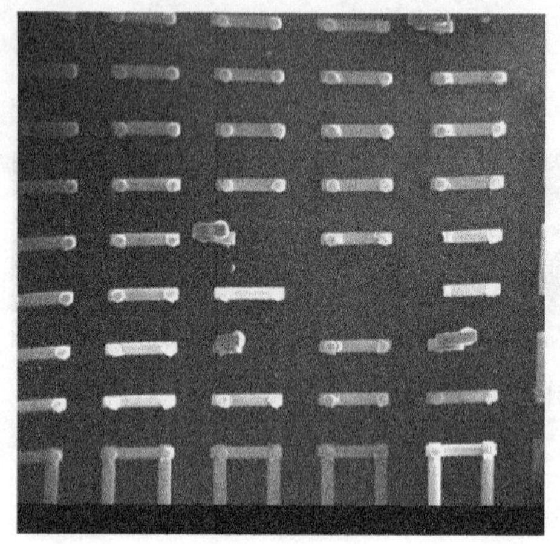

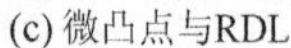
(c) 微凸点与RDL

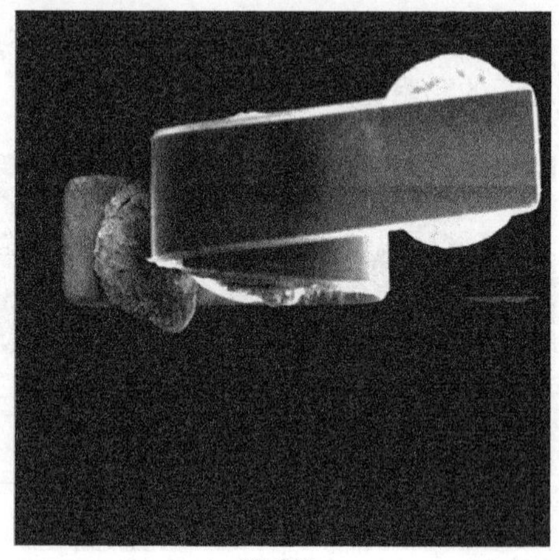
(d) RDL

图 3.70　剪切力测试后的微凸点界面

键合后的微凸点具有良好的可靠性，这对其后续使用非常重要。可靠性测试分为湿热测试和热循环测试，样品先进行湿热测试，再进行热循环测试。湿热测试条件：在温度为 85℃，湿度为 75%的条件下循环 500 次，每次循环所需时间为 1h。热循环测试条件：温度从室温逐渐升温到 125℃，再降温到–40℃，每次循环所需时间为 0.5h。当样品的菊花链电阻值增量达到 50%时，视为电学失效。表 3.15 为可靠性测试后，未进行底部填充的样品电学失效情况统计表，可知经过 500 次湿热测试后所有样品均还具有电学性能，样品在 1000 次热循环后最先出现电学失效。3000 次热循环后，5 个样品出现失效。表 3.16 为可靠性测试后，已进行底部填充的样品电学失效情况统计表，可知经过 500 次湿热测试后所有样品均还具有电学性能。比较可以发现，进行了底部填充的样品，其可靠性比没进行底部填充的样品差。这是因为底部填充胶和微凸点、硅片的热膨胀系数不匹配，底部填充胶的热膨胀系数大，进行了底部填充的样品在后续湿热测试和热循环测试过程中，底部填充胶膨胀导致微凸点出现裂纹，继而出现电学失效。图 3.71 为可靠性测试后样品的横截面观察结果。图 3.71（a）和（b）为未进行底部填充的样品，图 3.71（c）和（d）为已进行底部填充的样品。由图 3.71 可知，进行了底部填充的样品，由于底部填充胶与微凸点、硅片的热膨胀系数不匹配，其微凸点失效后的裂纹明显比没有进行底部填充的样品的裂纹大。

表 3.15　可靠性测试后，未进行底部填充的样品电学失效情况统计表

测试条件	500 次 湿热测试	1000 次 热循环测试	2000 次 热循环测试	3000 次 热循环测试
样品失效情况	0/15	1/15	2/15	5/15

表 3.16　可靠性测试后，已进行底部填充的样品电学失效情况统计表

测试条件	500 次 湿热测试	1000 次 热循环测试	2000 次 热循环测试	3000 次 热循环测试
样品失效情况	0/5	1/5	3/5	5/5

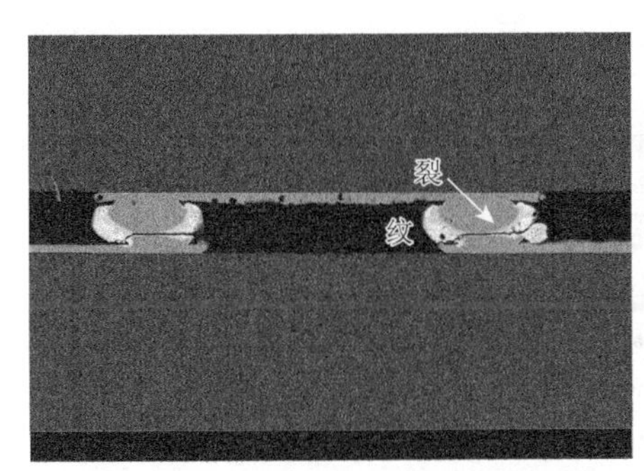

(a) 未进行底部填充的样品(放大600倍)

(b) 未进行底部填充的样品(放大3000倍)

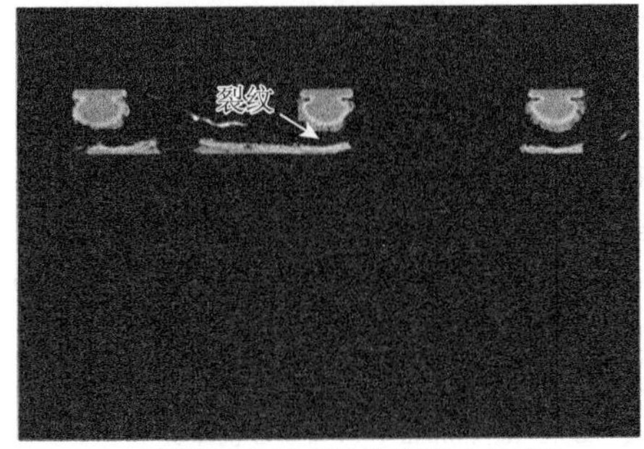

(c) 已进行底部填充的样品(放大400倍)

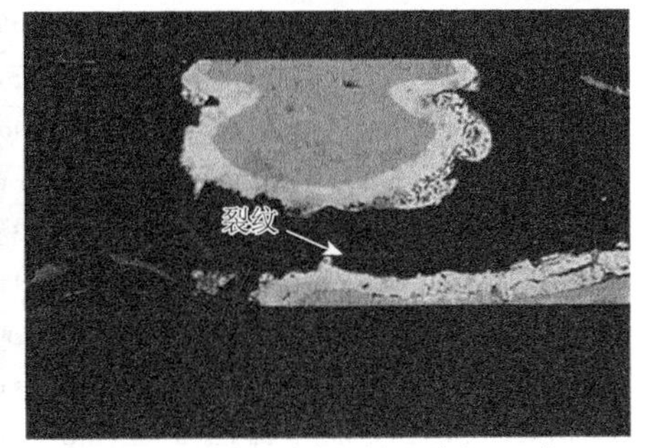

(d) 已进行底部填充的样品(放大2000倍)

图 3.71　可靠性测试后样品的横截面观察结果

3.6.3　小结

基于铜锡微凸点的芯片键合是实现减薄芯片堆叠微组装的常用方法。铜锡微凸点的制作工艺与 IC 制造后端金属化工艺继承性好，可加工尺寸与节距小，支持多次键合工艺。小尺寸、窄节距、高可靠的键合微凸点将是未来发展的重要方向，也为微凸点新材料、新键合工艺的发展提供机会。

参 考 文 献

[1]　Aermer F L，Schilp A. Method of anisotropically etching silicon：US Patent 5501893，1996.

[2]　Wu B，Kumar A，Pamarthy S. High aspect ratio silicon etch：A review. Journal of Applied Physics，2010，108（5）：239-252.

[3] Tezcan D S，Munck K D，Pham N，et al. Development of vertical and tapered via etch for 3D through wafer interconnect technology. 2006 8th Electronics Packaging Technology Conference，Singapore，2007.

[4] Puech M，Thevenoud J M，Gruffat J M，et al. Fabrication of 3D Packaging TSV using DRIE. 2008 Symposium on Design，Test，Integration and Packaging of MEMS/MOEMS，Nice，2008：109-114.

[5] Lea L，Nicholls G. Issues involved in etching through silicon vias at high rate for reliable interconnects. https://silo.tips/download/issues-involved-in-etching-through-silicon-vias-at-high-rate-for-reliable-interc. [2020-05-15].

[6] Ranganathan N，Lee D Y，Ebin L，et al. The development of a tapered silicon micro-micromachining process for 3D microsystems packaging. Journal of Micromechanics and Microengineering，2008，18（11）：115028.

[7] Laviron C，Dunne B，Lapras V，et al. Via first approach optimisation for through silicon via applications. Electronic Components and Technology Conference，San Diego，2009：14-19.

[8] Heraud S，Short C，Ashraf H. Easy to fill sloped vias for interconnects applications improved control of silicon tapered etch profile. Electronic Components and Technology Conference，San Diego，2009：654-657.

[9] Ham Y H，Kim D P，Park K S，et al. Dual etch processes of via and metal paste filling for through silicon via process. Thin Solid Films，2011，519（20）：6727-6731.

[10] Tanakal S，Sonodal K，Kasai K，et al. Crystal orientation dependent etching in RIE and its application. Proceedings of the IEEE International Conference on Micro Electro Mechanical Systems，Kaohsiung，2011：217-220.

[11] Praveen S K，Zain M F M，Xin Z Q，et al. Development of a single step via tapering etch process using deep reactive ion etching with low sidewall roughness for through-silicon via applications. Electronic Components and Technology Conference，San Diego，2012：732-735.

[12] Nilsson P，Ljunggren A，Thorslund R，et al. Novel through-silicon via technique for 2D/3D sip and interposer in low-resistance applications. Electronic Components and Technology Conference，San Diego，2009：1796-1801.

[13] Ebefors T，Fredlund J，Jung E，et al. Recent results using met-via TSV interposer technology as TMV element in wafer-level through mold via packaging of CMOS biosensors. International Wafer-Level Packaging Conference，San Jose，2013.

[14] Sakai I，Sakurai N，Ohiwa T. High rate deep Si etching for through-silicon via applications. Journal of Vacuum Science and Technology A：Vacuum，Surfaces，and Films，2011，29（2）：021009.

[15] Sakuishi T，Murayama T，Morikawa Y，et al. Development of the technology to control the spatial distribution of plasma using double ICP coil. Electronic Components and Technology Conference，San Diego，2014：846-849.

[16] Konidaris N. Lasers in advanced IC packging applications. Electronics Packaging Technology Conference，Shanghai，2007：396-399.

[17] Landgra R，Rieske R，Danilewsky A N，et al. Laser drilled through silicon vias：Crystal defect analysis by synchrotron X-ray topography. Electronics System-Integration Technology Conference，Greenwich，2008：1023-1028.

[18] Rieske R，Landgraf R，Wolter K J. Novel method for crystal defect analysis of laser drilled TSVs. Electronic Components and Technology Conference，San Diego，2009：1139-1146.

[19] Tang C W，Li K M，Young H T. Improving the sidewall quality of nanosecond laser-drilled deep through-silicon vias by incorporating a wet chemical etching process. Micro and Nano Letters，2012，7（7）：693-696.

[20] Shin D，Suh J，Cho Y. Effect of pulse interval on TSV process using a picosecond laser. Journal of Laser Micro，2012，7（2）：137-142.

[21] Chiang C H，Hu Y C，Chen K H，et al. Investigation of ICP parameters for smooth TSVs and following Cu plating

process in 3D integration. International Microsystems Packaging Assembly and Circuits Technology Conference，Taipei，2012：56-59.

[22] Hu Y C，Chiang C H，Chen K H，et al. Micro-masking removal of TSV and cavity during ICP etching using parameter control in 3D and MEMS integrations. IEEE Microsystems，Packaging，Assembly and Circuits Technology Conference，Taipei，2012：367-369.

[23] Choi J W，Loh W L，Praveen S K，et al. A study of the mechanisms causing surface defects on sidewalls during Si etching for TSV（through Si via）. Journal of Micromechanics and Microengineering，2013，23（6）：065005.

[24] Vasilache D，Chiste M，Colpo S，et al. Wafer resistivity influence over DRIE processes for TSVs manufacturing. Semiconductor Conference，Sinaia，2012：175-178.

[25] Ding P，Chen L，Fu J，et al. Cu barrier/seed technology development for sub-0.10 micron copper chips. Proceedings of 6th International Conference on Solid-State and Integrated-Circuit Technology，Shanghai，2001：405-409.

[26] Gopalraja P，Fu J，Tang X，et al. Self-ionized and capacitively-coupled plasma for sputtering and resputtering：US Patent 7504006，2009.

[27] Elghazzali M，Weichart J. Highly ionized sputtering for TSV-lining. IMAPS 2010-43rd International Symposium on Microelectronics，Cairo，2010.

[28] Liu Q，Zhang G，Sun R，et al. Fabricating photosensitive polymer insulation layer by spin-coating for through silicon vias. 17th International Conference on Electronic Packaging Technology，Wuhan，2016.

[29] 兰天宝，潘晓旭，苏飞. 用于监测硅片应力的红外光弹仪. 半导体技术，2015，40（9）：5.

[30] Trigg A D，Yu L H，Cheng C K，et al. Three dimensional stress mapping of silicon surrounded by copper filled through silicon vias using polychromator-based multi-wavelength micro raman spectroscopy. Applied Physics Express，2010，3（8）：086601

[31] Fang Z，Ouyang Q N，Zeng F R，et al. Study on the estimation algorithm of the temperature based on mid-wave infrared remote sensing. Spectroscopy and Spectral Analysis，2016，36（4）：960-966.

[32] Su F，Lan T，Pan X. Stress evaluation of through-silicon vias using micro-infrared photoelasticity and finite element analysis. Optics and Lasers in Engineering，2015，74：87-93.

[33] Su F，Mao R，Xiong J，et al. On thermo-mechanical reliability of plated-through-hole（PTH）. Microelectronics Reliability，2012，52（6）：1189-1196.

[34] Selvanayagam C S，Lau J H，Zhang X，et al. Nonlinear thermal stress/strain analyses of copper filled TSV（through silicon via）and their flip-chip microbumps. IEEE Transactions on Advanced Packaging，2009，32（4）：720-728.

[35] Dally J W，Rilley W F. Experimental Stress Analysis. 3rd ed. New York：McGraw-Hill，1991.

[36] Fei S，Pan X，Lan T，et al. Monitoring the stress evolution of through silicon vias during thermal cycling with infrared photoelasticity. 2015 16th International Conference on Electronic Packaging Technology，Changsha，2015.

[37] Hagiwara H，Kimizuka R，Terashima Y，et al. Reaction product of amines with glycidyl ether or quaternary ammonium compound：US Patent 6800188，2004.

[38] Seita M，Tsuchida H，Hayashi S. Electrolytic copper plating solution and method for controlling the same：US Patent 6881319，2005.

[39] Setia M，Hayashi T. Electrolytic copper plating solution and method for controlling the same：US Patent 6881319，2005.

[40] Wang D Y，Wu C Y，Mikkola R D，et al. Leveler compounds：US Patent 7128822，2006.

[41] Isono T，Tachibana S，Kawase T，et al. Electrolytic copper plating bath and plating process therewith：US Patent

7220347，2007.

[42] Dubin V M，Huang T L，Fang M，et al. Method for constructing contact formations：US Patent 7442634，2008.

[43] Andricacos P C，Boettcher S H，Chung D S，et al. Electroplated copper interconnection structure，process for making and electroplating bath：US Patent 7227265，2007.

[44] Paneccasio V，Lin X，Figura P，et al. Copper electrodeposition in microelectronics：US Patent 7303992，2007.

[45] Richardson T B，Zhang Y，Wang C，et al. Copper metallization of through silicon via：US Patent 7670950，2010.

[46] Malta D，Gregory C，Lueck M，et al. Characterization of thermo-mechanical stress and reliability issues for Cu-filled TSVs. IEEE Electronic Components and Technology Conference，Las Vegas，2011：1815-1821.

[47] Okoro C，Kabos P，Obrzut J，et al. Use of RF-based technique as a metrology tool for TSV reliability analysis. IEEE Electronic Components and Technology Conference，Las Vegas，2013.

[48] Choi J W，Guan O L，Yingjun M，et al. TSV Cu filling failure modes and mechanisms causing the failures. IEEE Transactions on Components，Packaging and Manufacturing Technology，2014，4（4）：581-587.

[49] Song M，Chen L，Szpunar J. Thermomechanical characteristics of copper through-silicon via structures. IEEE Transactions on Components，Packaging and Manufacturing Technology，2015，5（2）：225-231.

[50] Hummler K，Sapp B，Lloyd J R，et al. TSV and Cu-Cu direct bond wafer and package-level reliability. IEEE Electronic Components and Technology Conference，Las Vegas，2013：41-48.

[51] Raynal F，Zahraoui S，Frederich N，et al. Electrografted seed layers for metallization of deep TSV structures. IEEE Electronic Components and Technology Conference，San Diego，2009：1147-1152.

[52] Truzzi C，Raynal F，Mevellec V，et al. Electrografting：A production-ready nanotechnology for the metallization of through silicon vias. SEMICON® Korea Technology Symposium，Seoul，2010.

[53] Inoue F，Shimizu T，Yokoyama T，et al. Formation of electroless barrier and seed layers in a high aspect ratio through-Si vias using Au nanoparticle catalyst for all-wet Cu filling technology. Electrochimica Acta，2011，56（17）：6245-6250.

[54] Inoue F，Yokoyama T，Miyake H，et al. All-wet fabrication technology for high aspect ratio TSV using electroless barrier and seed layers. 3D Systems Integration Conference，Munich，2010：1-5.

[55] Tsukada A，Sato R，Sekine S，et al. Study on TSV with new filling method and alloy for advanced 3D-SiP. IEEE Electronic Components and Technology Conference，Lake Buena Vista，2011：1981-1986.

[56] Inoue F，Shimizu T，Miyake H，et al. All-wet Cu-filled TSV process using electroless Co-alloy barrier and Cu seed. IEEE Electronic Components and Technology Conference，San Diego，2012：810-815.

[57] Tick T. 3D TSV via intergration main scenarios，Yole development 2009. Horsham：Solid State Equipment Corporation.

[58] Zoschke K，Fischer T，Topper M，et al. Polyimide based temporary wafer bonding technology for high temperature compliant TSV backside processing and thin device handling. IEEE Electronic Components and Technology Conference，San Diego，2012：1054-1061.

[59] Phommahaxay A，Jourdain A，Verbinnen G，et al. Process characterization of thin wafer debonding with thermoplastic materials. Electronic System-integration Technology Conference，Amsterdam，2012：1-4.

[60] Li C，Wang X，Chen M，et al. Novel design and reliability assessment of a 3D DRAM stacking based on Cu-Sn micro-bump bonding and TSV interconnection technology. Electronic Components and Technology Conference，Las Vegas，2013：1861-1865.

[61] Rhoades R L，Malta D. Advances in CMP for TSV Reveal. Proceedings of International Conference on Planarization/CMP Technology，Grenoble，2012：1-4.

[62] Chen J C，Lau J H，Hsu T C，et al. Challenges of Cu CMP of TSVs and RDLs fabricated from the backside of a thin wafer. 3D Systems Integration Conference，San Francisco，2013：1-5.

[63] Hu B，Kim H，Wen H，Mahulikar D. Ultra-high removal rate copper CMP slurry development for 3D application. International Conference on Planarization/CMP Technology，Kobe，2008.

[64] Huang Z，Jones R E，Jain A. Experimental investigation of electromigration failure in Cu-Sn-Cu micropads in 3D integrated circuits. Microelectronic Engineering，2014，122：46-51.

[65] Deng X，Piotrowski G，Williams J J，et al. Influence of initial morphology and thickness of Cu_6Sn_5 and Cu_3Sn intermetallics on growth and evolution during thermal aging of Sn-Ag solder/Cu joints. Journal of Electronic Materials，2003，32（12）：1403-1413.

[66] Ding P，Gopalraja P，Fu J，et al. Advanced Cu barrier/seed development for 65nm technology and beyond. Proceedings of 7th International Conference on Solid-State and Integrated Circuits Technology，Beijing，2005.

[67] Inoue F，Shimizu T，Miyake H，et al. All-wet Cu-filled TSV process using electroless Co-alloy barrier and Cu seed. IEEE Electronic Components and Technology Conference，San Diego，2012：810-815.

[68] Shi P，Enloe J，van den Boom R，et al. Direct copper electrodeposition on a chemical vapor-deposited ruthenium seed layer for through-silicon vias. Interconnect Technology Conference，San Jose，2012：1-3.

[69] Vitiello J，Piallat F，Bonnet L. Alternative deposition solution for cost reduction of TSV integration. International Symposium on Microelectronics，New York，2017：135-139.

[70] Esmaeili S，Lilienthal K，Nagy N，et al. Co-MOCVD processed seed layer for through silicon via copper metallization. Microelectronic Engineering，2019，211：55-59.

[71] Shen S P，Chen W H，Dow W P，et al. Copper seed layer repair using an electroplating process for through silicon via metallization. Microelectronic Engineering，2013，105：25-30.

[72] Wolf M J，Dretschkow T，Wunderle B，et al. High aspect ratio TSV copper filling with different seed layers. Proceedings of 58th Electronic Components and Technology Conference，Lake Buena Vista，2008：563-570.

[73] Wu B，Kumar A，Ramaswami S. 3D IC Stacking Technology. New York：McGraw Hill Professional，2011.

第4章　TSV三维互连电学设计

从系统集成的角度来看，无论在芯片层面还是在封装层面，互连的传输性能都是决定系统产品SoC或系统级封装（system in package，SiP）电性能和功能复杂度的要素之一。随着芯片上晶体管数量和密度的迅速增大，互连的设计与验证成为芯片设计的重大挑战，并占用大量的设计资源。电子封装技术则在很大程度上等同于电子互连技术，而21世纪初兴起的高密度系统级封装，其核心技术之一就是三维化、高密度互连的实现与性能提升。相应地，本章面向封装层面上三维集成技术的发展需求，结合典型实例分析，阐述TSV三维互连的电学设计、建模及其特性预测与分析技术的基本原理，简要介绍工程应用价值的设计方法。

4.1　概　　述

三维集成主要涉及垂直方向上多个芯片的集成，以及位于这些芯片上的数个器件层的互相连通与功能集成。考虑到技术发展的成熟度，本章以基于TSV及其转接板的三维集成互连技术为主要探讨对象。垂直芯片平面方向上的堆叠及该方向上的片间互连引入的新的互连维度成为提升其布线灵活性、增强其性能和拓展其功能度的重要技术途径，这对于IC、先进封装技术发展有着极为重大的意义。与此同时，这也给互连的电学特性分析、建模、验证、测试与设计技术带来了严峻的挑战。

4.1.1　三维集成给互连技术带来的机遇

三维集成带来的一个实质性的好处是芯片上最长全局互连及局部互连的长度大大缩减，如图4.1所示。考虑到单个芯片上制作多器件层的技术尚未成熟，可以认为三维集成后的器件层数 n 即是芯片数量。为了简化对最长互连的估算，我们通常取其长度等于正方形管芯边缘长度的两倍，即对角线两个端点间的最大布线长度。因此，如果一个平面芯片的面积为 A，则其最长水平互连的长度 $L_{\max,2D}=2\sqrt{A}$。

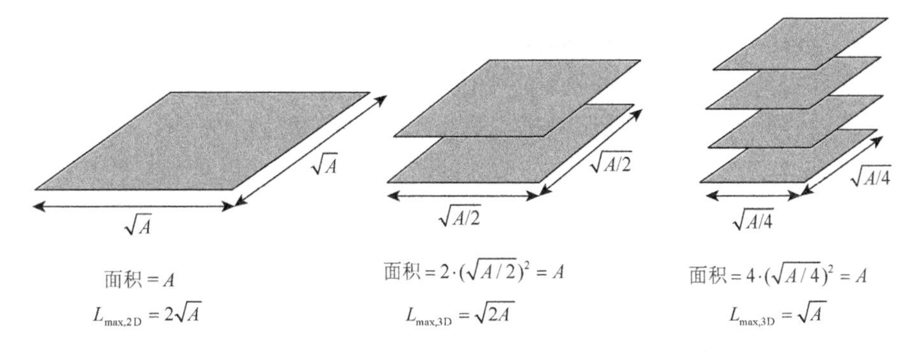

图 4.1　芯片改为 2 个或者 4 个平面实现形式后线长的缩短程度

若改用两个上下放置且焊接到一起的管芯来实现同一电路，其所采用的晶体管技术不变、管芯保持为正方形，那么电路系统的总面积保持不变，每个管芯（对应单个器件平面）所占面积为 $A/2$。因此双平面芯片叠层的最长的互连长度为 $\sqrt{2A}$。按此推算，若管芯数量增加到 4，那么各个管芯的面积可以进一步减少到 $A/4$，同时最长的互连的长度将达到 $\sqrt{A}$，以此类推。不难得出最长互连长度的缩短比例与堆叠管芯的数量 n 的平方根成正比。当然，这一简化示例中，并未考虑不同层芯片间电路连接线的影响，若考虑这种影响，则上述比例关系只能近似成立。互连长度的显著缩短为提升电路速度、降低功耗及改善信号传输质量提供了重要的技术保障。

包含了传感器和处理电路平面的异质三维系统级集成架构如图 4.2 所示，也展示了此类应用对互连的要求。原则上很少产生电磁辐射的电路部分可以内嵌到

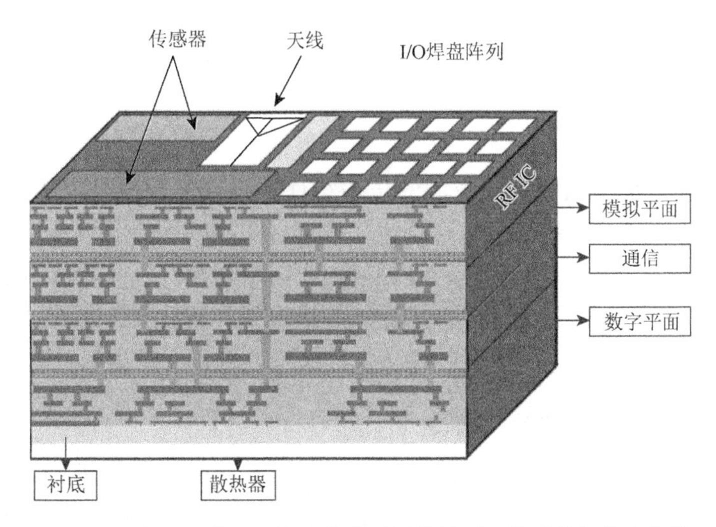

图 4.2　包含了传感器和处理电路平面的异质三维系统级集成架构

叠层中。厚度方向的集成使得层叠芯片间的互连距离变短，降低了相互间信号传输的损耗和受到干扰的机会，提高了集成功能度和灵活性，这种方案既适合于高性能应用的 SiP，也适合于低功耗应用的 SiP。但多种功能器件的集成意味着具有不同工作频率、传播模式的电互连与传递其他物理量的互连需紧凑地集成到一起，相互间的电磁寄生耦合与辐射干扰效应、多物理场间耦合将对设计指标实现带来潜在的不利影响。

4.1.2 三维集成电互连设计面临的挑战

要实现一套完整的三维集成互连设计流程，其艰巨性不亚于工艺流程开发。可以说，设计与测试技术及其工具是三维集成技术能否演进为主流技术并得到大规模应用的关键。相关研发面临的主要挑战如下所示。

1. 垂直互连密度和结构设计方面的限制

首先，基于可靠稳定的多芯片层叠工艺所决定的器件层类型及数量，以及垂直互连的排布密度是垂直互连物理设计的两个重要考虑因素。电学特性和性能则是另一个重要因素，其原因是：一方面，引线长度的预期缩短程度、多路信号的时延和时序偏差，既与堆叠的管芯数量有关，也取决于三维系统的各器件平面间传输信号和功率的垂直互连的排列布局；另一方面，对于需要在各层管芯间建立高吞吐率数据交换通道或者微弱信号、高频模拟信号传送通道的系统，垂直互连对总的信号传输长度及相应的带宽、传输速率、损耗、噪声、信号失真等性能的影响将极为显著。具体说来，从降噪和保真传输的角度考虑，垂直互连构成的高频、高速传输通道及低频微弱信号的传输通道作为系统信息交换的关键路径，其设计和集成度决定了各器件平面的划分粒度，将直接决定三维集成系统的集成度与性能，其结构必须精心设计，其性能必须得到充分验证。从实践来看，如果缺乏对信号传输结构电磁场分布及波的传输特性的细致分析与有效的隔离/屏蔽手段及信号纠错机制，高密度的垂直互连往往无法实现可靠的信号传输，而不得不降低其集成密度。因此，从软件、硬件协同和网络交换协议、通信信道的角度出发来考察信号通路并提出确保其传输品质的措施就具有特别重要的意义；否则，第三个维度的引入带来的性能提升和功耗方面的改善将受到影响。

2. 互连物理设计面临的新问题

一方面纵向第三个互连维度的引入使三维电路互连设计和分析更加复杂；另一方面则是三维集成系统本质上的异质性，即在一个三维电路中往往采用不同工艺制造的器件层，而将这些器件层堆叠起来又需要采用各种半导体后道工艺。具体来说，互连物理设计面临如下问题：①一个全面的、异质化的模型库作为设计的支撑；②功能区的划分及其粒度的选择与垂直互连的布局关系密切，必须开发相应的算法，实现协同设计与优化；③时钟和功率分配等全局互连的重要性与日俱增，其布局布线中必须考虑到垂直互连的影响，而这类互连嵌入半导体基板中，所传播的电磁波传播参数不同于水平互连；④由于结构的三维化，阻抗失配、电磁耦合、寄生辐射等问题无处不在，电源电流寄生环路、寄生耦合电容和电感、寄生辐射通路必须借助三维化的模型与仿真来描述和辨识。此外，成熟的电路隔离与降噪技术可能不适用于三维电路，高密度集成的特点也使得这些技术的应用受到限制。

3. 可测试设计复杂度的上升

三维系统的特征是纵向堆叠与键合，具体可以分为晶圆-晶圆、管芯-晶圆或管芯-管芯等方式。无论哪种方式，测试都将贯穿制造、交付甚至服役的全过程。相对于二维的情形，三维系统的测试面临如下的挑战：①三维系统完成堆叠后，相对于集成的电路元件数量而言，其可以用于测试的I/O端口数量要大大少于二维系统，这影响到给定时间内测试所能覆盖的功能范围，目前一般一次只能测试一个平面；②在各芯片或晶圆的堆叠工艺前后都必须进行测试，以确保工艺质量和降低缺陷芯片参与键合给三维集成系统良率带来的不利影响，而键合工艺必然形成新的电连接点，将显著地改变电路互连架构，这一本质特征给测试带来了新挑战。

为了应对上述挑战，在设计阶段必须为内建自测试配置更多资源，如每个平面内嵌入的扫描寄存器等；必须针对三维堆叠的特点在每个器件层中设计更多的、更为灵活的自测试交换与复用结构及可重构结构，提升测试过程中测试配置的灵活性，减少I/O数据量，同时降低测试对互连资源的占用比重。此外，必须针对这一本质特征开发一些针对性的测试算法。因此，可测性设计复杂度与二维情形相比将显著上升。

比起管芯级测试技术，面向晶圆级集成的测试方法要复杂得多，但是随着集成度的提升，晶圆级集成的成本经济性优势更为明显，必然成为主流；测试方法和可测试设计复杂性与成本的增加也将为人们所接受。

4. EDA工具功能和效率亟待提升

垂直维度互连的引入使得三维化的互连成为现实，也给设计工具带来了新的挑战。新一代的EDA（Electronics Design Automation）工具要解决如下的问题：①综合运用解析方法、仿真、实测和参数拟合法，建成能恰当地描述三维互连单元电特性的行为模型库，根据互连电磁场分布和电磁波传播特点，提供从零维/一维电路模型到三维实体模型的各层次模型，满足物理设计到后仿真/校验的不同层次需求；②为开发能应对三维互连结构设计复杂性的高效解决方案，需要在考虑第三个维度的引入带来的影响的基础上，重新审视在 IC 设计流程中的经典物理设计问题，如划分、布图规划、布局和布线，从电路功能特点出发，通过二维算法的扩展来实现包含垂直维度在内的物理布线，或者采用可细粒度划分功能单元并自动进行单元间互连的算法，多层互连物理设计的三维可视化将成为人机界面的关键；③为了实现初始设计参数的快速确定和优化，还需要建立具备多样化、可视化的设计选项的设计输入工具，而且这些工具可以采用启发方法和设计模板，在更为复杂的三维互连设计中缩小设计空间并快速完成迭代，达到最优化设计；④鉴于三维集成新增的维度和异质化给结构设计带来的复杂性，长期以来被忽视的、基于降阶行为模型的系统级行为校验和仿真工具的计算能力需要得到足够重视，以确保能高效率地完成整个系统的评估。

4.1.3 三维集成典型互连结构

图 4.3 为 TSV 转接板上的互连结构，包括以下几方面。

（1）微凸点，主要用于芯片和转接板的键合，可以分布在衬底上表面或下表面。

（2）上表面 RDL，衬底上表面单层或多层水平金属互连，完成芯片间及微凸点与 TSV 间的电连接。

（3）*RLC* 无源元件，在衬底上表面或下表面的电阻、电感、电容等无源元件。

（4）TSV，贯穿衬底的垂直互连结构。

（5）下表面 RDL，衬底下表面的单层或多层水平金属互连，完成 TSV 与下表面上的焊球或凸点间的电连接。

（6）焊球或凸点，用于转接板与转接板、转接板与印刷电路板即背板之间的键合，可以分布在衬底上表面或下表面。

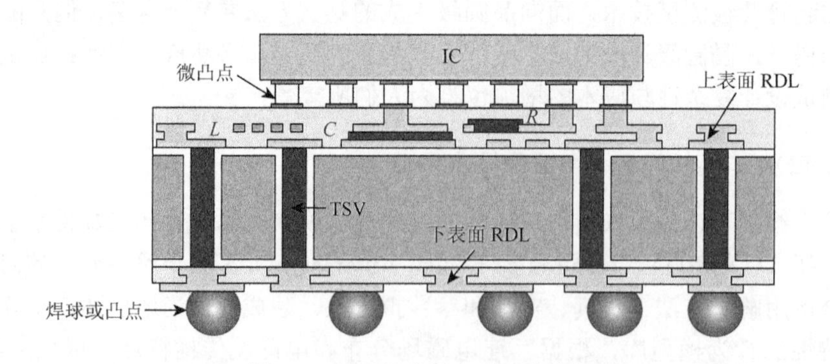

图 4.3 TSV 转接板上的互连结构

基于 TSV 转接板的 2.5 维/3 维集成示意图如图 4.4 所示，单个芯片或堆叠芯片经微凸点键合在转接板上，通过转接板上的互连结构实现电学连接。通常，只在 TSV 转接板的一个表面上排布单个或多个单层芯片（图 4.4 中 IC-3）称为 TSV 转接板 2.5 维集成，在转接板的一个表面上组装叠层芯片，或同时在转接板的上表面和下表面上组装多个芯片的集成形式称为 TSV 转接板 3 维集成。

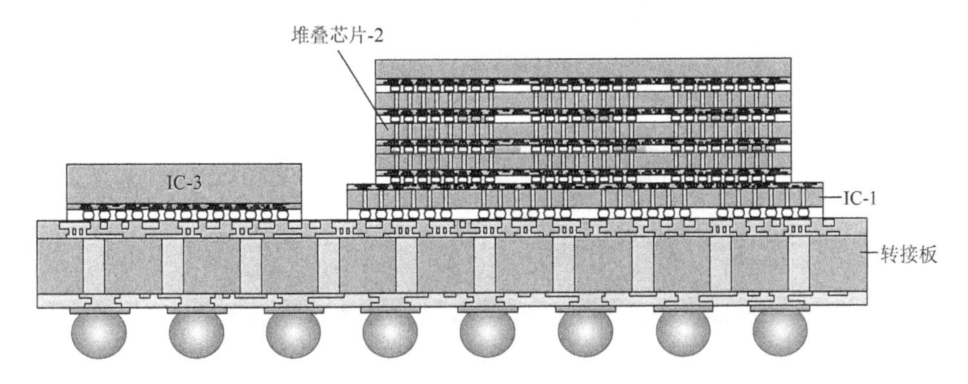

图 4.4　基于 TSV 转接板的 2.5 维/3 维集成示意图

在 TSV 转接板上互连结构的电学参数和电路模型研究方面，RDL 互连线、无源元件和微凸点或焊球的电学模型可以直接参考 IC 封装互连及无源元件的电学模型，TSV 嵌在半导体衬底中，其电学模型比 IC 封装中的通孔、水平互连线结构更为复杂。在 TSV 的电学模型和仿真分析上，全球许多研究机构已经积累了较多的研究经验，对单个 TSV[1]、地-信号（ground-signal，GS）TSV[2-7]、地-信号-地（ground-signal-ground，GSG）TSV[8]、地-信号-信号-地（ground-signal-signal-ground，GSSG）TSV[9, 10]等结构的电路模型进行了深入研究。这些等效电路以 π 模型为主，考虑了 TSV 高频下的趋肤效应、邻近效应、TSV 耗尽层、衬底有限电阻率等的影响。量纲分析、仿真参数拟合、基于双导体传输线理论的经验解析公式、保角变换等都被用来表示相应 TSV 结构的电路参数。

在 TSV、RDL 的高频测量分析方面，许多研究机构已经开展了相应的工作。TSV-RDL 结构包括了 GS 型、GSG 型、差分 GSSG 型、GSGSG（ground signal ground signal ground）型等多种类型，频率测量范围从 10MHz 至 20GHz、30GHz、40GHz、50GHz 不等。早期的研究中，麻省理工学院的 Wu 等[11]、香港科技大学的 Leung 和 Chen[12]设计了 GSG 型单端口 TSV 接地结构用于提取 TSV 的频变电阻/电感参数。台湾中山大学 Lu 等[13, 14]研制了一套高频双面探针测量系统，以及相应的校准方案，如图 4.5 所示，直接得到 GSG 型、GSSG 型、GSGSG 型 TSV 结构的 0～40GHz 高频 S 参数。韩国科学技术院的 Jung 等[15]对 GS 型、GSSG 型 TSV-RDL

通道，以及带有同轴 TSV 的 GSG 型 TSV-RDL 通道结构进行了 0～20GHz 高频测量，测量结果与电路模型仿真结果吻合较好。Xilinx 公司的 Kim 等[16]，Rambus 公司的 Jin 等[17]、荷兰 Delft 大学的 Santagata 等[18]、新加坡微电子研究院的 Chen 等[19]也都各自介绍过 GSG 型 TSV-RDL 通道结构的高频传输特性测量结果。

图 4.5　台湾中山大学研制的高频双面探针测量系统

4.2　三维互连的电学建模

4.2.1　TSV 的等效电路参数计算

TSV 的等效电路模型如图 4.6 所示，TSV 主要尺寸和材料参数列于表 4.1 中，相关电阻、电感、电容、电导参数分析如下。

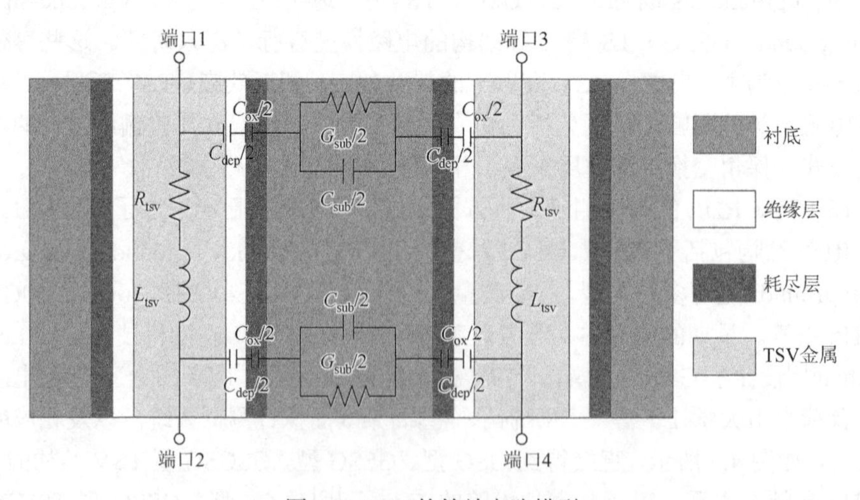

图 4.6　TSV 的等效电路模型

表 4.1　TSV 主要尺寸和材料参数

尺寸和材料参数	符号
TSV 直径/μm	D
TSV 高度/μm	H
TSV 节距/μm	W
阻挡层/黏附层厚度/nm	t_{barrier}
侧壁绝缘层厚度/μm	t_{ox}
绝缘层相对介电常数	$\varepsilon_{\mathrm{ox}}$
TSV 电导率/(S/m)	σ_{TSV}
衬底电导率/(S/m)	σ_{Si}

TSV 直流电阻（忽略阻挡层影响）的计算公式：

$$R_{\mathrm{TSV\_DC}}=\frac{H}{\sigma_{\mathrm{TSV}}\pi(D/2)^2} \tag{4.1}$$

随着频率增加，发生趋肤效应，TSV 铜柱中电流趋向于分布在靠近边界的薄层[20, 21]，导致 TSV 电阻随频率升高而增大，趋肤薄层厚度为

$$\delta_{\mathrm{TSV}}=\frac{1}{\sqrt{\pi f\mu_0\sigma_{\mathrm{TSV}}}} \tag{4.2}$$

趋肤效应相关的交流电阻表示为

$$R_{\mathrm{TSV\_AC}}=\frac{H}{\sigma_{\mathrm{TSV}}\pi\left[\left(\dfrac{D}{2}\right)^2-\left(\dfrac{D}{2}-\delta_{\mathrm{TSV}}\right)^2\right]} \tag{4.3}$$

在高频下，TSV 的电阻表示为直流电阻和交流电阻的叠加，表示如下[2]：

$$R_{\mathrm{TSV}}=\sqrt{R_{\mathrm{TSV\_DC}}{}^2+R_{\mathrm{TSV\_AC}}{}^2} \tag{4.4}$$

当相邻的两个 TSV 铜柱中各有交变电流通过时，各自产生的交变磁场会在相邻 TSV 上产生涡流，导致 TSV 铜柱中的电流不均匀分布，出现邻近效应。频率越高，相邻 TSV 间距离越近，邻近效应越为显著，使得 TSV 的电阻增大，需在 TSV 电阻公式中增加一个邻近效应修正因子（proximity-effect-correction-factor，PF）[20]：

$$\mathrm{PF}=\frac{W/D}{\sqrt{\left(\dfrac{W}{D}\right)^2-1}} \tag{4.5}$$

增加邻近效应影响后，TSV 电阻公式如下：

$$R_{\mathrm{TSV\_prox}} = \mathrm{PF} \cdot R_{\mathrm{TSV\_AC}} \tag{4.6}$$

PF 只与 TSV 节距-直径的比值有关，图 4.7 是 PF 随 TSV 节距-直径比值的变化曲线。一般情况下，TSV 的节距-直径的比值至少都大于 2，对应的 PF 小于 1.15，随着 TSV 节距-直径的比值增加，PF 逐渐趋近于 1。在多个 TSV 相邻的情况下，由于交变磁场的相互影响较复杂，邻近效应的影响不明显，多数情况下将忽略不计。

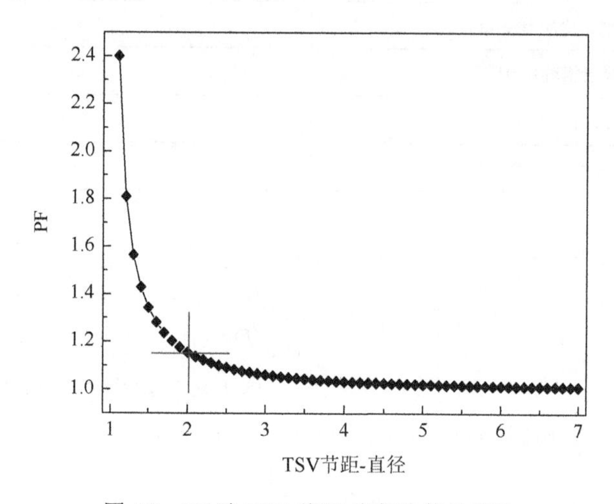

图 4.7　PF 随 TSV 节距-直径比值的变化

单个 TSV 的电感，一般可由如下公式近似表示[22-24]：

$$L_{\mathrm{TSV}} = \frac{\mu_0 H}{2\pi}\left(\ln\left[\frac{H}{D/2} + \sqrt{\left(\frac{H}{D/2}\right)^2 + 1}\right] + \frac{D/2}{H} - \sqrt{\left(\frac{D/2}{H}\right)^2 + 1}\right) \tag{4.7}$$

趋肤效应也导致 TSV 电感随频率变化，在其电感公式中增加一个修正项[25]：

$$L_{\mathrm{TSV}} = \frac{\mu_0 H}{2\pi}\left(\ln\left[\frac{H}{D/2} + \sqrt{\left(\frac{H}{D/2}\right)^2 + 1}\right] + \frac{D/2}{H} - \sqrt{\left(\frac{D/2}{H}\right)^2 + 1}\right) + \frac{R_{\mathrm{TSV\_AC}}}{2\pi f} \tag{4.8}$$

另外，对于相邻的两个 TSV，还需要考虑两者之间的互感，公式如下[22]：

$$M_{\mathrm{TSV}} = \frac{\mu_0 H}{2\pi}\left(\ln\left[\frac{H}{W} + \sqrt{\left(\frac{H}{W}\right)^2 + 1}\right] + \frac{W}{H} - \sqrt{\left(\frac{W}{H}\right)^2 + 1}\right) \tag{4.9}$$

对于两个 TSV 电流方向相同的情况，每个 TSV 实际的有效电感等于自感与互感的和；当电流方向相反时，取自感与互感的差值。

如图 4.8 所示，TSV 铜柱、侧壁绝缘层及硅衬底形成了金属-氧化物-半导体结构，可以用侧壁绝缘层电容 C_{ox} 和耗尽电容 C_{dep} 表示环绕 TSV 的两种电容的特性，公式分别表示如下：

$$C_{\mathrm{ox}}=\frac{2\pi\varepsilon_0\varepsilon_{\mathrm{ox}}H}{\ln\left(1+\dfrac{t_{\mathrm{ox}}}{D/2}\right)} \tag{4.10}$$

$$C_{\mathrm{dep}}=\frac{2\pi\varepsilon_0\varepsilon_{\mathrm{Si}}H}{\ln\left(1+\dfrac{w_{\mathrm{dep}}}{\dfrac{D}{2}+t_{\mathrm{ox}}}\right)} \tag{4.11}$$

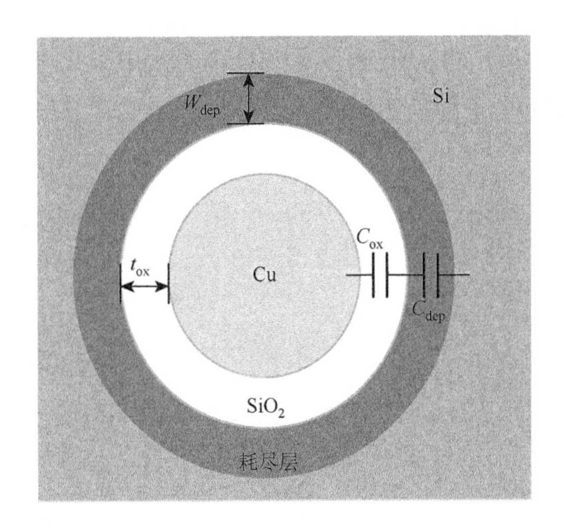

图 4.8　TSV 的水平截面示意图

硅衬底的有限电阻率导致相邻 TSV 间通过衬底耦合。当 TSV 制作在有源芯片上时，由于有源区掺杂，其电阻率更小，衬底电阻率分布不均匀，相邻 TSV 间衬底耦合影响更大。衬底耦合通过一个电容参数 C_{sub} 及电导参数 G_{sub} 并联来表征。参考平行双导体传输线的电路模型，则有

$$C_{\mathrm{sub}}=\frac{\pi\varepsilon_0\varepsilon_{\mathrm{Si}}H}{\operatorname{arccosh}\left(\dfrac{W}{D}\right)} \tag{4.12}$$

$$G_{\mathrm{sub}}=\frac{\pi\sigma_{\mathrm{Si}}H}{\operatorname{arccosh}\left(\dfrac{W}{D}\right)} \tag{4.13}$$

$$\frac{G_{\mathrm{sub}}}{C_{\mathrm{sub}}}=\frac{\sigma_{\mathrm{Si}}}{\varepsilon_0\varepsilon_{\mathrm{Si}}} \tag{4.14}$$

4.2.2　不同频率下的 TSV 等效电路模型

图 4.6 是考虑了各类电磁效应后的 TSV 的等效电路模型。电路的工作频率或速度不同，这些效应对电特性的影响程度不同，在电性能分析中采用的具体 TSV 等效电路模型结构也可以做相应调整。以低频数字电路应用为例，由于主要关注互连的 *RC* 延迟，TSV 电路模型中包含电阻和电容参数即可，如图 4.9 所示。影响最大的是 TSV 的电阻和电容，对电路的时延有贡献。

对于高频高速电路的应用，前述 TSV 的各项寄生效应都会对其传输特性造成影响，常用的 TSV 的两种等效电路模型如图 4.10 所示。等效电路[26, 27]的串联支路中包含了 TSV 的电阻、电感参数，并联接地支路中都考虑了侧壁绝缘层电容、耗尽层电容及衬底电容/电导的影响。

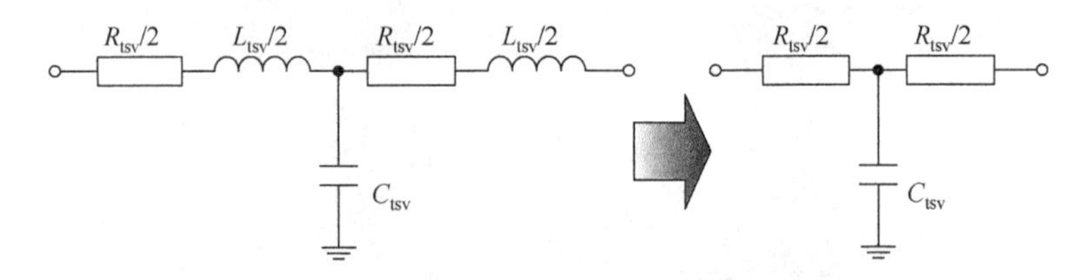

图 4.9　低频 TSV 电路模型，*RLC*→*RC*

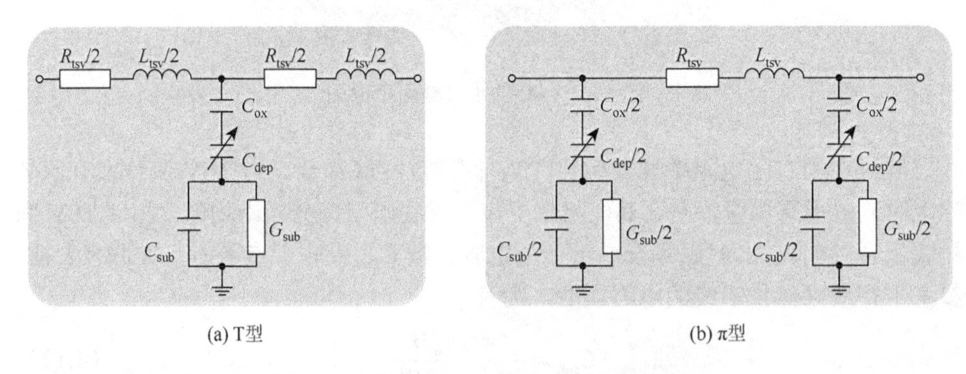

图 4.10　常用的 TSV 的两种等效电路模型

图 4.11 中比较了两种等效电路模型得到的 GS-TSV 结构在 0～20GHz 的散射参数 S11、S21 的幅度和相位曲线。GS-TSV 结构中，两个 TSV 的直径为 30μm，高度为 100μm，绝缘层 SiO_2 厚度为 1μm，两个 TSV 节距为 100μm，硅衬底电导

率为 10S/m。TSV 的电路参数根据 4.2.1 节中的各项公式进行计算，并忽略耗尽层电容的影响。两种等效电路模型的 S 参数幅度和相位曲线基本一致。

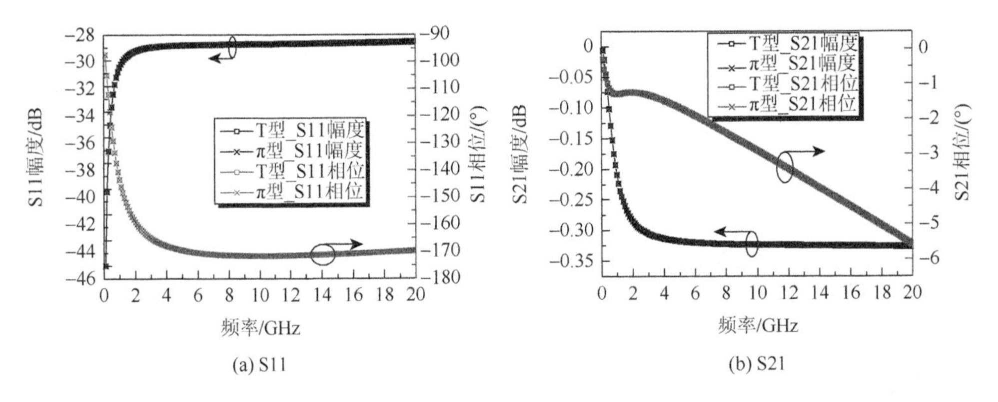

(a) S11　(b) S21

图 4.11　T 型和 π 型等效电路下 TSV 传输特性比较

本章介绍对 TSV 结构进行高频测量的情况，测量得到的是 TSV 结构整体的散射 S 参数，无法直接分辨电阻、电感、电容、电导（resistance，inductance，capacitance，conductance，RLCG）等电路参数各自的量值或影响，因此，需要建立从高频测量得到的 S 参数中提取 TSV 的 RLCG 参数的方法。S 参数经过网络参数转换，可以得到 TSV 作为一个二端口网络的端口阻抗 Z 参数或导纳 Y 参数，具体的转换公式详见文献[28]、[29]。通过对比 TSV 的等效电路模型与 Z 参数/Y 参数，可以提取 TSV 等效电路的 RLCG 参数值。TSV 的 T 型等效电路适合从 Z 参数中提取等效电路模型，如图 4.12 所示。其中，Z_1、Z_2 与 TSV 的电阻/电感串联相对应，Z_3 与 TSV 侧壁绝缘层电容、耗尽电容及衬底电容/电导构成的接地支路等价。TSV 的 π 型等效电路则适合于从导纳 Y 参数提取电路模型，如图 4.13 所示，Y_1、Y_2 等价于 TSV 绝缘层电容、耗尽电容、衬底电容/电导的两个接地支路，Y_3 与 TSV 电阻/电感的串联值呈倒数关系。

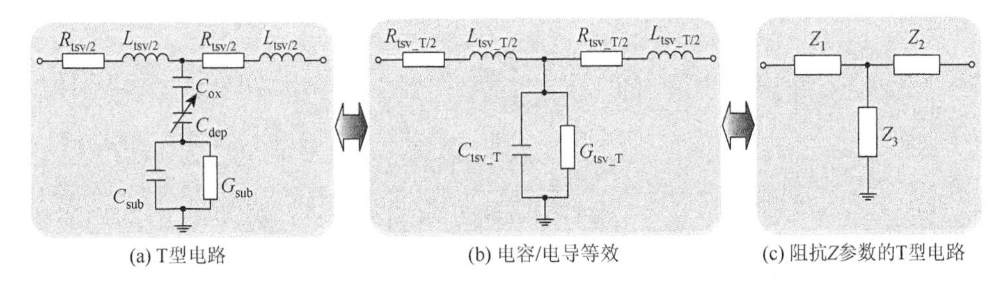

(a) T型电路　(b) 电容/电导等效　(c) 阻抗Z参数的T型电路

图 4.12　TSV 的 T 型电路变换

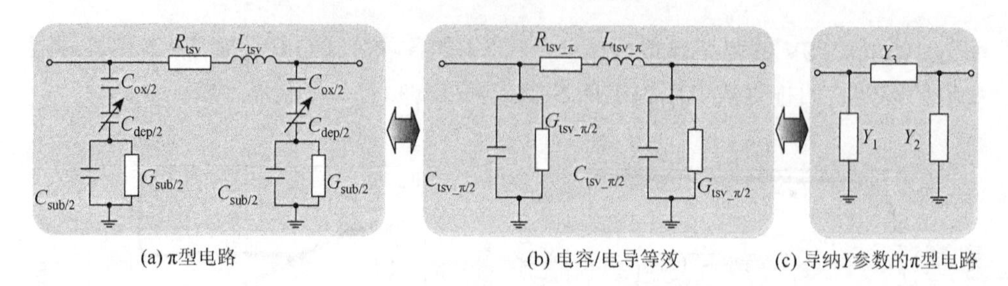

图 4.13　TSV 的 π 型电路变换

图 4.12（b）和图 4.13（b）的电路变换中对 TSV 的电容/电导接地支路进行了变换，简化成一个电容和一个电导的并联，直接与图 4.12（c）和图 4.13（c）中 Z_3 倒数、Y_1/Y_2 的实部/虚部对应，方便实际测量结果的分析。将绝缘层电容和耗尽电容的串联等效表示为电容 C_1，衬底电容/电导表示为电容 C_2 和电导 G_2，电容/电导接地支路表示为一个电容和一个电导的并联，如图 4.14 所示。接地支路的两种模型保持其导纳参数不变，由此可以得到 C_p、G_p 与 C_1、C_2、G_2 的关系。

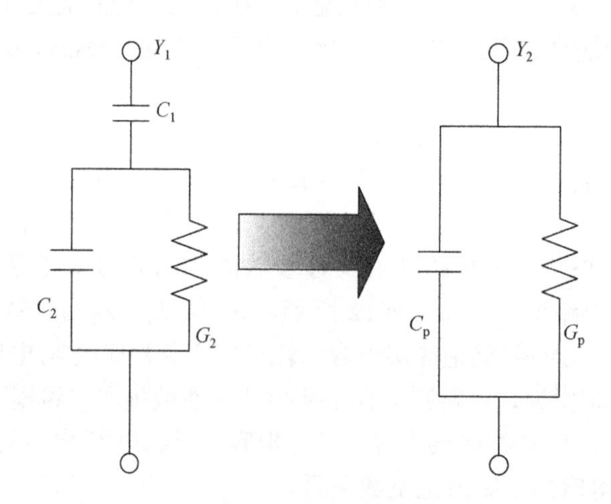

图 4.14　TSV 的电容/电导接地支路的等效变换

$$G_p = \frac{\omega^2 C_1^2 G_2}{G_2^2 + \omega^2 (C_1 + C_2)^2} \tag{4.15}$$

$$C_p = \frac{C_1 \left[G_2^2 + \omega^2 C_2 (C_1 + C_2) \right]}{G_2^2 + \omega^2 (C_1 + C_2)^2} \tag{4.16}$$

在测量频率分别趋近于直流和无穷大时，C_p 和 G_p 的极限值如下：

$$\omega \to 0,\ G_p \to 0,\ C_p \to C_1$$

$$\omega \to \infty,\ G_{\mathrm{p}} \to \frac{G_2}{\left(1+\dfrac{C_2}{C_{\mathrm{A}}}\right)^2},\ C_{\mathrm{p}} \to C_1 // C_2$$

从上式可以看出，在TSV的电容/电导支路中，低频下对TSV电学特性影响最大的是绝缘层电容和耗尽层电容，随着频率升高，衬底电容/电导的影响逐渐增大。

4.2.3　TSV MOS耦合电容效应

前面讨论了TSV常见的各种寄生参数和模型，但其实这些模型并非只适用于TSV，而是广泛地应用在后端互连（水平互连）的参数提取工作中。本节将介绍TSV独有的MOS电容效应，特别是浮置衬底中的TSV耦合MOS电容。

TSV与后端互连一个重要的区别在于它内嵌于半导体衬底中，形成了MOS结构，因此TSV与半导体衬底中的载流子会产生交互作用，并会对TSV电学特性产生影响。在晶体管物理中，栅极电压与衬底载流子之间的电学互作用可以通过MOS电容模型来表征，并且是已经非常成熟的理论，因此，我们同样采用MOS电容模型来表征TSV与其周围载流子的互作用，提取得到的MOS电容模型可以直接用于改进传统的TSV等效电路模型[30]。

图4.15展示了用于研究TSV耦合特性的基本模型，即信号-地TSV模型，这是TSV三维集成系统中最简单，也是最为常见的配置。两个通孔与其间的衬底形成了金属-绝缘体-半导体-绝缘体-金属（metal-insulator-semiconductor-insulator-metal，MISIM）结构，该结构具有特殊的能带结构。由于TSV的间距一般较大，不妨假设TSV之间硅衬底中点能带为平带。分析时以P型衬底为例，N型衬底的情况也能够使用相同的方法进行分析。

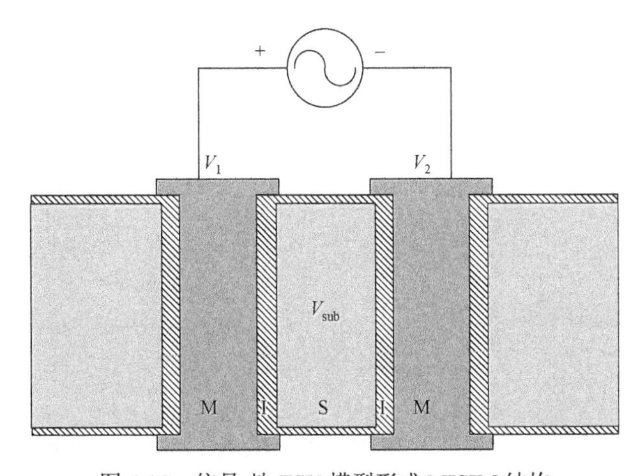

图4.15　信号-地TSV模型形成MISIM结构

图 4.16 为不同偏压下的 MISIM 结构能带示意图，不难看出，当两边金属（TSV 的铜填充物）的电压都是 0V 时，系统处于热平衡状态，由于具有相同功函数差和绝缘层电荷，两边金属的初始表面势相同；当右边电压不变，左边偏置电压上升时，左边表面势增加，附近衬底变为反型状态，由于衬底保持浮置，外部偏压在左边产生电荷的同时将在右边产生等量异号电荷，右边表面势下降，附近的衬底变为堆积态。

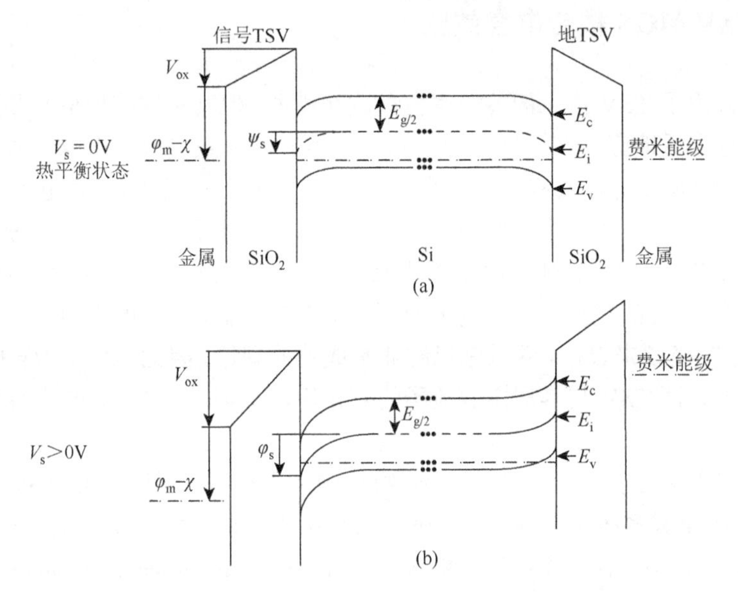

图 4.16　不同偏压下的 MISIM 结构能带示意图

以上是 MISIM 结构互作用机理，为了研究信号-地 TSV 结构的 MOS 电容特性，首先需要计算 TSV-硅衬底的功函数差：

$$\varphi_{ms}=(\varphi_m-\chi_i)-\left(\chi-\chi_i+\frac{E_g}{2e}+\varphi_{fp}\right)=-(V_{ox0}+\varphi_{S0}) \tag{4.17}$$

式中，V_{ox0} 指的是无外界偏压时的绝缘层压降；φ_{S0} 为初始表面势；φ_m 为 TSV 填充材料的功函数；χ_i 为二氧化硅的电子亲和能（0.9V）；χ 为硅的电子亲和能（4.05V）；$\dfrac{E_g}{2e}$ 为硅的半禁带宽度（0.56V）；φ_{fp} 为衬底的费米能级与本征费米能级之间的势垒高度，计算公式如下：

$$\varphi_{fp}=\frac{KT}{q}\ln\frac{N_a}{n_i} \tag{4.18}$$

式中，$\dfrac{KT}{q}$ 为热电压，在常温下（300K）为 0.026V；N_a 为硅衬底的掺杂浓度；n_i

为硅的本征载流子浓度，常温下为 $1.18\times10^{10}\text{cm}^{-3}$。

对于通孔的 MOS 结构，假设给信号通孔施加一个偏置电压 V_1，地通孔接地，对于两个 TSV，分别有

$$V_1 - V_{\text{sub}} = V_{\text{ox1}} + \varphi_{\text{S1}} + \varphi_{\text{ms}} \tag{4.19}$$

$$0 - V_{\text{sub}} = V_{\text{ox2}} + \varphi_{\text{S2}} + \varphi_{\text{ms}} \tag{4.20}$$

式（4.20）中 0 表示地 TSV 被固定在地电势上。V_{sub} 为衬底中点的电压。下面物理量的对应下标分别指代信号 TSV 和地 TSV，如 φ_{S1} 与 φ_{S2} 分别是信号和地 TSV 的表面势，V_{ox1} 与 V_{ox2} 分别是信号和地 TSV 的绝缘层压降。将上述两式相减，消去 V_{sub}，得到

$$V_1 = V_{\text{ox1}} - V_{\text{ox2}} + \varphi_{\text{S1}} - \varphi_{\text{S2}} \tag{4.21}$$

式（4.21）非常重要，因为它体现了偏压 V_1 与 MISIM 结构状态的关系。

对于 MOS 结构，给定衬底表面势和电荷密度，就能通过求解泊松方程来确定其电场分布。由于 TSV 之间间距较大，可以认为衬底中央区域为平带状态，其内部不存在电场和电势梯度，因此可以分别求解单通孔的静电场特性，再利用电荷守恒关系将其联系起来。

在求解单通孔静电场特性时，采用文献[31]的方法：首先确定 TSV 表面势与电场之间的关系。之后利用求得的电场，在柱坐标系下通过高斯定律进一步获得衬底表面积累电荷 Q_{s}。电势 φ 与电荷密度 ρ 的关系满足柱坐标系泊松方程：

$$\frac{\partial^2\varphi}{\partial r^2} + \frac{1}{r}\frac{\partial\varphi}{\partial r} = -\frac{\rho}{\varepsilon_{\text{Si}}} \tag{4.22}$$

式中，r 表示以 TSV 圆心为原点柱坐标系的径向距离；ε_{Si} 为硅的介电常数。衬底中电荷密度与电势关系如下：

$$\rho = q(-N_{\text{a}} + p - n) = qN_{\text{a}}\left(-1 + \text{e}^{-\frac{q\varphi}{kT}} - \text{e}^{-q\frac{\varphi - 2\varphi_{\text{fp}}}{kT}}\right) \tag{4.23}$$

式中，q 为电子电荷量（$1.6022\times10^{-19}\text{C}$）；$p$ 与 n 分别为空穴和电子密度。将式（4.23）代入式（4.22），同时将方程两边同时乘以 $\text{d}\varphi = (\partial\varphi/\partial r)\text{d}r$，之后从衬底中部平带位置积分至 r，得到

$$\frac{\varphi}{r}\frac{\partial\varphi}{\partial r} + \frac{1}{2}\left(\frac{\partial\varphi}{\partial r}\right)^2 = \frac{kTN_{\text{a}}}{\varepsilon_{\text{Si}}}\left[\left(\text{e}^{-\frac{q\varphi}{kT}} + \frac{q\varphi}{kT} - 1\right) + \frac{n_{\text{i}}^2}{N_{\text{a}}^2}\left(\text{e}^{-\frac{q\varphi}{kT}} - \frac{q\varphi}{kT} + 1\right)\right] \tag{4.24}$$

用 $F(\varphi)$ 代表式（4.24）的右半边，并定义电场强度 $-\dfrac{\partial\varphi}{\partial r} = \xi(\varphi)$，则有

$$\frac{1}{2}\xi^2(\varphi) - \frac{\varphi}{r}\xi(\varphi) = F(\varphi) \tag{4.25}$$

在通孔的 SiO_2/Si 界面处有 $\varphi = \varphi_{\text{S}}$，$r = r_{\text{TSV}} + t_{\text{ox}}$，其中 r_{TSV} 与 t_{ox} 分别为 TSV

的半径和绝缘层厚度，φ_S 为表面势。代入上述边界条件，求得 SiO_2/Si 界面电场强度为

$$\xi(\varphi_S)=\frac{\varphi_S}{r_{TSV}+t_{ox}}+\sqrt{\left(\frac{\varphi_S}{r_{TSV}+t_{ox}}\right)^2+2F(\varphi_S)} \tag{4.26}$$

使用高斯定律计算 TSV 周围硅衬底的净电荷数：

$$Q_s=-2\pi(r_{TSV}+t_{ox})h_{TSV}\varepsilon_{Si}\xi(\varphi_S) \tag{4.27}$$

式中，h_{TSV} 为 TSV 的高度。式（4.22）～式（4.27）为求解单通孔电势-电场-电荷分布的过程，为了表达方便，将单通孔表面势 φ_S 与电荷 Q_s 之间的关系简化为一个函数：

$$Q_s=G(\varphi_S) \tag{4.28}$$

另外，假设 TSV 金属表面聚集的电荷量为 Q_m，绝缘层固定电荷量为 Q_{ox}，由于衬底中央的电场强度为零，根据高斯定理有

$$Q_{m1}+Q_{ox}=-Q_{s1} \tag{4.29}$$

$$Q_{m2}+Q_{ox}=-Q_{s2} \tag{4.30}$$

根据式（4.21），偏置电压形成的势垒高度一部分贡献给了绝缘层，一部分形成了表面势差，设绝缘层电容为 C_{ox}，其值由柱形电容公式计算，而绝缘层的压降 V_{ox} 由电容的定义计算：

$$C_{ox}=\frac{2\pi\varepsilon_{SiO_2}h_{TSV}}{\ln\left(\frac{r_{TSV}+t_{ox}}{r_{TSV}}\right)} \tag{4.31}$$

$$V_{ox1}=\frac{Q_{m1}}{C_{ox}} \tag{4.32}$$

$$V_{ox2}=\frac{Q_{m2}}{C_{ox}} \tag{4.33}$$

式中，ε_{SiO_2} 为绝缘层的介电常数。联立式（4.31）～式（4.33），信号和地通孔的绝缘层压降可以表示为

$$V_{ox0}=\frac{-G(\varphi_{S0})-Q_{ox}}{C_{ox}} \tag{4.34}$$

$$V_{ox1}=\frac{-G(\varphi_{S1})-Q_{ox}}{C_{ox}} \tag{4.35}$$

$$V_{ox2}=\frac{-G(\varphi_{S2})-Q_{ox}}{C_{ox}} \tag{4.36}$$

将式（4.35）和式（4.36）代入式（4.21）即可确定偏压：

$$V_1 = \frac{-G(\varphi_{S1}) - Q_{ox}}{C_{ox}} - \frac{-G(\varphi_{S2}) - Q_{ox}}{C_{ox}} + \varphi_{S1} - \varphi_{S2} \tag{4.37}$$

而绝缘层压降参数之间的关系由衬底浮置时的电荷守恒关系给出：

$$C_{ox}(V_{ox1} - V_{ox0}) = -C_{ox}(V_{ox2} - V_{ox0}) \tag{4.38}$$

至此，两个 TSV 之间各物理量的关系通过上述公式得到了完整的描述。图 4.17 描述了对应求解流程：首先使用式（4.17）、式（4.18）、式（4.28）来确定通孔零偏压时的绝缘层压降 V_{ox0} 及表面势 φ_{S0}。然后，假定信号通孔的表面势 φ_{S1} 已知，通过式（4.35）求得对应绝缘层压降 V_{ox1}。在 V_{ox0}、φ_{S0}、V_{ox1} 都已知的条件下，通过式（4.38）计算地通孔绝缘层压降 V_{ox2}，再利用式（4.36）确定地通孔表面势 φ_{S2}；最后使用式（4.37）计算 φ_{S1} 对应的偏置电压 V_1。从而得到给定偏压 V_1 时，信号-地通孔结构中衬底电势-电场-电荷分布。

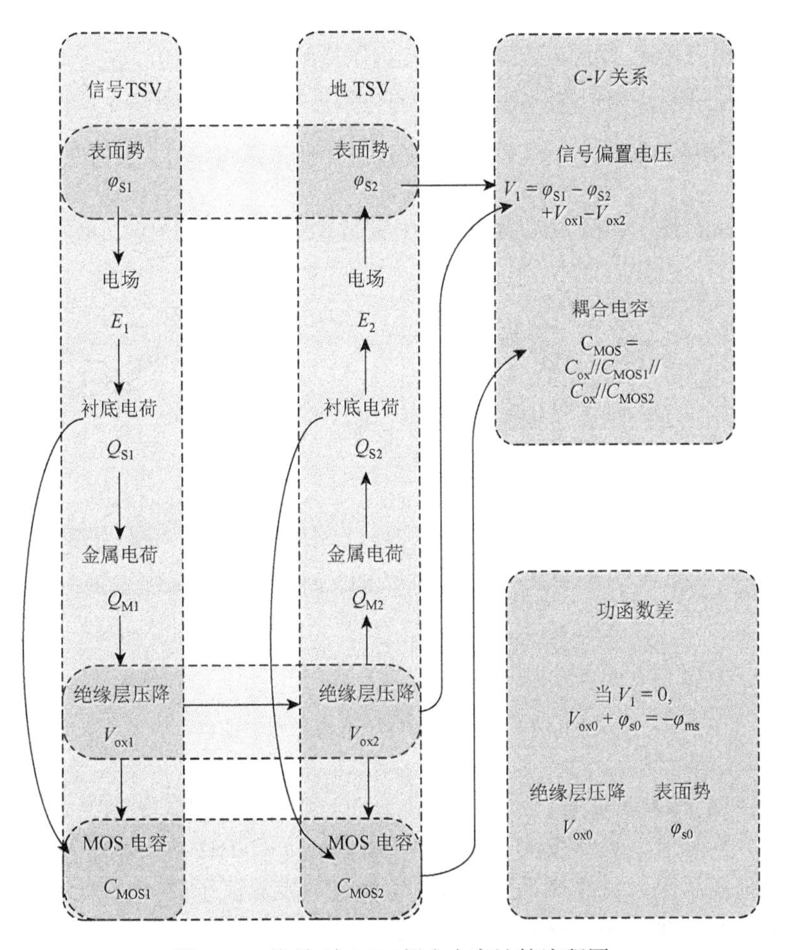

图 4.17　信号-地 TSV 耦合电容计算流程图

下面根据电容定义，求解对应的 MOS 电容参数：

$$C_{\mathrm{MOS}}=\frac{\mathrm{d}Q_{\mathrm{s}}}{\mathrm{d}\varphi_{\mathrm{S}}} \tag{4.39}$$

信号-地 TSV 结构的耦合电容为信号与地通孔的绝缘层电容和 MOS 电容的串联：

$$C_{\mathrm{T}}=C_{\mathrm{ox}}\,//\,C_{\mathrm{MOS\text{-}S}}\,//\,C_{\mathrm{MOS\text{-}G}}\,//\,C_{\mathrm{ox}} \tag{4.40}$$

式中，// 符号表示电容的串联；$C_{\mathrm{MOS\text{-}S}}$ 与 $C_{\mathrm{MOS\text{-}G}}$ 分别为信号和地通孔的 MOS 电容。

图 4.18 展示了三条 *C-V* 曲线，分别是信号 TSV（S-TSV）MOS 电容、地 TSV（G-TSV）MOS 电容及信号 TSV-地 TSV（S-G TSV）结构的耦合 MOS 电容与电压的关系曲线。在计算过程中，TSV 半径设置为 10μm，高度为 100μm，SiO_2 绝缘层厚度为 0.1μm，衬底电阻率为 10Ω·cm（掺杂浓度 $N_{\mathrm{a}}=1.25\times10^{15}\mathrm{cm}^{-3}$），衬底设置为 P 型掺杂，并且没有考虑功函数差和绝缘层电荷的影响（即 $\varphi_{\mathrm{ms}}=0$，$Q_{\mathrm{ox}}=0$）。因此，其初始绝缘层压降 V_{ox0} 和初始表面势 φ_{S0} 也都为零。事实上，同等掺杂浓度的 N 型衬底的 S-G TSV 结构的耦合电容 *C-V* 特性与图 4.18 中所示是相同的。因为当 $\varphi_{\mathrm{ms}}-\dfrac{Q_{\mathrm{ox}}}{C_{\mathrm{ox}}}=0$ 时，P 型和 N 型掺杂衬底中的单通孔 *C-V* 曲线是关于电压 $V=0$ 左右对称的。

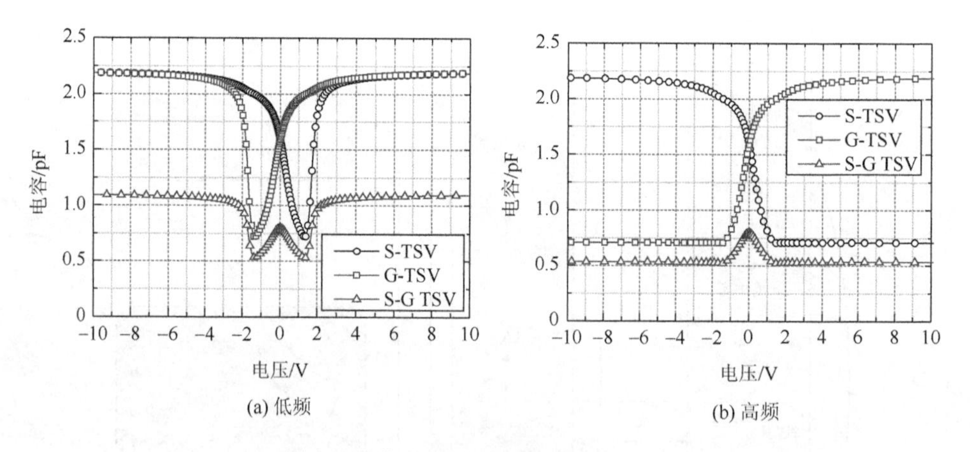

(a) 低频　(b) 高频

图 4.18　信号-地 TSV 结构的 *C-V* 曲线

从图 4.18（a）可以看出，当电压上升时，S-TSV 的 MOS 电容状态从堆积区转变至部分耗尽区，最终变为反型区，而相应地，G-TSV 的 MOS 电容从反型区转变为部分耗尽区，最终变为堆积区，这就进一步验证了图 4.16 所示的机理。由于模型中的两个 TSV 的结构材料参数相同，因此其具有相同的 MOS 特性，也就导致其整体 *C-V* 曲线关于 $V=0$ 左右对称。

高频的 C-V 曲线（>1MHz）可以通过简单截取低频 C-V 曲线来获得，具体方法是将低频 C-V 曲线到达最小值后的电容值设置为常量，如图 4.18（b）所示。因为在高频激励下，反型层中的少数载流子产生速率无法跟上高频信号频率，只有通过改变耗尽区宽度调节电荷量，因此耗尽层宽度将会继续与电压保持联动，在 MOS 电容上的表现就是在电压超过阈值电压后，MOS 电容值仍将维持耗尽区的状态。但需要注意，直接截取低频 C-V 作为高频 C-V 曲线会在反型电压附近存在一定误差，因为实际的高频 C-V 曲线的最小值略小于低频 C-V 曲线的最小值。在数字电路系统中，由于高频噪声的存在，大部分 TSV 将遵循高频 C-V 曲线，因此在后续参数扫描分析中，都将以高频 C-V 曲线特性进行分析。

上述 MOS 电容求解分析的前提是假设衬底中心能带为平带，下面进一步分析该假设的成立条件。图 4.19 给出了 TSV 偏置电压与表面势的关系图，建模所用的 TSV 与衬底参数均与上述 C-V 曲线分析中的参数相同。由于不考虑功函数差和绝缘层电荷，在偏压为 0V 时，表面势为 0V。之后伴随电压的增加（或降低），表面势也表现出增长（或下降），但是在到达较高电压（或较低电压）后，表面势变化率开始降低，并趋向于稳定值，如图 4.19 所示。即使电压范围较大时（±5V），TSV 表面势仍然在−0.2～0.8V 的区间上。

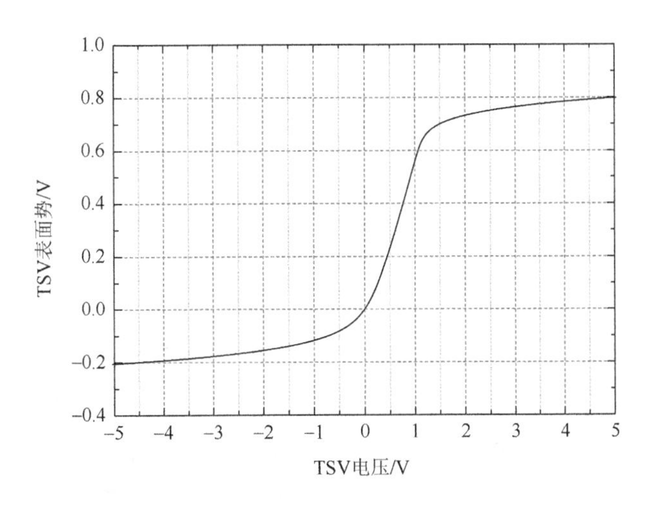

图 4.19　TSV 电压-表面势关系

下面观察不同表面势下衬底内部电势-到 TSV 距离曲线。图 4.20 为通过求解不同表面势条件下的泊松方程（4.22）所获得衬底内部的电势分布情况。可以看到，距离 TSV 中心越远的位置电势越低，最终在 1μm 距离附近电势达到 0V，说明衬底能带在 1μm 之后的空间为平带。

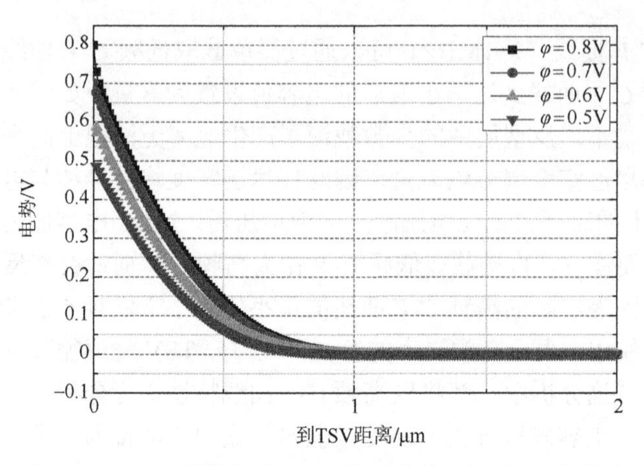

图 4.20　不同表面势条件下衬底内部电势-到 TSV 距离曲线

利用相同的方法，针对 TSV 半径、绝缘层厚度参数对衬底电势分布的影响进行了扫描分析，结果如图 4.21 和图 4.22 所示。可以看到，两个参数对硅衬底电势分布影响不大，硅衬底电势依然在 1μm 位置处降至 0V。

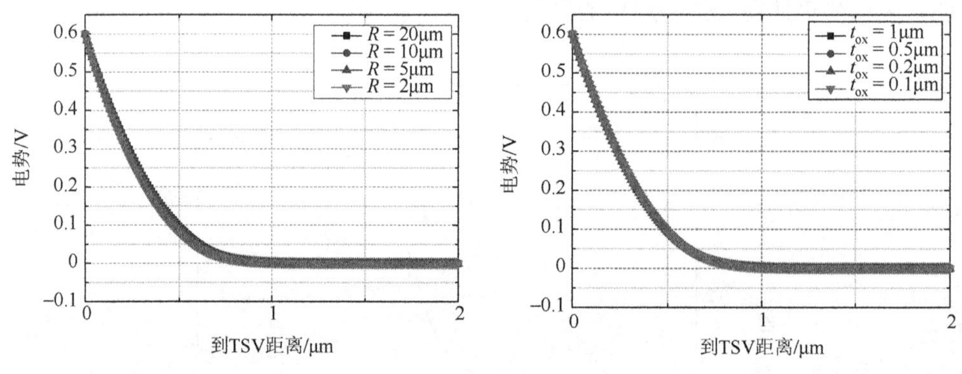

图 4.21　不同 TSV 半径条件下的硅衬底电势分布曲线

图 4.22　不同绝缘层厚度条件下的硅衬底电势分布曲线

下面考察掺杂浓度对硅衬底电势分布的影响。图 4.23 为不同衬底掺杂浓度条件下的硅衬底电势分布曲线。结果显示降低掺杂浓度会显著地扩展硅衬底电势的分布空间，这是由于空间电荷密度降低，需要更宽的耗尽区来使得硅衬底电势降低为零。由此可见硅衬底掺杂浓度是决定硅衬底电势分布的主要因素。由图 4.23 可知，当硅衬底掺杂浓度为 $1.25\times10^{14}\text{cm}^{-3}$ 时，零电势距离大约为 3μm。所以对于高阻硅衬底，由于其掺杂浓度较小，其零电势点将会离 TSV 较远。但对于常见的低阻硅衬底，其掺杂浓度为 $1.25\times10^{15}\text{cm}^{-3}$，可以认为只要 TSV 间距大于 2μm，其衬底中心就处于平带状态，该条件对于大部分 TSV 结构都是满足的。

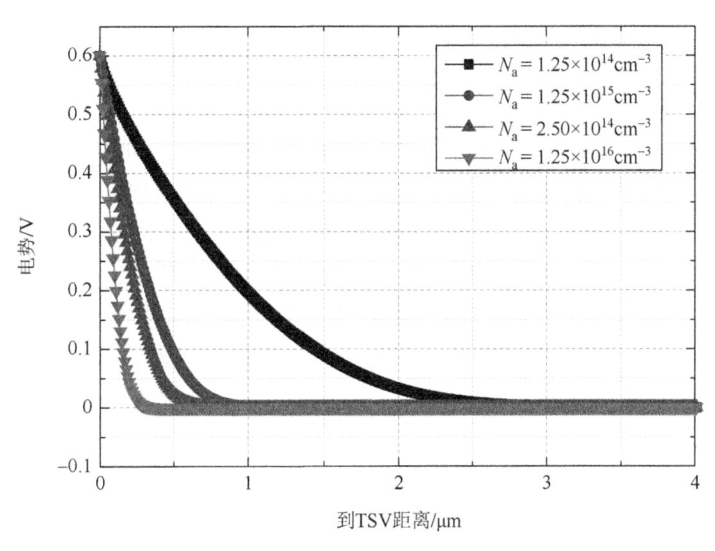

图 4.23　不同掺杂浓度条件下的硅衬底电势分布曲线

4.2.4　MOS 电容参数扫描分析

信号-地 TSV（S-G TSV）的耦合电容特性由其结构参数和材料参数共同决定。为了对其 *C-V* 曲线特性进行更深入的了解，本节针对 TSV 半径、绝缘层厚度、衬底掺杂浓度、绝缘层电荷密度、TSV 功函数填充材料的功函数共 5 个参数进行扫描，分析 S-G TSV 的 *C-V* 曲线特性随着这些材料、尺寸参数的变化规律。

为了便于分析不同参数下的 *C-V* 曲线，在下面的参数扫描分析中，*C-V* 曲线中的耦合电容都被归一化至其稳定值，从而突出其幅度的相对变化。稳定值定义为有两个通孔的 MOS 电容，一个处于堆积区，另一个处于全耗尽区。表 4.2 为参数扫描分析默认参数值。另外需要说明的是，在扫描 TSV 半径、绝缘层厚度、衬底掺杂浓度等参数时，绝缘层电荷 Q_{ox} 和功函数差 φ_{ms} 设置为零，因此其结果同时适用于 P 型衬底和 N 型衬底。

表 4.2　参数扫描分析默认参数值

参数	数值
TSV 半径	10μm
绝缘层厚度	0.1μm
衬底电导率*	10S/m
绝缘层电荷密度	0
功函数差	0V

*衬底掺杂浓度由衬底电导率表征。

1. TSV 半径

TSV 半径的扫描值为 1μm、2μm、5μm、10μm 和 20μm，其 *C-V* 曲线如图 4.24 所示。对于任意 *C-V* 曲线，将重点观察其峰值与调制电容电压的范围，调制电容电压指的是 *C-V* 曲线中电容明显变化的电压区间。图 4.24 中可以看出，当 TSV 半径从 20μm 收缩至 1μm 时，归一化耦合电容峰值从 1.51 降至 1.17，调制电容电压范围从 2.98V 微升至 3.72V（绝对值，下同）。原因如下：较大半径的 TSV 其 *C-V* 曲线特性相比小半径 TSV 更为陡峭，因此增加 TSV 半径将会使得 S-G TSV 的 *C-V* 曲线波形变得更加窄细。

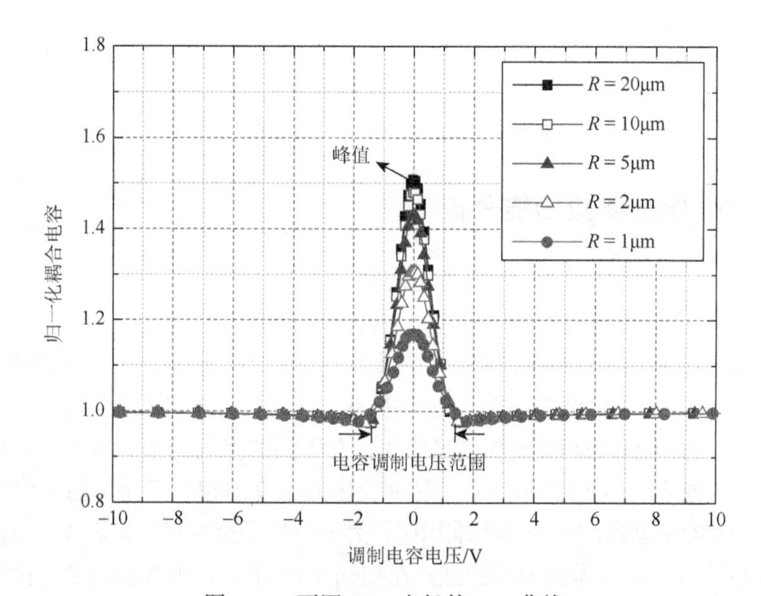

图 4.24　不同 TSV 半径的 *C-V* 曲线

2. 绝缘层厚度

绝缘层厚度扫描值为 0.1μm、0.2μm、0.5μm、0.7μm 和 1.0μm，其结果如图 4.25 所示。增加绝缘层厚度使得绝缘层电容变小，同时降低了 Si/SiO_2 界面的电场强度，导致耗尽层宽度变小，耗尽层电容变大，相应地使得堆积区与耗尽区的电容差变小。另外，增加绝缘层厚度，使得偏压更多地落在绝缘层上，*C-V* 曲线变得平缓。因此，当绝缘层厚度从 0.1μm 增长至 1μm 时，归一化耦合电容的峰值从 1.48 下降至 1.06，同时调制电容电压从 2.94V 大幅增长至 19.21V。对于绝缘层厚度大于 1μm 的情况，可以忽略其 MOS 效应。

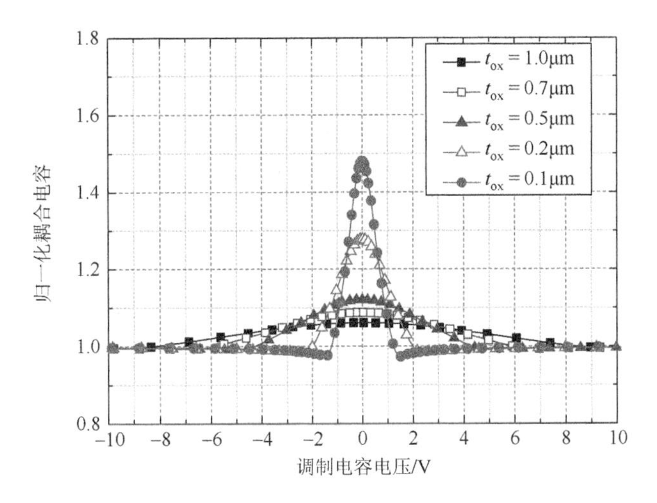

图 4.25　不同绝缘层厚度的 *C-V* 曲线

3. 衬底掺杂浓度

衬底掺杂浓度扫描值为 $1.25\times10^{14}\text{cm}^{-3}$、$1.25\times10^{15}\text{cm}^{-3}$、$2.50\times10^{15}\text{cm}^{-3}$、$1.25\times10^{16}\text{cm}^{-3}$ 及 $2.50\times10^{16}\text{cm}^{-3}$，其 *C-V* 曲线如图 4.26 所示。衬底掺杂浓度增加，会导致阈值电压（$2\varphi_{fp}$）同步增加，这也意味着堆积状态与全耗尽状态之间的电压差将变大。而且，增加掺杂浓度会形成一个较窄的耗尽层，或更大的耗尽层电容。因此，当掺杂浓度从 $1.25\times10^{14}\text{cm}^{-3}$ 升至 $2.50\times10^{16}\text{cm}^{-3}$ 时，归一化耦合电容的峰值从 1.61 下降至 1.19，同时调制电容电压从 1.50V 增长至 10.41V。

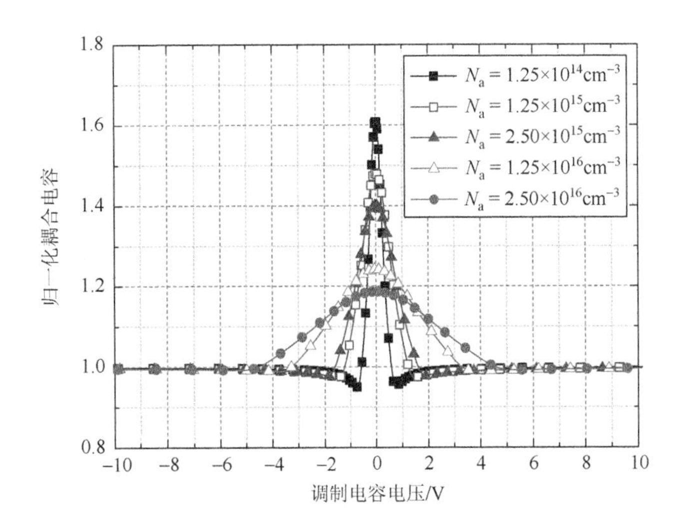

图 4.26　不同衬底掺杂浓度的 *C-V* 曲线

4. 绝缘层电荷密度

为了单独突出各参数变化造成的影响，前面针对TSV半径、绝缘层厚度、衬底掺杂浓度的参数扫描没有考虑绝缘层电荷Q_{ox}和功函数差φ_{ms}的影响。下面将分别研究这两个对C-V曲线形态起到至关重要作用的参数。

绝缘层电荷由Si/SiO_2界面固定电荷、绝缘层中的移动电荷及陷阱电荷组成。在本书分析中假定其值与电压波动无关。对于单通孔的 MOS 电容，绝缘层电荷的存在使其C-V曲线向左平移：

$$V_{FB} = \varphi_{ms} - \frac{Q_{ox}}{C_{ox}} \tag{4.41}$$

式中，V_{FB}称为平带电压，外部偏压为V_{FB}时衬底内没有能带弯曲。对于S-G TSV结构，初始状态（即热平衡状态）决定了整个C-V曲线的形状。换句话说，不同的初始状态，如电荷堆积、部分耗尽或全耗尽状态等都会产生不同形状的C-V曲线，绝缘层电荷使得S-TSV的C-V曲线向左平移，G-TSV的C-V曲线对称地向右平移，因此形成了如图4.27所示的曲线。扫描的绝缘层电荷密度取值为0、$2.5\times10^{10}cm^2$、$4.0\times10^{10}cm^2$、$6.5\times10^{10}cm^2$及$9.0\times10^{10}cm^2$。当绝缘层电荷增加时，

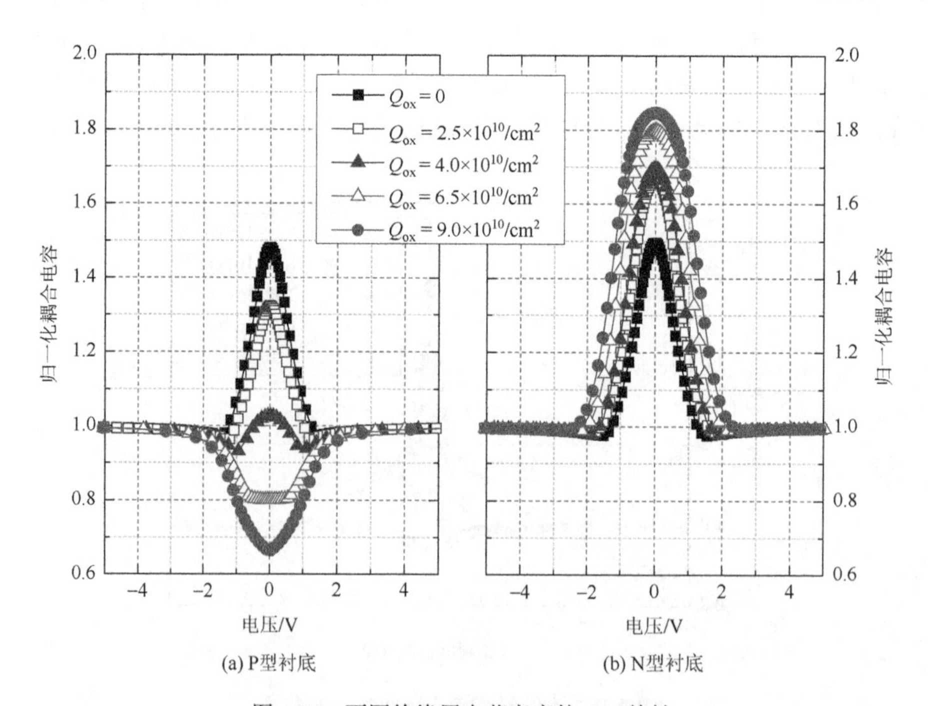

(a) P型衬底　　(b) N型衬底

图4.27　不同绝缘层电荷密度的C-V特性

对于 P 型衬底，初始状态从部分耗尽渐渐转变为全耗尽，使得 *C-V* 曲线从 V 形变为倒 V 形；而对于 N 型衬底，初始状态从部分耗尽转变为电荷堆积，使得 *C-V* 曲线从边沿陡峭的倒 V 形变为较为平缓的倒 V 形。

5. TSV 功函数

表 4.3 列出了 TSV 常用填充材料的功函数值，并通过式（4.17）可以求得每种材料对应的功函数差。式（4.41）表明功函数差 φ_{ms} 与绝缘层电荷 Q_{ox} 具有类似的作用。定性分析来看，当填充材料的功函数增加时，单通孔的 *C-V* 曲线向右平移。对于 S-G TSV 结构，S-TSV *C-V* 曲线向右平移，G-TSV *C-V* 曲线向左平移，从而影响整体的初始状态。

表 4.3　TSV 常用填充材料的功函数值

填充材料	功函数/V
N + 多晶硅	4.05
铝	4.10
铜	4.65
钨	4.67
P + 多晶硅	5.17

在求解功函数差不为零结构的 MOS 电容时，需要先使用式（4.17）、式（4.18）和式（4.28）来确定通孔零偏压时的绝缘层压降 V_{ox0} 及表面势 φ_{S0}，最终计算得到的 P 型和 N 型衬底的 *C-V* 曲线如图 4.28 所示：对于掺杂浓度为 $1.25\times10^{15}\text{cm}^{-3}$ 的 P 型衬底，当填充材料的功函数增加时，S-G TSV 的初始状态将从耗尽区变为堆积区，导致 *C-V* 曲线形状从 V 形转变为倒 V 形。对于掺杂浓度为 $1.25\times10^{15}\text{cm}^{-3}$ 的 N 型衬底，当填充材料的功函数增加时，信号-地 TSV 的初始状态将从部分耗尽状态转变为全耗尽状态，因此导致 *C-V* 曲线从倒 V 形变为平缓 V 形。

4.2.5　MOS 电容测试验证

1. 衬底电容和电导的影响

图 4.29 是 TSV 耦合等效电路模型。其中 C_T 代表两个通孔的 MOS 电容串联，C_S 与 G_S 分别表示衬底电容和电导。

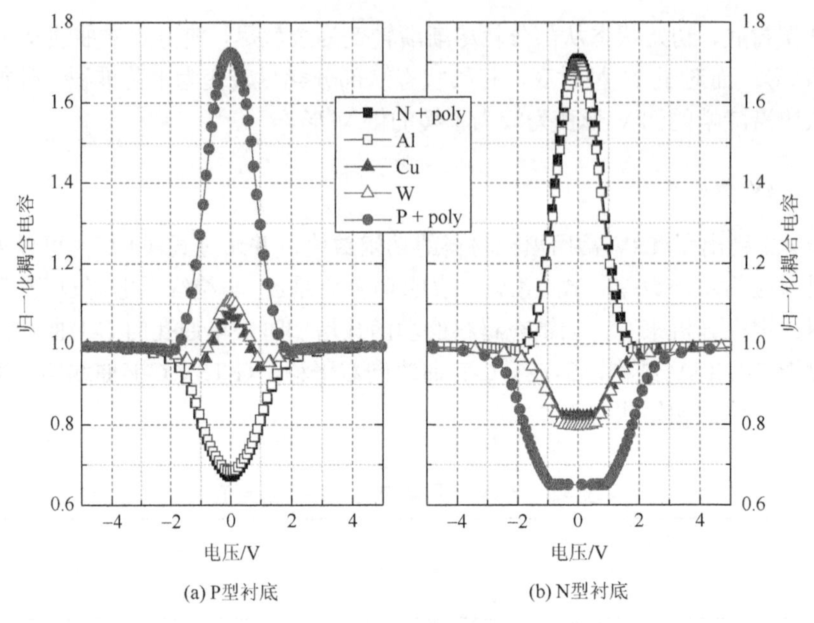

图 4.28　不同 TSV 填充材料的 *C-V* 曲线

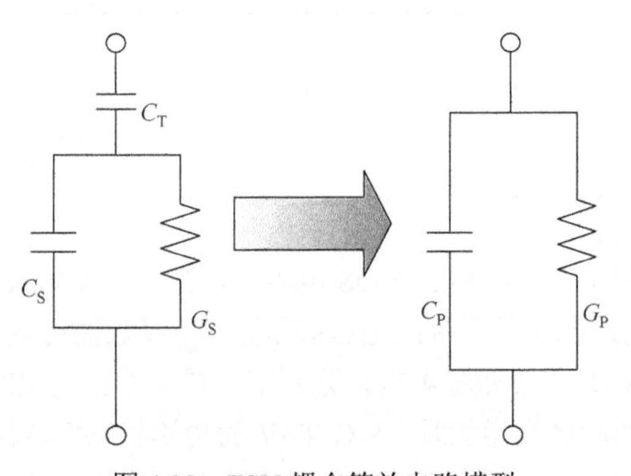

图 4.29　TSV 耦合等效电路模型

两个电路模型的关系表达式见式（4.15）、式（4.16）。在进行实际 *C-V* 测试时，一般是选用电容-电导并联模型，即图 4.29 中的右侧电路。因此测试得到的电容值并不是 C_T，而是图 4.29 中的 C_P。所以定义 C_P 为 S-G TSV 之间的总耦合电容。在小于 100MHz 的低频情况下，衬底电容和电导对 C_P 的影响可以忽略，因此 C_P 值约等于 C_T。但是当频率增加，C_P 值慢慢趋近 $C_T // C_S$，并且由于 C_S 一般会比 C_T 小一个量级，C_T 对总电容的影响将大大降低。图 4.30 展示的是不同频率下总耦合电容 C_P 与电压的 *C-V* 曲线。建模使用的 TSV 半径为 10μm，高度为 100μm，绝缘层为 0.1μm 的 SiO_2，节距为 40μm，衬底为 P 型掺杂，电阻率为 10Ω·cm（掺杂浓度为 $1.25\times10^{15}cm^{-3}$）。

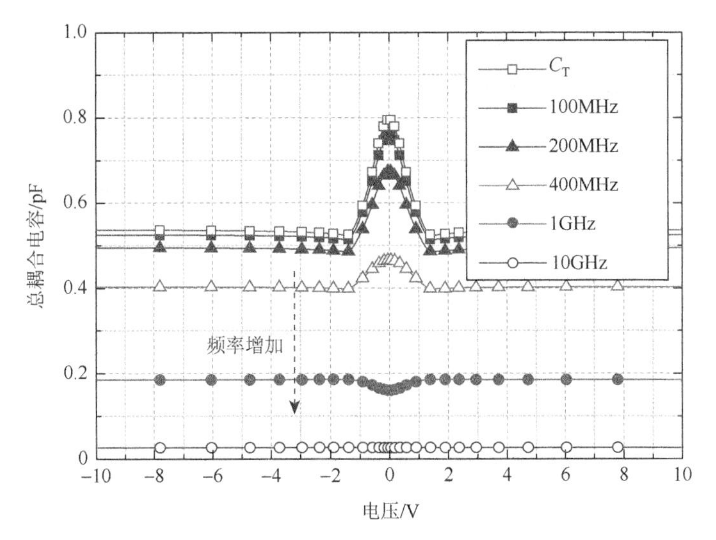

图4.30　不同频率下总耦合电容 C_P 与电压的 C-V 曲线

同时，我们也观察到一个有意思的现象：C_P 的 C-V 曲线形状并不一定与 C_T 相同。图4.30中频率为1GHz时出现了V形曲线，与之前的倒V形曲线不同。为了解释这一现象，求解 C_P 对 C_T 的偏导数：

$$\frac{\partial C_P(\omega, C_T)}{\partial C_T} = \frac{\omega^4 C_S^2 (C_T + C_S)^2 + \omega^2 G_S^2 \left(2C_S^2 + 2C_S C_T - C_T^2\right) + G_S^4}{\left[G_S^2 + \omega^2 (C_T + C_S)^2\right]^2} \tag{4.42}$$

在式（4.42）中，随着 C_T 的增加，分子的第二项可能变为负数，因此在某些条件下，$\dfrac{\partial C_P(\omega, C_T)}{\partial C_T}$ 为负数，即 C_P 的 C-V 斜率符号与 C_T 相反，因此表现出曲线形态相反。另外，当频率较高时，偏导数将主要被角频率 ω 主导，其值趋近为 $\left(\dfrac{C_S}{C_T + C_S}\right)^2$，由于 C_T 一般远远大于 C_S，因此该值较小。因此，C-V 曲线的变化率将随频率增加显著降低，表现为图4.30中10GHz时的近似直线状态。基于以上分析，可以得出结论：随着频率增加，总耦合电容伴随电压的波动会越来越小。MOS效应引入的非线性效应在高频环境下可以忽略，低频环境不应忽略。

为了更直观地判断频率变化对电容波动幅度的影响，图4.31中将不同频率下的 C-V 曲线的稳定值进行归一化。与图4.30相比，不同之处在于：C-V 曲线的相对波动幅度并不随着频率增加而单调下降，如1GHz与2GHz曲线的相对波动幅度反而出现大于600MHz的情况。这是由于 C_P 稳定值（将 $V_1 = 10\text{V}$ 时的 C_P 作为其稳定值）随频率增加迅速下降，而电压变化引入的 C_P 波动幅度具有不同的下降速率，因此其相对波动幅度有可能反而上升。但是，当频率上升至足够高时，如 10GHz，图 4.30 和图 4.31 的 *C-V* 曲线几乎都呈直线状态。

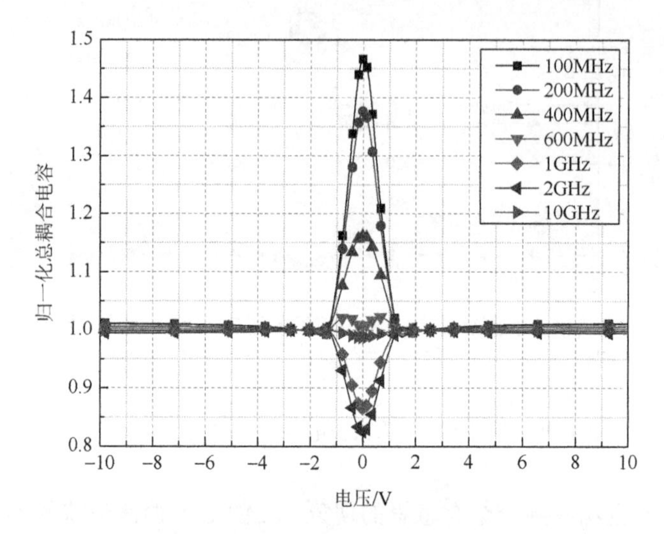

图 4.31　不同频率下归一化总耦合电容 C_P 与电压的 *C-V* 曲线

类似地，图 4.32 展示了不同频率下总耦合电导 G_P 与电压的 *C-V* 曲线。随着频率增加，G_P 也相应上升，并且 MOS 电容引入的幅度波动有一个先增加后减小的过程。整体而言，在高频信号下，由于衬底电容和电导的影响，MOS 效应所带来的非线性特性将被抑制。

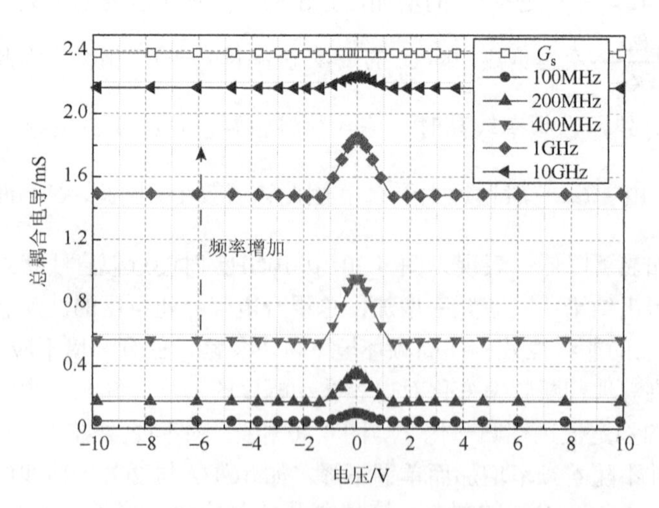

图 4.32　不同频率下总耦合电导 G_P 与电压的 *C-V* 曲线

2. *C-V* 特性测试

为了验证上述理论分析，本节设计相应的 TSV 测试结构用于提取实际 *C-V* 特性。设计的 TSV 直径为 40μm，高度为 160μm，绝缘层厚度为 1μm，两个 TSV 的节距为 60μm。样品采用 N 型高阻衬底，电阻率为 1000Ω·cm。由文献[32]可知样本的掺杂浓度约为 $2\times10^{12}\text{cm}^{-3}$。

C-V 特性测试使用 Agilent B1500A 半导体器件分析仪作为电压扫描源和电容测量设备，测试频率设定为 5MHz，电压扫描范围为–5～5V，步长为 0.1V，使用 Cascade Summit 11000AP 探针台，配合直流探针对被测结构进行测试。图 4.33 为 *C-V* 曲线测量值与理论计算值的对比。

在计算理论值时，首先利用前述 MOS 电容计算框架计算 S-G TSV 的 MOS 电容值，然后利用式（4.16）确定总耦合电容。由于工艺中引入的绝缘层电荷密度未知，本节设定了三组可能的取值，绘制在图 4.33 中。从电容量级、电压控制电容变化的范围可以看出，理论计算能够很好地解释测量值，当 $Q_{\text{ox}} = 0.78\times10^{10}/\text{cm}^2$ 时，理论值与测量值几乎完全重合。

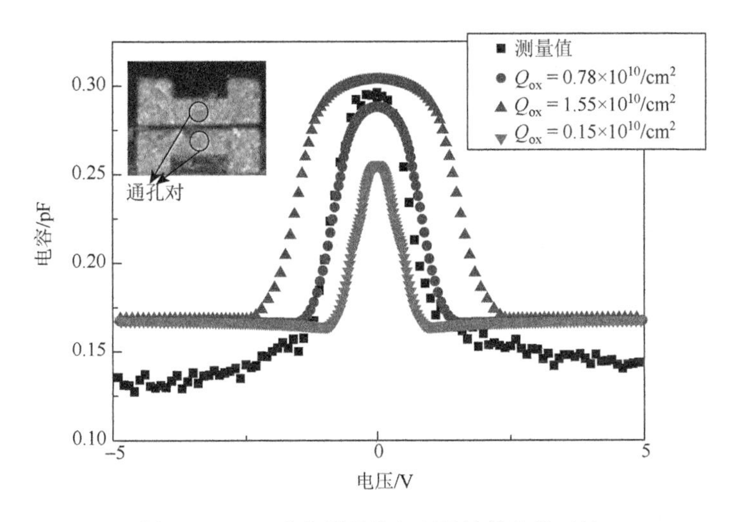

图 4.33 *C-V* 曲线测量值与理论计算值的对比

测量值与理论计算对应较好，但是在电压较高（或较低）的区域，两者出现一定程度偏差：*C-V* 曲线理论计算值的最小值为 0.167pF，*C-V* 曲线测量值的最小值为 0.129pF，有一定程度偏差。经过初步分析可以认为这是高频 *C-V* 曲线的截取误差所致。为了验证这一想法，必须确定真实高频 *C-V* 曲线的最小值。MOS 结构高频 *C-V* 曲线的最小值发生在表面势等于 $2\varphi_{\text{fp}}$ 时，即达到强反型的状态，此时反型层中的少数载流子的产生与复合无法跟上高频信号的变化，因此反型层中少子对电容没有贡献，这时的电容由耗尽层电荷变化决定。在强反型时，耗尽层宽度达到最大值 x_{dT}、对应耗尽层电容 C_{dep} 和 MOS 电容 C_{min} 分别为

$$x_{dT} = \sqrt{\frac{4\varepsilon_s \varphi_{fp}}{eN_a}} \tag{4.43}$$

$$C_{dep} = \frac{2\pi\varepsilon_{Si} h_{TSV}}{\ln\left(\frac{r_{TSV} + t_{ox} + x_{dT}}{r_{TSV} + t_{ox}}\right)} \tag{4.44}$$

$$\frac{1}{C_{min}} = \frac{1}{C_{ox}} + \frac{1}{C_{dep}} \tag{4.45}$$

代入工艺参数求解，可知 C_{min} 为 0.161pF，仍然与测量值有一定偏差，因此除了高频截取误差这一原因，更大的原因可能是测试时 MOS 电容已经进入深耗尽状态。

4.3　三维互连的电学仿真

4.3.1　TSV 的三维电磁场仿真

使用 ANSYS HFSS 软件进行了 TSV 的三维电磁场建模仿真。TSV 采用电镀铜填充，硅片选取常见的 CMOS 电路用低阻硅。TSV 的模型如图 4.34 所示，根据信号 TSV 周围接地 TSV 的个数，研究 GSG-TSV 和 GS-TSV 两种配置下的信号传输特性。TSV 材料和尺寸参数如表 4.4 所示，通过参数化扫描，查验 TSV 直径、节距、凸点直径对 TSV 传输特性的影响。结构参数扫描取取值如表 4.5 所示。

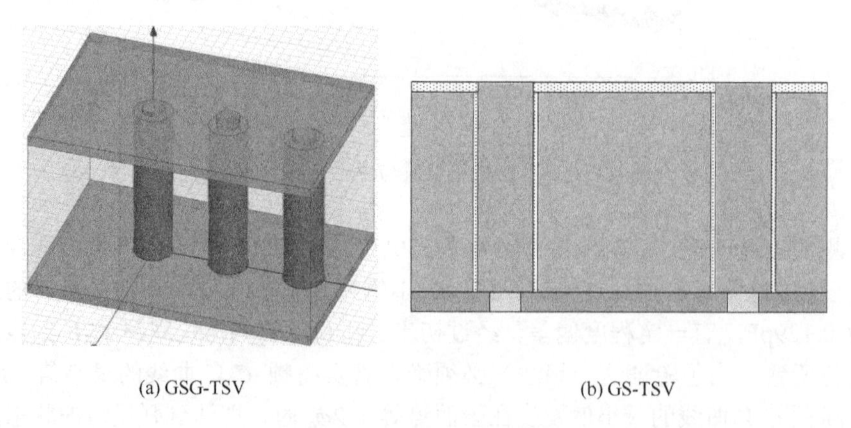

(a) GSG-TSV　　(b) GS-TSV

图 4.34　TSV 的模型

表 4.4　TSV 材料和尺寸参数

参数	符号	缺省数值
侧壁绝缘层介电常数	ε_{ox}	3.9
衬底介电常数	ε_{Si}	11.9
铜 TSV 电导率/(S/m)	σ_{TSV}	5.8×10^7
硅电导率/(S/m)	σ_{Si}	10
底部绝缘层介电常数	ε_{oxbot}	2.65
顶部 SiO_2 绝缘层/μm	t_{oxtop}	2
底部绝缘层厚度/μm	t_{oxbot}	3
TSV 直径/μm	D	20
TSV 节距/μm	W	40
TSV 高度/μm	H	80
TSV 绝缘层厚度/μm	t_{ox}	0.5
凸点直径/μm	d_{bump}	12

表 4.5　结构参数扫描取值

参数	扫描取值
TSV 直径/μm	18，20，22
TSV 节距/μm	30，40，50
凸点直径/μm	10，12，14

4.3.2　GSG-TSV 仿真分析

GSG-TSV 仿真的配置是：以中间 TSV 为信号线，两边的 TSV 为地线，信号线的上端口为端口 1，下端口为端口 2，在两端口间加入 30MHz～30GHz 的高频信号，在这一区间内仿真模型的 S 参数。

在仿真过程中，考虑到互连结构及其电特性的对称性和无源性，主要关注的 S 参数为 S11 参数与 S21 参数。其中 S11 参数为端口 2 匹配时，端口 1 的反射系数，如果将端口 1 作为信号的输入端口，端口 2 作为信号的输出端口，那么 S11 表示的就是回波损耗，即有多少能量被反射到源端（端口 1），S11 值越小越好，一般建议 S11＜0.1，即−20dB；S21 在互连分析中可以表示插入损耗，也就是有多少能量被传输到目的端（端口 2），S21 值越大越好，理想值是 1，即 0dB，S21 值越大传输的效率越高，一般建议 S21＞0.7，即−3dB。

1. TSV 直径对模型 S 参数的影响

根据实验设计，首先仿真在 TSV 直径变化，而其他尺寸参数均取典型值情况下的高频特性。图 4.35 为 TSV 的 S 参数曲线随 TSV 直径的变化。

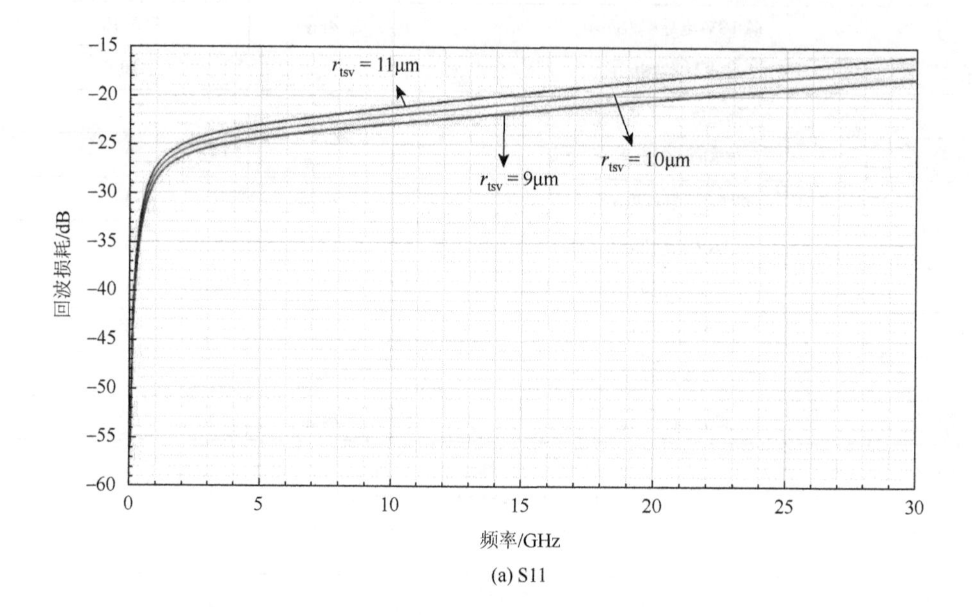

(a) S11

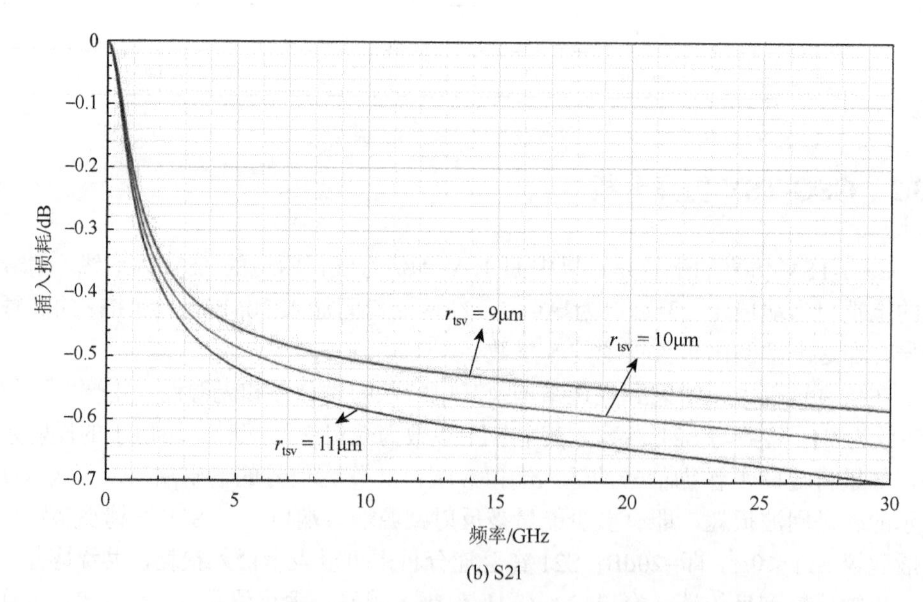

(b) S21

图 4.35　TSV 的 S 参数曲线随 TSV 直径的变化

从图 4.35 中可以看到：

（1）随着频率的升高，S11 与 S21 参数整体性能略有下滑，S11 参数在 0～1GHz 内迅速上升，而 S21 参数在 0～2GHz 内迅速下降，然后均出现平缓的变化期，这一现象符合传输线高频传输特性的一般规律。

（2）TSV 结构的整体高频特性很优秀，但其中 S11 参数的–20dB 点在 15GHz 以上，S21 参数在整个仿真频率范围内最小仅为–0.7dB，远未达到–3dB。

（3）从 TSV 直径的变化中可以看出，随着 TSV 直径的增大，S11 参数整体减小，S12 参数整体增大。所以无论是 S11 参数，还是 S21 参数，性能均得到了提高，幅度近似呈线性增加趋势。

TSV 直径的变化对整个模型的高频性能影响显著。其中 S11 参数的–20dB 点的变化就表明了这一点；对于 S21 参数，可以明显看出，随着 TSV 直径的小幅变化，S21 参数在比例上发生了明显的下降。

2. TSV 间距对模型 S 参数的影响

同样，考虑 TSV 间距对模型高频性能的影响，在其他尺寸参数均取典型值的情况下进行高频特性仿真。图 4.36 为 TSV 的 S 参数曲线随 TSV 间距的变化。

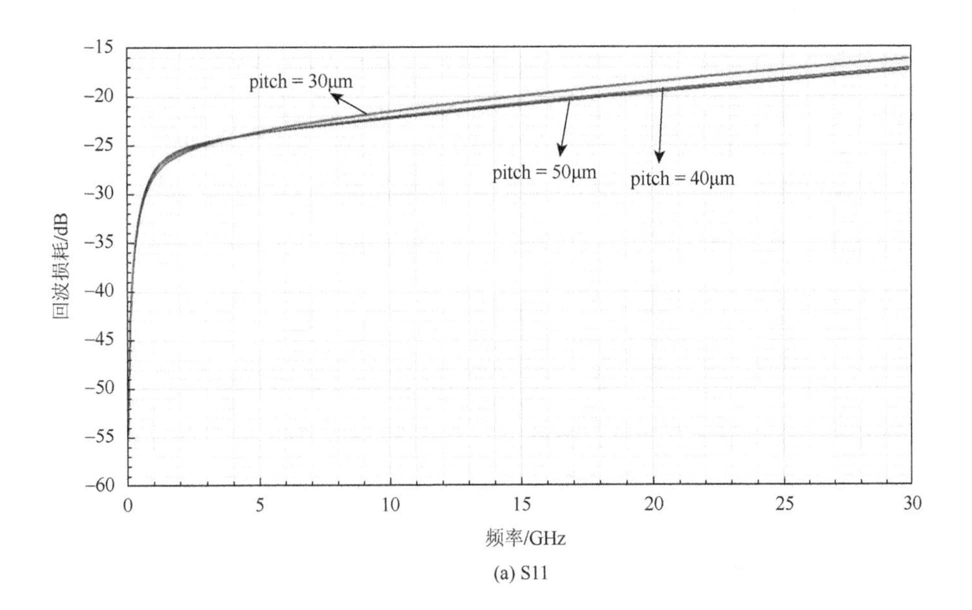

(a) S11

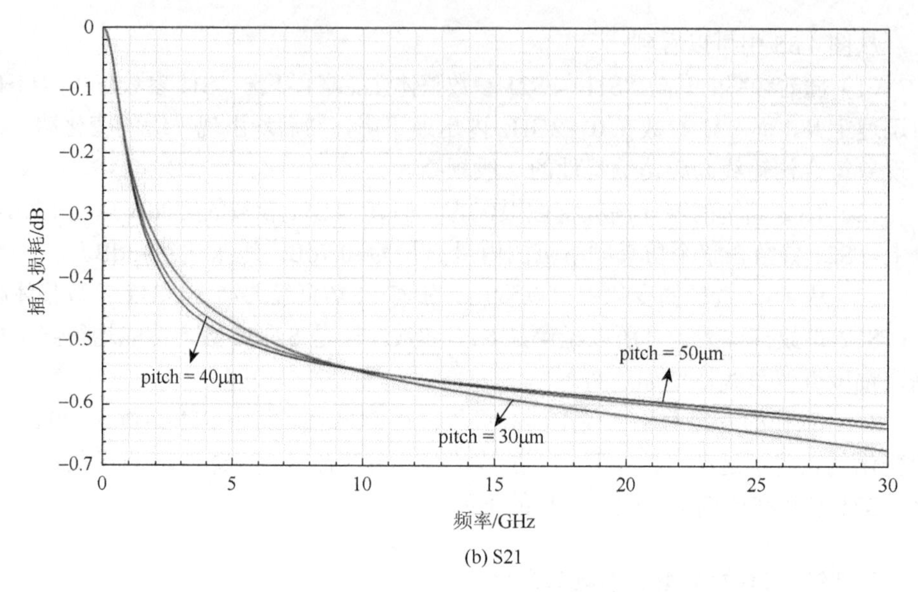

(b) S21

图 4.36　TSV 的 S 参数曲线随 TSV 间距的变化

由图 4.36 中可看出，模型的 S 参数与 TSV 间距的关系比较复杂，可以分为低频与高频两部分进行讨论。在 TSV 与 TSV 之间，主要的寄生效应为电阻 R 与电容 C 效应，当 TSV 间距减小时，电阻 R 随之减小，而电容 C 随之增大。其中电阻 R 主要影响低频特性，而电容 C 主要影响高频特性。所以，在低频率时，S11 参数与 S21 参数变化的斜率均会随着 TSV 间距的减小而减小，而到达一定频率之后，电容成为这些参数的主要影响因素，故高频部分 S11 参数与 S21 参数的斜率会随着 TSV 间距的减小而增大。

3. 凸点直径对模型 S 参数的影响

其他尺寸参数取典型值不变，仅改变凸点直径，仿真分析了凸点直径对模型高频特性的影响。图 4.37 为 TSV 的 S 参数曲线随凸点直径的变化。

由图 4.37 中可看出，凸点直径与模型的 S 参数性能几乎完全无关，可见凸点直径并不是影响性能的关键性参数。

4.3.3　GS-TSV 仿真分析

GS-TSV 结构由一个传输信号的 TSV 和相邻的接地 TSV 构成，是最简单并具有代表性的 TSV 传输结构。本节通过 HFSS（high frequency structure simulator）仿真，分析 TSV 直径、TSV 间距、凸点直径对 TSV 传输特性的影响，再在 ADS （advanced design system）中建立图 4.38 所示的等效电路，并进行电路仿真，通过与 HFSS 仿真结果对比，验证其有效性。

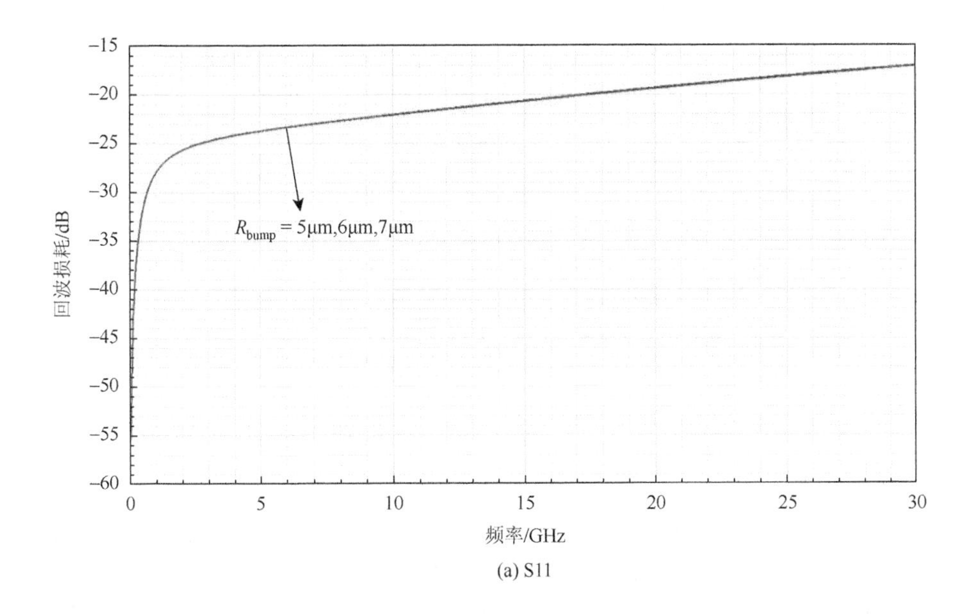

(a) S11

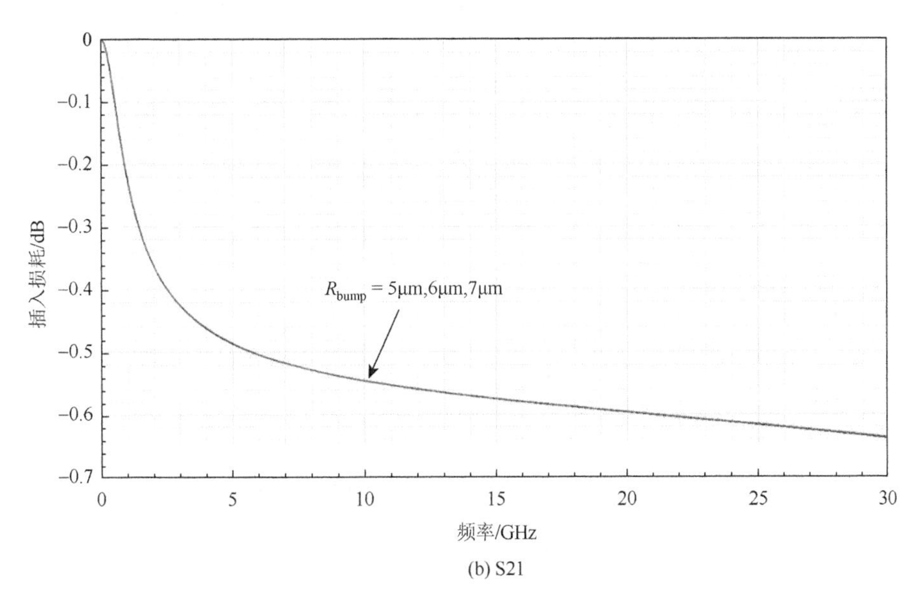

(b) S21

图 4.37　TSV 的 S 参数曲线随凸点直径的变化

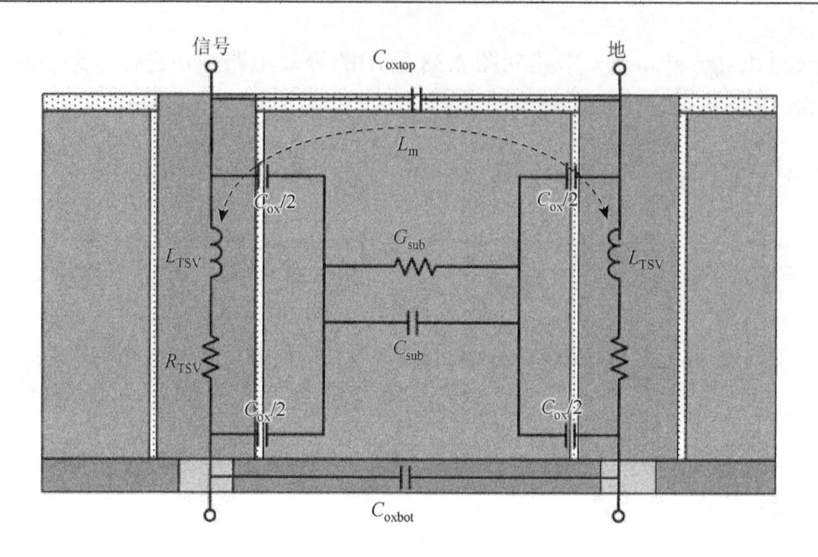

图 4.38　GS-TSV 剖面结构及等效电路示意图

利用 HFSS 仿真得到的 GS-TSV 传输特性与前述 GSG-TSV 基本相同，HFSS 仿真 GS-TSV 传输特性随 TSV 直径 d_{tsv}、TSV 间距 p_{tsv}、凸点直径 d_{bump} 的变化如图 4.39 所示。为了更精确地表征 GS-TSV 在 30MHz～30GHz 较宽频带内的传输特性［包括幅值（Mag）和相位（Pha）］，本节分 30～500MHz、500MHz～1GHz、1～10GHz、10～20GHz、20～30GHz 共 5 个频段对其进行仿真。

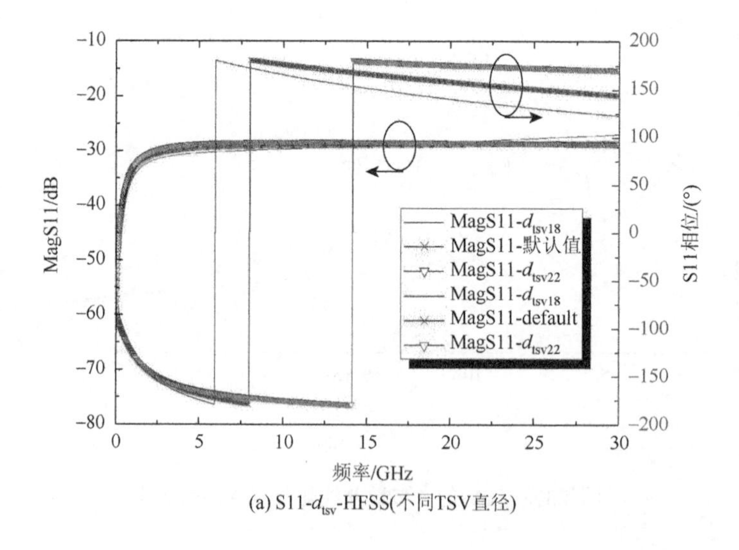

(a) S11-d_{tsv}-HFSS(不同TSV直径)

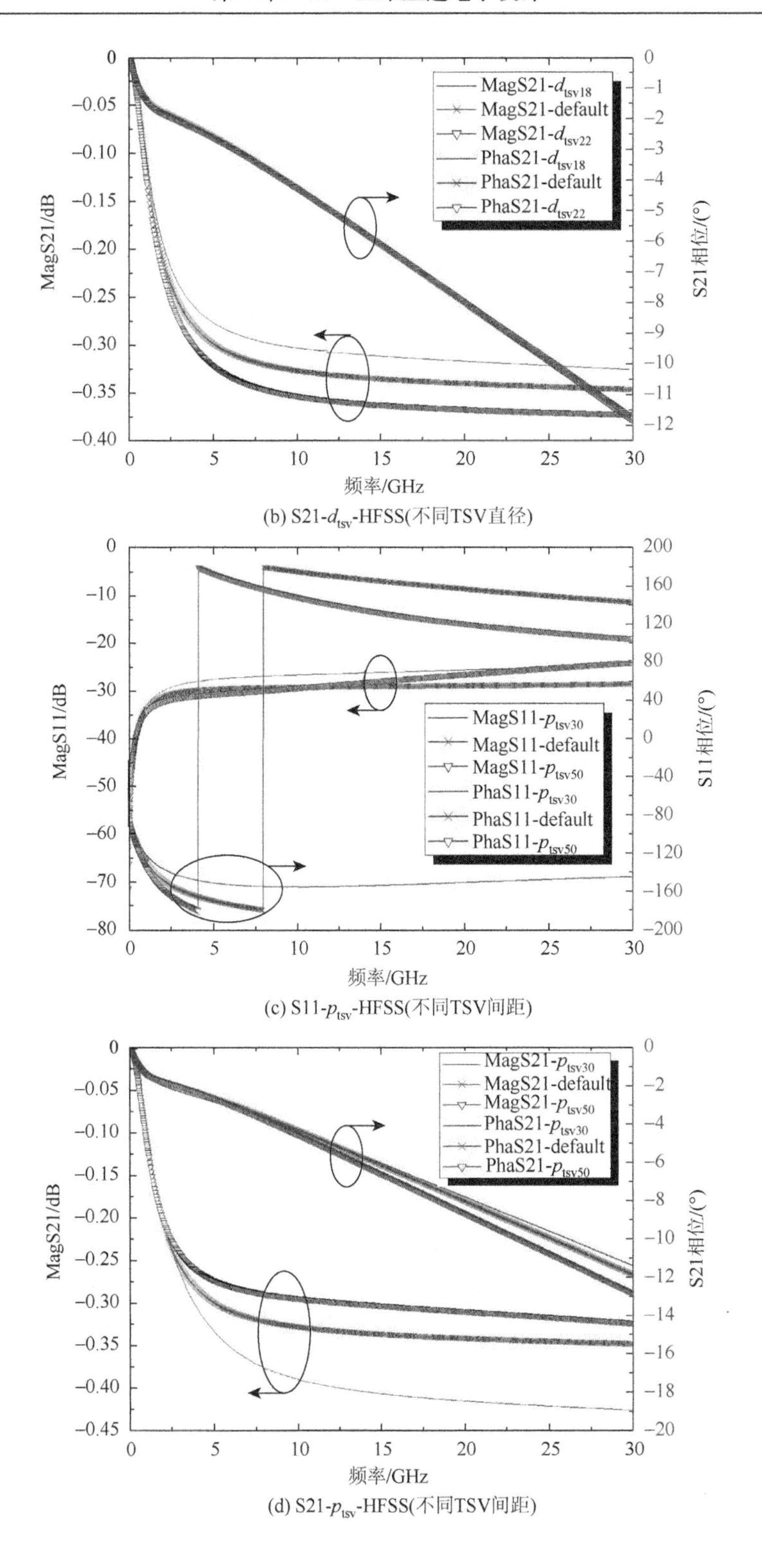

(b) S21-d_{tsv}-HFSS(不同TSV直径)

(c) S11-p_{tsv}-HFSS(不同TSV间距)

(d) S21-p_{tsv}-HFSS(不同TSV间距)

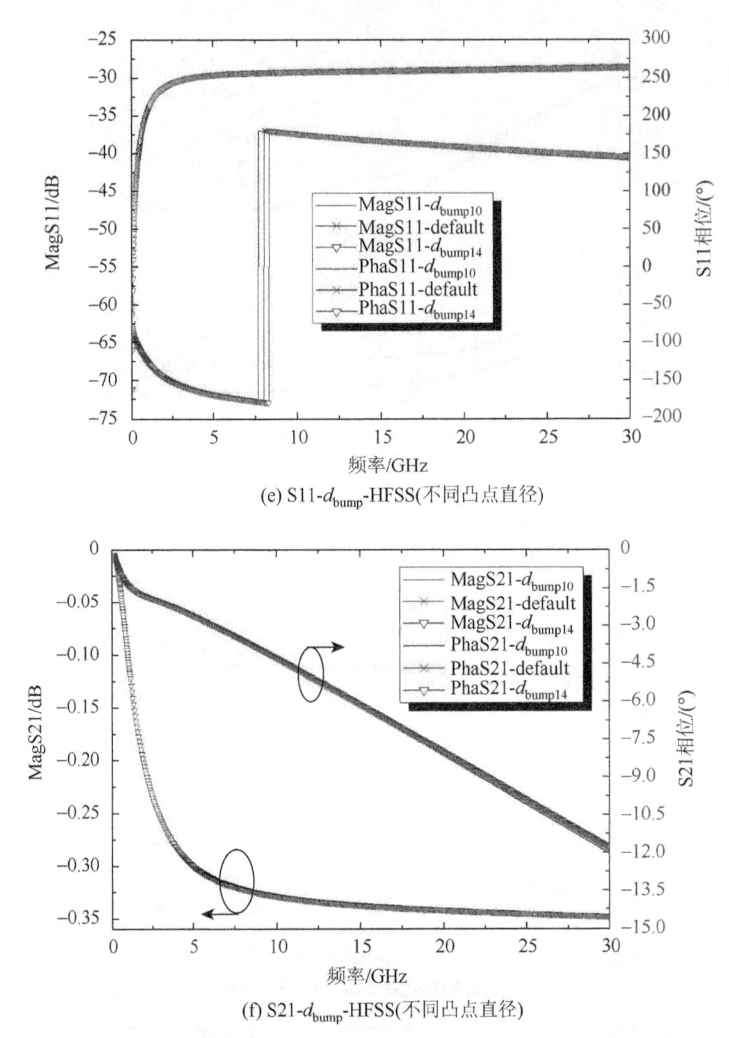

(e) S11-d_{bump}-HFSS(不同凸点直径)

(f) S21-d_{bump}-HFSS(不同凸点直径)

图 4.39　HFSS 仿真 GS-TSV 传输特性随 TSV 直径 d_{tsv}、TSV 间距 p_{tsv}、凸点直径 d_{bump} 的变化（见彩图）

从图 4.39 可以看出：

（1）随着 TSV 直径 d_{tsv} 的减小，TSV 传输特性变得越来越好。直观地，TSV 直径增加，TSV 电阻减小，说明 TSV 电阻变化对 TSV 传输特性的影响较小，而 TSV 直径增加导致的侧壁电容和电感的变化是 TSV 传输特性变化的主要因素。

（2）随着 TSV 节距 p_{tsv} 的增加，TSV 传输特性变得越来越好。直观地，TSV 间距增加，TSV 之间的耦合减小，表现在等效电路参数上，TSV 间距增加，TSV 之间的互感，以及衬底的电容/电导耦合参数都会随之减小。

（3）凸点结构所产生的寄生耦合效应比较弱，d_{bump} 对 TSV 传输特性的影响几乎可以忽略。

综上所述，首先对 TSV 传输特性影响较大的是 TSV 的间距；其次是 TSV 直径；而凸点直径对于 TSV 传输特性的影响几乎可以忽略，这与前面 GSG-TSV 的仿真结果非常接近。TSV 直径 d_{tsv}、TSV 间距 p_{tsv} 对 S11 相位、S21 幅值的影响较大，S11 幅值、S21 相位与 TSV 直径、TSV 间距的相关性则较弱。

4.4 电源完整性

电源完整性始终是高频、高速电路设计面临的一个重大挑战。电源噪声会叠加到系统信号输出电压波形及主干通路传输的电压波形上，影响到封装内部及 I/O 的信号传输质量。随着芯片工艺技术持续升级，以及随之而来的工作频率的提升，单位面积上集成的器件数量和芯片功耗也在不断攀升。相应地，各功能电路所需供电电流也越来越大，由此带来了开关噪声电压的增长。同时，芯片供电从 20 世纪 90 年代的单一供电电压发展到现在的片上多电压供电，从以前的 5V、3.3V 到现在的 3.3V、2.5V、1.8V 和 1.5V，芯片核心电路的电压一般为 1.5V、1.2V，最新的 20nm 以下节点芯片则倾向于采用低于 1.0V 的供电电压；相应地，电源纹波和耦合到信号上的噪声对系统信号质量及工作稳定性的威胁日益上升，其抑制的难度也越来越大。三维集成通过将多层芯片堆叠形成一个系统，要供电的电路器件数量随器件层数的增长而线性增长，于是供电电流负荷也成倍增长，回路则相应延长，回路中的 TSV 的寄生效应（电感和随着电源电压变化而变化的耦合电容）加剧了电源噪声，使得电源供电稳定性与质量保障面临极大挑战。此外，三维堆叠带来单位面积上的电路器件数成倍增长，电源网络的设计还面临着布线拥堵的挑战。

4.4.1 基本原理与分析方法

数字与逻辑 IC 中，每时每刻都有大量晶体管在开关，而其开关过程必然伴随着电流流过晶体管沟道及其负载，最终这些电流涌向电源网络；理想的电源网络可以随时供应或者吸纳晶体管开关造成的脉动电流，保证晶体管电源电压的稳定和纯净。IC 中的一个晶体管由关闭转为开启时，其栅极电压将由零电势转变为供电电压，在这一过程中，供电电压对栅电容进行充电，从而消耗一定的电流，因此我们在电源网络分析时，可以将晶体管等效为一个电流源负载。

晶体管所汲取的电流来自于外部稳压电源，两者之间存在着各类互连结构和去耦电容，我们称为电源分配网络（power distribution network，PDN）。从上述分析不难看出，晶体管开关引起的电流本身是瞬变的，在电源分配网络和内外稳压电源的各类寄生效应（电阻、电容、电感）作用下，会造成电源回路中的电压/电流毛刺、噪声、浪涌、谐振等问题，因此需要在建立物理和电路模型的基础上，对 PDN 进行精心设计，使其满足电源完整性要求。

信号完整性分析与信号通路设计可移植到具有类似带宽和工作频率的产品中，而 PDN 的行为依赖于各个组成部件之间的相互作用，而且设计目标与约束条件在不同产品之间有很大不同，因此 PDN 的设计对每个产品都可以视为一种定制设计。

1. 影响电源完整性的关键因素

影响电源完整性的第一个因素是电源网络回路中的电阻（电源内阻的主要部分）造成的电压下降。电源内阻会显著地降低输出电压，其输出电压的压降为输出电流和电源内阻之积。式（4.46）给出了电源内阻的计算公式。根据欧姆定律，电源内阻越小，在同一负载电流条件下，压降损失越小，因此电源就能提供更多的能量给负载。

$$\text{电源内阻} = \frac{\text{无负载电压}}{\text{满负载电流}} \tag{4.46}$$

在三维集成系统中 PDN 引起的电阻压降分为层内压降和层间压降。层内压降代表电压在同一层芯片上的波动，层间压降表示多层堆叠芯片之间的电压波动。仿真结果显示层间压降与堆叠芯片层数的平方成正比，与 TSV 个数成反比；均匀分布 TSV 比周围分布 TSV 有更小的层内压降[33]。

第二个影响电源完整性的因素是寄生电感引入的感生电动势。根据法拉第电磁感应定律，该电动势试图阻止电流的变化，因此互连中的电流变化总是连续的，而互连两端电压会出现瞬变甚至跳变，可表示为

$$V = L \cdot \frac{\mathrm{d}i}{\mathrm{d}t} \tag{4.47}$$

式中，L 为互连的等效自感。由于瞬态电压变化量与电感值成正比，作为 PDN 负载的信号晶体管开关时伴随着电流冲击，故寄生电感的存在往往表现为电压尖峰和跌落，导致电源完整性受到影响。式（4.47）中没有考虑构成电源环路的互连间的互感，由于三维集成中单个供电回路可以横跨数个器件层，故各回路间可能存在显著的互感。虽然三维集成系统中 TSV 的引入可以减小串联电感（远远小于引线键合），但流过的电流幅值和变化速率却可能劣化，因此带来的电压波动幅度不一定会显著减小。

第三个影响电源完整性的因素是电源分配网络中电感与电容的谐振。电路中存在两种谐振模式，一种是去耦电容和其寄生电感形成的谐振，该寄生电感往往

是由去耦电容的引脚和焊盘等结构引入的，形成如图 4.40 所示的串联组合，其阻抗为

$$Z = \mathrm{j}\omega L + \frac{1}{\mathrm{j}\omega C} \tag{4.48}$$

式中，ω 为角频率，其谐振频率为

$$f = \frac{1}{2\pi\sqrt{LC}} \tag{4.49}$$

谐振频率点处，PDN 阻抗值达到最小值。虽然 PDN 阻抗值的下降会减少纹波电流造成的纹波电压，但如果频率变化剧烈，则有可能导致电源电压随频率的大幅波动，对电源完整性造成不利影响。去耦电容也可能与其他寄生电感发生谐振，例如，图 4.40（a）为谐振（串联组合），图 4.40（b）所示的转接板上去耦电容与芯片级互连电感发生谐振，其阻抗和谐振频率的分析与上面类似，但此时两者是旁路组合，故谐振导致阻抗值达到最大，即出现反谐振，这也会造成供电电压的大幅波动，它是造成电源完整性问题的重要原因之一，也是在设计中要重点防范的地方。

在条件许可的情况下，三维集成模块的去耦电容可以由集总参数元件构成，同时直接用转接板上的大面积平面金属导体区构建贴近信号电路的去耦电容结构，该结构可以大大减小电流的集中，削弱串联电感，增大谐振频率。

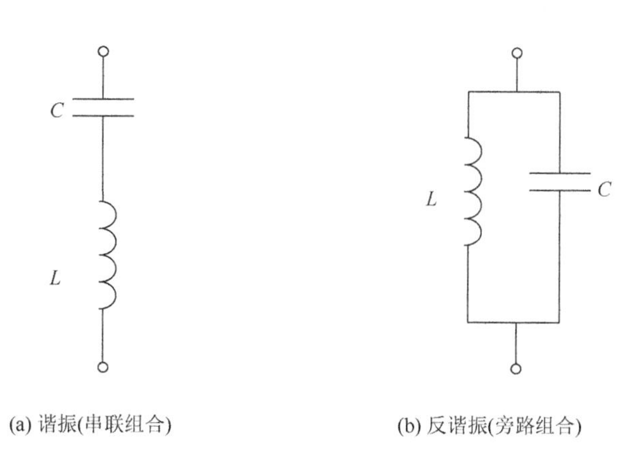

(a) 谐振(串联组合)　　(b) 反谐振(旁路组合)

图 4.40　PDN 网络中存在的谐振电路

综上，可以将造成电源完整性问题的因素归纳为互连的 3R（resistance、reactance 和 resonance），如果没有处理好这些因素，有可能会导致一系列的问题[34]。

（1）驱动器件的切换时间变差，信号上升沿和下降沿时间变缓，导致整个系统的时序关系发生混乱。

（2）电源上的噪声会直接导致系统中抗噪性变差，信号采样出现错误。

（3）高频大电流导致共模辐射，甚至导致系统 EMI 测试失败，使其不能成为规范产品。

2. 目标阻抗与去耦电容

在 PDN 的 3R 问题中，直流电流流过 PDN 只会导致一个由于电阻造成的稳定压降，而且，如果采用线性稳压器的话，其中的误差电压敏感电路可以快速补偿这种压降，从而将电压恢复至额定电压值。但事实上，芯片的电流的频谱往往是十分复杂和难以预知的，而且其电流在互连线上的分布与频率有着密切关系，因此其等效的电感、电容与电阻往往是随频率和互连位置的变化而变化的，因此线性稳压器不一定能满足应用需求。PDN 的设计目标就是尽力地在直流到高频的范围内使电压波纹小于预定值。鉴于电压波动的值等于电流波动值与 PDN 阻抗之积，需要将 PDN 阻抗控制在某一最大容许值以下，即目标阻抗 Z_{target}：

$$V_{\text{ripple}} = I_{\text{transient}} \times Z_{\text{target}} \tag{4.50}$$

式中，V_{ripple} 表示电压噪声容差，一般为额定电压的±5%；$I_{\text{transient}}$ 为最大瞬态电流，但我们很难知道芯片实际工作时的最大瞬态电流，这通常需要我们对其电路的状态和行为进行详尽而耗时的仿真；在设计阶段，根据经验法则可以用最大电流的一半作为最大瞬态电流，最大电流则是根据技术规格中最大功耗除以电源电压估算出来的：

$$I_{\text{transient}} \sim \frac{I_{\max}}{2} \tag{4.51}$$

$$I_{\max} = \frac{P_{\max}}{V_{\text{dd}}} \tag{4.52}$$

根据式（4.25）～式（4.27），目标阻抗可以估算为

$$Z_{\text{target}} = 0.1 \times \frac{{V_{\text{dd}}}^2}{P_{\max}} \tag{4.53}$$

需要注意的是 Z_{target} 针对从低频到高频的全频段的 PDN 阻抗要求，因此即使在某一个频点的 PDN 阻抗超过了 Z_{target}，也不能满足系统的电源完整性要求，这正是反谐振最容易造成电源完整性问题的原因，也是 PDN 设计的难点。此外，根据电磁学原理，PDN 的阻抗与电流分布、频率密切相关，为了精确求解，通常可以采用基于有限元法、矩量法的物理建模与仿真。

晶体管的开关会导致电流负载变化，当稳压电源由于 PDN 阻抗过大无法及时响应时，需要其他方法来维持电压恒定，换句话说，当 PDN 阻抗超过目标阻抗时，需要其他方法来拉低阻抗。去耦电容就能起到这样的作用，其位置通常接近用电电路，这样电容中储存的电荷能够比电源（包括稳压器）更快地响应电路中因晶

体管开关造成的电流瞬变对电源吞吐电荷的需求。根据其工作频段，去耦电容被分为低频去耦电容、中频去耦电容和高频去耦电容。图 4.41 显示了无去耦电容和有去耦电容时的 PDN 阻抗曲线，通过在合适位置放置针对不同频段的去耦电容，能够将原本超过目标阻抗的 PDN 阻抗频点优化至目标阻抗之下，从而满足控制电压波纹的要求。这些阻抗曲线往往可以通过基于网络分析仪的阻抗测量实测得到或者通过全波仿真得到。

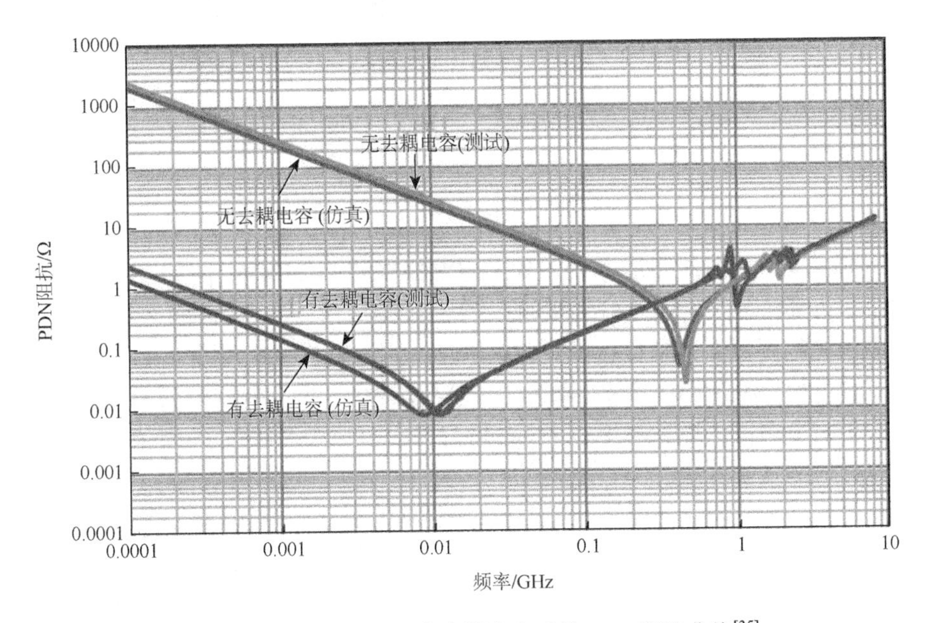

图 4.41　无去耦电容和有去耦电容时的 PDN 阻抗曲线[35]

4.4.2　三维集成系统中电源分配网络的基本组成与分析

对于一个三维集成系统，由于 PDN 要为多层电路上的器件供电，故通常选择纵横栅格状结构。图 4.42 给出了三维集成系统电源分配网络的电路组成，这也是我们进行电源完整性分析的基本电路架构。从晶体管到印刷电路板的整个通路上，依次遇到如下结构：①片上电源栅格、芯片 TSV 和微凸点；②转接板片上电源栅格、转接板 TSV 和 C4 凸点；③封装基板电源平面、稳压电源（voltage regulator module，VRM）。随着核心数字逻辑电路的工作频率进入微波波段，在芯片、转接板和封装基板各层级都应设置不同尺寸大小和量值的去耦电容，根据前面关于谐振的分析可知，这种多层级设置的解耦电路能更好地抑制低频至高频频段上反谐振等问题带来的 PDN 阻抗波动，应对工作频率上升带来的挑战。

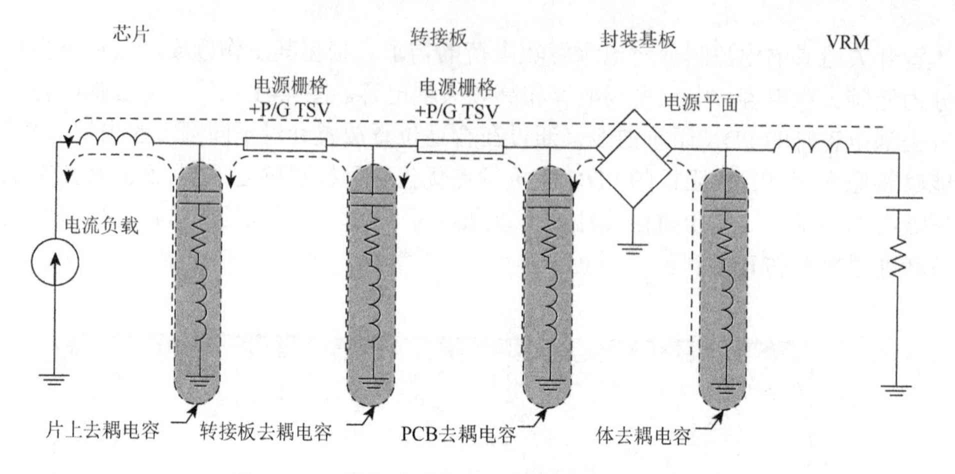

图 4.42　三维集成系统电源分配网络的电路组成

下面主要讨论三维集成系统的片上电源栅格和 P/G TSV（power/ground TSV）的建模、仿真与分析。图 4.43 给出了一个三维集成系统的 PDN 网络示意图[32-35]，我们的研究范围主要是转接板的 PDN 和芯片的片上 PDN。但无论是转接板还是芯片，其 PDN 都是由电源栅格和 P/G TSV 组成的，区别仅在于尺寸不同，因此我们分别对电源栅格网络和 P/G TSV 进行讨论。

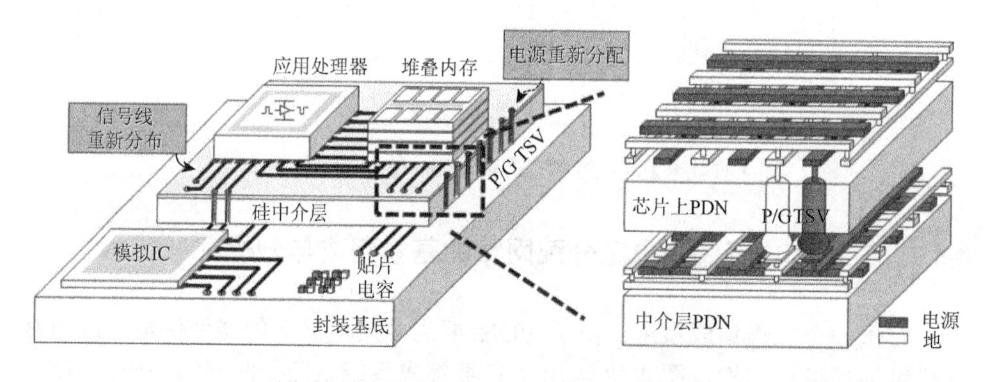

图 4.43　三维集成系统的 PDN 网络示意图

1. 电源栅格网络

电源栅格网络指的是芯片或转接板表面上分层纵横交错排布的电源线和地线形成的多层栅格结构，层与层之间的电源线和地线在垂直方向上通过局部铜通孔进行连接。在电源栅格网络的建模方面，由于电源栅格网络位于衬底上方，建模时需要考虑衬底和电源栅格的各金属层所形成空间内部的电磁分布。对 PDN 整体进行物理实体建模和全波仿真方法能反映电源网络的物理行为，但不难想象，这种方法消耗的计算资源很大，且耗时很长，目前只有少数专业公司可以实现，通常只能适用于少数复杂结构特性获取与电路建模及最终设计的校验，对于三维集成 PDN 的设计和优化中的快速验证来说难以接受。

韩国科学技术院 Kim 等[36]面向三维集成设计提出了一种有代表性的建模方法，这种方法有效地解决了仿真精度和速度间的矛盾，适用于中等集成密度和规模的三维集成，其基本思路是：假设 P/G 线宽和节距固定，根据其电磁场分布的特点，可以将电源栅格结构分解为四个水平方向边界均为理想磁导体的单元结构。通过建立单元的模型，整个电源栅格结构的模型便可以根据一定的分段方法，将单元的端口依次级联得到，如图 4.44 所示。

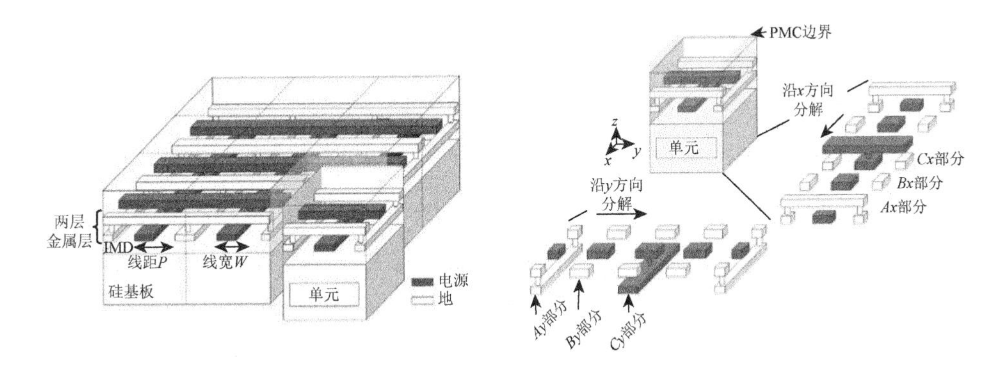

图 4.44　单元分解为 x 方向和 y 方向多个子单元模型示意图

IMD-inter middle dielectric

将截面的端口相连得到单元的 x 方向双端口模型。同理，分解为 y 方向子单元的 RLCG 模型也可以采用以上方法进行建模得到，最终按照图 4.45（a）的方法将两个方向的子单元级联得到单元的四端口模型。以此为基础再按照图 4.45（b）的方法将单元连接起来形成完整的电源栅格网络。相比直接针对宏单元建模，使用对子单元进行分别建模再级联组合的方法在仿真带宽和精度方面更具有优势。但也正是由于子单元模型是电源栅格网络的最基本模型，因此它的任何误差都会导致 PDN 模型的本质错误，所以对这些子单元的精确建模非常重要。

2. P/G TSV

作为三维集成系统中电源分配网络特有的互连结构，P/G TSV 是为堆叠芯片供电的另一大关键结构。芯片的电源栅格与转接板电源栅格通过 P/G TSV 相连，或者上层芯片的电源栅格与下层芯片的电源栅格通过 P/G TSV 相连。P/G TSV 可引入一定的寄生电容，相对于平面集成而言，其带来的电感量值上升不大，综合来看对于降低三维集成组件整体 PDN 的阻抗值和改善电源完整性有利，但 P/G TSV 的

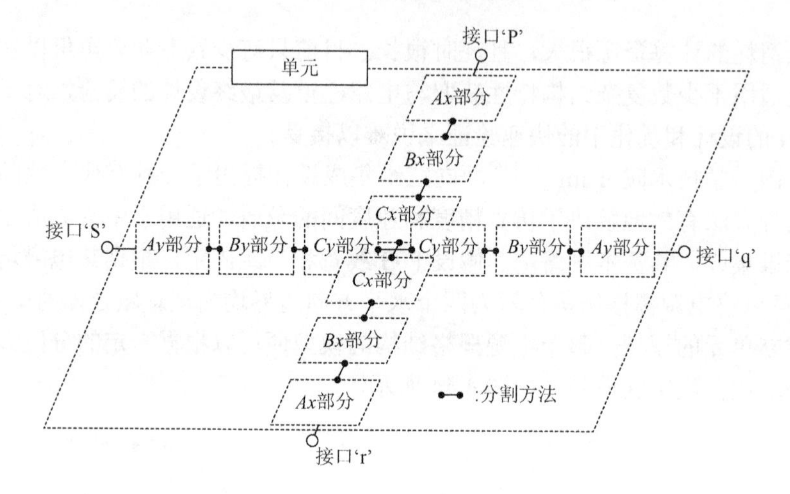

(a) x方向和y方向子单元级联形成单元模型

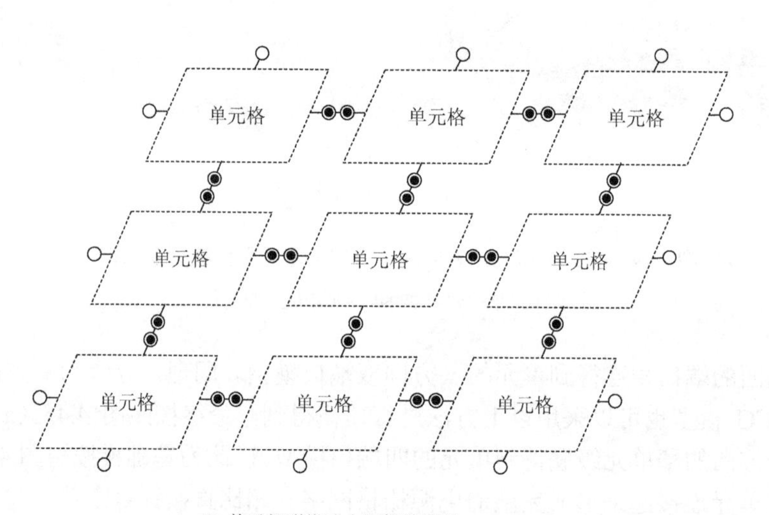

(b) 单元级联搭建电源栅格网络

图 4.45　子单元与单元级联方式

数量对上下层连接在一起的电源栅格网络的阻抗影响并不是线性的，往往当数量增加到一定水平时，PDN 阻抗几乎不随其数量的增长而下降，而且这种影响规律很难用解析表达式准确表述。因此在设计前期时往往需要通过详细的全波仿真理清 P/G TSV 的数量与三维集成电源栅格网络阻抗间的关系，相应地提出设计规则。

P/G TSV 的等效电路参数可以参考图 4.6 中的 TSV 等效电路模型，并使用 4.1 节的各类寄生参数公式计算对应的元件参数，因此 P/G TSV 的相关建模过程在此不再赘述。但是需要注意的是，在高功率芯片应用中，电源 TSV 直径一般大于信号 TSV，一方面是减小直流电阻，降低供电过程中的电压损失，另一方面是为了避免电流密度超过铜运载极限，形成电迁移隐患。

3. 转接板 PDN 阻抗曲线分析实例

对于转接板的 PDN 设计，P/G TSV 数量和转接板尺寸是最重要的设计因素。为了研究这两者对 PDN 阻抗曲线的影响，韩国科学技术院利用上述的建模方法，研究转接板尺寸和 P/G TSV 数量对 PDN 阻抗曲线的影响。其中研究了转接板尺寸在 0.1～20GHz 对 PDN 阻抗的影响。考虑了三种转接板尺寸，分别是 2mm×2mm、4mm×4mm 和 6mm×6mm，图 4.46 为三种转接板的 PDN 阻抗曲线，增加转接板面积将会同步增加电容（C_{PDN}）和电感（L_{PDN}），因此由电容决定的低频段 PDN 阻抗将会降低，而由电感控制的中频段 PDN 阻抗将会增加。增加的电容直接与面积增加成正比，而电感的增加与 PDN 互连长度的增加成正比。

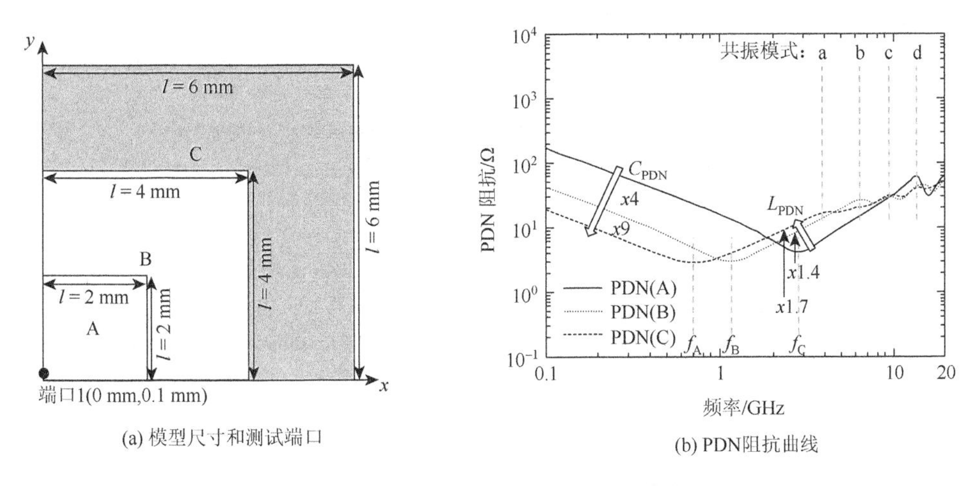

图 4.46　三种转接板的 PDN 阻抗曲线

总体而言，电源完整性问题的原因可以归结于电阻导致的电压下降、电感引入的感应电动势和电容电感导致的谐振。对于三维集成系统，由于 TSV 和引线键合线相比尺寸更小，具有更低的电阻和感抗，有利于解决电源完整性问题，但是芯片层叠导致单路电源回路需要供电的有源器件数量增多，供电电流成倍增加，因此保证电源完整性依然存在相当大的挑战。三维集成系统中电源分配网络模型是分析电源完整性问题的基础，往往需要芯片-封装集成-PCB 的协同设计。除了本章所提到的子单元建模合成方法，在实际工作中，往往采用有限元全波仿真分析与等效电路模型相结合的方法，以更好地兼顾精度和效率。

参 考 文 献

[1] Salah K，Rouby A E，Ragai H，et al. Compact lumped element model for TSV in 3D-ICs. IEEE International Symposium on Circuits and Systems，Rio de Janeiro，2011：2321-2324.

[2] Liu E X，Li E P，Ewe W B，et al. Compact wideband equivalent-circuit model for electrical modeling of through-silicon via. IEEE Transactions on Microwave Theory and Techniques，2011，59（6）：1454-1460.

[3] Joohee K，So P J，Jonghyun C，et al. High-frequency scalable electrical model and analysis of a through silicon via（TSV）components，packaging and manufacturing technology. IEEE Transactions on Components，Packaging and Manufacturing Technology，2011，1（2）：181-195.

[4] Xu C，Suaya R，Banerjee K. Compact modeling and analysis of through-Si-via-induced electrical noise coupling in three-dimensional ICs. IEEE Transactions on Electron Devices，2011，58（11）：4024-4034.

[5] Cadix L，Farcy A，Bermond C，et al. Modelling of through silicon via RF performance and impact on signal transmission in 3D integrated circuits. IEEE International Conference on 3D System Integration，San Francisco，2009：1-7.

[6] Cheng T Y，Wang C D，Chiou Y P，et al. A new model for through-silicon vias on 3-D IC using conformal mapping method. IEEE Microwave and Wireless Components Letters，2012，22（6）：303-305.

[7] Xu C，Li H，Suaya R，et al. Compact AC modeling and performance analysis of through-silicon vias in 3D ICs. IEEE Transactions on Electron Devices，2010，57（12）：3405-3417.

[8] Jang D，Ryu C，Lee K，et al. Development and evaluation of 3D SiP with vertically interconnected through silicon vias(TSV). Electronic Components and Technology Conference，Sparks，2007：847-852.

[9] Kim J，Cho J，Kim J，et al. High-frequency scalable modeling and analysis of a differential signal through-silicon via. IEEE Transactions on Components，Packaging and Manufacturing Technology，2014，4（4）：697-707.

[10] Lu K C，Horng T S. Wideband and scalable equivalent-circuit model for differential through silicon vias with measurement verification. Electronic Components and Technology Conference，Las Vegas，2013：1186-1189.

[11] Wu J H，Scholvin J，Alamo J A D. A through-wafer interconnect in silicon for RFICs. IEEE Transactions on Electron Devices，2004，51：1765-1771.

[12] Leung L L W，Chen K J. Microwave characterization and modeling of high aspect ratio through-wafer interconnect vias in silicon substrates. IEEE Transactions on Microwave Theory and Techniques，2005，53（8）：2472-2480.

[13] Lu K C，Lin Y C，Horng T S，et al. Vertical interconnect measurement techniques based on double-sided probing system and short-open-load-reciprocal calibration. Electronic Components and Technology Conference，Lake Buena Vista，2011：2130-2133.

[14] Lu K C，Horng T S，Li H H，et al. Scalable modeling and wideband measurement techniques for a signal TSV surrounded by multiple ground TSVs for RF/high-speed applications. Electronic Components and Technology Conference，San Diego，2012：1023-1026.

[15] Jung D H，Kim H，Kim S，et al. 30 Gbps high-speed characterization and channel performance of coaxial through silicon via. IEEE Microwave and Wireless Components Letters，2014，24（11）：814-816.

[16] Kim N，Wu D，Kim D，et al. Interposer design optimization for high frequency signal transmission in passive and active interposer using through silicon via（TSV）. IEEE Electronic Components and Technology Conference，Loke Buena Vista，2011：1160-1167.

[17] Jin M，Li M，Cline J，et al. 3D Si interposer design and electrical performance study. IEC Designcon，2013，1：34-56.

[18] Santagata F，Farriciello C，Fiorentino G，et al. Fully back-end TSV process by Cu electro-less plating for 3D smart sensor systems. Journal of Micromechanics and Microengineering，2013，23（5）：055014.

[19] Chen B，Sekhar V N，Jin C，et al. Low-loss broadband package platform with surface passivation and TSV for wafer-level packaging of RF-MEMS devices. IEEE Transactions on Components Packaging and Manufacturing Technology，2013，3（9）：1443-1452.

[20] Wheeler H A. Formulas for the Skin Effect. Proceedings of the IRE，1942，30（9）：412-424.

[21] Vu D T，Cabon B，Chilo J. New skin-effect equivalent circuit. Electronics Letters，1990，26（19）：1582-1584.

[22] Leferink F B J. Inductance calculations；methods and equations. IEEE International Symposium on Electromagnetic Compatibility，Atlanta，1995：16-22.

[23] Goldfarb M E，Pucel R A. Modeling via hole grounds in microstrip. IEEE Microwave and Guided Wave Letters，1991，1（6）：135-137.

[24] Rosa E B. The self and mutual inductance of linear conductors. Bulletin of the Bttremc of Standards，1908，4（2）：301-344.

[25] Ndip I，Zoschke K，Lobbicke K，et al. Analytical，numerical-，and measurement-based methods for extracting the electrical parameters of through silicon vias（TSVs）. IEEE Transactions on Components Packaging and Manufacturing Technology，2014，4（3）：504-515.

[26] Liu E X，Li E P，Ewe W B，et al. Compact wideband equivalent-circuit model for electrical modeling of through-silicon via. IEEE Transactions on Microwave Theory and Techniques，2011，59（6）：1454-1460.

[27] Katti G，Stucchi M，de Meyer K，et al. Electrical modeling and characterization of through silicon via for three-dimensional ICs. IEEE Transactions on Electron Devices，2010，57（1）：256-262.

[28] Kinayman N. Modern microwave circuits. Microwave Journal，2005，48（5）：58-68.

[29] Frickey D A. Conversions between S，Z，Y，H，ABCD，and T parameters which are valid for complex source and load impedances. IEEE Transactions on Microwave Theory and Techniques，1994，42（2）：205-211.

[30] Fang R，Sun X，Miao M，et al. Characteristics of coupling capacitance between signal-ground TSVs considering MOS effect in silicon interposers. IEEE Transactions on Electron Devices，2015，62（12）：4161-4168.

[31] Chang Y J，Ko C T，Yu T H，et al. Modeling and characterization of TSV capacitor and stable low-capacitance implementation for Wide-I/O application. IEEE Transactions on Device and Materials Reliability，2015，15（2）：129-135.

[32] SEMI International Standards，Practice for Conversion between Resistivity and Dopant Density for Boron-Doped，Phosphorus-Doped，and Arsenic-Doped Silicon，SEMI MF723-1105. https://www.astm.org/fo723-99.html. [2020-05-16].

[33] He H，Xu Z，Gu X，et al. Power delivery modeling for 3D systems with non-uniform TSV distribution. IEEE Electronic Components and Technology Conference，Las Vegas，2013.

[34] 邵鹏. 信号/电源完整性仿真分析与实践. 北京：电子工业出版社，2013.

[35] Takatani H，Tanaka Y，Oizono Y，et al. PDN impedance and noise simulation of 3D SiP with a widebus structure. IEEE Electronic Components and Technology Conference，San Diego，2012：673-677.

[36] Kim K，Yook J M，Kim J，et al. Interposer power distribution network（PDN）modeling using a segmentation method for 3D ICs with TSVs. IEEE Transactions on Components，Packaging and Manufacturing Technology，2013，3（11）：1891-1906.

第5章　三维集成微系统的热管理方法

与传统平面化IC相比，三维集成微系统中的热管理问题更为显著。主要原因包括：随着空间三维化，热点到热汇的散热路径更长，等效热阻更大；三维集成微系统中具有低导热系数的介质层材料应用更多，如层间填充物等显著地增大了散热路径的等效热阻；受系统空间及工艺复杂度的限制，系统级散热仍依赖于传统平面化的IC业已成熟的冷却方式，因此三维集成微系统冷却能力并未随空间三维化而相应提升。在冷却未能得到显著提升的情况下，热点到热汇的等效热阻却大大提高，因此三维集成微系统的热管理问题较之传统平面化IC更为严峻。

除了传统平面化IC散热不佳时导致热点温度过高所引起的电学性能品质降低，对于三维集成微系统而言，更为严峻的问题在于三维空间内热点分布不均，由此导致热机械应力集中，从而严重影响三维集成微系统的结构可靠性。

因此，有必要深入研究三维集成微系统中的热管理方法，包括主动和被动散热，以及热应力评估等方法。本章首先简要介绍一下传热学基本原理及微系统中传热学的特点；然后分别介绍三维集成微系统的被动式和主动式热管理方法，以及热应力评估方法。

5.1　三维集成微系统中的传热学

传热学是一门古老的学科，是描述热量传递规律的学问。自从人类学会了用火，就产生了朴素的传热学概念，随着众多研究者的不断努力，传热学也逐渐成熟和系统化，发展成为一门初具理论体系且充满活力的基础学科[1]，并成为许多重大工程与应用问题的基础支撑学科。

5.1.1　传热学的基本概念

现代传热学普遍认为热量传递有三种基本途径：导热、对流和辐射。也有研究者将对流归结为流体流动的导热问题，并认为从本质上讲，传热途径只有导热和辐射两种，本书沿用目前广泛接受的三种热量传递途径的分类。

1. 导热

导热是指依靠分子、原子、声子及自由电子等微观粒子的热运动而产生的热量传递。通过总结大量实践经验，傅里叶于 1812 年出版了其著名著作《热的解析理论》，创建了导热理论。根据傅里叶定律或导热基本定律，单位时间内通过某一给定面积的导热热量与当地的温度变化率及面积成正比，

$$Q=-\lambda A\frac{\mathrm{d}T}{\mathrm{d}x} \tag{5.1}$$

式中，Q 为导热热流量，单位为 W；λ 为材料导热系数，单位为 W/(m·K)，在英制文献或书籍中，常用希腊字母 λ 表示材料导热系数，而在美制文献或书籍中，则常用希腊字母 κ 表示材料导热系数，或简写为 k；T 为温度，单位为 K；x 为坐标轴，单位为 m。负号表示热量传递的方向同温度升高的方向相反。

由式（5.1）可以得到一维导热热阻（R，单位为 K/W）的定义：

$$R=\frac{\Delta T}{Q}=\frac{L}{\lambda A} \tag{5.2}$$

式中，L 为一维导热方向的长度，单位为 m。热阻常被用来描述热量传递能力，与电阻定义相同，热阻的定义只在一维或可以近似简化为一维的情况下才具有实际意义。

导热系数是材料本身物理的属性，一般意义上讲，材料导热性能与导电性能具有正相关性，导电性能好的材料通常导热性能更佳，如金属的导热系数最大，半导体材料次之，绝缘材料最差。近年来通过导热机制的深入探索和研究，许多新型导热材料被研制出，如可化学气相沉积制备的单晶半导体砷化硼具有高达 1000W/(m·K)量级的导热系数，其导热系数超过所有金属材料[2]。

三维集成微系统中常用材料的导热系数如表 5.1 所示。

表 5.1　三维集成微系统中常用材料的导热系数*

材料	导热系数/[W/(m·K)]	材料	导热系数/[W/(m·K)]
Cu	398[1]	Poly Si	35[3]
Al	236[1]	SiO_2	1[3]
Si	139[3]	BCB	0.29[4]

* 室温下数据。

2. 对流

对流是指由于流体的宏观运动，从而使流体各部分之间发生相对位移、冷热

流体相互掺混所引起的热量传递[1]。牛顿早在 1701 年提出当温度为 T_w 的物体受到温度为 T_f 的流体冷却时，其产生的热量交换满足：

$$Q = hA(T_w - T_f) \tag{5.3}$$

即对流换热的牛顿冷却公式。式（5.3）中，h 为对流换热系数，单位为 $W/(m^2 \cdot K)$。由式（5.3）可以知道，对流换热的等效热阻为

$$R = \frac{\Delta T}{Q} = \frac{1}{hA} \tag{5.4}$$

由式（5.4）可知，为强化冷却，降低对流热阻，可以通过提高对流换热系数或增加表面积来实现。常用的翅片式冷却器即基于增加表面积的基本原理，详细讨论与设计方法可以参考文献[1]。一般而言，仅依赖于重力产生流动的为自然对流，通常不需要输入能量，可以看作被动式冷却的一种；由于具有比较大的热容等，水的自然对流换热系数远大于空气，如表 5.2 所示。当输入能量产生定向流动时，即可获得强迫对流，一般也称为主动式冷却；无论以空气或水作为介质，其对流换热系数均能够得到显著的增大。而当相变过程存在时，由于存在介质相变潜热等，其等效对流换热系数能够进一步提高。目前，最为常用的电子器件的冷却方式为空气冷却，而集成微流体通道内的液体强迫对流冷却也得到了广泛的应用。近年来基于微通道内液体强迫对流沸腾冷却成为研究的热点，有望提供更为强大的冷却能力。常用的对流换热系数如表 5.2 所示。

表 5.2　常用的对流换热系数

对流换热过程	对流换热系数/[W/(m^2·K)]	对流换热过程	对流换热系数/[W/(m^2·K)]
自然对流（空气）	1～10	强迫对流（水）	1000～15000
自然对流（水）	200～1000	水的沸腾	2500～35000
强迫对流（空气）	20～100		

3. 辐射

辐射是指通过电磁波传递能量的方式。在传热过程中，辐射也是一种有效的热量传递方法，由于电磁波可以不依赖于介质而在真空中传递，因此航天应用等真空环境下辐射是最为有效的热量传递途径，这是辐射有别于导热和对流换热的基本特点。实际物理的辐射热流量可以采用修正后的斯特藩-玻尔兹曼定律来描述。

$$Q = \varepsilon A\sigma(T_1^4 - T_2^4) \tag{5.5}$$

式中，ε 为物体表面发射率；σ 为斯特藩-玻尔兹曼常量，即黑体辐射常数，值为 $5.67\times10^{-8}\text{W}/(\text{m}^2\cdot\text{K}^4)$。一般而言，辐射换热在芯片内部热管理中可以忽略，但在某些真空封装或特征尺度在 100nm 以下的空间中会起到一定散热作用[5]。本书所讨论的热管理技术，原则上不考虑辐射换热的贡献。

5.1.2　三维集成微系统热管理的发展趋势

如前面所述，三维集成微系统的散热路径可以分为两个组成部分：内部导热通路（内部导热热阻）和外部热沉散热通路（外部冷却热阻）。综合近年来微纳尺度传热学及 IC 热管理技术的新进展，三维集成微系统内部导热热阻/外部冷却热阻的发展趋势如图 5.1 所示。

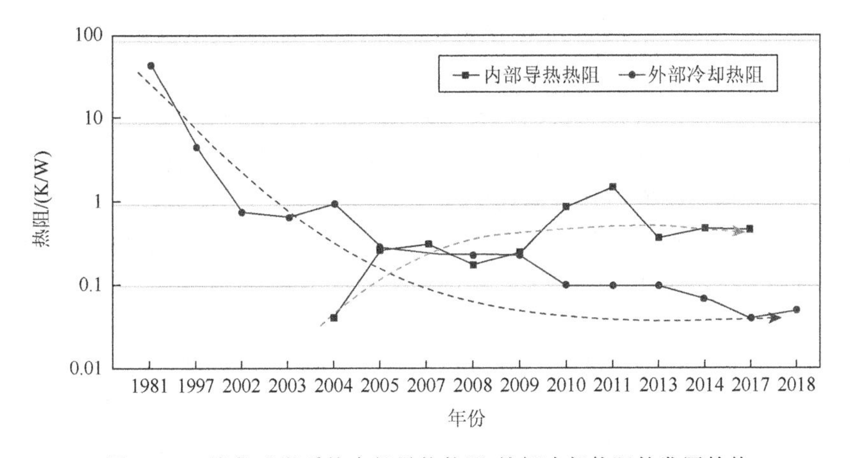

图 5.1　三维集成微系统内部导热热阻/外部冷却热阻的发展趋势

随着微流体冷却技术的不断进步，芯片外部冷却能力不断提高，外部冷却热阻 RC 大幅下降；同时，随着芯片集成度增大，随之而来的互连层数的增加、三维方向堆叠的引入、层间低导热材料的使用、热点尺寸的减小等导致芯片内部散热热阻不断增大，从而使内部导热热阻对芯片整体散热能力影响越来越大。另外，随着微纳加工与集成技术的快速发展，有研究者已开始将热汇技术直接应用于单层硅片，即内嵌微流体冷却通道的硅基片或转接板等，以此大幅度地提升集成微系统的散热能力。考虑到工艺实现中可选择的材料和方法、可用于施加热管理措施的空间均非常有限等因素，该集成热管理技术的应用道路仍然是漫长的。

一般而言，三维集成微系统的内热阻优化主要依赖于对系统结构与功能单元的空间布局优化，如热点、TSV、再布线等，利用工艺可实现的高导热材料（如铜等）结构所构成的高导热通路来减小内热阻，该热管理方法无须额外输入动力，也称为被动式热管理；而针对外部热沉散热问题，近年来通过在硅基板、转接板中制备出微流体通道，在外加动力驱动下，冷却工质进入通道，并以对流方式从热点原位带走热量，目前已有多种新型微流体冷却技术被提出，并得到了广泛深入研究，该热管理方法需要额外输入动力以驱动冷却工质，也称为主动式热管理。

5.2 被动式热管理方法

由于材料性能差异、几何尺寸跨越多个数量级等因素，三维集成微系统的内部导热热管理与传统化工工业系统或建筑系统热管理相比有显著的不同，其主要特点包括发热热量低、面积小，热流密度极高，形成局部“热点”。

在 IC 中，90%的热量是有源器件的工作产生的，可用以下公式表示：

$$P_{\text{total}} = P_{\text{dynamics}} + P_{\text{short-circuit}} + P_{\text{static}} \tag{5.6}$$

式中，P_{dynamics} 为 CMOS 逻辑电路的动态功耗；$P_{\text{short-circuit}}$ 为 CMOS 电路中 N 型晶体管和 P 型晶体管同时翻转导致的短路功耗；P_{static} 为电路静态功耗。另外，还有 10%的热量是由互连网络产生的焦耳热[6]。

芯片电路的材料构成复杂，硅是芯片衬底，氧化硅、磷酸玻璃等材料构成金属/衬底之间的绝缘层，若干重复材料整体呈层状结构规律分布，而在横向分布上并无整体规律，这种复杂材料的空间分布给 IC 的热管理带来了较大困难。三维集成微系统相比于传统二维架构，电路结构更为复杂、层数更多，且为了保证工艺的可行性，三维集成微系统还引入了各种新型材料，如 2-(苄氧羰基)苄基等层间填充材料，还有众多的层间绝缘层、黏附层、填充层材料等，这些新型材料往往具有较低的导热系数，从而引入较大热阻，给三维集成微系统的热管理带来巨大挑战。

图 5.2 为典型的 TSV 三维集成微系统结构示意图及对应的二维简化热阻网络示意图。图 5.2 中左图为结构示意图，四层芯片完成器件制备、晶圆减薄、TSV 刻孔与填充，以及再布线层制备等工艺后，以面对背（face to back，F2B）的模式形成四层堆叠，通过倒装焊方式与硅转接板相连，最后通过焊球固定焊接在 PCB 上。

多层堆叠芯片的另一面与热沉相连，提供高效的散热功能。图 5.2 中右图为热阻网络示意图，由于热沉的散热能力较强，R_{sink} 远小于 R_{pkg}，所以大部分的热量都由热沉耗散到芯片外部，不过依然会有少部分热量通过硅转接板和 PCB 传导至外界，其他热量则通过热辐射的方式发散到外部，该部分散热相对较小通常可以忽略。在热阻值分布情况中，转接板与堆叠芯片之间、堆叠芯片与堆叠芯片之间

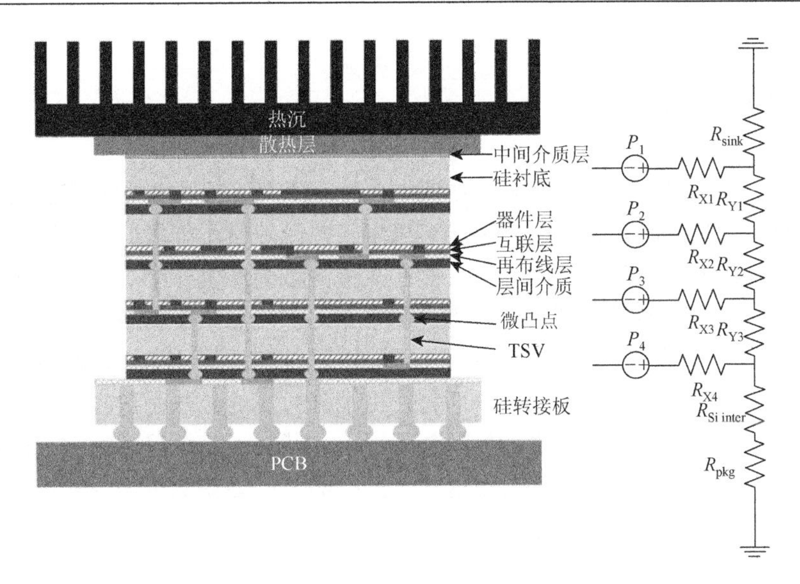

图 5.2　典型的 TSV 三维集成微系统结构示意图及对应的二维简化热阻网络示意图

主要由多层 RDL 结构及层间填充层组成，热阻较大（即 R_{Y1}、R_{Y2} 和 R_{Y3} 较大），对芯片本身的散热影响不可忽视，且由于芯片是四层堆叠，最远离热沉端的热量需要通过多层传递到外界，容易导致热量的积累。

利用 TSV 及 RDL 实现高导热通路，并通过布局设计能够有效地降低微系统内部的热阻，这是被动式热管理方法主要的研究方向。

5.2.1　被动式热管理方法概况

一般认为，三维集成微系统被动式热管理方法主要包括以下三方面。

（1）布局管理：集成微系统的热点分布由功耗分布决定，即可以通过规划 IC 的功耗分布，从而规避不合理布局，使热量尽量分布均匀。

（2）新材料引入与应用：在层间、器件层引入石墨烯等新型高导热系数中间层材料，降低层间热阻等。

（3）结构设计：利用 TSV/RDL 线材料的高导热系数特性，构建高导热通路实现高效的被动式热管理结构。

布局管理方法在区块间功率密度相差较大的情况下，优化效果较为明显，但需要与芯片电路的电功能设计紧密结合；而新材料的使用具有可探索性，但目前尚未形成成熟的热管理方法。相对而言，TSV / RDL 本身即是集成微系统的基本功能单元，属于就地取材，其引入对集成微系统性能的影响最小，且随着 TSV / RDL 工艺的快速发展，该热管理方法将越来越易于实现，具有重要的现实意义。

5.2.2　扩散热阻

扩散热阻是导热的重要概念。如图 5.3 所示，一个大面积的热沉上面存在一个较小面积的热源时，通过温度分布可以发现热源热量不能很好地向四周衬底传递，热沉底板表面温度分布不均匀，而在热源区域会产生一个局部高温区域，这一现象的产生的根源是热源尺寸较小引起较大的扩散热阻。扩散热阻产生的实质是热量集中在热源和热传输介质界面上不能很好地向四周传送，由此引起的空间因素导致的热阻。对于集成微系统而言，由于硅衬底的导热系数较高，通常基板自身的一维导热热阻要比热点的扩散热阻小，尤其是当基板尺寸远大于热点尺寸或基板厚度较小时，扩散热阻会远远大于基板的一维导热热阻，因此扩散热阻是集成微系统热管理的重要对象[7]。

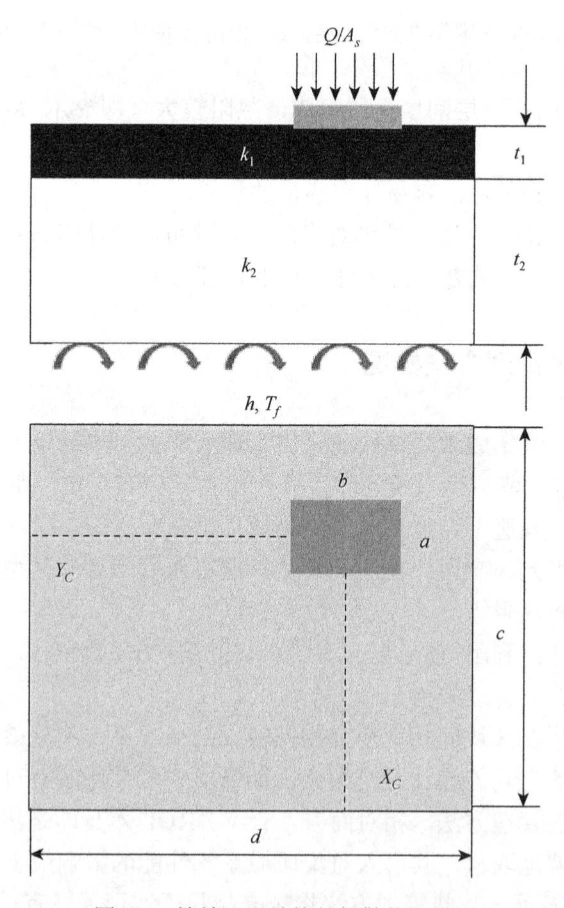

图 5.3　等效双层结构的扩散热阻模型

在实际微系统设计中，热源通常布置于硅衬底表面的氧化硅等介质层之上，其等效双层结构的扩散热阻模型如图 5.3 所示，热源为一个长为 a、宽为 b 的均匀面热源，介质层厚度为 t_1，硅衬底厚度为 t_2，导热系数分别为 k_1 和 k_2，衬底的长与宽分别为 c 和 d。假设每层之间的接触热阻可以忽略，且热量仅通过底面对流换热（温度为 T_f，对流换热系数为 h）传出，周边及上表面为绝热条件，相应的扩散热阻计算公式[8]为

$$R_s = \frac{1}{2a^2cdk_1}\sum_{m=1}^{\infty}\frac{\sin^2(a\delta_m)}{\delta_m^3}\cdot\varphi(\delta_m) + \frac{1}{2b^2cdk_1}\sum_{m=1}^{\infty}\frac{\sin^2(b\lambda_n)}{\lambda_n^3}\cdot\varphi(\lambda_n) + \frac{1}{a^2b^2cdk_1}\sum_{m=1}^{\infty}\sum_{n=1}^{\infty}\frac{\sin^2(a\delta_m)\sin^2(b\lambda_n)}{\delta_m^2\lambda_n^2\beta_{m,n}}\cdot\varphi(\beta_{m,n}) \tag{5.7}$$

$$\varphi(\zeta) = \frac{(\alpha e^{4\zeta t_1} + e^{2\zeta t_1}) + \psi(e^{2\zeta(2t_1+t_2)} + \alpha e^{2\zeta(t_1+t_2)})}{(\alpha e^{4\zeta t_1} - e^{2\zeta t_1}) + \psi(e^{2\zeta(2t_1+t_2)} - \alpha e^{2\zeta(t_1+t_2)})} \tag{5.8}$$

$$\psi = \frac{\zeta + h/k_2}{\zeta - h/k_2} \tag{5.9}$$

$$\kappa = k_2/k_1, \quad \alpha = \frac{1-\kappa}{1+\kappa} \tag{5.10}$$

基于式（5.7）～式（5.10），图 5.4 给出了当第 1 层为氧化硅、第 2 层为硅时，不同的热点/衬底大小、介质层厚度对扩散热阻的影响，以及其与高导热通路 TSV 一维导热热阻的对比。由图 5.4 可知，在介质层存在的情况下，热点的扩散热阻

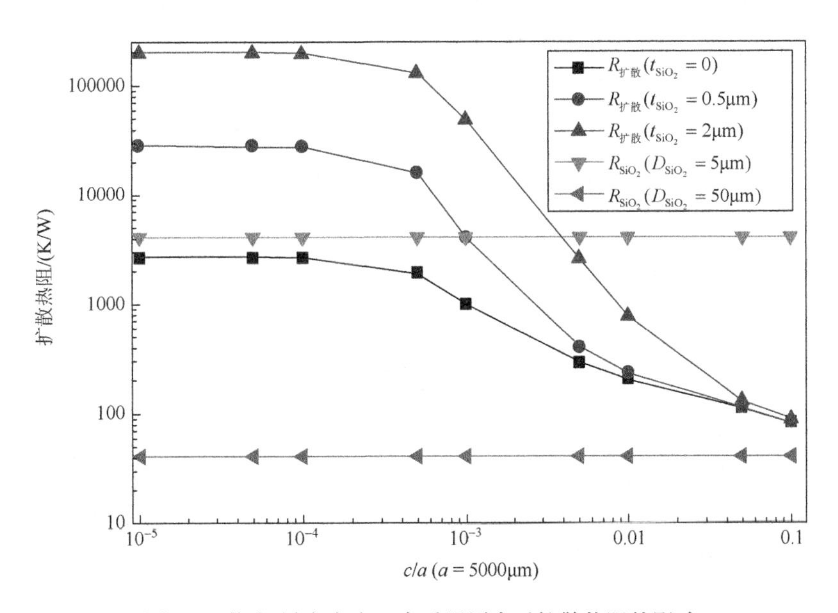

图 5.4　热点/衬底大小、介质层厚度对扩散热阻的影响

相比于没有介质层存在的情况有指数级的增长，TSV 热阻与扩散热阻相比几乎可以忽略。因此，TSV 是很好的纵向导热结构，能够用于构建集成微系统的高导热通路。

5.2.3 热 TSV 与热线

由于 TSV、RDL 采用铜等具有较高导热系数材料制作，所以 TSV、RDL 是优异的热传输通道。在三维集成微系统里，对系统散热有贡献的 TSV、RDL 称为热 TSV 和热线，该热 TSV、热线既可以是具有特定电学功能的 TSV 和 RDL，也可以是仅承担散热功能的热 TSV 和热线。文献[9]根据芯片温度梯度进行热优化，在较高温度梯度处布置 TSV，从而优化热 TSV 的使用量，结果表明通过优化可以节省 50.3%的 TSV 用量；文献[10]将优化过程分为两步，首先估算了电学布局和温度达到目标时的 TSV 数目，其次以最小化引线长度和 TSV 数目为目标进行热电耦合优化；文献[11]首先根据电路结构采用最小生成树与二维迷宫算法得到热 TSV 和热线可布置区域，其次通过等效热阻/热容网络方法得到系统温度分布，最后评估每个节点处加入热 TSV 和热线对热点温度的影响，在布局布线合格的情况下迭代直至最高温度满足要求。

针对图 5.5 所示的三维集成微系统，根据热叠加原理，可以将每个单层芯片的传热过程等效为彼此独立的层内热点模型和层间热点模型。层内热点指的是芯片中的有源器件及其互连结构所形成的热点。当考虑层内热点模型时，只考虑单层芯片本身的热点。而层间热点则用于等效上层芯片通过焊球导入的高热流密度

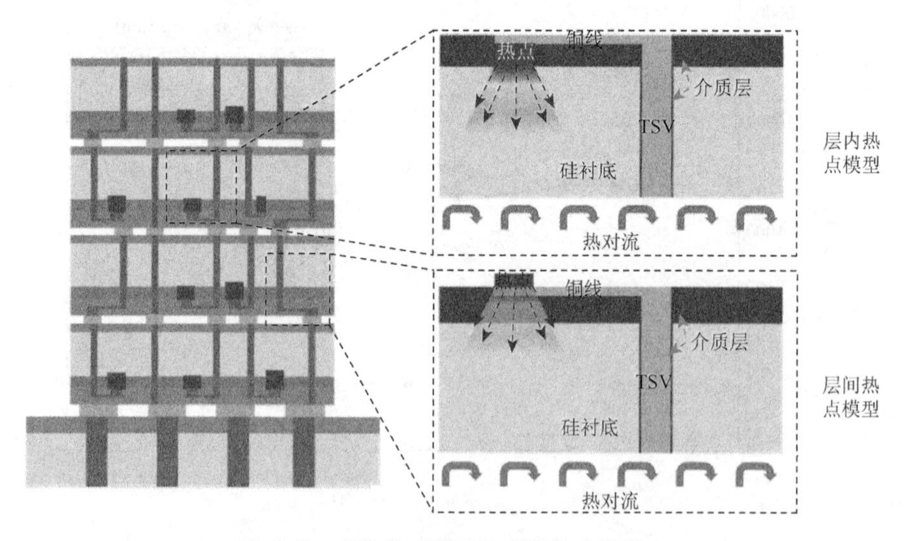

图 5.5　三维集成微系统的单层芯片模型化

所造成的赝热点，此时上层芯片整体流入本层芯片中的热量可以被等效看作层间热点及上层的均匀热源两部分，而层间热点部分是形成层间温度偏差的主要原因，需要重点分析。

本节将以层间热点为例，对由热 TSV 和热线所构成的高导热通路进行分析，如图 5.6（a）所示。首先，热点中的热量可以直接向下以扩散热阻的模式通过硅衬底传导；其次，RDL 线作为一种高导热通路，有部分热量将通过热线传递，在沿热线传递的同时，热量也会通过硅衬底以扩散热阻形式传导；最后，部分热量传递至热线末端，进入 TSV 中，并沿 TSV 向下传输，在 TSV 的传递过程中也存在部分热量散入硅衬底。该热线和热 TSV 结构的简化热阻模型如图 5.6（b）所示，热线可以均分为有限的等距部分，每段热线都存在相等的沿线一维导热热阻和向衬底的扩散热阻。同样地，可以将 TSV 分为有限的等距部分，每段 TSV 同样存在相等的衬底内扩散热阻及轴向上一维导热热阻。通过合适的划分，可以准确地计算出热 TSV 和热线构成高导热通路的热阻。

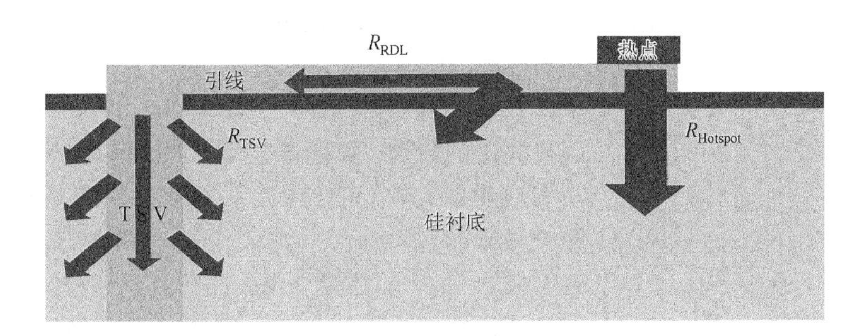

(a) 高导热通路

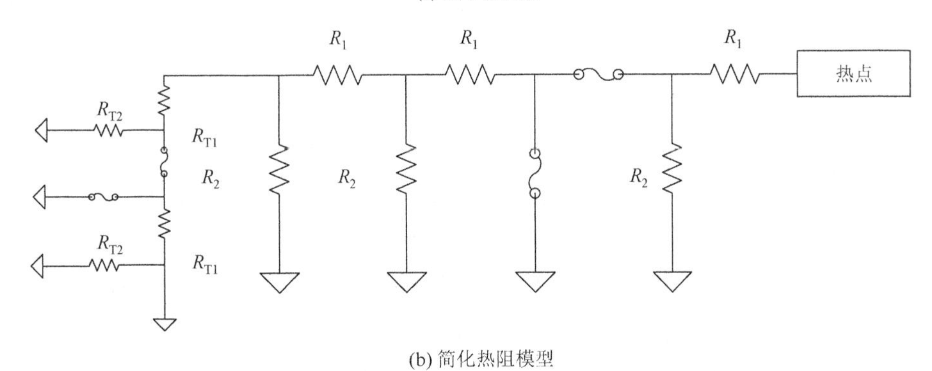

(b) 简化热阻模型

图 5.6　层间热点的高导热通路和简化热阻模型

参考目前的硅转接板典型尺寸，所分析芯片的结构尺寸和材料导热系数如表 5.3 所示。

表 5.3　芯片的结构尺寸和材料导热系数

结构	尺寸/μm	导热系数/[W/(m·K)]
硅衬底	5000×5000×60	$k_1 = 130$
介质层	5000×5000×2	$k_2 = 1.4$
TSV 直径	10	$k_3 = 401$
铜线	10～1000	$k_3 = 401$

1. 热 TSV 模型

TSV 对三维集成微系统热管理的贡献往往被简化为一维热传导，即热量从 TSV 的上端传导至下端，该导热热阻可以表示为

$$R_{\text{T-TSV-1D}} = \frac{l_{\text{T-TSV}}}{\pi k_{\text{Cu}} r_{\text{T-TSV}}^2} \tag{5.11}$$

式中，$l_{\text{T-TSV}}$ 和 $r_{\text{T-TSV}}$ 分别为 TSV 的深度与半径；k_{Cu} 为 TSV 材料（通常为 Cu）的导热系数。

在更为复杂的 TSV 热模型中，需要考虑热量向硅衬底中的传递，如图 5.7 所示。由于 TSV 阻挡层通常为导热系数较低的材料，如氧化硅，将会对热量传递带来影响。

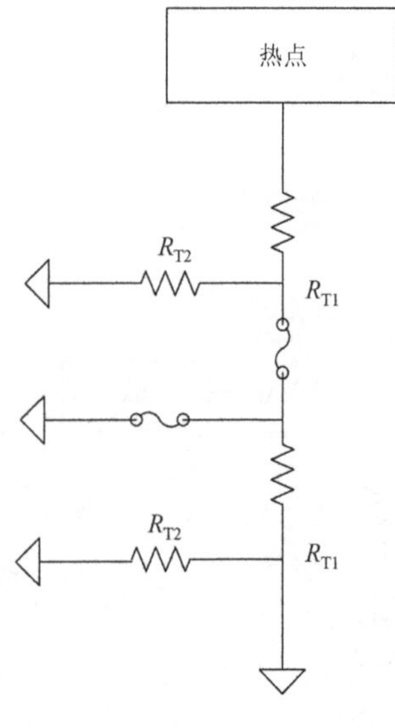

图 5.7　热量沿体硅中的 TSV 扩散的等效热阻网络

在热 TSV 的热模型中，TSV 可以划分为若干段，而热量以每段为单位向硅衬底传递。R_{T1} 为 TSV 一维热阻，而 R_{T2} 为每段 TSV 中热量向硅衬底传递的热阻。其中 l 为每段 TSV 的长度。

$$R_{\text{T1}} = \frac{l}{k_{\text{Cu}} A_{\text{TSV}}} \tag{5.12}$$

而对于 R_{T2}，将体硅视为一个圆柱体，圆柱体的外表面被视为等温边界条件。同时考虑 TSV 周围的钝化层，故可将这部分的热阻简化为热量在体硅和钝化层中的传递热阻，热阻可表示为

$$R_{\text{T2}} = \frac{\ln\left(\dfrac{a_{\text{Si}}/2}{r_{\text{diel}}}\right)}{2\pi k_{\text{Si}} t_{\text{Si}}} + \frac{\ln\left(\dfrac{r_{\text{diel}}}{r_{\text{TSV}}}\right)}{2\pi k_{\text{SiO}_2} t_{\text{Si}}} \tag{5.13}$$

一维热阻、热阻网络与有限元仿真计算得到的热阻结果对比如表 5.4 所示，

较之一维热阻模型，本书的热 TSV 等效热阻网络模型可以在较小计算代价下获得更为准确的热阻值。

表 5.4　一维热阻、热阻网络与有限元仿真计算得到的热阻结果对比

TSV 直径/μm	R_{1D}/(K/W)	本书的热 TSV 等效热阻网络模型计算得到的热阻/(K/W)	有限元仿真计算得到的热阻/(K/W)
2	651238	9907	10430
6	72359	2064	2112
15	11578	573	557

2. 热线模型

与热 TSV 模型类似，热量从热点沿衬底上 RDL 线传递的等效热阻网络如图 5.8 所示。图 5.8 中的 R_{TSV} 为 RDL 线末端串联的热 TSV 热阻。

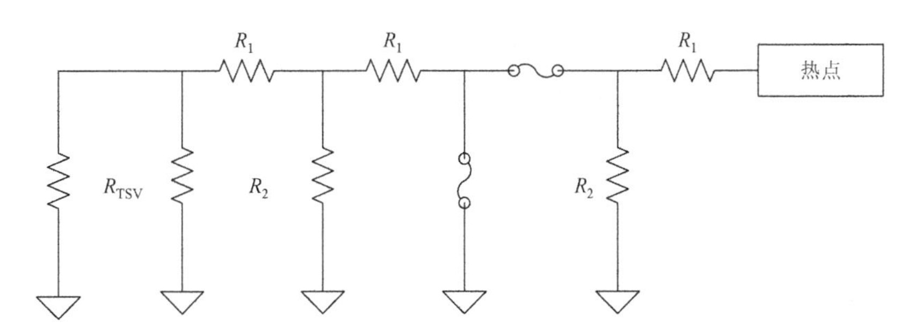

图 5.8　热量从热点沿衬底上 RDL 线传递的等效热阻网络

与热 TSV 的热模型类似，RDL 线（热线）也可以划分成若干段，并假设热量以每段为单位向衬底传递，其中，R_1 为 RDL 沿长度方向的一维热阻，R_2 为每段 RDL 线中热量向衬底传递的扩散热阻，由式（5.14）计算得到。

$$R_1 = \frac{l}{k_{Cu} A_{RDL}} \tag{5.14}$$

式中，l 为每段 RDL 线的长度。R_2 的计算方法可以参考扩散热阻的定义。图 5.9 给出了不同热线长度时该等效热阻网络模型的热阻计算值与有限元仿真值的比较，结果表明本书所提出的热线等效热阻网络模型可以准确地预测热线对热量传递的贡献。

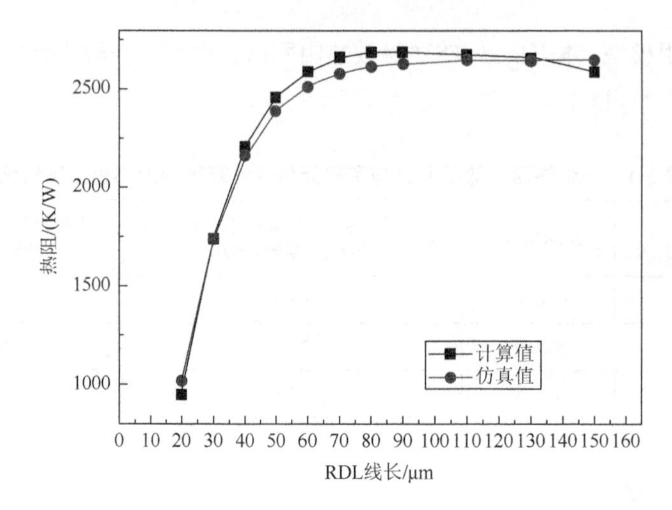

图 5.9　不同热线长度时热线的等效热阻网络模型的热阻计算值与有限元仿真值的对比图

5.2.4　基于等效导热系数的系统级有限元仿真方法

鉴于三维集成微系统中存在跨量级的导热系数/特征尺度差别，直接进行传热过程的数值模拟往往需要庞大的网格数据，消耗巨大的计算资源，常常需要借助于超级计算机来实现。针对这一挑战，一种常用的解决方法是在集总热容模型基础上建立热阻网络，其基本原理与上面的热 TSV、热线等效热阻网络类似，核心是忽略具体散热细节，大大简化热仿真过程，减小计算资源的占用，但无法获得精细的时空温度分布。另一种常用的处理方法是对芯片关键局部进行热仿真，如根据芯片运行中的热流密度及单位面积的 BEOL（back end of line）实际结构模型，得到单位面积结构中 BEOL 层中的温升，将此模型的计算结果代入简化模型的温度分布中，叠加得到实际芯片中的温度分布。有的研究则是对 TSV 绝缘层、层间微凸点、重布线层等建立高度简化的模型，如对类似结构进行仿真提取温度参数，结合热流边界条件得到结构的等效导热系数值，代入实际芯片结构中对芯片整体进行计算。由上面可知，目前热仿真方法与工具仍无法满足芯片热设计的实际需求，亟须建立能够综合考虑各关键传热因素的三维集成微系统简化热仿真方法，为考虑热管理的布局算法提供准确的指导，并在可承受的计算成本下，获得三维集成芯片的主要热特征。

下面简要介绍一种近年来发展起来的等效导热系数简化模型[12]，该模型对三维集成微系统的异质结构进行几何尺寸与材料特性的综合简化，将 TSV、RDL 等构成的高导热通路对传热的贡献等效为局域导热系数的变化，从而减少有限元仿真中由于跨量级的导热系数/特征尺度差别所引起的巨大网格数据量，使得三维集成微系统的直接热仿真成为可能。

相比于其他文献中关于导热系数的等效，该简化等效计算方法同样在均匀热源或者恒定温差的假设下，得到等效导热系数，但考虑了材料间导热系数不匹配导致的热流密度分配不均对整体温度计算的影响，并且通过定义系数 j 作为等效热导率计算中的修正值，从而减少计算结果的偏差。该简化等效计算方法综合考虑了热流密度的非均匀分布及温度的非均匀分布的复杂情况，对各层中的导热系数进行了简化处理。

图 5.10 为等效热导率计算结果与实际仿真结果的对比，其中模型 1 和模型 2 的区别主要在于两个 TSV 的连接方案，模型 1 的两个 TSV 错位相连，层间采用 RDL 连接，模型 2 则采用直接相连。计算结果证实，本节提出的等效计算方法得到的温度计算结果趋势与实际温度分布的趋势相同[13]。

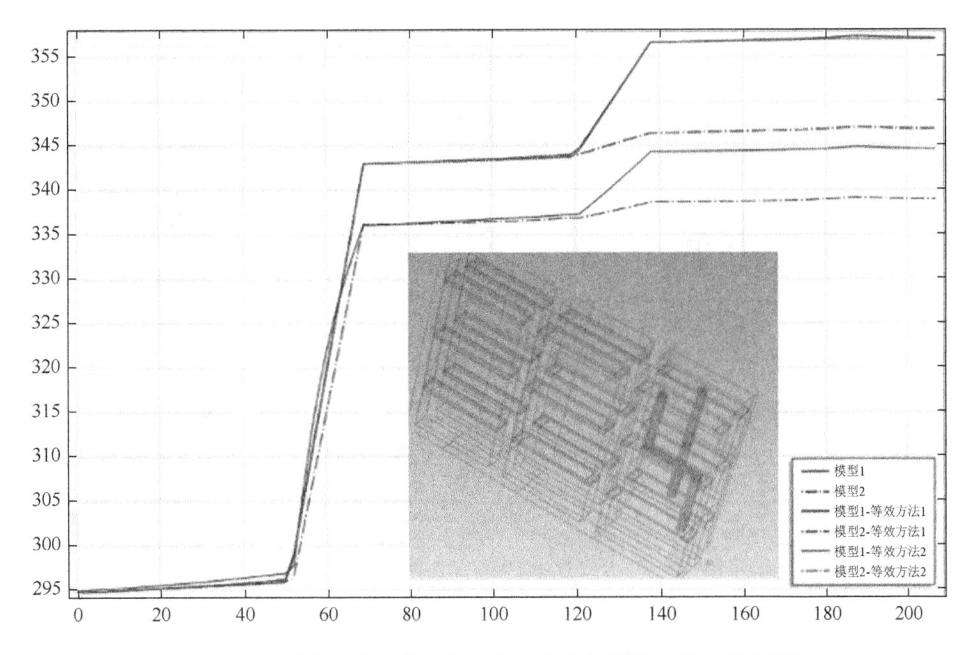

图 5.10　等效热导率计算结果与实际仿真结果的对比（见彩图）

根据等效计算方法，构造了一个 3D IC 模型进行验证。3D IC 模型如图 5.11 所示，为四层堆叠结构，底部与热沉相连，将每层有源层中的器件作为热源，将第 2～4 层 TSV 和 RDL 中的铜线作为垂直互连。各层的简化模型与实际模型的仿真结果如图 5.12 所示。

理论上来说，采用本节提出的等效计算方法，可以对任意数目 TSV 及复杂结构进行快速计算。搭配合理的分区算法，相比于直接的有限元仿真，可以在有限计算成本下达到可观的计算精度。

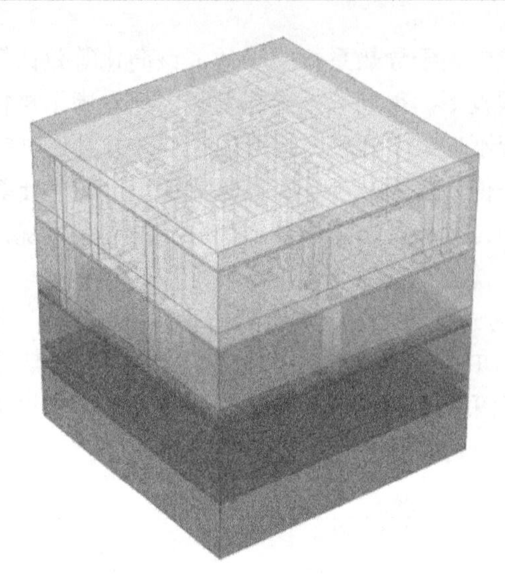

图 5.11　3D IC 模型

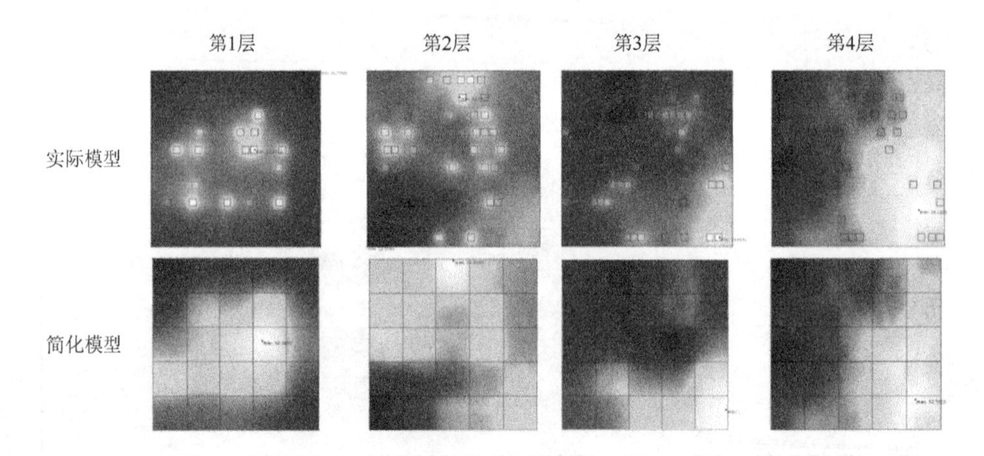

图 5.12　各层的简化模型与实际模型的仿真结果

5.3　主动式热管理方法

5.3.1　集成微系统的主动式热管理技术进展

当三维高密度封装的热负载超过空气冷却的极限时，便需要引入主动式液冷散热技术。近年来，研究者主要采用内部近距离层间冷却和外围间接式冷却两种形式实现 3D 封装系统的主动式冷却。图 5.13 为一类应用于 3D IC 封装系统近距离层间冷却的结构示意图[14]。

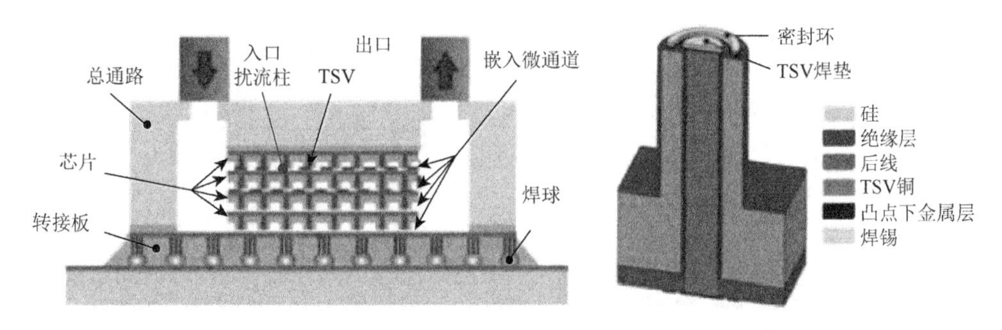

图 5.13　3D IC 封装系统近距离层间冷却的结构示意图（见彩图）

冷却工质通过 3D IC 芯片内部的微通道实现各层热量散逸，工质与热源的近距离提升了主动散热效率。此处的 TSV 和工质之间通过密封环实现隔离，这是该类系统的通用技术点。3D IC 的层间主动式冷却技术面临很高的设计和制备复杂度，尤其是在叠层芯片内部制备贯通的微通道系统，不但要考虑元件的布局形式，更要保证每条通道密封可靠，能够承载工质压力，此外，3D 封装芯片的厚度通常很薄，如果植入微通道其机械可靠性也面临巨大考验。因此，目前研究的重点是在转接板中植入主动冷却系统。如图 5.14 和图 5.15 所示，硅转接板承载的电路元件较少，制备微通道相对简单[15, 16]。采用硅深刻蚀工艺或非硅工艺组合可以实现不同结构形式的微通道阵列。

TSV 是 3D IC 封装架构中的主体纵向功能结构，主要通过贯通的结构形式实现电互连。TSV 的分布形式直接决定了 3D IC 中嵌入微通道的结构及布局形式。应该指出的是，对于如图 5.16 所示的包含 TSV 小型阵列的硅微扰流柱阵列将布局形成 3D IC 中普遍的主动式冷却微通道结构。这种交错的硅微扰流柱阵列设计可以同时满足系统热性能需求和保证 TSV 的性能及密度限制[17, 18]。

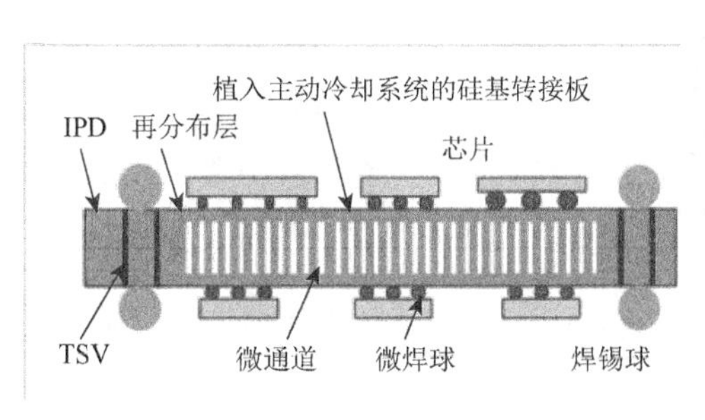

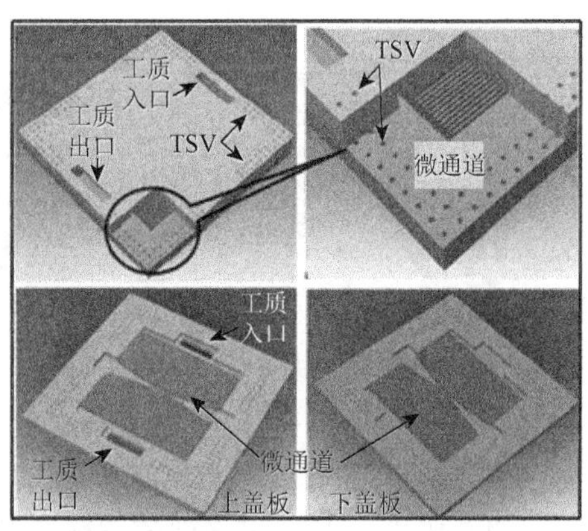

图 5.14　植入 3D IC 封装转接板中的冷却系统

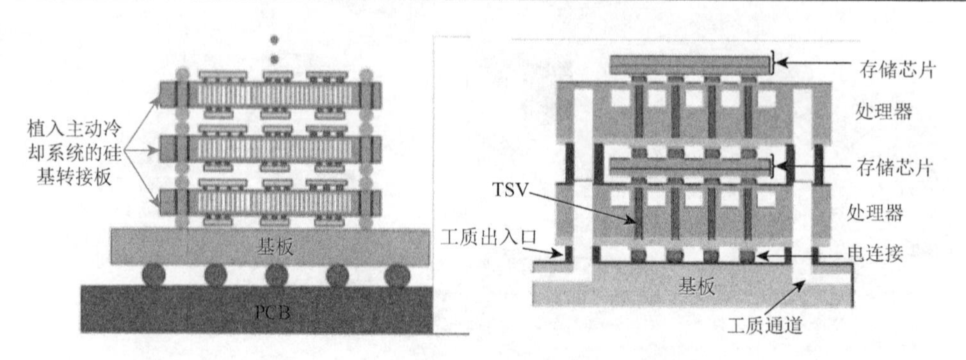

图 5.15　植入主动冷却系统的转接板堆叠封装

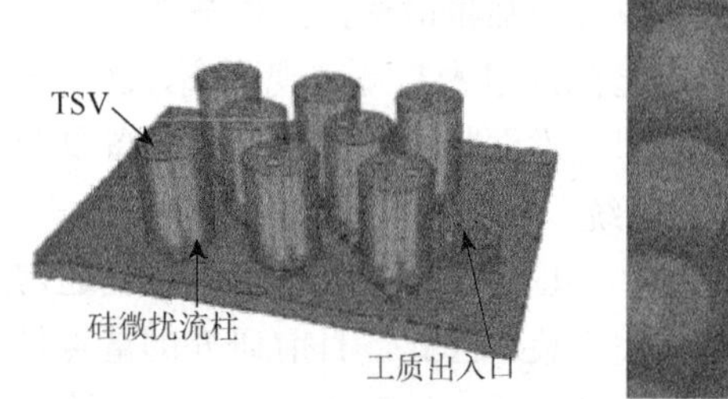

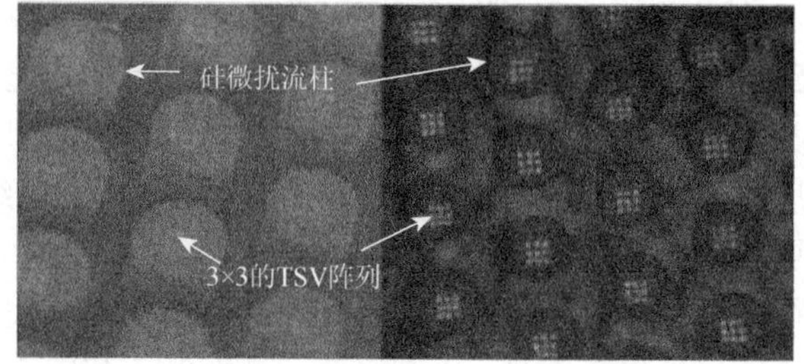

图 5.16　包含 TSV 小型阵列的硅微扰流柱阵列

由于引入硅架构中的 TSV Cu 能够提高热量传输效率，传统微通道散热技术中关于微通道布局形式的优化原则同样适用于嵌入 3D IC 封装结构中的主动式冷却微通道布局形式优化。例如，类似图 5.17 所示的通过扰流柱结构强化冷却效果的方法，对于 3D IC 中的微通道冷却同样适用。相对于传统的圆截面扰流柱结构，翼形扰流柱结构的设计使泵功降低了 30.4%，同时还使对流换热系数增加了 3.2%[19]。

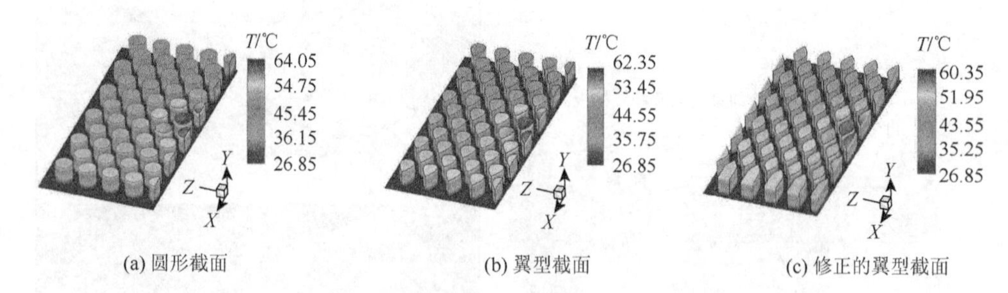

图 5.17　不同扰流柱结构截面对应的温度云图

图 5.18 为一种通过微涡流强化冷却的微通道排布形式。微涡流引起的波动和

混合使得热传导得到强化，尽管泵功增大 190%，但是能够使局部努塞尔数增加 230%，大幅度地降低了芯片的温度不均匀性，提升了整体的散热效率[20]。

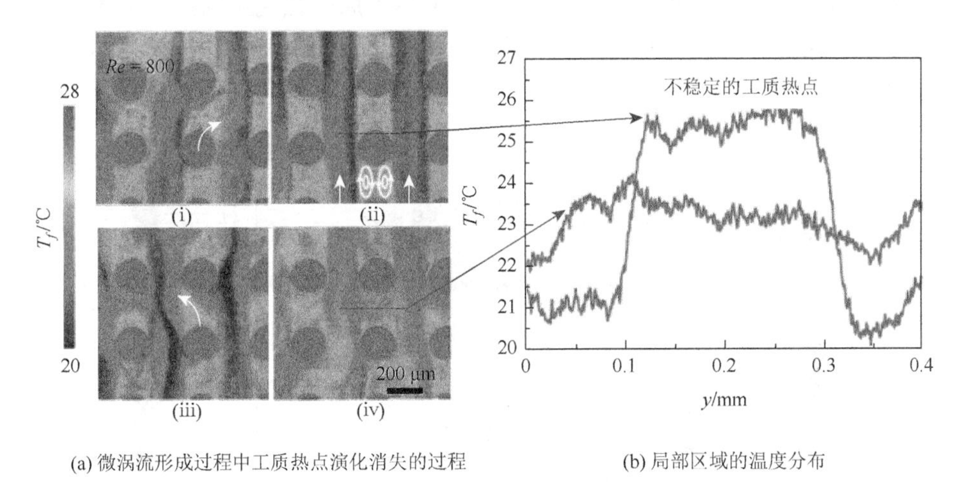

(a) 微涡流形成过程中工质热点演化消失的过程　　(b) 局部区域的温度分布

图 5.18　微涡流强化冷却的微通道排布形式

图 5.19 是一种 3D IC 中基于微通道的近热点局部冷却形式，这种形式通过局部热点控制使系统性能得到提升，规避了整体式嵌入微通道的技术难度[21]。3D IC 中的局部闭环微通道冷却系统中，当局部热点功率密度为 28W/cm^2，温度达到 350℃时，局部闭环通道内流量为 200μL/min 的工质可使局部热点温度降低 30℃以上。而当发生相变时流量分别为 100μL/min 和 600μL/min 的工质能够使局部热点温度从 268℃分别下降到 143℃和 63℃。当然在整体微通道布局中包含近热点强化冷却微通道架构与这种局部闭环热点控制的方式相似。如图 5.20

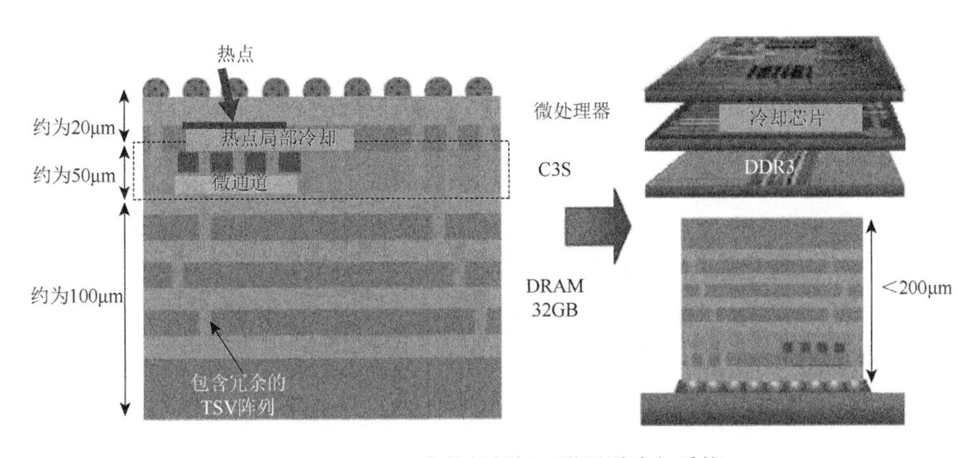

图 5.19　3D IC 中的局部闭环微通道冷却系统

所示通过增加热点区域工质换热面积和工质流速来实现近热点强化冷却[22]。当热点区域和其他区域热通量分别为 150W/cm^2 和 20W/cm^2 时，工质经由传统结构冷却芯片温度变化幅值达到 10℃，而经由热点局部强化结构冷却的芯片温度变化幅值仅为 4℃，散热面温度梯度降幅近 57%，而同时其泵功也仅为芯片总能耗的 0.3%。

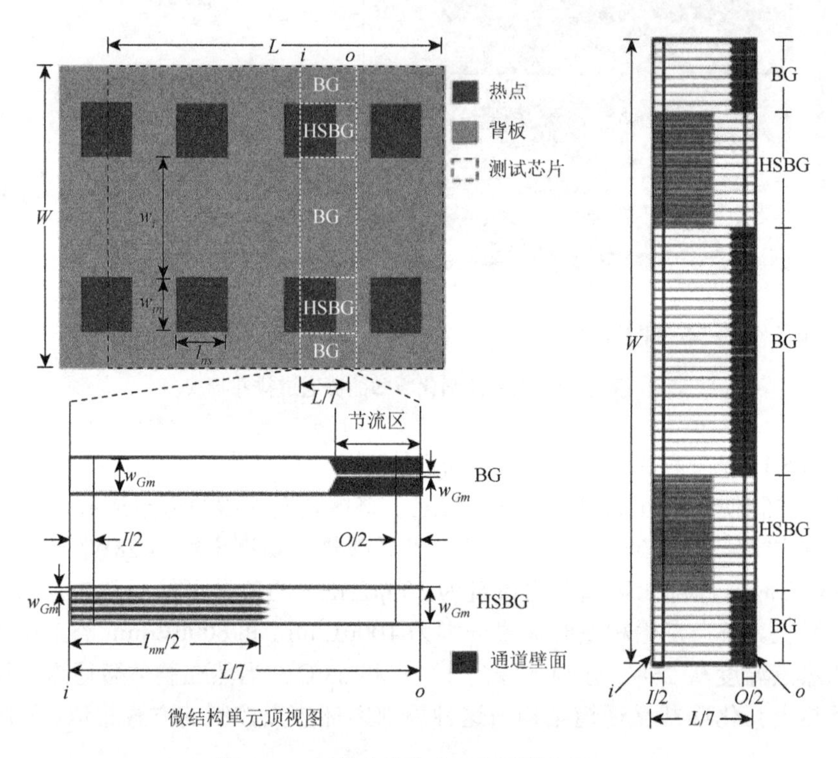

图 5.20　近热点强化冷却微通道布局

上述近距离的植入式主动散热技术所实现的低热阻热传输路径使其成为 3D IC 中最为高效的热管理方法。然而它也面临加工困难、可靠性等诸多问题。与此同时，由于 3D IC 通过 TSV 贯通封装，对于基于一定密度 TSV 阵列的叠层封装体而言，其内部集聚的热量可以通过固态导热通路的合理设计快速地传递至封装体表面，如图 5.21 所示。如果在其表面采用微通道液冷，并附以不受任何限制的通道及出入口布局设计优化，同样能实现其内部热量的高效散逸。由于近距离植入式主动散热需要针对不同的系统开展设计，这里主要基于间接式主动冷却系统讨论其设计方法和相关机理。

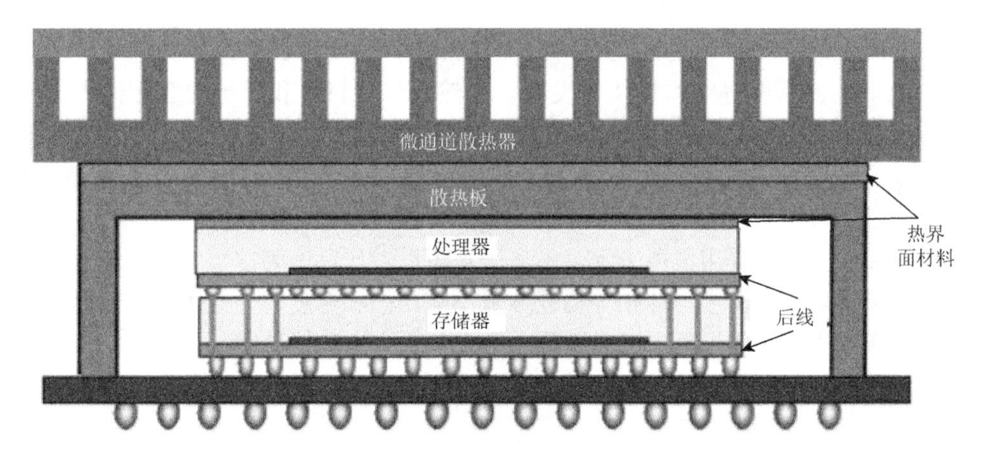

图 5.21　间接式主动冷却系统

5.3.2　带扰流柱的微流体冷却方法

图 5.22 为间接式微通道冷却的系统设计[23]。采用高占空比的扰流柱阵列形成微通道布局。此类微扰流柱阵列具有极高的换热面积，同时工质四周环绕扰流柱的热交换可以最大限度地利用入口效应使其换热更为高效。而在热点区域布局工质入口，使低温工质首先到达热点区域的设计不但有效地降低热点区域突破结温的风险，也避免了因工质沿程温升导致的换热能力降低，进而无法满足热点区域换热要求的问题。

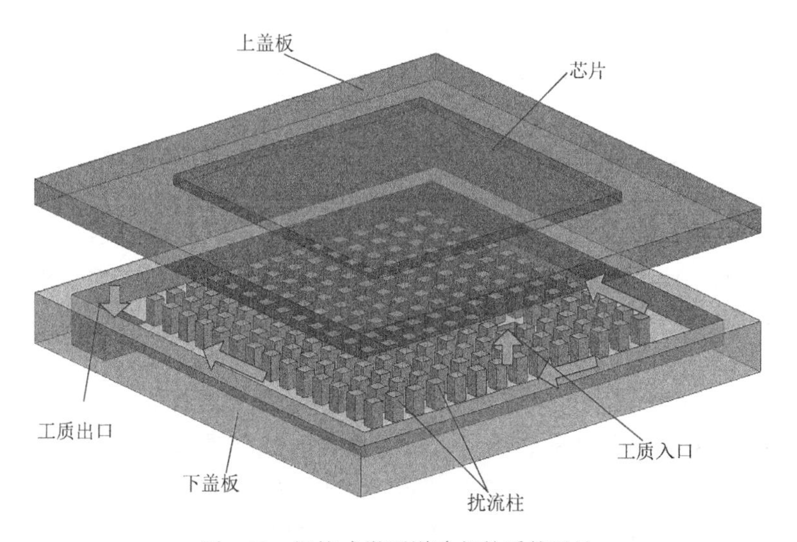

图 5.22　间接式微通道冷却的系统设计

针对上述设计的优化还包含对扰流柱形状、高度和占空比等扰流柱结构参数、上下盖板厚度等结构拓扑的设计。当然也包含材料和工质的选择优化，以及其工况条件的适用性。而这些工作目前都主要借助基于有限元方法的热-固-流体耦合仿真模块实施。如上述设计便采用了 ANSYS 公司的 CFX-Fluent 进行仿真设计。

该设计中工质采用去离子水，去离子水可以看作黏度为常数的不可压流体，不可压流体是指其密度与体积等物理参数不随压强和温度等外界条件的变化而变化。去离子水在工作过程中遵守质量守恒、动量守恒和能量守恒。

质量守恒方程：

$$\nabla \cdot (\rho u) = 0 \tag{5.15}$$

动量守恒方程：

$$\rho(u \cdot \nabla u) = -\nabla p + \mu \nabla^2 u \tag{5.16}$$

能量守恒方程：

$$\rho c_p (u \cdot \nabla T) = k \nabla^2 T \quad (\text{液体}) \tag{5.17a}$$

$$\nabla^2 T = 0 \quad (\text{除了芯片的固体}) \tag{5.17b}$$

$$\lambda \nabla^2 T + q_v = 0 \quad (\text{芯片}) \tag{5.17c}$$

式中，u 为流体的速度矢量；ρ 为流体密度；μ 为动力黏度；p 为流体微元体上的压力；T 为温度；c_p 为比热容；k 为流体的传热系数；λ 为固体的导热系数；q_v 为产热率。

冷却系统外表面和外界环境之间存在对流与辐射。由于尺寸较小，并且需要保证工作温度不超过 85℃，当表面发射率设定为 0.97 时，外表面面积约为 2cm^2 的表面向外界辐射的功率仅为 0.18W。这个数值和芯片的发热功率（可达 200W）相比可以忽略不计，所以为简化仿真计算，设置边界条件：冷却系统外表面和外界为自然对流，对流换热系数为 10W/(m^2·K)。

图 5.23 为不同入口位置分布示意图。

图 5.24（a）给出了当热流密度为 72W/cm^2，入口流速为 60mL/min 时，入口位置的变化对散热效率的影响。可以看出当入口位置标识为 0.1 时，芯片表面最高温度最低，同时芯片表面温差最小，仅为 4.4℃。入口位置标识为−0.2 时，芯片表面温度最高，同时温差也最大，选取此位置为参比位置，则当入口位置标识为 0.1 时，与参比位置相比，芯片表面最高温度下降了 20.9℃。

由图 5.24（b）可知，入口位置标识为 0.1 时的热阻最低，整体平均对流换热系数也是较高的。

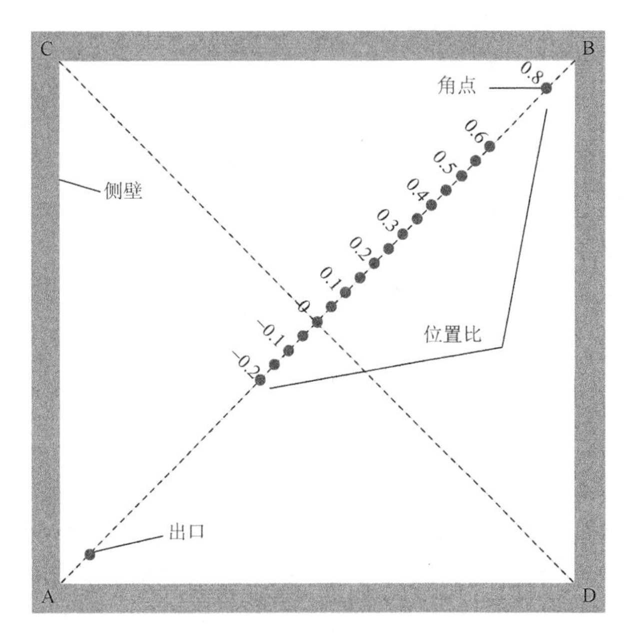

图 5.23　不同入口位置标识分布示意图

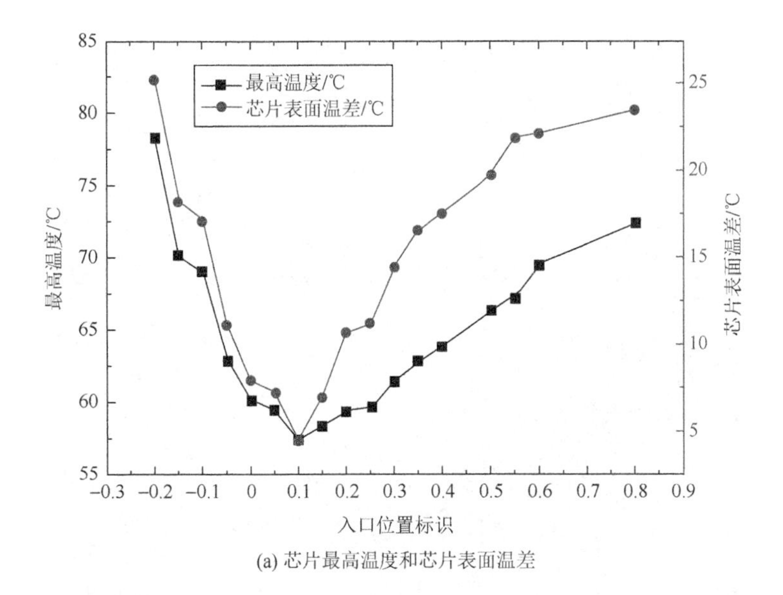

(a) 芯片最高温度和芯片表面温差

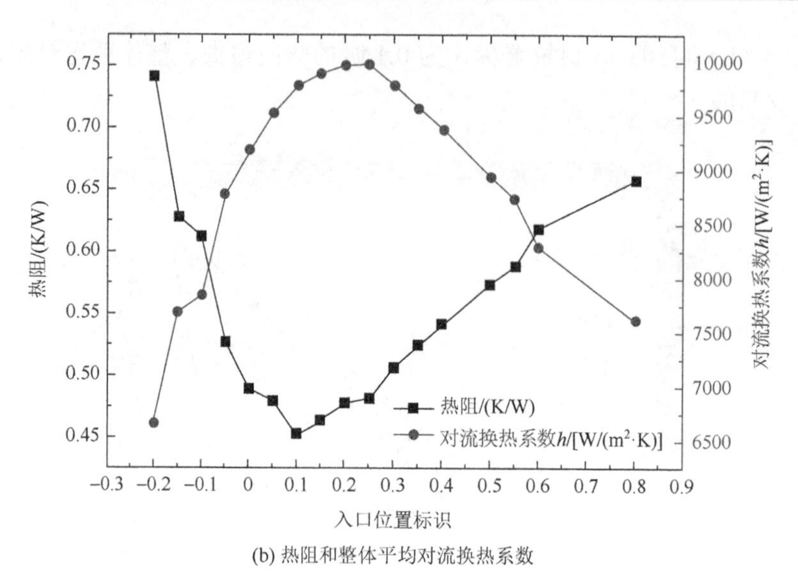

(b) 热阻和整体平均对流换热系数

图 5.24　不同入口位置标识时对应的热学特性

进一步考察入口位置标识分别为 0、0.1、0.2 时的芯片表面温度分布，参见图 5.25，统一设置温度条的范围为 48～61℃，以方便观察温度分布的均匀性。可以看出入口位置标识的变化对芯片温度分布影响显著，入口位置标识为 0.1 时芯片表面的温度分布最为均匀、温差最小。

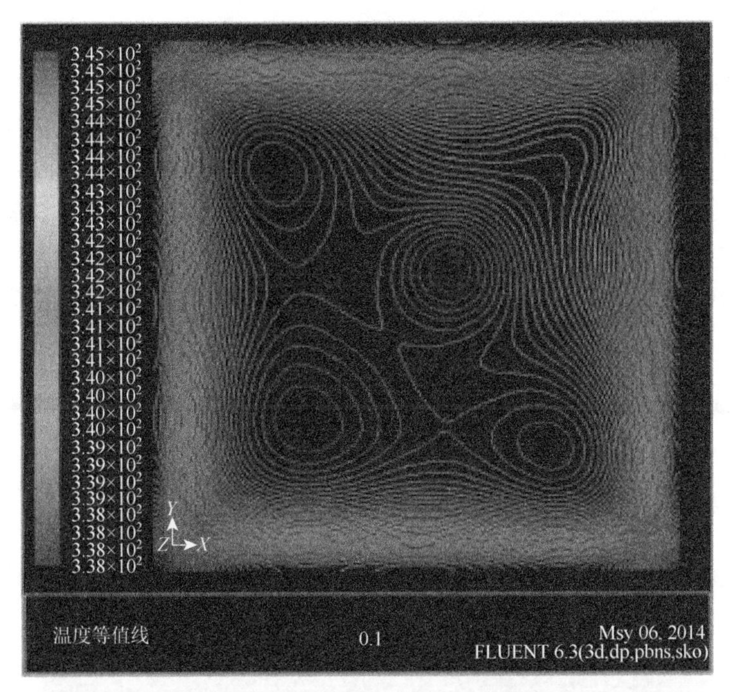

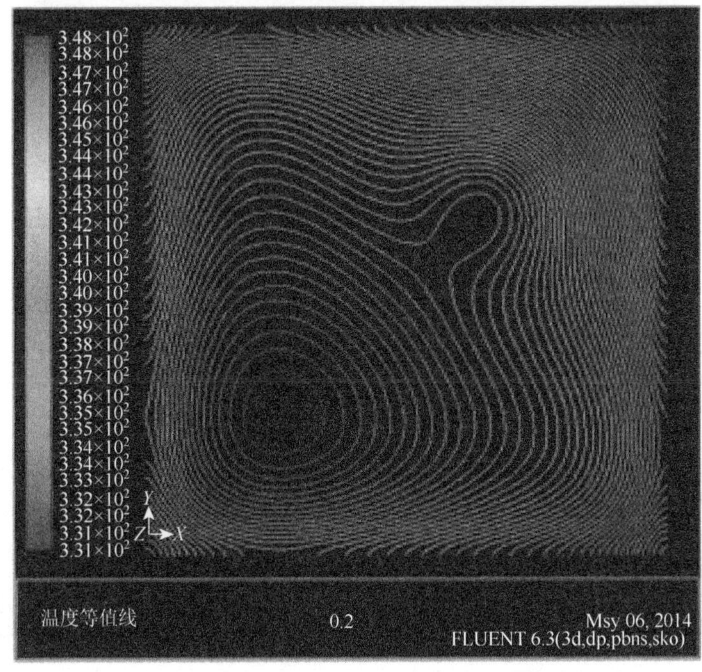

图 5.25　不同入口位置标识下的芯片表面温度分布

上述样品采用基于 UV-LIGA 技术的非硅微加工方法制备，其制备工艺流程如图 5.26（a）所示，制备的原型样品如图 5.26（b）所示，其内部扰流柱如图 5.26（c）所示。图 5.27 为间接式主动冷却系统测试。测试的表面红外热像及性能与仿真结果对比图见图 5.27（a）和（b），图中给出了流速在 10～90mL/min 变化时在保证芯片 85℃结温的前提下散热机构能承载的芯片功率。低流速阶段其仿真结果和实验结果吻合良好。可能工质高速流动时通道表面粗糙度对热边界层的扰动强化散热更为明显，使得在高流速阶段实验结果性能优于仿真结果。

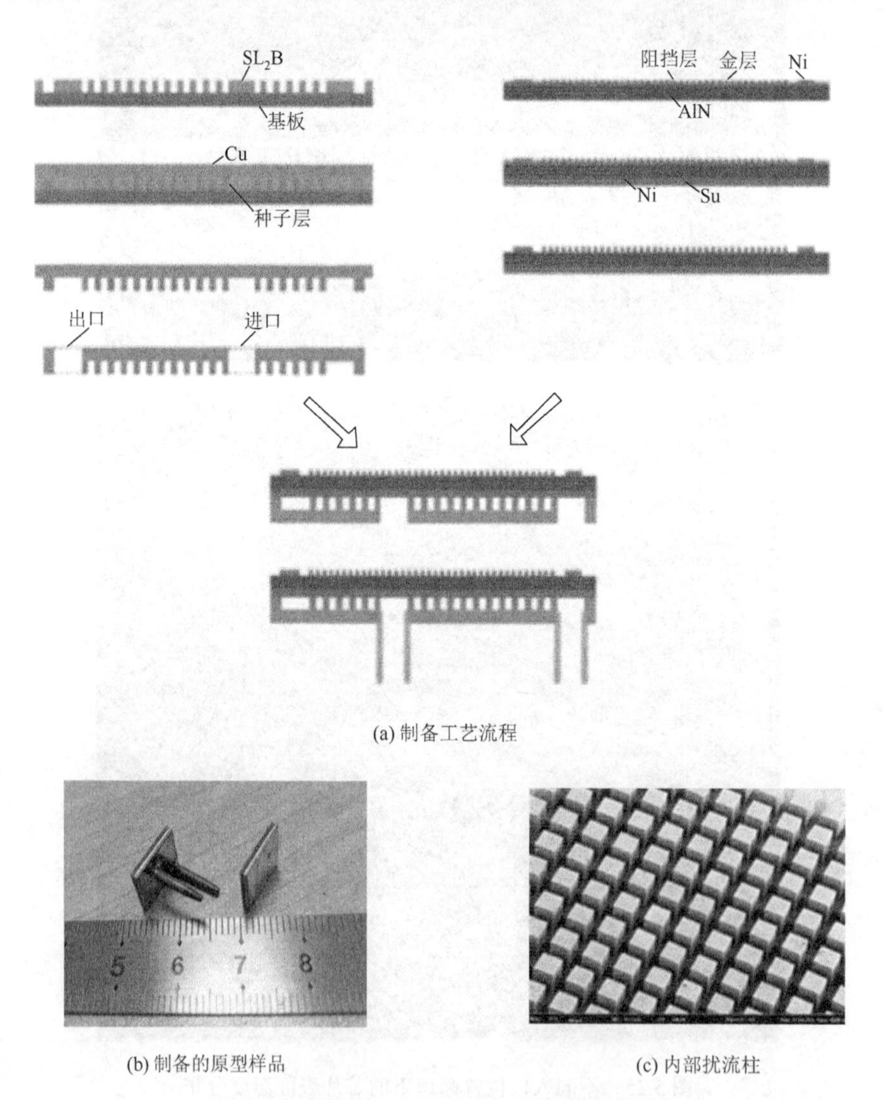

(a) 制备工艺流程

(b) 制备的原型样品　　(c) 内部扰流柱

图 5.26　基于 UV-LIGA 技术的非硅微加工方法

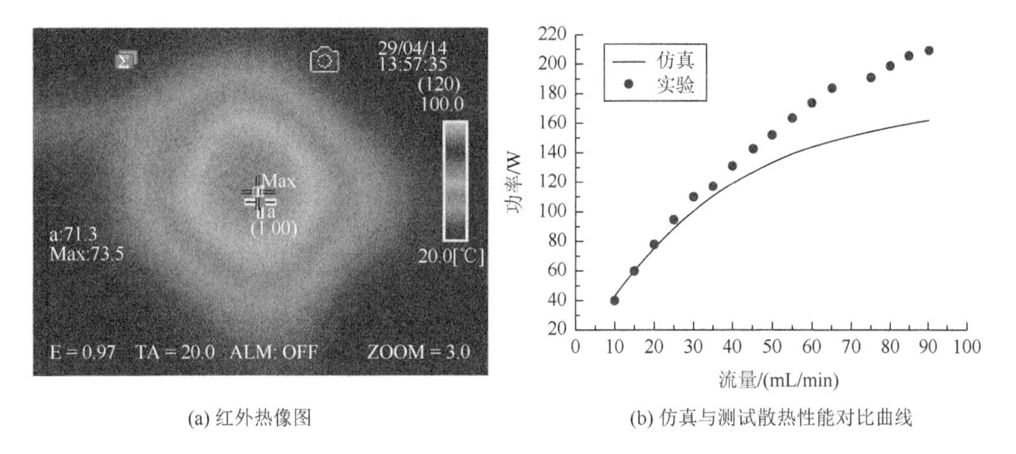

(a) 红外热像图 (b) 仿真与测试散热性能对比曲线

图 5.27 间接式主动冷却系统测试

包含扰流柱的这种散热结构是最适用于 TSV 阵列布局的一类散热结构，可以通过扰流柱（包含 TSV 小型阵列）来同时实现散热和封装互连。此外，基于传统微通道的一些强化散热机制设计也常被用于提升主动式散热性能，从而使其适用于 3D IC 封装高散逸功率要求。微流道散热均发生在层流水平，通过扰流结构在层流水平产生涡旋加速层间散热是提高散热能力的有效方法。图 5.28 是典型的通道内扰流柱设计，包含的扰流柱结构为矩形方柱，L 为周期性结构长度。

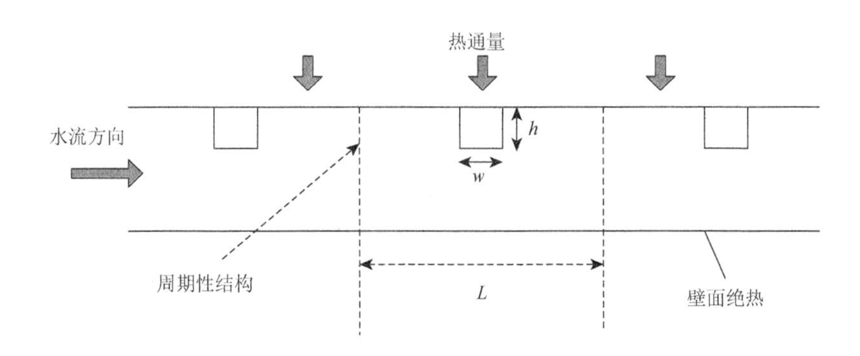

图 5.28 典型的通道内扰流柱设计

图 5.29 给出了一个传统流道和添加扰流柱结构的流道内部的流线分布对比，在扰流结构附近出现了明显的涡旋结构。在图 5.30 的温度场分布对比中可以看到，扰流柱结构使被散热面的温度降低了 20℃。

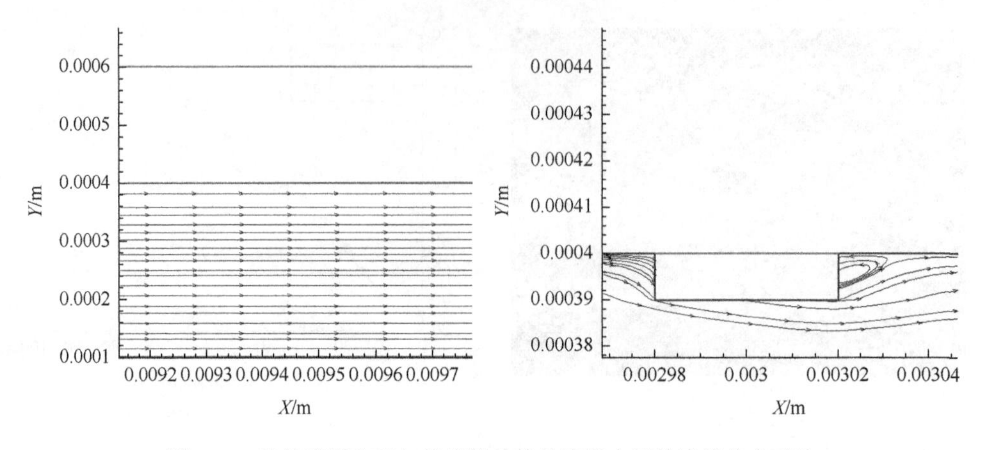

图 5.29　传统流道和添加扰流柱结构的流道内部的流线分布对比

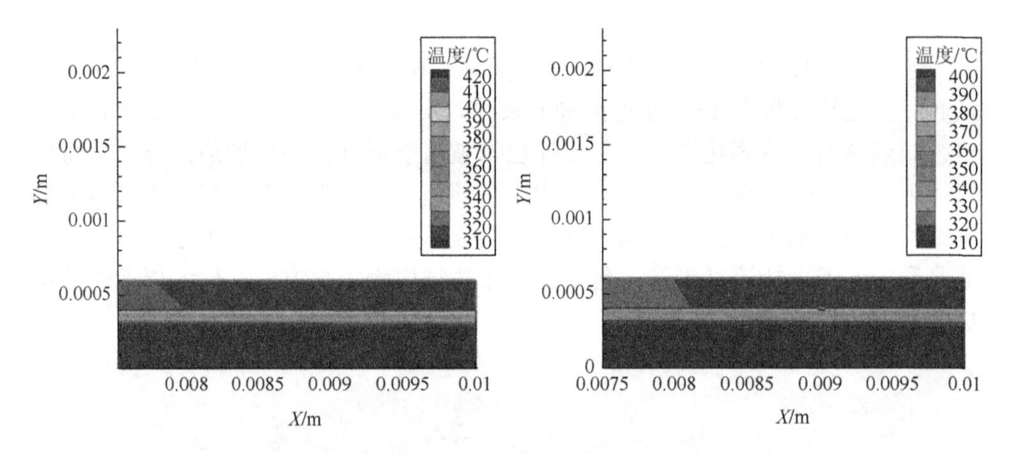

图 5.30　传统流道和添加扰流柱结构的流道内部的温度场分布对比

添加扰流柱结构使流道内工质散热能力获得提高的原因主要是扰流柱形成了对层流液体的内部扰动，增加了液体层间换热的机会。这里我们考察微通道冷却系统（小方块宽度 $w = 40\mu m$，高度 $h = 50\mu m$ 时）中心线（图 5.31）在 X、Y 方向上的速度。由图 5.32（a）可以看到，中心线上的流速随着 X 坐标呈周期性变化。在 A 点所在的截面位置，由于扰流柱的存在，X 方向上速度增大：

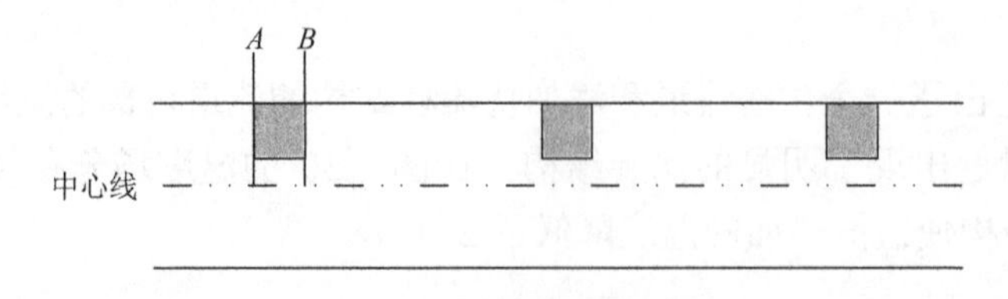

图 5.31　流线分析示意图

当流体达到 B 点位置时，由于微通道面积增大，流体在 X 方向上速度减小。与此同时，如图 5.32（b）所示，扰流柱的存在使工质在 Y 方向产生流动，从而强化了工质层间换热。

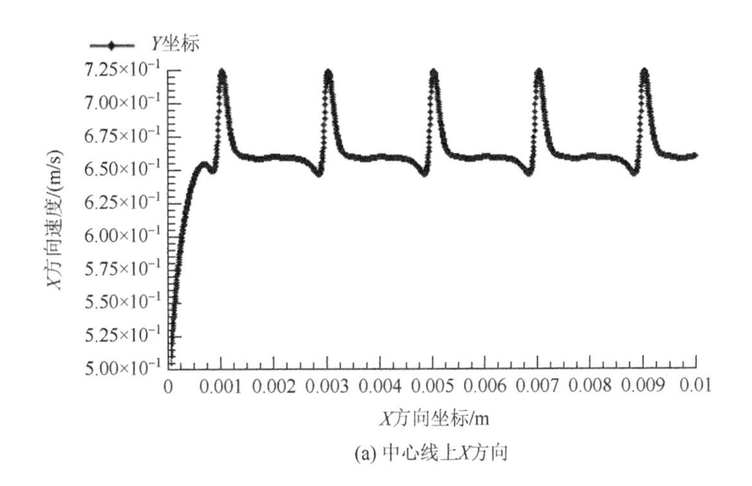

(a) 中心线上X方向

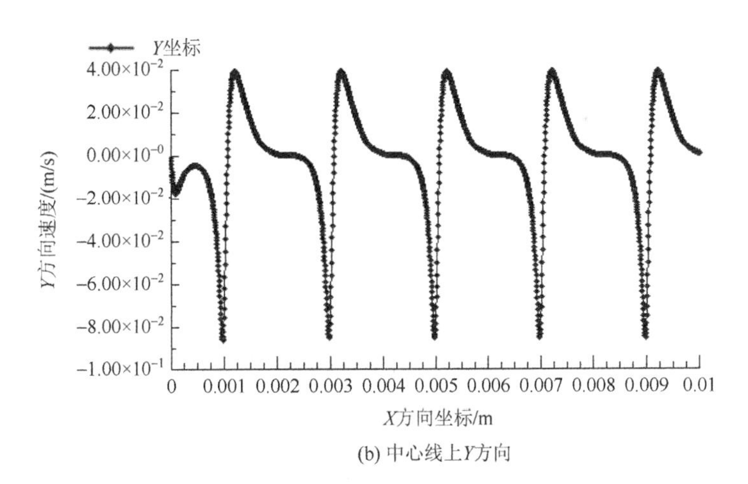

(b) 中心线上Y方向

图 5.32　中心线不同方向的速度变化曲线

将上述周期性的扰流结构应用在微通道中，对传统微通道冷却系统和含有扰流柱结构的微通道冷却系统进行仿真分析，如图 5.33 所示，工况条件是 0.5～6m/s 的不同流速及 100～200W 的不同功率。图 5.34 给出了在 110W 热功率和 0.5m/s 入口速度下，传统微通道冷却系统与含有扰流柱结构的微通道冷却系统的温度分布比较。含有扰流柱结构的微通道冷却系统的最高温度为 68.2℃，比普通微通道冷却系统的最高温度 78.1℃要小。

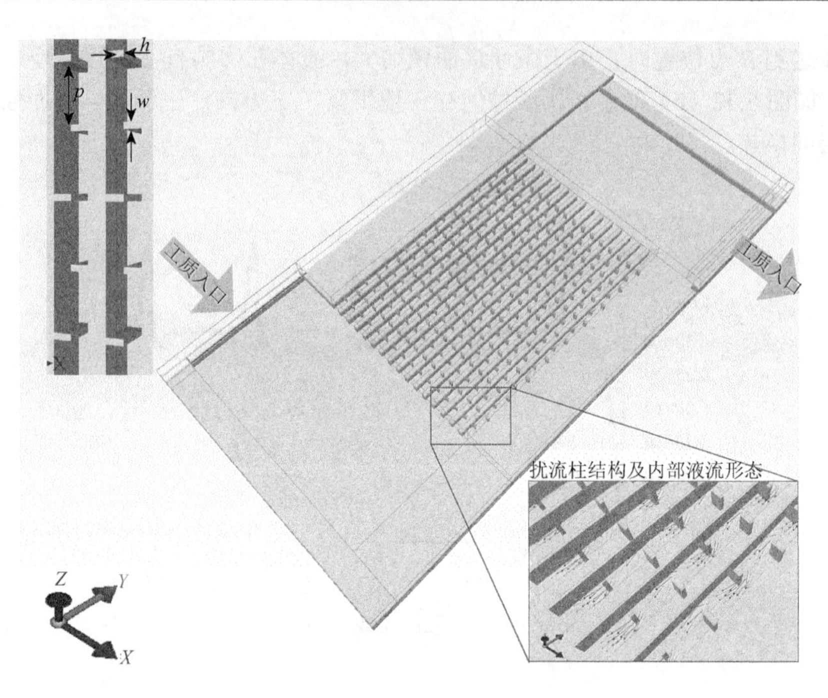

图 5.33　含有扰流柱结构的微通道冷却系统设计

FloTHERM

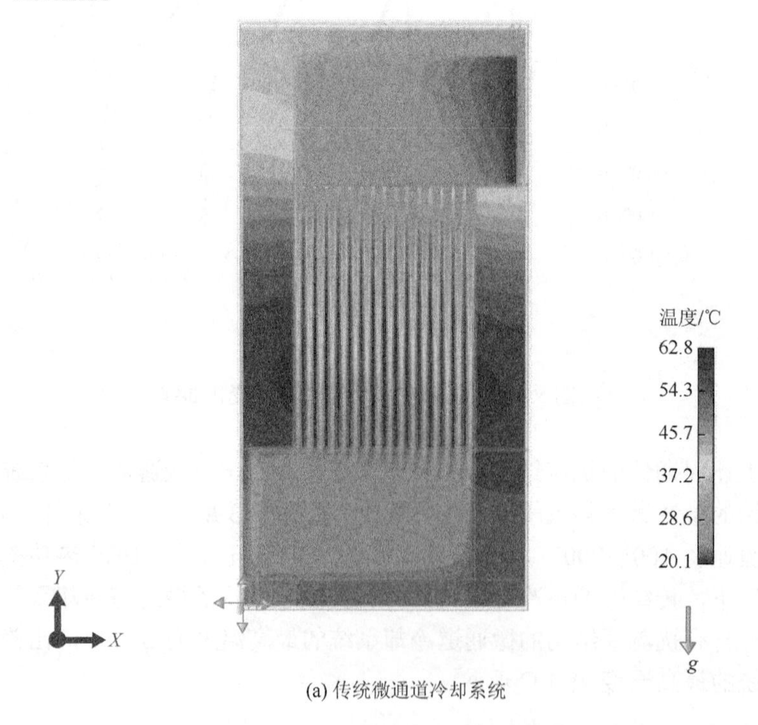

(a) 传统微通道冷却系统

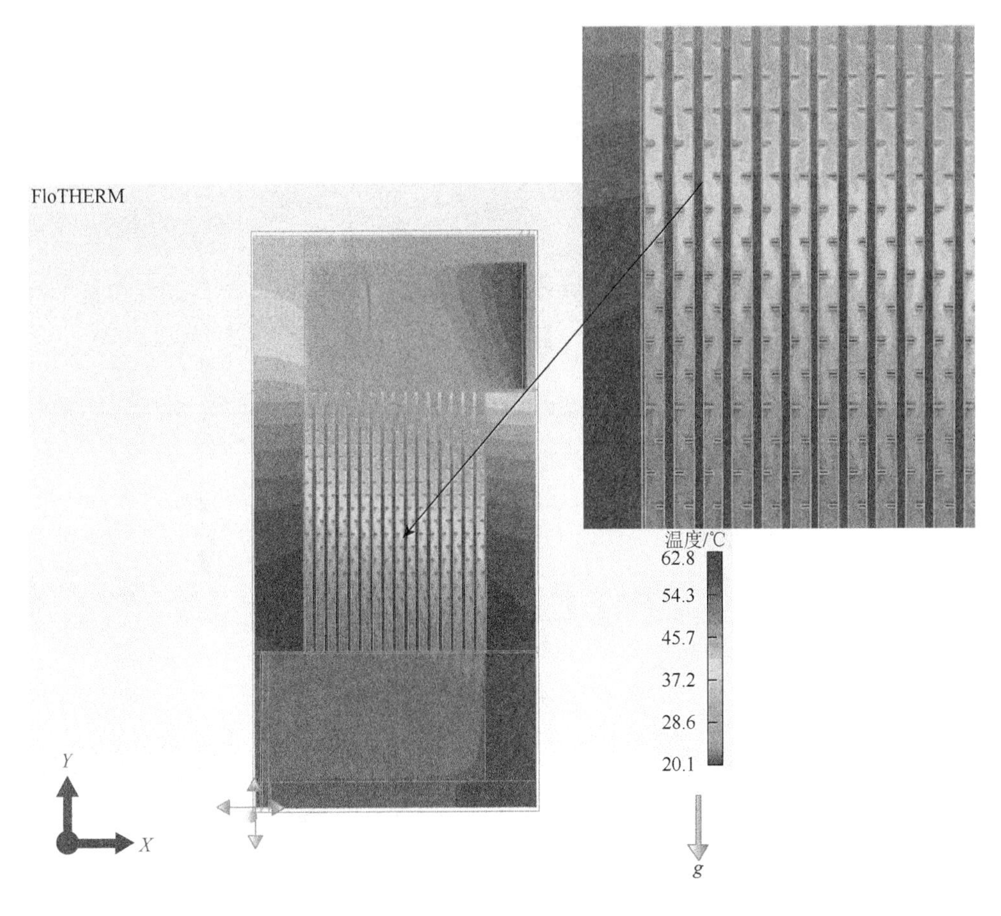

(b) 含有扰流柱结构的微通道冷却系统

图 5.34　温度分布比较图

从图 5.35 中可以看到，传统微通道冷却系统和含有扰流柱结构的微通道冷却系统的速度分布总体趋势相似，但是含有扰流柱结构的微通道速度在扰流柱区域由于有效过流面积减小而变大。在入口速度都为 1.5m/s 条件下，含有扰流柱结构的微通道冷却系统的（1.07m/s）最高速度比传统微通道冷却系统的最高速度（0.851m/s）要大。

图 5.36 和图 5.37 显示在功率与工质速度参数的不同工况组合中，如果忽略泵功的增加，含有扰流柱结构的设计始终保持了更优异的散热性能。

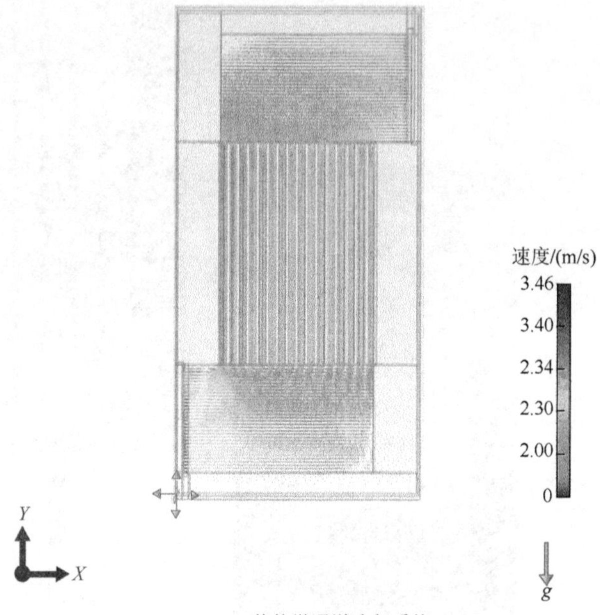

(a) 传统微通道冷却系统

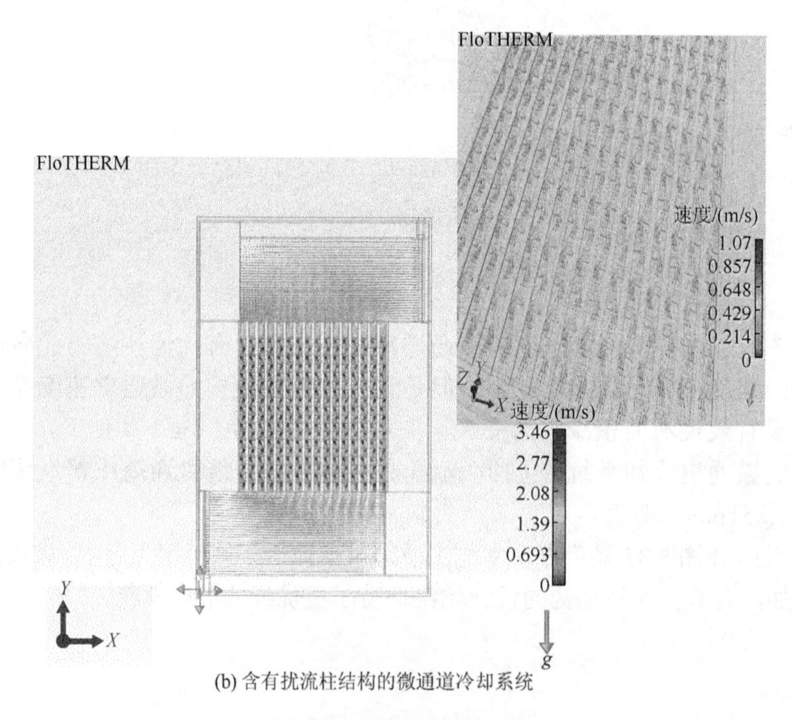

(b) 含有扰流柱结构的微通道冷却系统

图 5.35　速度分布比较图

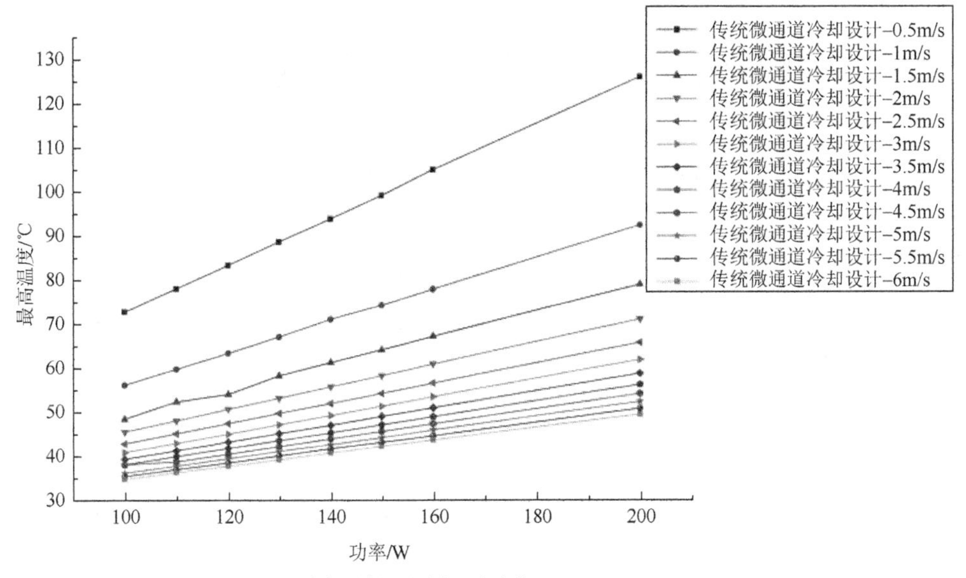

(a) 不同功率的散热面最高温度变化

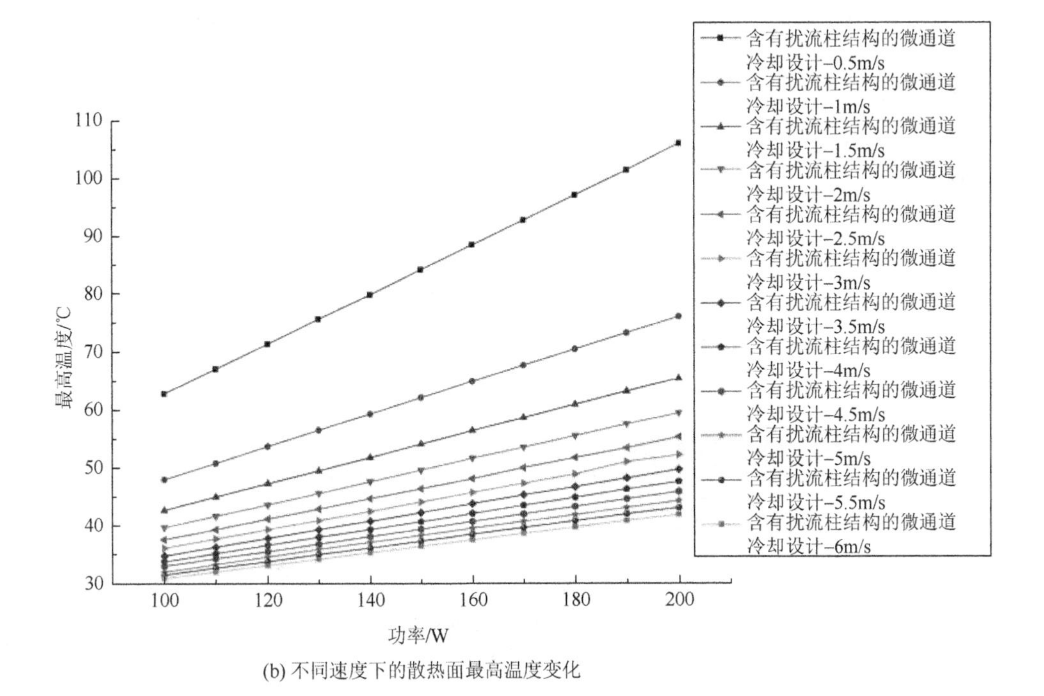

(b) 不同速度下的散热面最高温度变化

图 5.36　传统微通道冷却设计和含有扰流柱结构的微通道冷却设计在不同功率与不同速度下的散热面最高温度变化

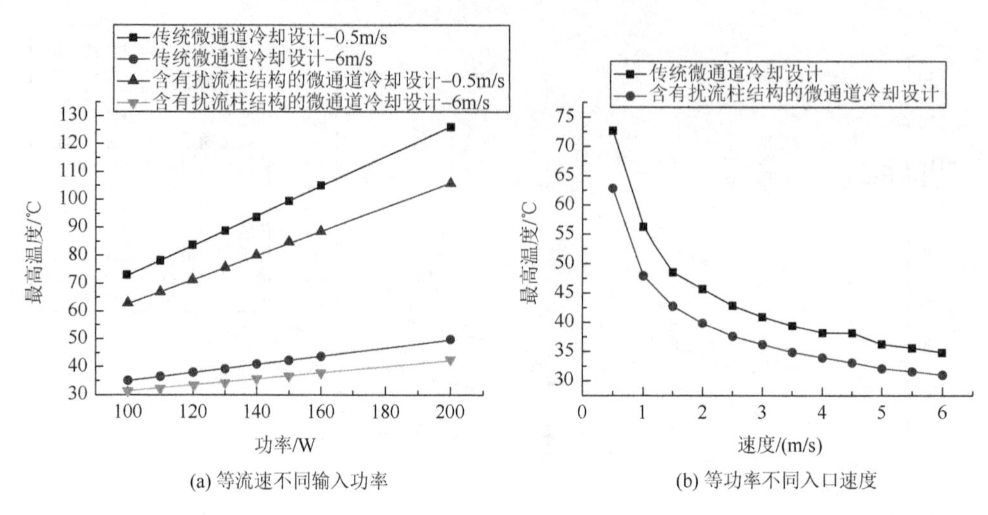

图 5.37　传统微通道冷却设计和含有扰流柱结构的微通道冷却设计散热面最高温度变化对比

图 5.38 给出了一类基于非硅 UV-LIGA 和体硅加工工艺的同时带有肋片和凹槽两种强化传热结构的微通道主动式冷却系统[24]。这种主动式冷却系统被设计应用于高功率器件散热。其盖板和基板仍采用 Si 材料，在含有功率器件的盖板背面交错地放置着肋片和凹槽两种强化传热结构。其中肋片结构采用 SU8，凹槽则在硅基底开孔获得。肋片和凹槽组合能在热源附近产生具有强化传热作用的扰流层，提高其散热效果。

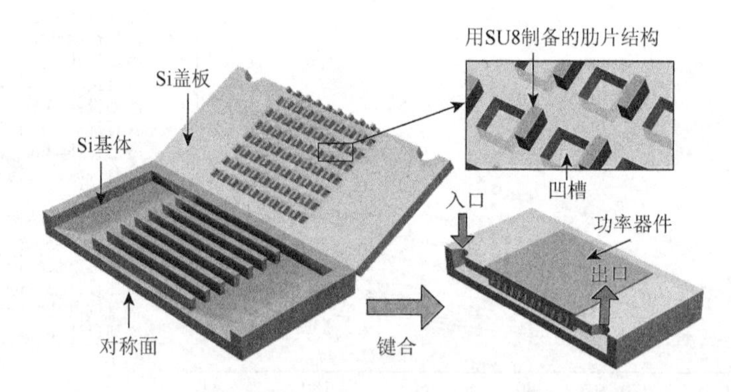

图 5.38　基于非硅 UV-LIGA 和体硅加工工艺的同时带有肋片和凹槽两种强化传热结构的微通道主动式冷却系统

图 5.39 给出了不同相对肋片高度（$e/D_h = 0$，0.6，0.73，0.85，e 是肋片高度，D_h 是通道的水力学直径）微通道的 3D 流线图和在竖直截面上的 2D 流线图。肋片和凹槽结构在微通道中引起周期性回流。其中较大的回流产生于肋片

与肋片之间，另外小的横向回流产生在凹槽当中。这些回流不仅把微通道中心区域的较冷工质与壁面附近较热工质混合，并且打乱了稳定的边界层。此外，相对肋片高度可以改变回流幅度。大回流区域会随着相对肋片高度的增加而增大，同时凹槽中的小回流区域会变小，这是由于大回流的增大会对小回流产生抑制作用。

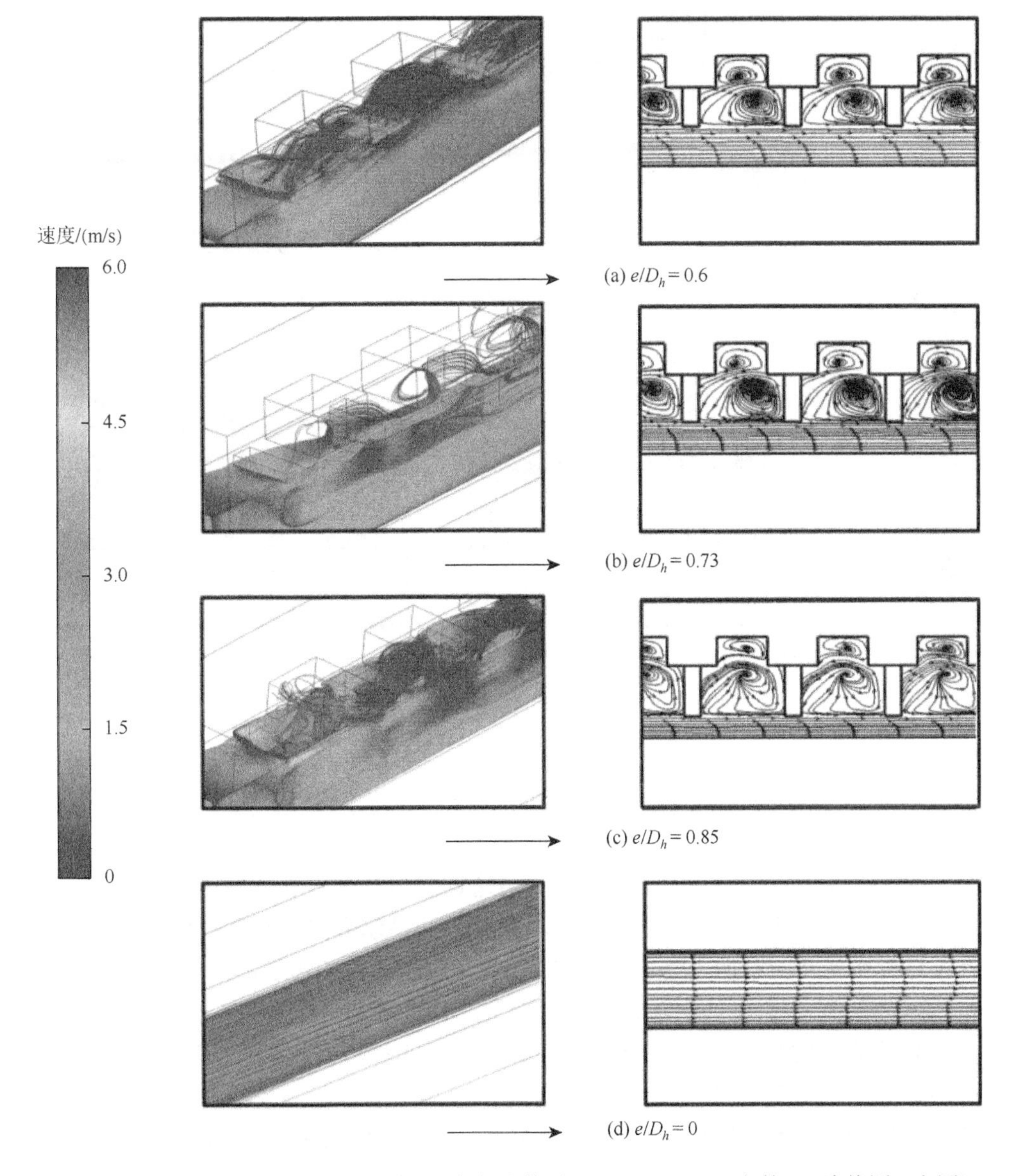

图 5.39　微通道的 3D 流线图（右图）和在竖直截面（$y = 0.275$mm）上的 2D 流线图（左图）

伴随上述工质流态的变化，微通道中心截面的温度分布也发生了变化。图 5.40 为微通道在中心截面上的温度分布图。肋片和凹槽结构的存在减小了冷却系统盖板的最高温度。而相对肋片高度越高，盖板上的最高温度越小。当 $e/D_h = 0.85$ 时，盖板的最高温度比光滑微通道的最高温度减少了近 8℃。

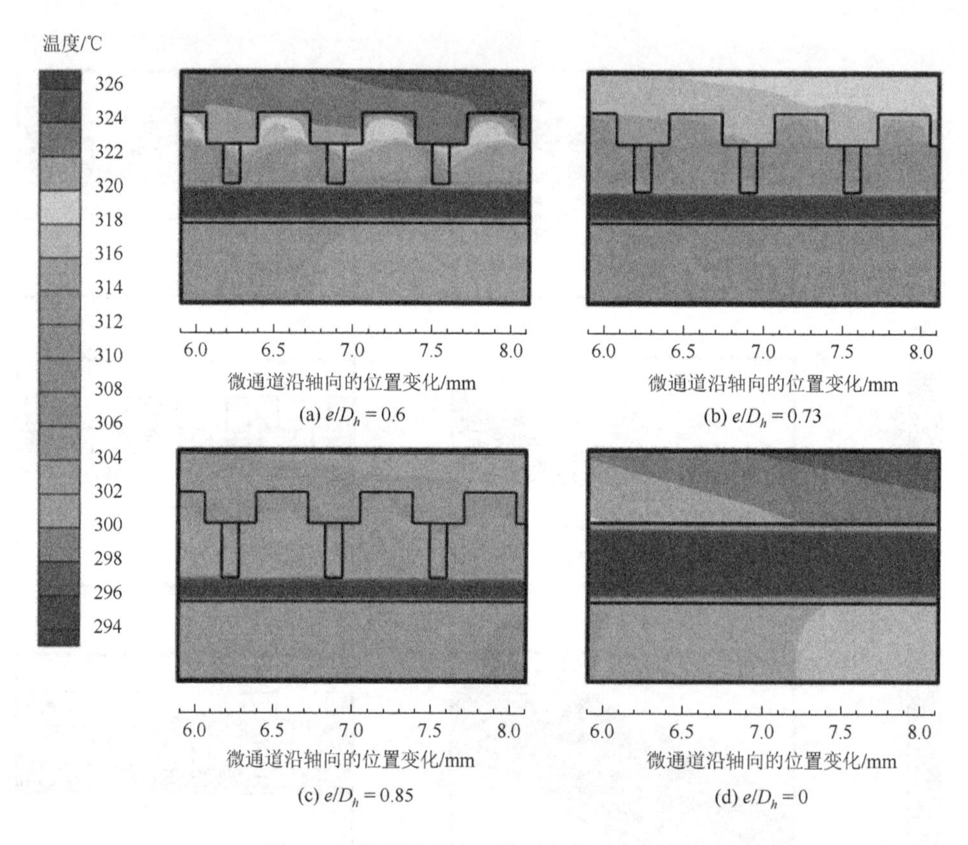

图 5.40 微通道在中心截面上的温度分布图

图 5.41 为不同相对肋片高度下，平滑通道与包含肋片和凹槽结构通道内努塞尔数随雷诺数的变化曲线。当雷诺数增大时，努塞尔数的差异逐渐增大，并且随着相对肋片高度的增加而增加。当雷诺数为 1000 时，相对肋片高度为 0.6、0.73 和 0.85 的努塞尔数分别能达到平滑通道的 1.11 倍、1.26 倍和 1.55 倍。

上述带有肋片和凹槽的通道结构具有优良的冷却性能。同时，采用非硅 UV-LIGA、体硅刻蚀工艺等微加工方法也可以实现它与 TSV 结构的集成，而具有凹槽与肋片结构的主动式冷却系统及其与 TSV 的集成工艺流程如图 5.42 所示。

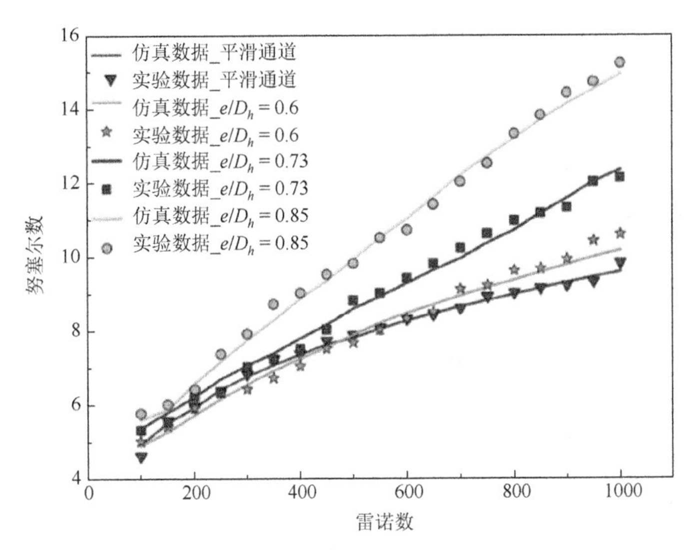

图 5.41　不同相对肋片高度下，平滑通道与包含肋片和凹槽结构通道内努塞尔数随雷诺数的变化曲线（见彩图）

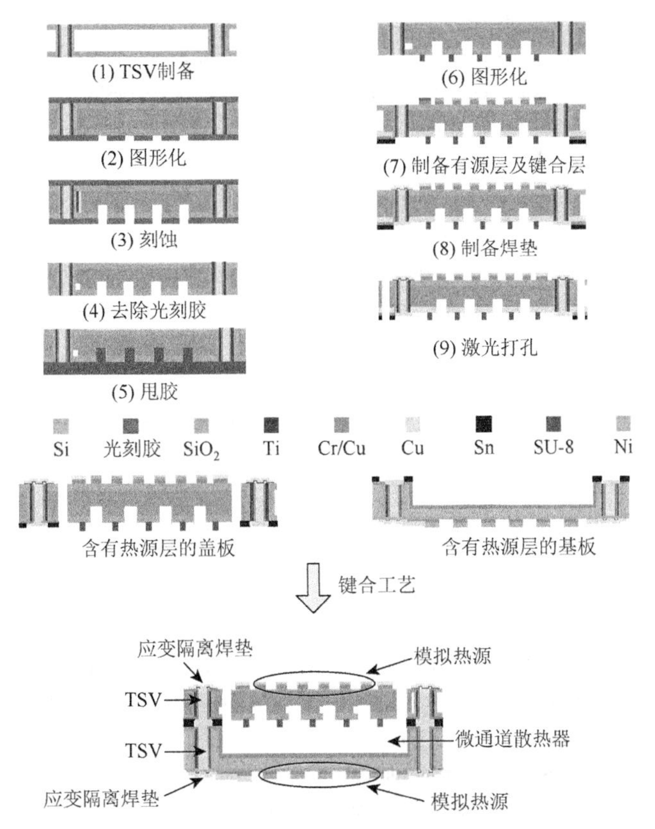

图 5.42　具有凹槽与肋片结构的主动式冷却系统及其与 TSV 的集成工艺流程

参 考 文 献

[1] 杨世铭，陶文铨. 传热学. 北京：高等教育出版社，2006.

[2] Tian F，Song B，Chen X，et al. Unusual high thermal conductivity in boron arsenide bulk crystal. Science，2018，361（6402）：582-585.

[3] Liu M S，Lin M C C，Tsai C Y，et al. Enhancement of thermal conductivity with Cu for nanofluids using chemical reduction method. International Journal of Heat and Mass Transfer，2006，49（17/18）：3028-3033.

[4] Hui Z X，He P F，Dai Y，et al. Molecular dynamics simulation of the thermal conductivity of silicon functionalized graphene. Acta Physica Sinica，2014，63（7）：1-7.

[5] Song B，Fiorino A，Meyhofer E，et al. Near-field radiative thermal transport：From theory to experiment. AIP Advances，2015，5（5）：053503.

[6] Pan S H，Chang N，Zheng J. IC-package thermal co-analysis in 3D IC environment. ASME Pacific Rim Technical Conference and Exhibition on Packaging and Integration of Electronic and Photonic Systems. American Society of Mechanical Engineers，San Francisco，2011.

[7] 潘科旭. 扩散热阻变化规律的实验研究. 科技信息，2011（1）：119-120.

[8] Muzychka Y S，Culham J R，Yovanovich M M. Thermal spreading resistance of eccentric heat sources on rectangular flux channels. Journal of Electronic Packaging，2003，125（2）：178.

[9] Goplen B. Thermal via placement in 3D ICs. International Symposium on Physical Design，2005：167-174.

[10] Cong J，Zhang Y. Thermal-driven multilevel routing for 3-D ICs. IEEE Asia and South Pacific Design Automation Conference，Shanghai，2005：121-126.

[11] Zhang T，Zhan Y，Sapatnekar S S. Temperature-aware routing in 3D ICs. Asia and South Pacific Conference on Design Automation，Yokohama，2006：6.

[12] Pi Y，Wang N，Chen J，et al. Anisotropic equivalent thermal conductivity model for efficient and accurate full-chip-scale numerical simulation of 3D stacked IC. International Journal of Heat and Mass Transfer，2018，120：361-378.

[13] 皮宇丹. 三维高密度集成封装体热管理研究. 北京：北京大学，2018.

[14] Brunschwiler T，Paredes S，Drechsler U，et al. Extended tensor description to design non-uniform heat-removal in interlayer cooled chip stacks. IEEE Thermal and Thermomechanical Phenomena in Electronic Systems，San Diego，2012：574-587.

[15] Lau J H. Evolution and outlook of TSV and 3D IC/Si integration. 2010 12th Electronics Packaging Technology Conference，Singapore，2011.

[16] King C R J. Thermal management of three-dimensional integrated circuits using inter-layer liquid cooling. Dissertations and Theses-Gradworks，Singapore，2012.

[17] Zhang Y，King C，Zaveri J，et al. Coupled electrical and thermal 3D IC centric microfluidic heat sink design and technology. Proceedings of IEEE Electronic Components and Technology Conference（ECTC），Florida，2011：2037-2044.

[18] Zhang Y，Dembla A，Bakir M. Silicon micropin-Fin heat sink with integrated TSVs for 3D ICs：Tradeoff analysis and experimental testing. IEEE Transactions on Components，Packaging and Manufacturing Technology，2013，3（11）：1842-1850.

[19] Abdoli A，Jimenez G，Dulikravich G S. Thermo-fluid analysis of micro pin-fin array cooling configurations for high heat fluxes with a hot spot. International Journal of Thermal Sciences，2015，90：290-297.

[20] Renfer A，Tiwari M K，Tiwari R，et al. Microvortex-enhanced heat transfer in 3D-integrated liquid cooling of electronic chip stacks. International Journal of Heat and Mass Transfer，2013，65（5）：33-43.

[21] Kim Y S，Kitada H，Ohigashi R，et al. Hot spot cooling evaluation using closed-channel cooling system（C3S）for MPU 3DI application. Symposium on VLSI Technology，Kyoto，2011.

[22] Sharma C S，Schlottig G，Brunschwiler T，et al. A novel method of energy efficient hotspot-targeted embedded liquid cooling for electronics：An experimental study. International Journal of Heat and Mass Transfer，2015，88：684-694.

[23] Zhao J，Wang Y，Ding G，et al. Design，fabrication and measurement of a microchannel heat sink with a pin-fin array and optimal inlet position for alleviating the hot spot effect. Journal of Micromechanics and Microengineering，2014，24（11）：115013.

[24] Wang G，Niu D，Xie F，et al. Experimental and numerical investigation of a microchannel heat sink（MCHS）with micro-scale ribs and grooves for chip cooling. Applied Thermal Engineering，2015，85：61-70.

第 6 章　三维集成电学测试技术

6.1　三维 IC 测试概述

三维 IC 由多层晶片堆叠而成,其集成过程的各阶段均需要测试技术的支撑。对于一个 N 层堆叠的单塔 IC（即仅有一个晶片塔），首先需要完成 N 个晶片的单独测试，通常称为 Pre-bond 测试。然后需要以增量方式进行集成测试，即第 1 层与第 2 层晶片堆叠后的测试，第 1 层至第 3 层晶片堆叠后的测试，…，第 1 层至第 N 层堆叠后的测试等，共 N–1 次，通常称为 Mid-bond 测试，其中包括 N–2 次“部分堆”测试和 1 次“终堆/完整堆”测试。完成封装后，还需要对三维 IC 成品进行整体测试，可称为 Post-bond 测试或 Final 测试。在有些文献中，不采用 Mid-bond 测试的说法，而将堆叠集成过程中的“部分堆”测试、“终堆”测试及封装后的三维 IC 整体测试统称为 Post-bond 测试。图 6.1 给出了一个三层堆叠 IC 的总体测试流程。可见，三维 IC 所需的总测试量大，测试时间长，测试成本高。

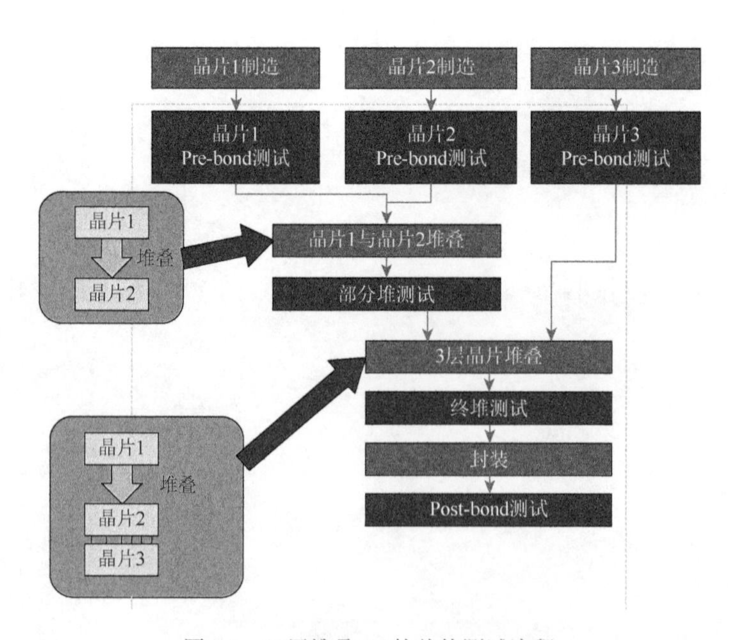

图 6.1　三层堆叠 IC 的总体测试流程

在开始三维堆叠之前，需保证用于三维 IC 的各层晶片的质量，包括其功能、性能、可靠性等各方面，否则会使后续堆叠形成的电路的成品率降低。以严格的标准，用于三维堆叠的各晶片均需为达标晶片（known good die，KGD），这意味着这些晶片均通过测试和老化筛选。传统芯片的测试流程中，芯片产品的老化筛选一般是安排在封装工序之后进行的，而三维 IC 对 KGD 的需求则要求将老化筛选调整到封装之前进行。为了提高工作效率，出现了晶圆级测试与老化（wafer level test during burn-in，WLTBI）筛选同时进行的技术，但该技术的实施对设备提出了更高的要求。所幸的是，一些相关设备公司已经推出了晶圆级测试与老化设备，可以满足 WLTBI 技术的需求。为了降低三维 IC 的整体成本，有些三维 IC（特别是三维存储器类产品）也可以采用有故障的晶片进行三维堆叠集成。但为了保证三维 IC 整体的良率，需要采取晶片匹配与跨层冗余修复等手段，通过对晶片的合理搭配，将电路故障数量控制在故障修复机制可修复的水平之下。

Pre-bond 测试阶段电路的功能、性能测试可以采用传统芯片测试方法，同时基于普通的探针台与芯片自动测试机台（automatic test equipment，ATE）配合实施相关测试。对已经经过功能验证的数字电路而言，通常基于固定故障模型和路径时延故障模型进行结构的测试。对于模拟或数模混合电路而言，其模拟器存在结果不够精确及故障模型定义困难等问题，因此常常采用基于数字信号处理（digital signal processing，DSP）的测试方法进行规格测试。对于更加复杂的 SoC/片上网络（network on chip，NoC），则可以采用基于模块的测试策略开展测试。为了提高故障覆盖率和测试矢量生成效率，常常在芯片中采取一些可测性设计（design for testability，DfT）措施，其中扫描链、自建内测试（build-in self test，BIST）是使用最多的 DfT 方法，边界扫描技术已经标准化（IEEE 1149.1 标准）并得到了广泛应用。为了支持对 SoC/NoC 的模块化测试，工业界已经发展出与 IEEE 1149.1 标准相兼容的 SoC 片上测试架构（由 IEEE 1500 标准定义），采用测试包结构支持电路模块或 IP 核的测试访问，利用测试访问机制（test access mechanism，TAM）实现测试数据在芯片内外之间的传输。

除了一般的电路测试，三维 IC 的 Pre-bond 测试也有诸多特殊之处。在晶片减薄之前，TSV 仅有一端可以进行探针接触，而另一端埋在衬底内部，称为盲孔，需要特殊的测试方法支持。晶片减薄后，虽然可以使 TSV 中的导体两端均露出来，但此时晶片只有几十微米厚，难以承受探针施加的接触压力，极易损坏，需要载片的支持。为了追求性能的提升，有些三维 IC 在设计时将一个完整的电路功能分布在不同的层中实现。这种情况下，在 Pre-bond 测试阶段，由于晶片上的电路可能不完整，有些测试项难以开展。除了电学测试，Pre-bond 测试阶段还需对晶片，特别是 TSV 和微凸点，开展力学、热机械方面的测量与测试，以保证后续堆叠集成工序的顺利进行和提高三维 IC 成品的质量。这些工作包括 TSV 深度测量、TSV 电镀缺陷测试、TSV 热膨胀系数测量、TSV 及微凸点的电迁移测试、阻挡层完整性测试、介质层完整性测试、应力测试、硅片弯曲度测量、硅片热导系数测量等。本章主要关注三维 IC 的电学测试，对非电类的测试感兴趣的读者，可以参考文献[1]。

在 Mid-bond 测试阶段和 Post-bond 测试阶段，三维 IC 的测试也存在着诸多现实的困难。经过三维堆叠后，部分 TSV 和晶片已经嵌入晶片堆中，测试访问变得困难，各层晶片之间测试通路相互关联，复杂度提高。三维 IC 的高集成度造成电路可控制性和可观察性均变差，需要依靠可测性设计的支持才能维持较高故障覆盖率的测试。二维 IC 采用 IEEE1500 标准进行测试，与之类似，三维 IC 也需要设计片上测试架构标准用于支持可测性设计的开展。然而，虽然 IEEE 已经受理了 IEEE P1838 提案，但该提案尚未成为广泛接受的正式标准。在进行三维 IC 片上测试资源的设计时，需要考虑多个测试阶段对测试资源的不同需求，尽可能地实现资源的重用。三维 IC 的测试激励数据和测试响应数据量很大，被测电路模块数量也很多，因此需要开发测试调度方法以减少整体测试时间。同时，由于三维 IC 的堆叠结构不利于散热，而测试模式下的功耗往往高于芯片正常工作模式下的功耗，因此如何控制三维 IC 的测试功耗也是一个重要的挑战。

综上所述，三维 IC 的测试需要分阶段实施，需要综合应用探针测试和可测性设计等手段才能达到较好的故障覆盖率。本章介绍三维 IC 的电学测试方法。6.2 节介绍 TSV 测试，6.3 节介绍三维 IC 的片上测试架构设计问题，并讨论三维 IC 的测试调度问题。

6.2 TSV 测试

TSV 测试在不同阶段所发挥的作用不尽相同。在工艺验证和 TSV 建模阶段，TSV 测试的主要目的是参数提取，因此主要任务为测量；在三维 IC 产品制造阶段，TSV 测试的主要目的为发现缺陷，主要任务为故障判别；而在三维 IC 使用阶段，TSV 测试主要服务于系统容错机制，主要任务为在线故障监测。因此，本节分为 TSV 电学测量和 TSV 物理缺陷测试两部分组织相关内容。

6.2.1 TSV 电学测量

TSV 电学参数测量通常在少量样片上进行。当前的工艺中普遍采用铜材料作为 TSV 中的导体，SiO_2 作为包裹 TSV 的绝缘层，故 TSV 实质上是一个制作在硅衬底中的被 SiO_2 绝缘层包裹的铜柱。在直流或低频情况下，TSV 可以用简单的 *RC* 模型描述；而在高频情况下，TSV 则表现为使用 RLGC 模型描述的传输线。虽然近年来，研究者发现 TSV 的铜柱、绝缘层和硅衬底所构成的金属-绝缘体-半导体结构可以产生 MOS 效应，但其模型计算复杂度较大，目前在工程中尚未普遍应用。

1. TSV 电阻的直流测量

TSV 电阻参数值较小，正常阻值大约为几十毫欧，测量结果易受测量连线上 IR drop 的影响，因此在 Pre-bond 测试阶段可以采用 Kelvin 连接方式［图 6.2（a)］进行探针测量，采用加电流测电压的方法获得电阻值。该电阻值为 TSV 电阻、探针电阻、接触电阻值之和。当认为接触电阻可以忽略时，可用此电阻值作为 TSV 电阻的近似值[2]。

当认为接触电阻不可忽略时，可以采用两步法进行 TSV 电阻测试，如图 6.2（b）与（c）所示。第一步：采用四探针测试法，由 TSV_C 和 TSV_D 端施加标准电流，从 TSV_A 和 TSV_B 端测电压。$V_1/I_1 = R_{via} + R_c$，即 TSV 电阻与接触电阻之和。第二步：仍然采用四探针法，由 TSV_A 和 TSV_D 端施加标准电流，从 TSV_B 和 TSV_C 端测电压。$V_2/I_2 = R_c$，即测得接触电阻。将第一步与第二步所测得的阻值相减，可以较精确地计算出 TSV 电阻 R_{via} 的值。

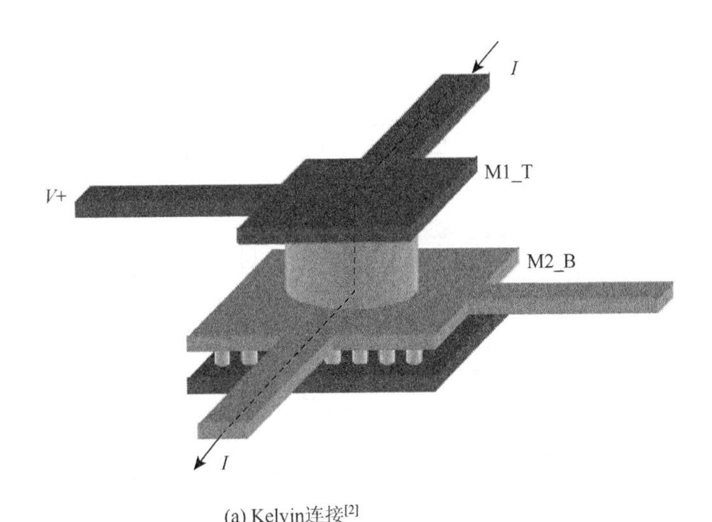

(a) Kelvin连接[2]

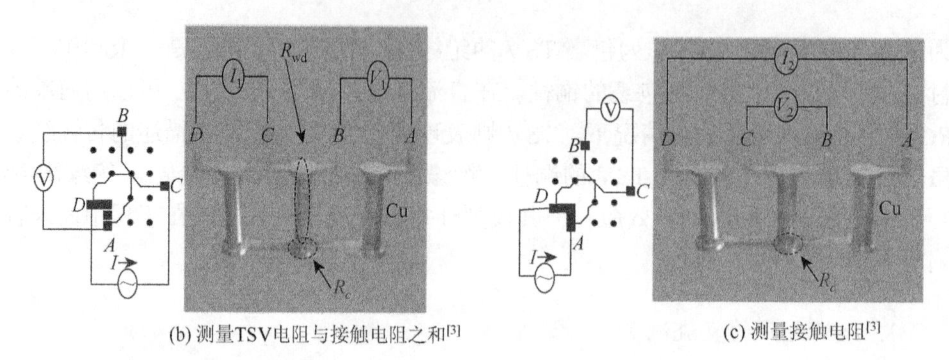

(b) 测量TSV电阻与接触电阻之和[3]　　(c) 测量接触电阻[3]

图 6.2　TSV 电阻测试

2. TSV 电容的低频测量

当频率较低的情况下，可以认为 TSV 之间不存在串扰，各 TSV 相互独立。在此情况下，可以直接用高精度 LCR 表通过探针连接 TSV，在低频下直接测量 TSV 的电容值与探针电容之和，然后减去探针电容值可得 TSV 的电容值[4]。然而这种测量方法的误差较大，因为 LCR 表的精度一般难以达到 0.5pF，而 TSV 的电容值通常在几十飞法至一百多飞法。

为了能够精确地进行测量，可以采用基于电荷的电容测量（charge-based capacitance measure，CBCM）方法[5]。如图 6.3 所示，设置一个伪反相器，在 PMOS 管到 V_{dd} 的连线上串接电流表。两根导线分别连接在伪反相器中 NMOS 管的漏极，这两根导线唯一不同之处在于只有其中一根导线连接 TSV。将两个频率为 f 的完全互补的低频波形 V_1 和 V_2 分别加在反相器的 NMOS 与 PMOS 的

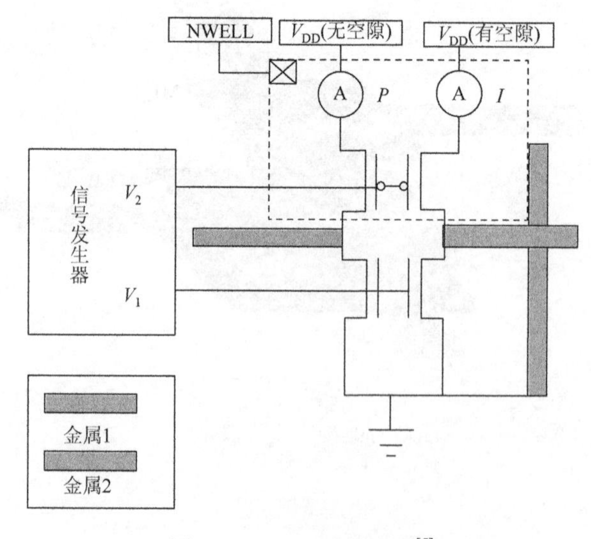

图 6.3　CBCM 法测电容[5]

栅极，可以消除短路电流所引起的潜在测量误差。在电流表上分别测得电流 I 和 I'，则存在关系 $I-I' = C_{TSV}\times V_{dd}\times f$，可借此计算出 TSV 电容值 C_{TSV}。此方法的精度取决于两个伪反相器的寄生电容的匹配程度。当两个伪反相器的位置较近时，电容测量精度小于 1/10fF 水平。

小电容的测量值容易受到电压相关因素的影响，而准静态电容电压（quasi-static C-V，QSCV）测量法可以较好地排除这一影响，获得 fF 量级的测量精度[6]。QSCV 法测电容原理示意图如图 6.4 所示。当向被测 TSV 施加一个幅度线性变化的电压时，在 TSV 的端点处测量 TSV 上的变化的电流值。设施加的斜坡电压 $V(t)=a\cdot t$，其中 a 为常数，t 为时间，则有电流 $i_m(t)=C_{TSV}\cdot \mathrm{d}V(t)/\mathrm{d}t=C_{TSV}\cdot a$，故 $C_{TSV}=i_m(t)/a$。若 C_{TSV} 受电压的影响，那么电流测量值 $i_m(t)$ 也受其影响，因此电容值仅与其输入电压的变化率有关。为了获得精确的 C-V 曲线，需要将探针的电容值减掉，而该值可以在不连接被测 TSV 的条件下测得，或直接通过仪器手册查得。商业仪器 Agilent 4155 和 Agilent 4156C 等已经可以支持多斜率的短时 QSCV 法。

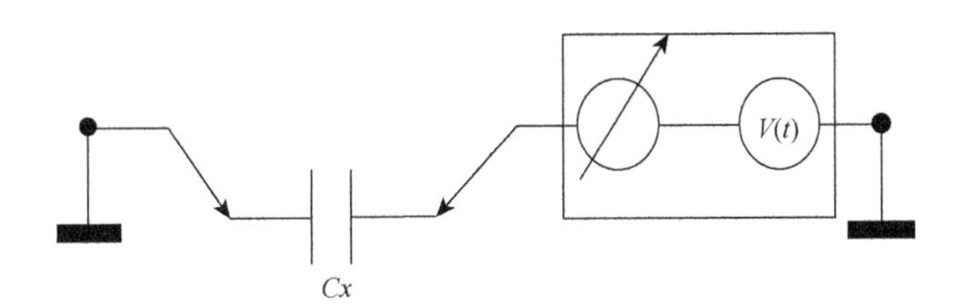

图 6.4　QSCV 法测电容原理示意图[6]

当 TSV 上通过高频信号时，TSV 通常以 RLGC 模型描述，如图 6.5 所示。为了获得高频情况下的 TSV 电学特性，需要使用网络分析仪进行 S 参数的测量。通过 S 参数可以计算 TSV 的电阻、电容、电感、电导参数，有兴趣的可以参考文献[7]，在此不再赘述。

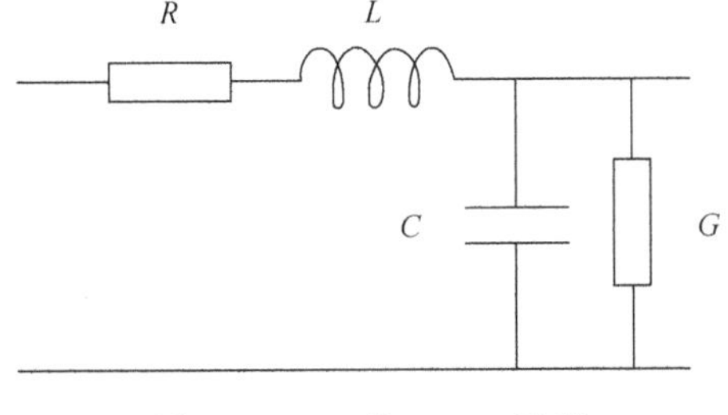

图 6.5　TSV 的 RLGC 模型

在实施 S 参数测量时，通常采用 GSG 配置方式，即在被测的 TSV 上施加测试信号，而将其相邻的 TSV 连接到地，如图 6.6 所示[8]。在测量时，衬底也需要接地。由于探针、测量仪器精度等因素可能引入误差，测量获得的 S 参数需要进行校准。

由于 TSV 的电阻、电容、电感等参数值都较小，因此有时可以将多个同样的 TSV 根据测量需要串联或并联在一起进行测量，然后将测量值进行平均化求得单

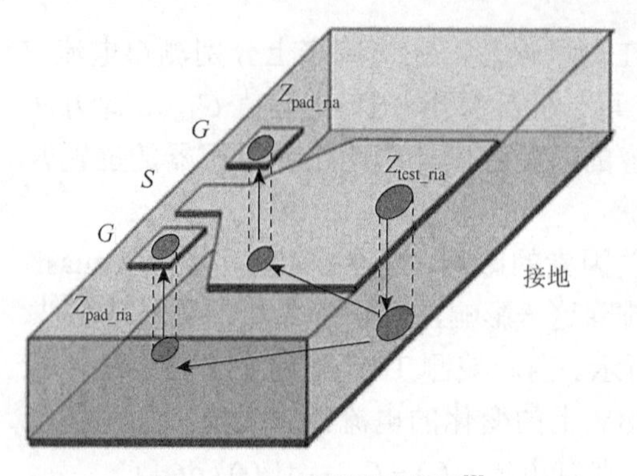

图 6.6 GSG 配置示意图[8]

个 TSV 的电学参数值。这种方式由于可以抵消一部分随机测量误差，因此往往可以提高测量的精度。

除了直接使用仪器仪表进行 TSV 电学参数的测量，也可以采用可测性设计方法来进行提取。基于振荡环（ring oscillation，RO）的测量方案是最常用的用于 TSV 电学参数提取的 DfT 方案。振荡环由奇数个反相器构成，反相器首尾相接形成环路。振荡环的振荡频率（或振荡周期）除了与反相器电路参数相关，还与振荡环中反相器间的连线特性有关。在进行 TSV 测试时，可以将一个或多个 TSV 作为反相器间的连接元件。由于反相器的电路参数已知，而连线参数的变化可以反映在振荡信号的频率或周期中，故 TSV 的时延特性可以通过振荡信号频率或周期进行反向推导而获得。

图 6.7 为用于 TSV 参数测量的振荡环电路。

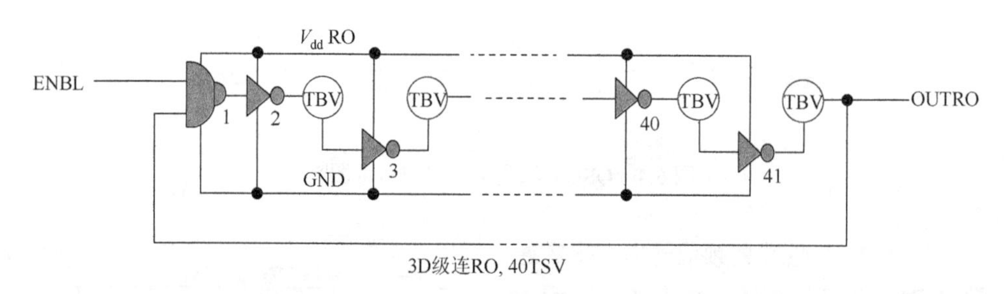

图 6.7 用于 TSV 参数测量的振荡环电路[2]

6.2.2 TSV 物理缺陷测试

TSV 在加工过程中可能引入多种物理缺陷。例如，不完美的 TSV 铜电镀可能造成 TSV 中的空洞［图 6.8（a）］，这将造成 TSV 阻值的增大，不能完成低阻互连功能；TSV 应力释放不良时，可能使 TSV 中产生纹裂、空隙等缺陷，影响 TSV 力学、热学和电学参数；TSV 中侧壁绝缘层的物理缺陷可能造成铜柱通过侧壁对衬底的漏电［图 6.8（b）］，影响信号速度和强度；TSV 在热胀冷缩效应的影响下，可能出现铜柱两端的铜凸或铜凹，对其他结构产生影响；在温度和电场的影响下，TSV 中的导体可能出现电迁移现象，从而造成短路或断路故障；TSV 常常密集排布以规范布线规则，然而相邻的 TSV 之间可能出现信号的串扰，破坏信号的完整性，造成信号时延增大，信号传输功率增加。目前工程实践中，人们最关心的是 TSV 中导体内的空洞或裂纹造成的阻值增大问题和 TSV 绝缘层缺陷造成的漏电问题。前者通常称为开路缺陷，而后者常被称为短路缺陷，其等效模型如图 6.9 所示。

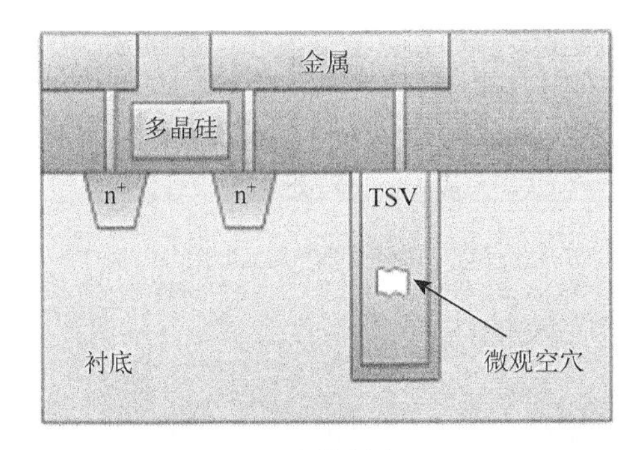

(a) TSV中的空洞

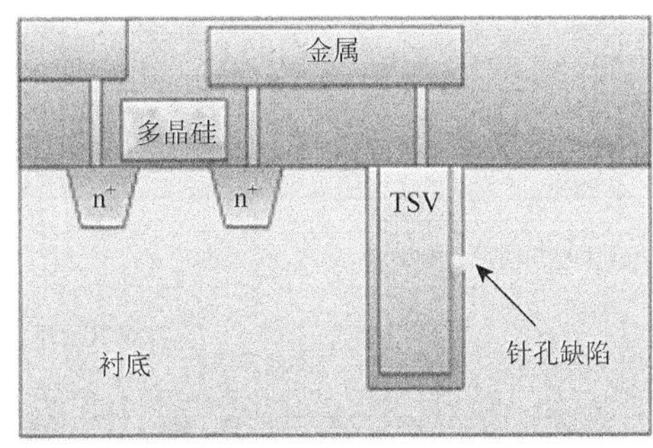

(b) TSV中的侧壁针孔

图 6.8　TSV 中的空洞和侧壁针孔

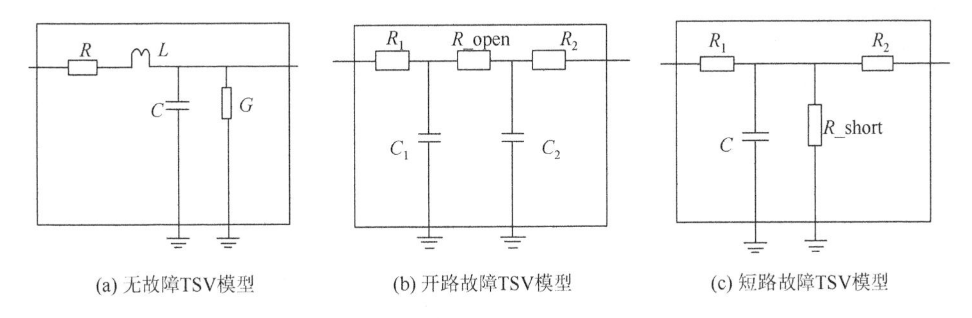

(a) 无故障TSV模型　(b) 开路故障TSV模型　(c) 短路故障TSV模型

图 6.9　不同状况 TSV 的等效模型

虽然 TSV 中的物理缺陷可以通过 TSV 电学参数测量进行判别，然而实际上有多种问题限制着仪器直接测量方法的应用。这些问题包括：减薄后的晶片厚度仅为几十微米，难以承受探针测试所施加的力；Post-bond 测试阶段的 TSV 内嵌在三维结构内部，难以实现与测试探针的直接接触；随着 TSV 尺寸的不断缩小，TSV 顶端面积已经小于测试探针面积等。所幸的是，缺陷判别也可以通过无须精确测量电学参数的方式进行，已有学者提出了多种 TSV 测试方法。

1. *扫描测试法*

Deutsch 和 Chakrabarty[9]设计了一种门控扫描寄存器（gated scan flop，GSF）

（图 6.10）。当 open 信号有效时，GSF 功能与正常的扫描寄存器（scan flip-flop，SFF）相同，可以将测试/功能输入端的数据传递至输出端 Q；当 open 信号无效时，输出端 Q 被置于高阻态。可见，GSF 既可以完成传统扫描单元的功能，又可以产生扫描单元的高阻输出。

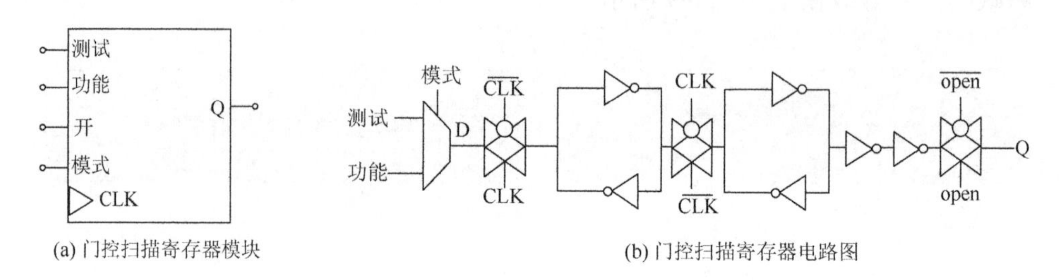

(a) 门控扫描寄存器模块　　(b) 门控扫描寄存器电路图

图 6.10　门控扫描寄存器

在当前工艺水平下，测试探针顶部面积往往大于 TSV 面积。当 TSV 排列密集时，一个探针可能同时覆盖多个 TSV，从而给单个 TSV 的测试造成困难。将 TSV 置于 GSF 与测试探针之间，由探针和扫描链提供测试输入输出通路（图 6.11）。GSF 可以与扫描寄存器一起形成寄存器链结构。由一个测试探针覆盖的多个 TSV 可以称为一个 TSV 网络。TSV 网络内部的 n 个 TSV 相互并联，故 TSV 网络的总电容为 $C_{\text{net}} = C_1 + C_2 + \cdots + C_n$，而 TSV 网络的总电阻为 $R_{\text{net}} = R_p + [1/(R_1 + R_c) + 1/(R_2 + R_c) + \cdots + 1/(R_n + R_c)]^{-1}$，其中，$R_p$ 为测试探针的电阻，R_c 为测试探针与 TSV 的接触电阻。

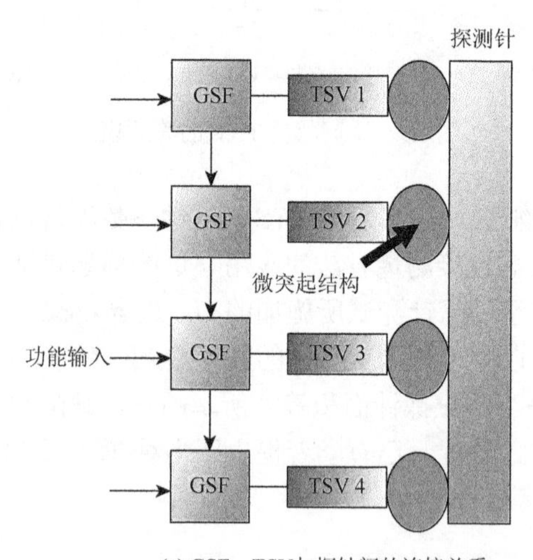

(a) GSF、TSV与探针间的连接关系

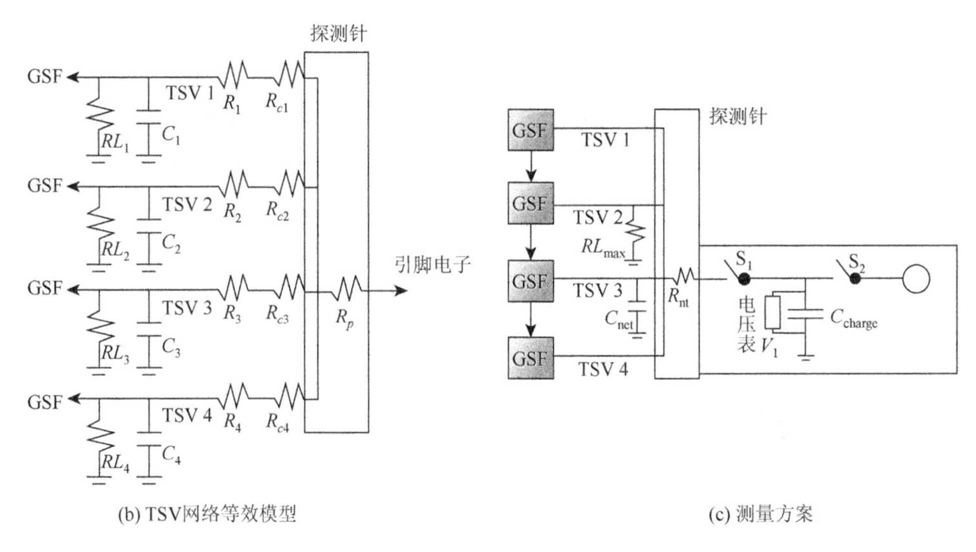

(b) TSV网络等效模型　　(c) 测量方案

图 6.11　基于 GSF 和探针的 TSV 测量方案

将 GSF 连入扫描链后，可以利用片上的扫描链等资源开展测试。当测试片内电路时，设置 GSF 的 open 信号为无效，测试输入信号通过扫描链施加给被测电路，电路的响应同样通过扫描链输出，如图 6.12（a）所示。当需要测试 TSV 时，可选择性地设置相应的 GSF 中的 open 信号为有效或无效，通过多选器将 GSF 连入扫描链，从而为测试信号建立起从扫描输入到探针之间的通路。图 6.12（b）中，边界发送 GSF 和边界接收 GSF 的 open 信号被设置为有效状态，而其他边界 GSF 的 open 信号被设置为无效状态，所形成的信号路径方向由箭头标示。信号发送和

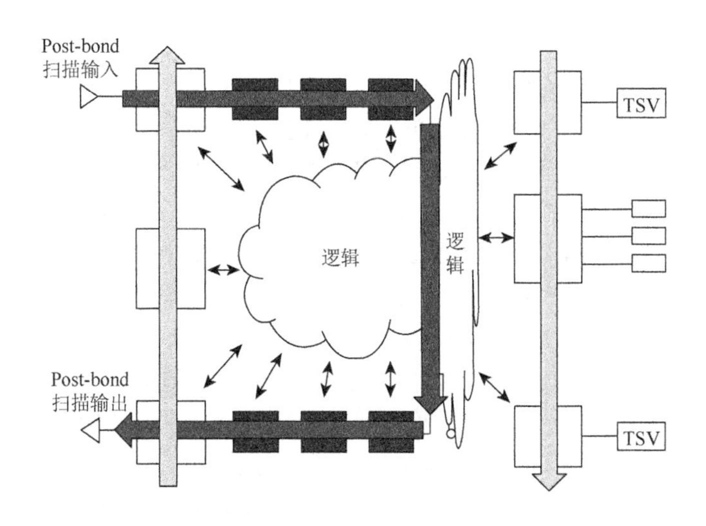

(a) 基于GSF的电路测试

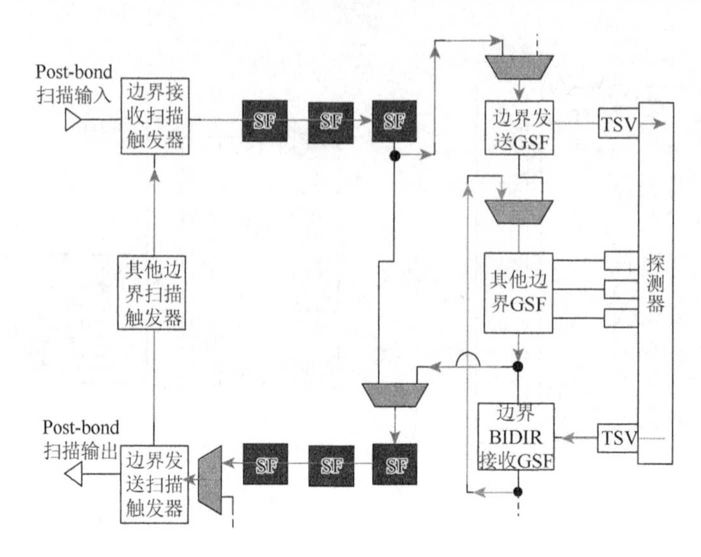

(b) 基于GSF的TSV探针测试

图 6.12　基于 GSF 的测试方案

信号接收所用的 TSV 可以属于同一个 TSV 网络，也可以分属于不同的 TSV 网络。在不同状况下，可以通过多选器进行扫描链的灵活配置，通过 GSF 在 TSV 网络中选择测试对象。

与之类似，Wang 等[10]也提出了基于扫描链的与 IEEE 1500/1149.1 相兼容的 TSV 测试方案。由于在 Pre-bond 测试阶段，TSV 只有单端可以访问，因此文献[10]设计了一种 TSV I/O 宏单元，如图 6.13（a）所示。该单元由一个 TSV 和单端连接的两个三态 buffer 组成，其中 LD 称为 Load buffer，CPT 称为 Capture buffer。选通 LD 或 CPT 可以将 TSV 配置为输入或输出 TSV。Pre-bond 测试阶段的电路不完整，普通 SFF 中的数据端 D 无法直接用于从 TSV 捕获输出数据，故文献[10]还设计了一种 TSV 扫描寄存器（TSV scan flip-flop，TSFF）。与普通扫描寄存器的区别在于 TSFF 的数据输入端加入了一个多选器，多选器的两个输入信号 DI 和 CI 分别为数据输入操作与数据捕获操作，而 SI 端口仅用于数据移位操作，如图 6.13（b）所示。当电路处于正常工作模式时，通过 SE 选择 D 端口有效，TSFF 可以发挥正常寄存器的功能。当电路处于测试模式时，通过 SE 信号选择 SI 为有效输入，可以实现移位操作；通过 SE 信号选择 D 信号为有效输入时，可以通过 DI 为 TSV I/O 宏单元装载数据，也可以通过下一个 TSFF 的 CI 捕获 TSV I/O 宏单元的输出。

基于图 6.13（c）所示的测试架构，可以实现 Pre-bond 测试阶段的测试。在正常工作模式下，TSFF 像正常寄存器那样工作，TSV I/O 宏单元可以实现邻近晶片之间的数据输入或输出功能。在扫描模式下，TSV I/O 宏单元的 buffer 处于高阻态，用于选择 TSFF 的 SI 信号有效，测试数据从 SI 端口移位进入扫描链，实现测试数据的扫

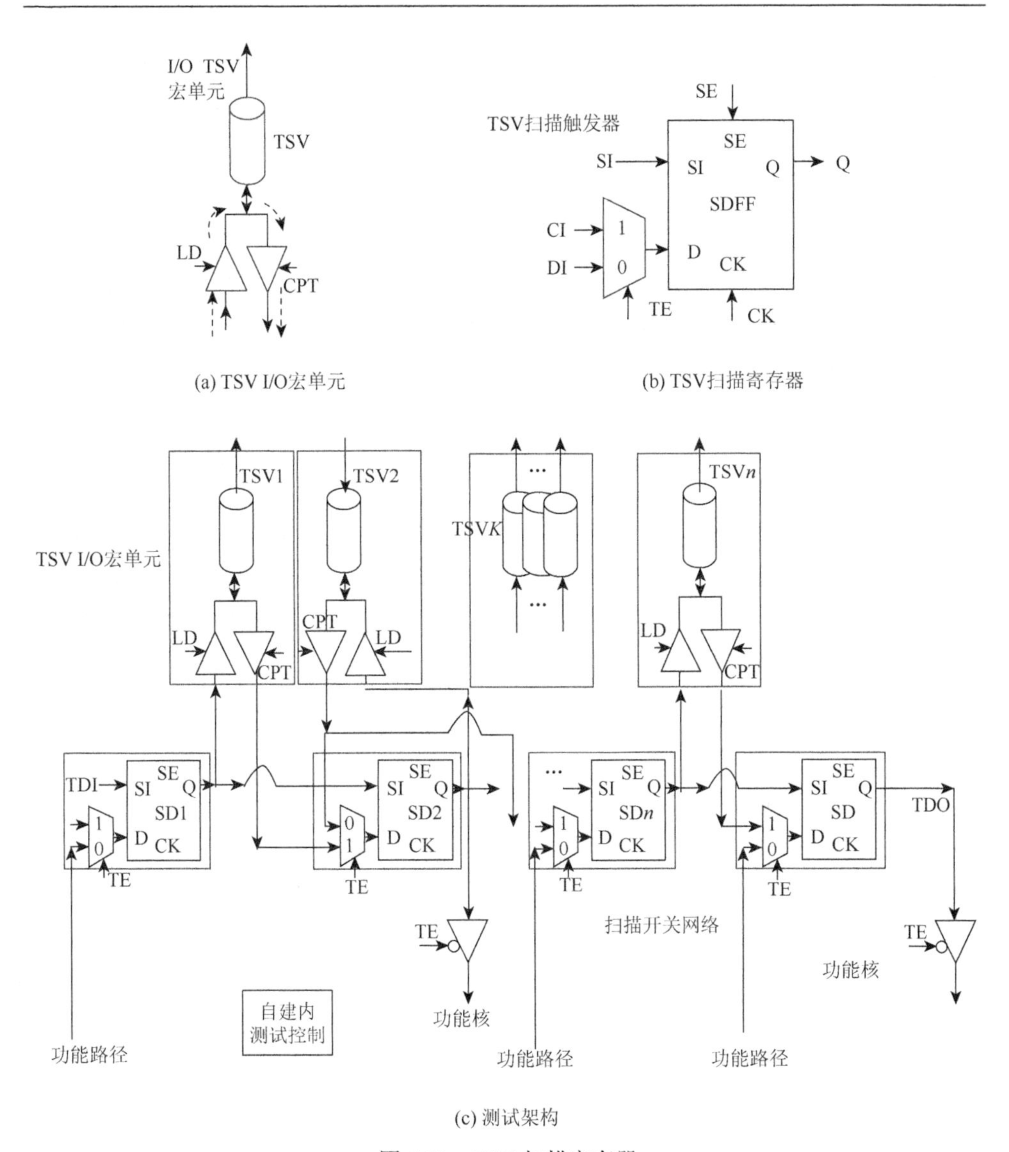

(a) TSV I/O宏单元　(b) TSV扫描寄存器

(c) 测试架构

图 6.13　TSV 扫描寄存器

描输入和测试结果的扫描输出。在数据加载捕获模式下，所加载的数据可以由 DI 端口装入 TSFF，并通过 LD 送往 TSV，而 TSV 的响应则可以通过 CI 端口送入下一个 TSFF 中。当 TSV 中存在严重的开路缺陷或短路缺陷时，可以表现出 Stack-At 故障的行为特征，可以在扫描模式下输入相应测试矢量，用于检测 TSV 中的固定故障或 TSV 间的耦合故障。数据加载捕获模式和扫描模式的合理顺序配置可以将测试结果送出。

扫描测试法可以较好地利用片上已有的扫描链结构进行 TSV 及晶片上电

路的测试，可以与 IEEE 1149.1/1500 标准等片上测试架构相兼容，因此具有良好的应用价值。然而，这类方法需要通过移位操作实现数据的送入送出，故通常测试效率较低。

2. 电压分压法

Cho 等[11]设计了一种基于电压分压原理的 TSV 短路缺陷测试方案。图 6.14 中的 TSV 测试反相器（TSV test inverter，TTI）为一个由信号 TTIG 控制的 CMOS 反相器，直接与 TSV 相连。当 TTI 有效工作时，测试信号 TSV_TEST 保持为低电平，TTI 中的 PMOS 管电阻与 TSV 电阻形成分压关系。分压后的结果送往比较器的反相输入端，而比较器的正相输入端电压 V_{ref} 取可判定为正常 TSV 或可修复具有短路缺陷的 TSV 所需要的最小电压值。若 TSV 中出现了不可恢复的短路缺陷，即 R_{leak} 值很小，则 TSV 电阻下降严重，导致分压后的电压下降严重，从而使比较器的输出为逻辑 0。该结果可以通过扫描单元锁存，通过扫描链送至片外。当 TTIG 信号无效时，TTI 输出为高阻态，不影响 TSV 的正常工作。该方法在 Pre-bond 测试阶段和 Post-bond 测试阶段均可以应用。

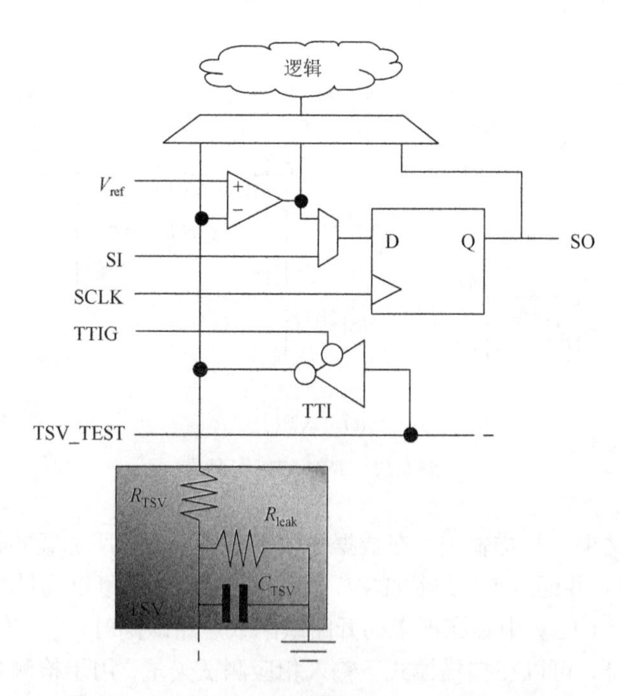

图 6.14　基于电阻分压原理的 TSV 短路缺陷测试

3. 电荷共享法

Chen 等[12]利用 TSV 的电容进行充放电，提出了基于电荷共享法的 TSV 测试方法，如图 6.15 所示，步骤如下。

第一步：将所有 TSV 预充至 V_{dd}。

第二步：断开开关，通过偏置电压 V_b 向负载电容 C_{sense} 充电。

第三步：接通开关，TSV 的电容 C_{TSV} 与灵敏放大器的负载电容 C_{sense} 进行电荷共享。经过一小段时间后，达到稳定状态。

第四步：通过灵敏放大器 SA 判别 V_{sense} 是否处于正确的范围内。为此，需要给灵敏放大器分别设置两个不同的参考电压值 V_{RL} 和 V_{RH}。当 $V_{RL} \leqslant V_{sense} \leqslant V_{RH}$ 时，认为 TSV 无缺陷。

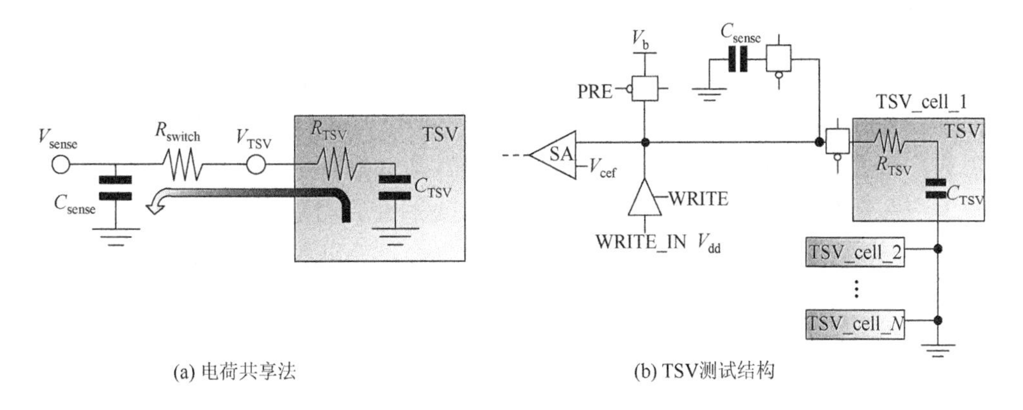

(a) 电荷共享法　(b) TSV测试结构

图 6.15　基于电荷共享法的 TSV 测试方法

将 TSV 视为 DRAM 存储单元，可以通过增加传输门开关来完成被测 TSV 的选择。电荷共享测试过程类似于向 DRAM 存储单元写入特定值，再将该值通过灵敏放大器读出的过程。故电荷共享法也被称为 DRAM-like 测试法。为了减少面积代价，可以将多个 TSV 作为一组进行测试，如图 6.15（b）所示。但需要注意，组内 TSV 数量较大时，被选中的 TSV 的漏电流和寄生电容增加，会影响测试结果。总体来看，这种方法的面积代价较高，受工艺波动的影响较大，可以在 Pre-bond 测试阶段应用。

4. 计数法

若有理想的完好 TSV 作为参照，可以采用计数器方案进行测试[13]。假设图 6.16 中的 TSV_1 为理想 TSV，而 TSV_2 为被测 TSV。当被测 TSV 中存在开路缺

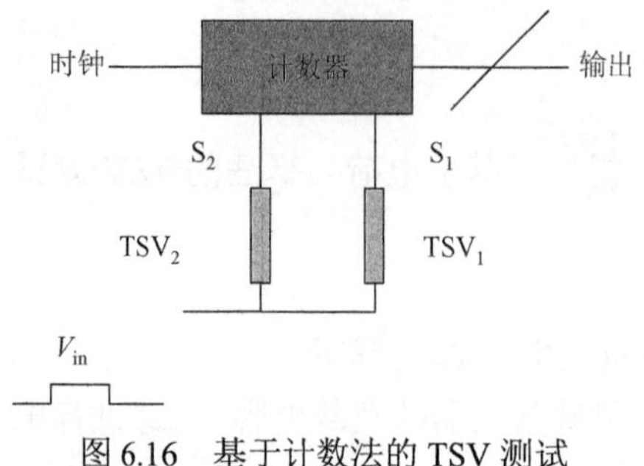

图 6.16　基于计数法的 TSV 测试

陷时，C_{TSV}被开路电阻分为两个相互并联的电容，整体电容值下降，TSV 的信号时延缩小。当 TSV 存在短路缺陷时，驱动电路需要用更多的时间来对 TSV 充电以补偿漏电损失，TSV 的信号时延增加。测试脉冲信号 V_{in} 同时送到 TSV_1 和 TSV_2，将 TSV_1 的输出信号 S_1 和 TSV_2 的输出信号 S_2 分别作为计数器开启信号与停止计数信号。当计数结果大于阈值时，可以认为 TSV_2 中存在开路缺陷。反之，将 S_2 作为计数器开启信号，S_2 作为计数停止信号时，可以通过计数结果测试短路缺陷。

5. 振荡环法

振荡环法具有较高的精度，不仅可以测试 TSV 的灾难性缺陷，也可以测试 TSV 的参数缺陷[9]。如图 6.17（a）所示，该方法将 TSV 作为振荡环电路的负载，通过测量振荡周期来判定 TSV 缺陷。与计数器法类似，该方法可以有效地判别开路故障和短路故障，如图 6.17（b）所示。为了提高测试效率，可以同时将多个 TSV 作为振荡环负载接入，但有可能出现缺陷掩蔽现象，造成测试失败。

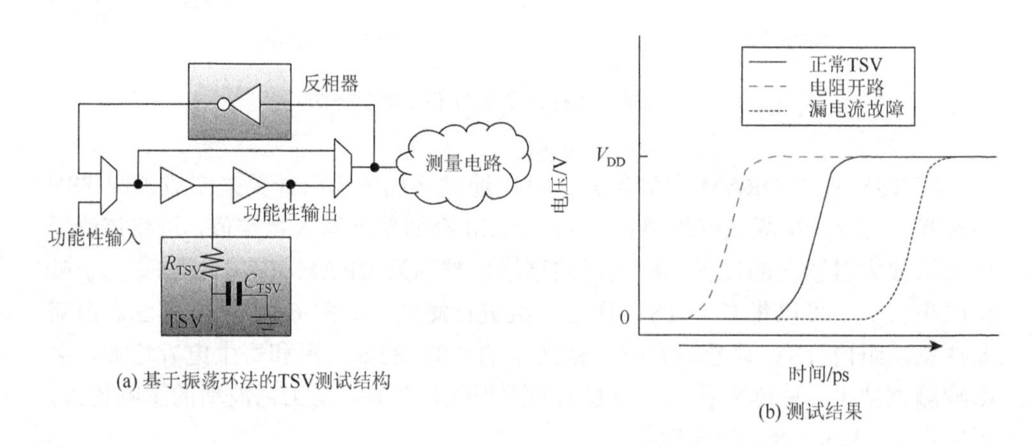

图 6.17　基于振荡环法的 TSV 测试结构[9]

6. 双路径测试法

TSV 的电参数绝对值很小，难以精确地测试。本书作者所在研究团队提出一种双路径测试法，可在Post-bond测试阶段使用。在TSV的输出端配置两个路径，一条路径上接高阈值反相器，另一条路径上接施密特触发器，并将这两个路径的输出端信号相与，如图6.18（a）所示。

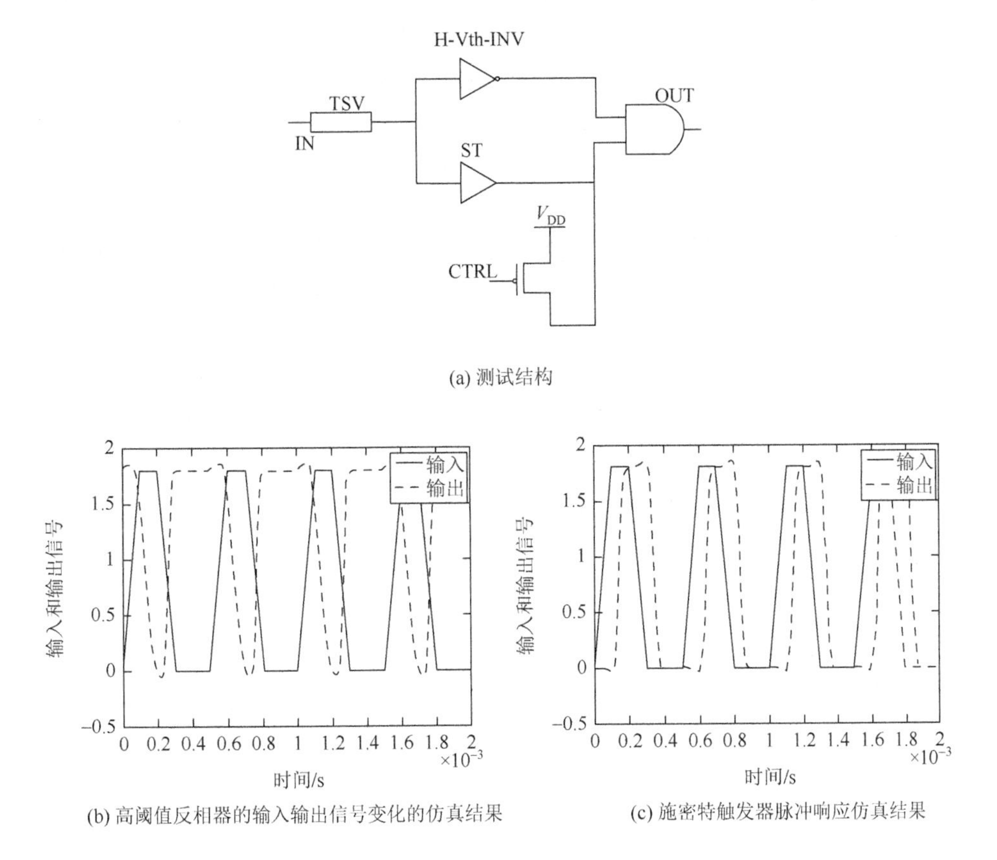

(a) 测试结构

(b) 高阈值反相器的输入输出信号变化的仿真结果

(c) 施密特触发器脉冲响应仿真结果

图6.18　双路径测试法结构

开路缺陷测试时，PMOS管栅极电压CTRL = 1，两个路径的输出信号均对输出产生影响。向TSV输入脉冲信号时，由于TSV中的寄生RC参数很小，信号经TSV时的上升和下降时间也很短。若TSV中存在开路缺陷，TSV的电阻增加，信号经过TSV时的上升和下降时间也会随之增大。即便如此，TSV输出端的信号上升和下降时间仍然较短，难以直接测量。在双路径测试法中，在与门的输出观测到的脉冲宽度是TSV上升和下降时间与两路信号脉冲宽度差的总和，其效果相当于拉长了信号的上升和下降时间，便于测量和分辨。高阈值反相器的阈值电压较高，输出信号只在输入信号达到阈值电压时才会跳变。图6.18（b）给出了高阈值反相器的输入输出信号变化的仿真结果，输出信号的脉冲宽度大于输入信号。由于反相器时延的存在，输出信号相对于输入信号向右偏移。理想情况下，输出信号脉冲宽度应等于输入信号电平为 V_{DD} 时的脉冲宽度。反相器阈值电压越高，输出信号脉冲宽度越近似于输入信号达到 V_{DD} 时的脉冲宽度。施密特触发器对于上升的信号阈值电压较高，对于下降的信号阈值电压较低。图 6.18（c）给出了相同输入信号条件下施密特触发器的输出信号。此时输入输出信号的脉冲宽度基本相等，输出信号相对于输入信号明显偏移。理想情况下，输出信号脉冲宽度等于输入信号电平为 V_{DD} 时的脉冲宽度加上下降时间。施密特触发器和高阈值反相器的阈值电压可能不同。如果施密特触发器的阈值电压较高，可以增加输出脉冲宽度，增强时间放大效果；反之，可能会产生一个较小的脉冲宽度。理想情况下，与门输出信号脉冲宽度为 TSV 输出信号的上升/下降时间加上两个路径的时延差。

短路缺陷测试时，通过控制 PMOS 管的栅极信号 CTRL = 0，断开施密特触发器路径，TSV 输出信号仅通过高阈值反相器路径输出。在此配置下，由于高阈值反相器的阈值电压较高，TSV 输出脉冲的电压如果达到阈值电压，反相器输出就有脉冲信号，否则输出保持高电平不变。

仿真结果表明，双路径测试法具有一定抗工艺波动的能力，且静态功耗较低。

7. 非接触测试法

使用测试探针进行 TSV 接触时需要施加一定的压力，可能对 TSV 造成损伤。当 TSV 之间的节距较小时，由于测试探针的直径往往大于 TSV 直径，测试探针将覆盖多个 TSV。对单个 TSV 进行测试或测量需要 DfT 的配合，且耗时较长。由于工艺波动，多个 TSV 或微凸点的高度并不一致，因此可能造成测试探针与 TSV 或微凸点之间的接触电阻大小不一致，影响测试结果的正确性。为此，研究者已经发展出多种非接触式的测试方法，以规避上述问题的出现。

文献[14]讨论了电感耦合、电容耦合、电磁耦合等多种非接触信号通路用于 TSV 测试的可能性。

电容耦合测试：将 TSV 顶部金属和距其很近的探针卡上的金属作为电容器的两个金属极板，通过两极板间的电场实现信号传送。只要两个电容器极板之间的距离足够近，即便电容大小只有 fF 量级也可以有效地传输信号。这种方法的面积代价很小，容易实现，但是需要考虑电场边缘效应的影响。

电感耦合测试：利用 TSV 自身电感与测试仪器端电感之间的磁场联系进行测试，如图 6.19 所示。发送端将电压信号转换为电流信号，变化的电流在电感线圈中产生变化的磁场并耦合到次级电感线圈，其响应电流信号需要再转换为电压信号。这种方法直接应用于 TSV 测试存在两个缺点。其一，TSV 的电感很小，因此为了形成可靠的信号通路，需要加大信号强度，而使测试功耗增加，故对被测电路的散热能力提出更高的要求。其二，对每一个 TSV 设置相应的信号驱动显然会产生很多的面积开销。

基于 *LC* 谐振电路也可以形成 TSV 测试的非接触通路，如图 6.20 所示。在发射端实现 TSV 数据对电感电压的调制。该方法所需额外元件不多，在谐振频率点附近的信号耦合效率较高，比一般的电感耦合 TSV 测试方法更具有优势。Kim 等[15]则提出了一种新的基于电感耦合效应的 TSV 连接性测试方法。如图 6.21（a）所示，在 Wafer 上设计两个线圈，相邻的 TSV 分别通过保险丝接在不同的线圈上，线圈、金属连线及 TSV 形成叉状结构，其等效电路模型如图 6.21（b）所示。当一个 TSV 中出现连接缺陷时，总电容将下降，而总阻抗将增加。探针卡上不采用探针，而是采用线圈磁场耦合的方式与 Wafer 上的测试结构相连。通过磁场耦合的测量端口测量阻抗 Z_{21}。当存在 TSV 连接缺陷时，Z_{21} 下降，返回探针卡的电压信号下降。完成测试后，将保险丝用激光熔断即可。这种方法只需要在 Wafer 上制作无源器件，因此既可以用于晶片，又可以用于转接板测试。一组中的多个 TSV 可以共享一个信号通道，每个通道设置较大的电感线圈，可以克服基于电感耦合的 TSV 测试中的两个缺点。

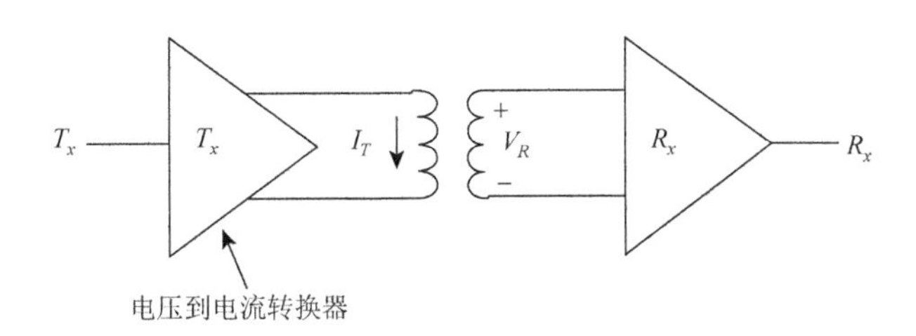

图 6.19　基于电感的测试原理图[14]

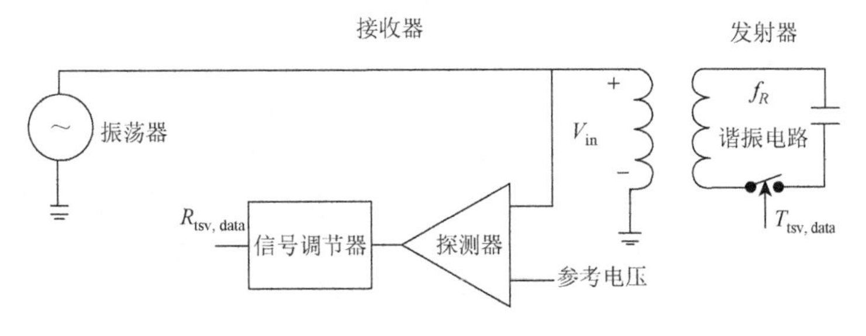

图 6.20　基于 *LC* 谐振的 TSV 测试[14]

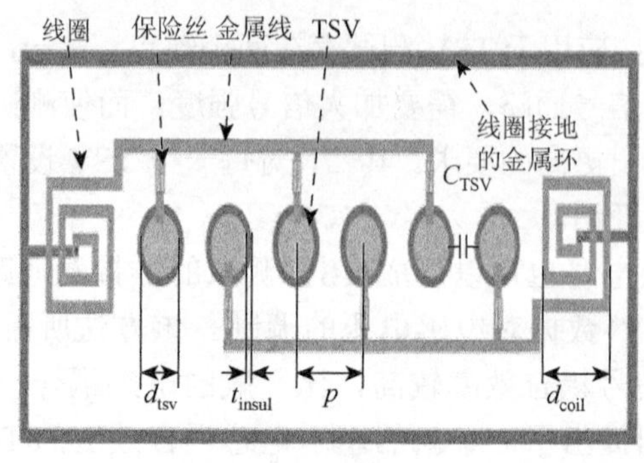

(a) 片上测试结构

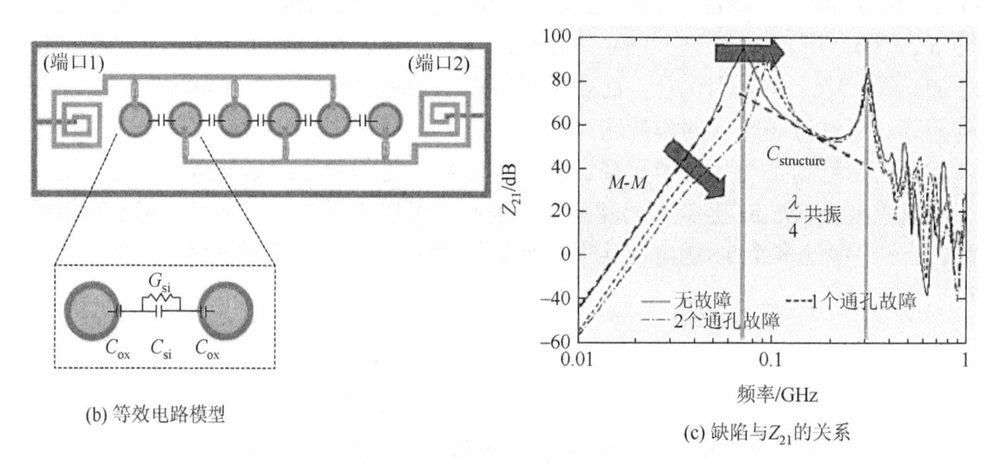

(b) 等效电路模型

(c) 缺陷与Z_{21}的关系

图 6.21　基于电感耦合效应的 TSV 连接性测试方法[15]

电磁耦合的原理与无线通信系统的工作原理相同，收发双方需要将信号调制到无线信道上，然后通过天线进行信号的收发。显然这种方法不适合直接应用于 TSV 测试。但是，参考 RFID 无源标签读写的方法，反射式的射频耦合（图 6.22[14]）可以在 TSV 测试中发挥较好的效果。TSV 端的天线感应到测试机台端的信号后发生信号反向散射，从而可以在测试机台端的天线上接收到信号，其幅度和相位与 TSV 的阻抗特性相关。如图 6.22（a）所示，当 TSV 端控制 NMOS 管栅极的 TSV 信号为高电平时，NMOS 管导通，反向散射信号加强；而当 TSV 信号为低电平时，天线到地的信号通路断开，反向散射信号减弱甚至消失。这实际上是实现了开关调制功能。这种方法可以实现远距离的 TSV 测试，但是在片上天线会占用较大的面积。虽然此方法一次只能测试一个 TSV，但通过增加多选器和译码器［图 6.22（b）］，可以将其应用到一组 TSV 的测试过程中。

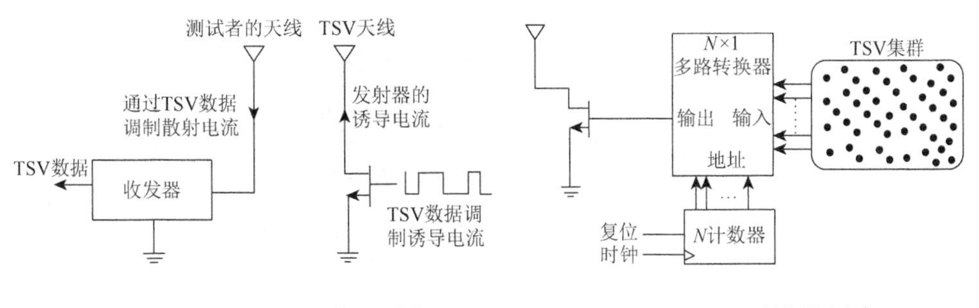

(a) 基于电磁耦合原理的TSV测试　　(b) TSV组的测试方案

图 6.22　基于电磁耦合原理的 TSV 测试方案[14]

成像法是一大类非接触测试方法。目前已经在三维 IC 测试领域尝试运用的成像方法主要有超声成像法、红外热成像法及 X 射线成像法等。其中超声成像法的分辨率相对较低，在 110MHz 频率下，仅能观测 60μm 尺寸的物体，只能应用于分辨率要求不高的情况下。Chien 等[16]采用热成像方法成功进行了 TSV 及转接板的测试。该方法首先将被测晶片或转接板用激光加热，然后用红外相机获取图像，最后基于机器视觉算法进行缺陷 TSV/转接板的识别。该方法测试成本较高，在不同批次的样品测试时表现出来的缺陷误判率波动较大。

图 6.23 为基于机器视觉算法进行缺陷 TSV/转接板的识别。

初始热图像：

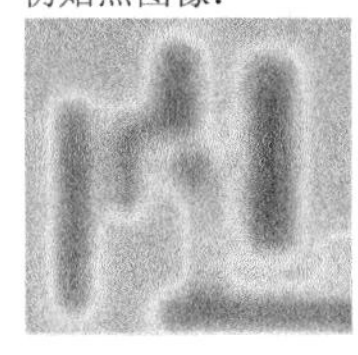

(a) 功能TSV的热图像

(b) 缺陷TSV的热图像

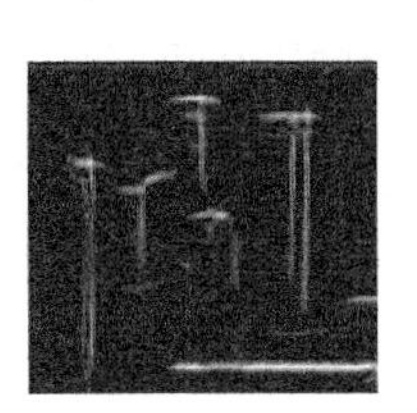

(c) 算法处理过的功能TSV图像

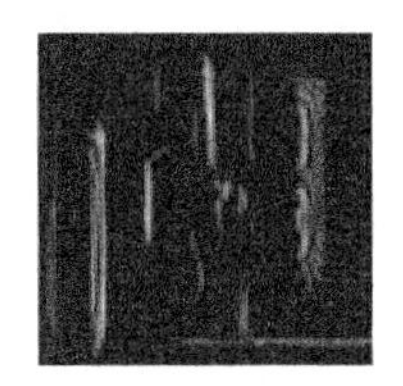

(d) 算法处理过的缺陷TSV图像

图 6.23　基于机器视觉算法进行缺陷 TSV/转接板的识别

X 射线成像法[17, 18]不但可以发现 TSV 阵列中的 TSV 定位误差、TSV 缺失等较宏观的缺陷，而且可以发现 TSV 中的空洞等微观物理缺陷，在 TSV 测试中可以发挥良好作用。通用电气公司等已经开发了相对成熟的 X 射线检测设备。

非接触式 TSV 测试技术避免了探针尺寸问题和样片划伤问题，无须维护和更换探针，故具有较高的测试效率。然而，目前已出现的多种非接触式 TSV 测试技术大多还处于原理分析和仿真验证阶段，只有 X 射线成像法在 TSV 测试中经过一定的工程验证，是目前具有应用前景的方法。

图 6.24 为 TSV 缺失与 TSV 不完全填充的 X 射线照片。

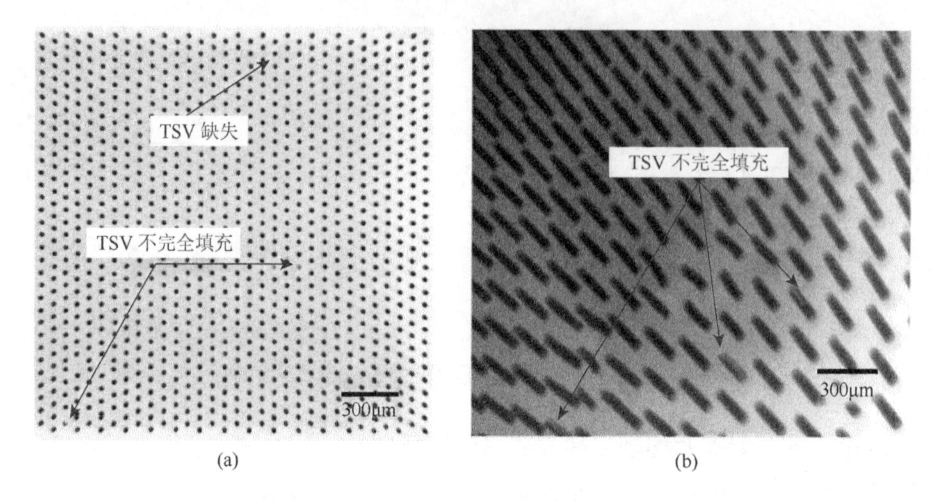

图 6.24　TSV 缺失与 TSV 不完全填充的 X 射线照片[17]

6.3　测试访问架构设计与测试调度

除了面向 TSV 的 Pre-bond 测试和 Post-bond 测试，由于很难完全保证三维堆叠过程及封装过程不会对各层晶片中的电路引入新的故障，故随着集成过程的推进，电路的测试仍不可或缺。然而三维 IC 的三维堆叠结构使得其可测性变差，处于堆叠结构中间层的电路的测试信号不得不通过其他层晶片完成输入输出。为了系统地改善三维 IC 的可测性，提高测试的故障覆盖水平，需要在其设计阶段加入测试架构，形成良好的测试输入输出的通路。本节主要介绍三维 IC 在片上测试架构设计的研究进展。

6.3.1　IEEE P1838 标准

片上测试架构是实施芯片测试的基础设施，一定程度上决定着 IC 测试的质量和效率。为了支持三维 IC 的测试访问，由比利时微电子研究中心牵头的标准工作组已向 IEEE 提交了一个三维 IC 的片上测试架构标准提案，编号为 IEEE P1838。2011 年，P1838 标准提案的项目授权请求（project authorization request，PAR）已被批准[19]，有望成为 3D IC 片上测试架构方面的标准性文件。

IEEE P1838 标准的方案由二维 SoC 片上测试架构标准 IEEE 1500 方案扩展而来，保留了 IEEE 1500 及 IEEE 1149.1 等标准的特征，具有标准之间的兼容性。IEEE 1149.1 标准架构（又称边界扫描测试架构或 JTAG 标准）是目前应用最广的芯片可测性标准架构，其特点为在芯片管脚与功能电路之间插入由寄存器与多选器构成的边界扫描单元［图 6.25（a）］，将边界扫描单元连接成移位寄存器形式（称为边界扫描链），并设计测试访问接口（test access port，TAP），将其作为片上测试资源与片外交互的界面，如图 6.25（b）所示。该架构设置了指令寄存器、旁路寄存器等内部寄存器，可以以状态机控制方式根据片外发来的测试命令实现测试向量预装、测试响应捕获、测试数据的移入移出、测试旁路等多种操作。多核 SoC 芯片的出现后，需要基于模块的测试方法，使 SoC 中的多个 IP 核或电路模块能够获得良好的测试访问通路。为此，在多家重要芯片厂商的支持下，IEEE 已经通过了 IEEE 1500 标准，用于规范 SoC 片上测试架构设计，如图 6.26 所示。该标准架构的特点为面向电路模块或 IP 核设计了测试包，并在 SoC 中加入了起测试总线作用的测试访问机制，可以实现串行测试传输，并可以支持并行测试传输方式来提高测试效率，这可以通过对测试包中的包指令寄存器的编程来实现。测试包挂接在 TAM 上，通过 TAM 与片外进行测试数据的交换。TAM 连接部分或全部的电路模块/IP 核的测试包可以实现串行或并行的数据传输方式。在 SoC 中，TAM 可以配置一套或多套，TAM 的带宽也可根据需要设计，实现方式较为灵活。该标准架构在电路设计方面仍然采用扫描链风格，可以在串行或并行测试命令的控制下，实现串行或并行的测试数据预装、测试响应捕获、测试数据移入移出、测试旁路等测试操作，与 IEEE 1149.1 标准架构具有良好的兼容性，甚至可以部分重用 JTAG 接口的部分电路模块。

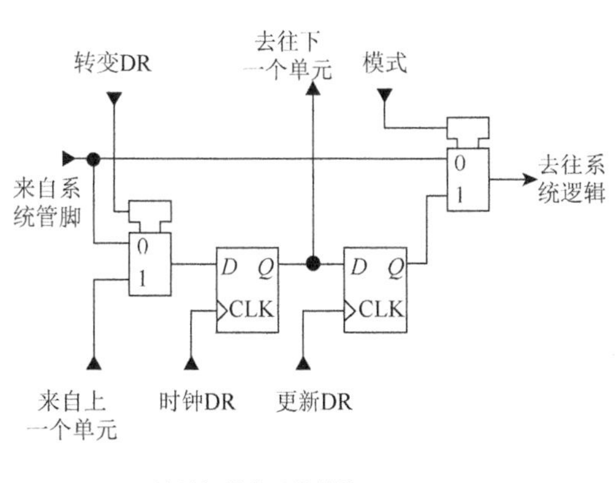

(a) 边界扫描单元的结构

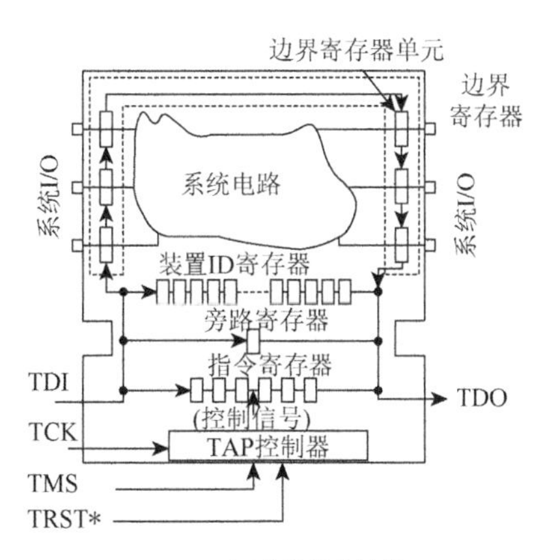

(b) JTAG标准的整体结构

图 6.25　IEEE 1149.1 标准架构

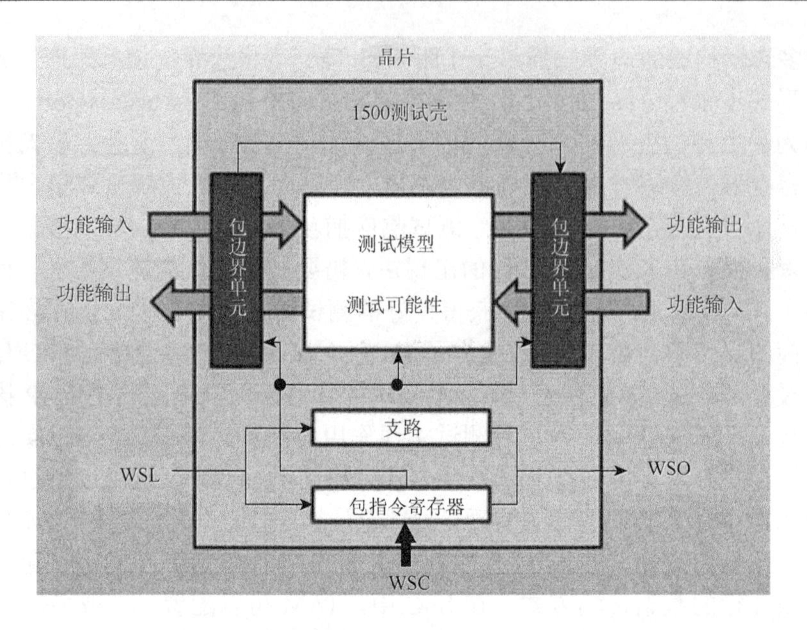

(a) 标准测试包的结构

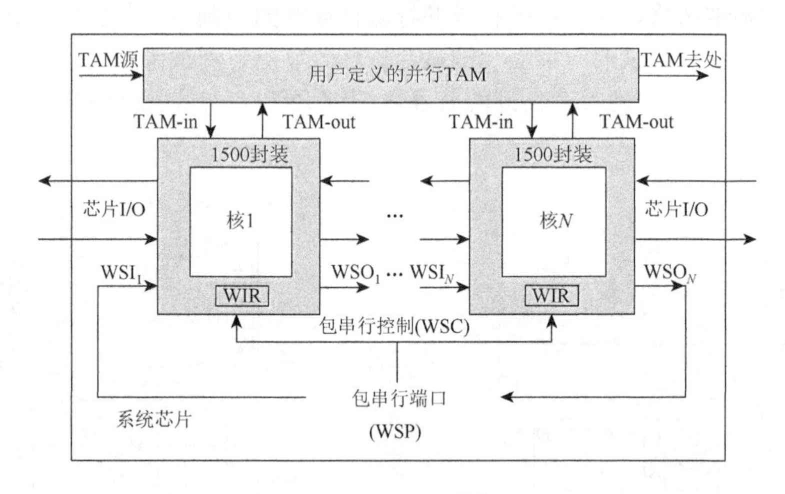

(b) IEEE 1500架构

图 6.26　IEEE 1500 标准测试架构

IEEE P1838 测试架构支持 TSV 的 Post bond 测试、Die 级电路的 Pre-bond 测试及“部分堆”或“完整堆”的 Post-bond 测试[20, 21]。延续基于模块的测试风格，IEEE P1838 测试架构仍然使用测试包结构实现对被测对象的测试。与二维 SoC 芯片不同，三维 IC 具有堆叠结构和 TSV 连接，故 IEEE P1838 测试架构在保留 IEEE 1500 的测试包结构的基础上，增加了晶片级测试包。三维 IC 的每层晶片中均配置一个 die 级测试包。为了实现层间测试信号的通路，该标准使用测试专用的 TSV 作为“测试电梯”。因此，从测试角度来看，三维 IC 中的 TSV 可以分为功能 TSV（functional TSV，FTSV）和测试 TSV。与 IEEE 1500 相似，IEEE P1838 标准将串行 TAM 作为必选配置，而将并行 TAM 列为可选配项。不同之处在于 P1838 标准的 TAM 包括晶片内的横向 TAM 和晶片间由 TTSV 构成的纵向 TAM。该标准为了同时兼顾 Pre-bond 测试和 Post-bond 测试的需求，在每层芯片上保留了一定数量的 Pad，可供探针测试。IEEE P1838 标准规定外部测试数据只能通过底层晶片送入三维 IC 内。测试高层晶片所需的测试数据需要从层次比其低的各层晶片通过“测试电梯”逐层送上来，该晶片的测试响应也需要通过“测试电梯”逐层送到位于底层的测试接口方可传出片外，这一测试数据路径称为测试拐弯，其测试数据路径为倒 U 形。若需要进行 PCB 级的集成，底层晶片可配置为 IEEE 1149.1 标准的测试接口。一个三层堆叠芯片的 IEEE P1838 标准的片上测试架构方案如图 6.27（a）所示。实际上，IEEE P1838 标准并未对三维 IC 的堆叠层数、每层包含的电路模块数量等进行任何限制。

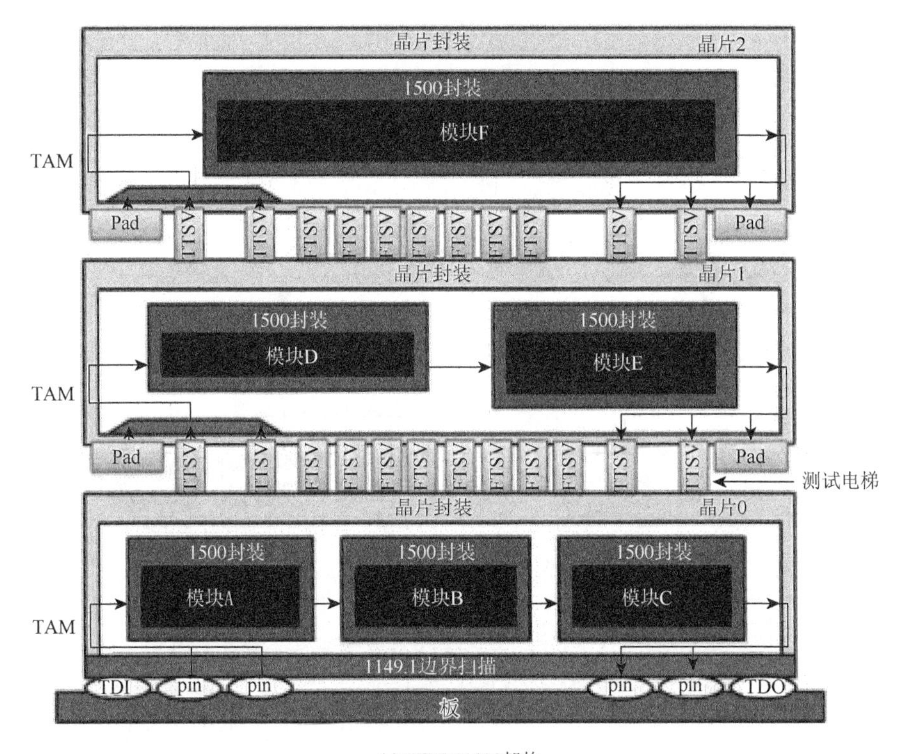

(a) IEEE P1838架构

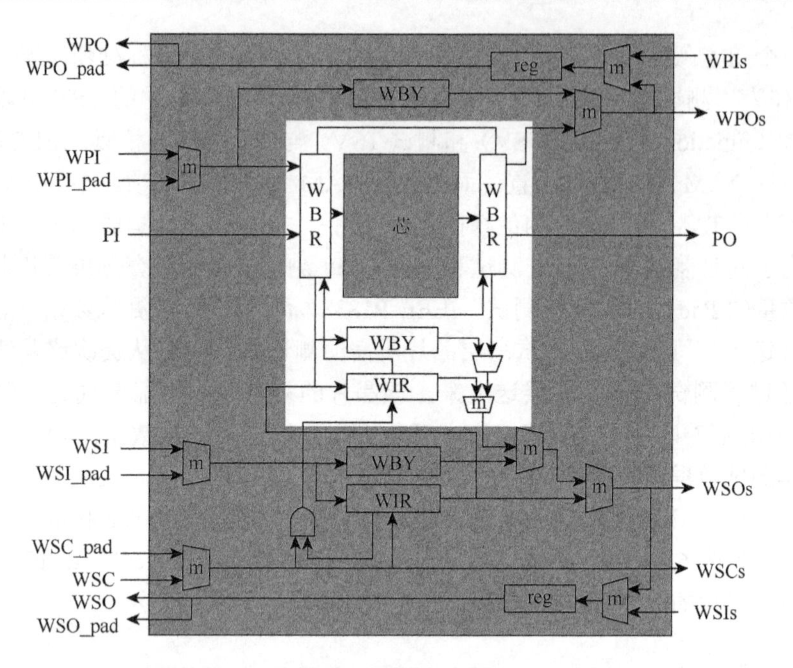

(b) 晶片级测试包

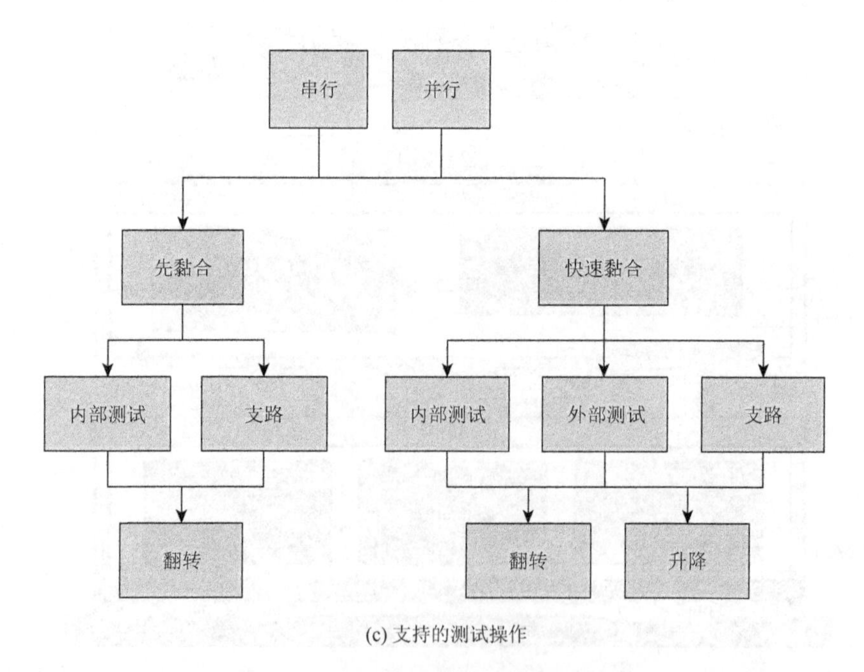

(c) 支持的测试操作

图 6.27　IEEE P1838 标准测试操作架构

图 6.27（b）给出一个晶片级测试包的结构示意图。该测试包是由 IEEE 1500

标准的测试包扩展而来的，故可以称为三维增强型测试包。该晶片级测试包保留了 IEEE 1500 标准测试包的所有部件，包括包边界单元(wrapper boundary register，WBR)、包串行输入（wrapper serial input，WSI）端口、包串行输出（wrapper serial output，WSO）端口、包指令寄存器（wrapper instruction register，WIR)、包旁路寄存器（wrapper bypass register，WBY)、包并行输入（wrapper parallel input，WPI）端口、包并行输出（wrapper parallel output，WPO）端口及一组包串行控制（wrapper serial control，WSC）信号，此外还增加了相应的 Pad 连接、用于测试电梯的 TSV 及用于组织流水线的流水线寄存器等。通过使能其内部不同的路径，die wrapper 可以实现如图 6.27（c）所示的 16 种测试操作。晶片级测试包内部不同路径的选取由一组 WSC 和 WIR 组成的多路选择器实现。

如图 6.28 所示，IEEE P1838 标准的测试架构可以支持 Pre-bond 测试阶段和 Post-bond 测试阶段的测试工作。在 Pre-bond 测试阶段，测试数据的输入输出均通过 Pad 实现，一般在晶片尚未减薄时进行。对于 Post-bond 测试阶段，测试数据通过底层 die 的测试接口实现输入输出，经过测试拐弯路径传输数据。通过上下层的 Wrapper 操作模式的组合，可以实现 TSV 的 Post bond 测试。实际上，晶片级测试包也可以采用 IEEE 1149.1 标准兼容的形式进行设计。在本节中不再赘述。

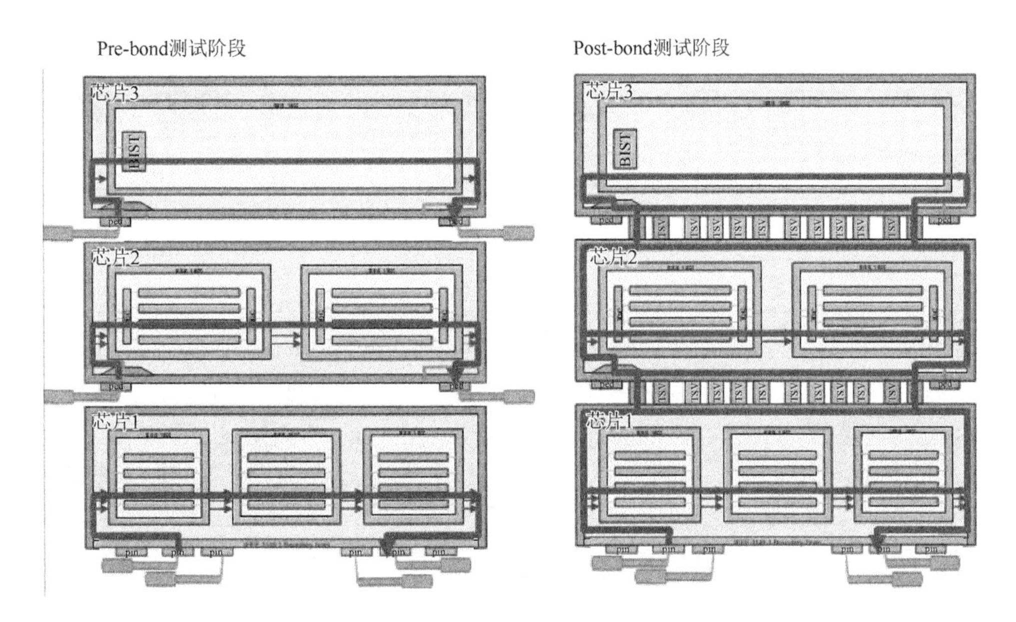

图 6.28　IEEE P1838 标准在 Pre-bond 测试阶段和 Post-bond 测试阶段的应用

6.3.2　IEEE P1838 标准测试访问架构的扩展设计

本节介绍几种 IEEE P1838 标准基本架构基础上的扩展设计方案。

1. 层次化的测试访问架构扩展设计

若一个晶片中包括多个内嵌的独立电路模块，则该晶片称为层次化的晶片，其内嵌的测试模块已经配置了基于 IEEE 1500 标准的 core wrapper，如图 6.29（a）所示。为了支持层次化的晶片的测试，需要将 die test wrapper 与 IEEE 1500 test wrapper 所形成的测试通路进行级联。然而，包指令寄存器全部级联会造成链长度过长，因此可以采用基于多选器的 die wrapper 扩展方案来指定所需的 WIR[22]。在图 6.29（b）中，左侧的棕色多选器用于将晶片外的测试数据和测试指令送入本晶片，而右侧的棕色多选器则用于指定将哪个 core wrapper 加入 WIR 链中。WSC 信号被广播到所有的电路模块。当某个电路模块的 WIR 信号无效时，该电路模块的测试包不再更新数据。只有在 WIR 链中的电路模块的测试包才能获得数据更新，不在该 WIR 链中的电路模块的测试包处于旁路状态（由复位信号 WRSTN 决定）。这种处理方式也有利于实现低功耗测试。

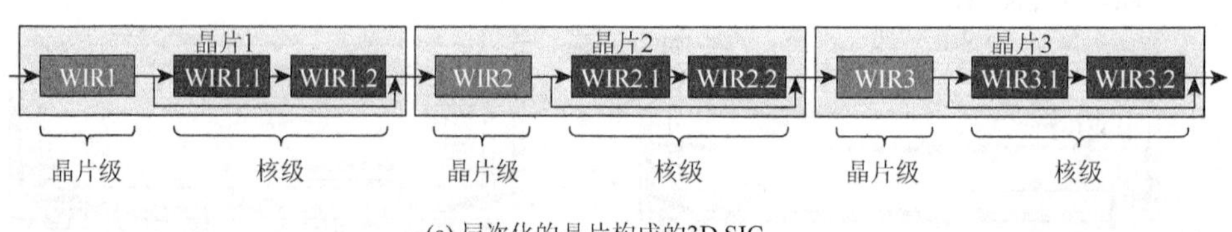

(a) 层次化的晶片构成的3D SIC

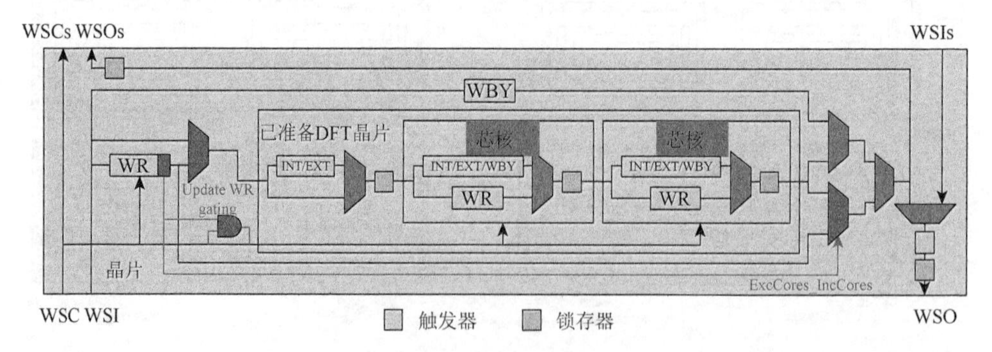

(b) 内嵌芯核的串行TAM及其测试控制

图 6.29　层次化的晶片构成的 3D SIC 的测试方案[22]（见彩图）

2. 面向多塔结构的测试访问架构设计

随着芯片集成度的进一步提高，一个低层晶片上可能需要堆叠多个子晶片堆，从而形成多塔结构的三维 IC，如图 6.30 所示。然而，IEEE P1838 标准在制定之初主要面向只有一个晶片堆的单塔结构三维 IC，故需要考虑进一步的扩展设计[23, 24]。

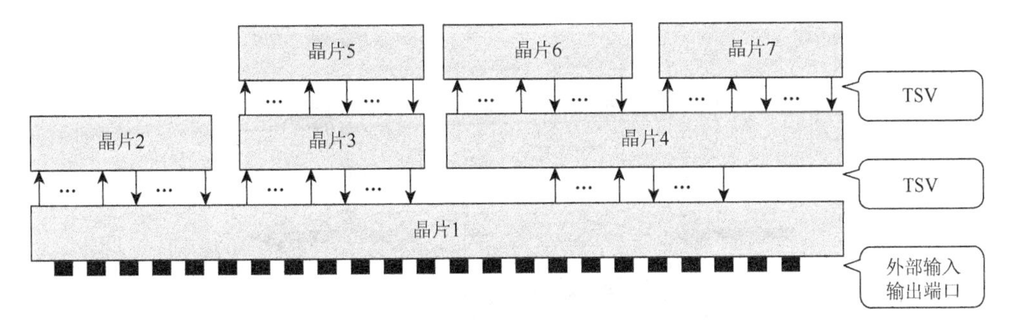

图 6.30　一个多塔 3D SIC 的结构示例

在单塔三维 IC 中，每个晶片上的晶片级测试包都有面向下层晶片的测试接口和面向上层晶片的测试接口（顶层 die 和底层 die 为例外）。其中，IEEE 1500 标准风格的 die wrapper 的测试接口包括 WSC、WSI、WSO、WPI、WPO 等端口信号，而 IEEE 1149.1 标准风格的 die wrapper 的测试接口包括 JSC、TDI、TDO、TPI、TPO 等端口信号。对于一个上面堆叠了多个子堆的低层晶片，为了形成测试数据通路，需要在该晶片上设置一个面向下层晶片的测试接口和与其上的子堆数量一致的多个面向上层晶片的测试接口。图 6.31 给出了一个支持双塔 3D SIC 的晶片级测试包结构。WSC 广播给其上晶片堆中的所有晶片。而测试数据信号 WSI 和 WSO 或 WPI 和 WPO 以菊花链方式级联起来，形成了更长的测试通路。

为了选择测试数据通路经过哪些晶片，需要对晶片级测试包进行扩展。如图 6.32（a）所示，在 die WIR 中增加了 Inc Twrx 信号，用于控制一个新增的多选器，从而实现数据通路的选择。图 6.32（b）给出了一个测试通路选择的结果，其中可行的测试通路由实线表示，被关断的测试通路由虚线表示，该配置下可以对 1、3、5、4、7 号晶片进行测试。由于扫描链上的时钟抖动问题，在各 die wrapper 中还增加了数据输入端的 Flip-Flop 寄存器和数据输出端的 Lock-up 锁存器。

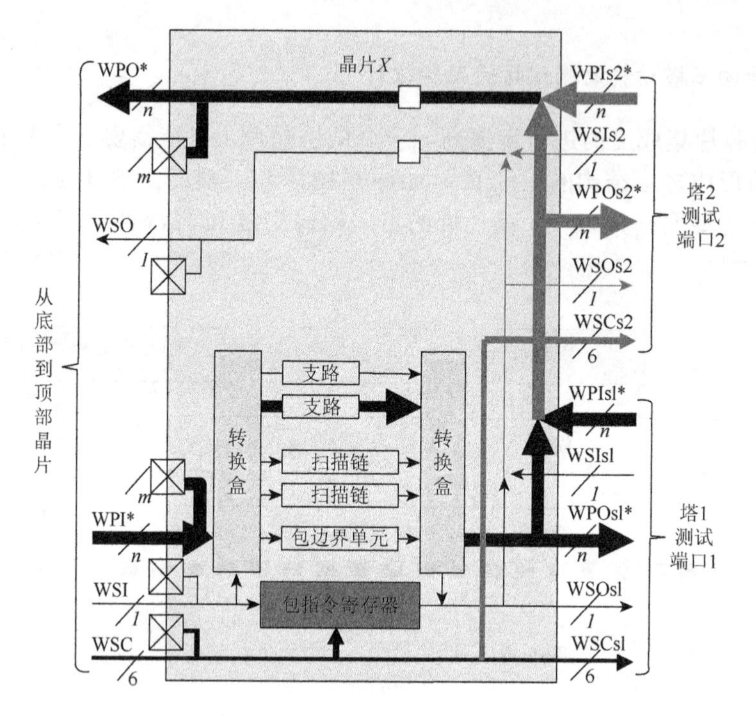

图 6.31　一个支持双塔 3D SIC 的晶片级测试包结构[23]

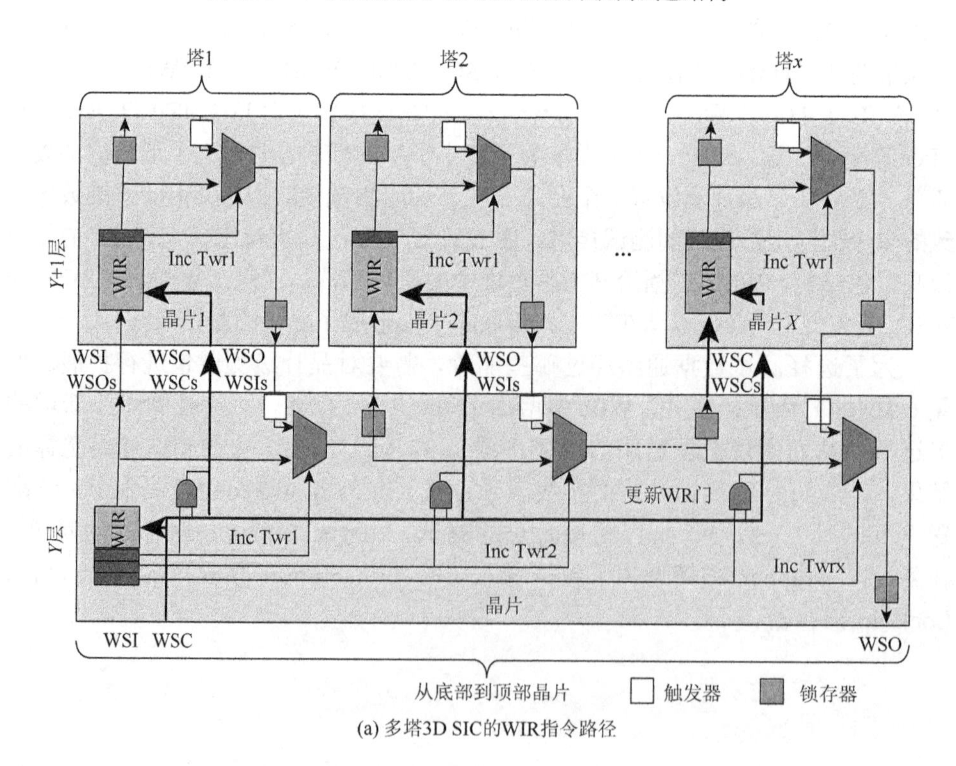

(a) 多塔3D SIC的WIR指令路径

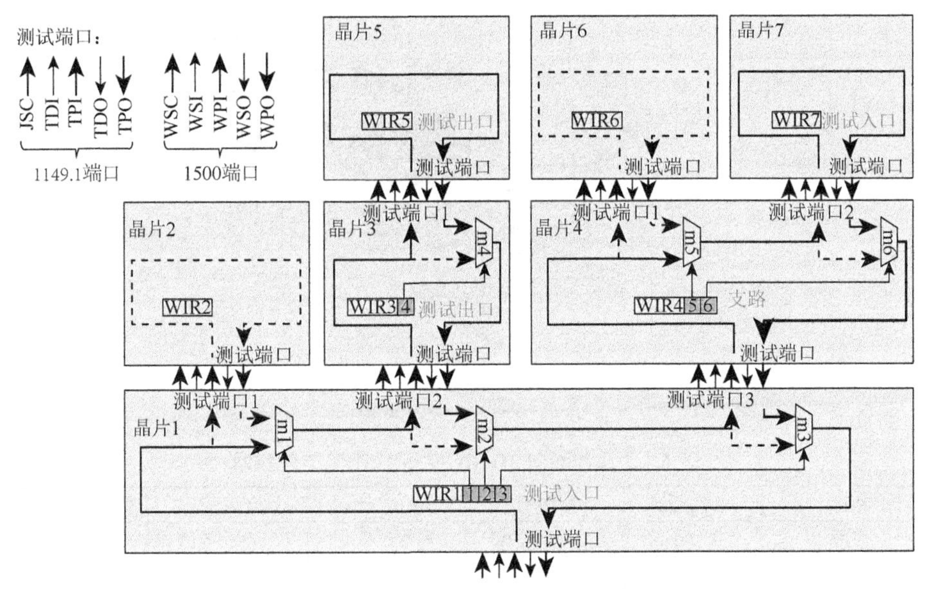

(b) 测试通路选择结果示例

图 6.32　多塔 3D SIC 测试的 WIR 指令路径

3. 无线测试访问技术

无线测试访问可以规避探针测试所带来的种种问题，实现高速并行测试。与非接触 TSV 测试方法相类似，无线测试访问主要依靠电容耦合、电感耦合及电磁场耦合三种方式实现，如图 6.33 所示。电场耦合的测试方式需要在测试端和芯片内嵌入电容来传输测试信号[24]，磁场耦合的测试方式则采用电感器件传输测试信号[25]。这两类无线测试方法比较适合于应用在 Wafer 级的 Pre-bond 测试中。而电磁场耦合的无线测试则需要在测试设备端和被测电路上嵌入无线收发器电路及天线[26]，这类方案无须将测试设备与被测电路紧贴在一起，可方便地实现多测试点并行测试。国际上已有多个技术团队开展了无线测试接口的设计工作[24]，相关工作总结如表 6.1 所示。

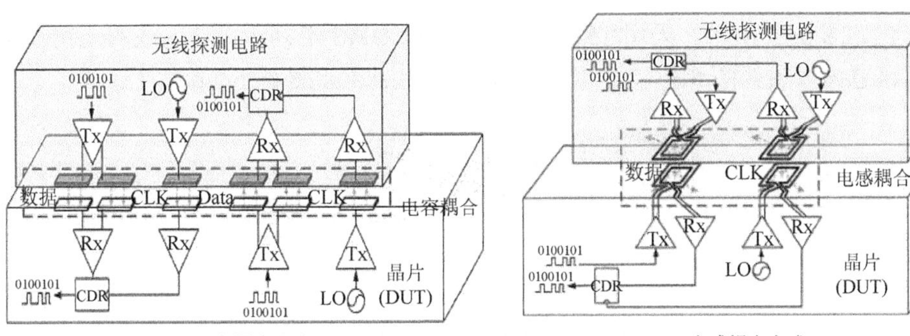

(a) 电容耦合方式　　(b) 电感耦合方式

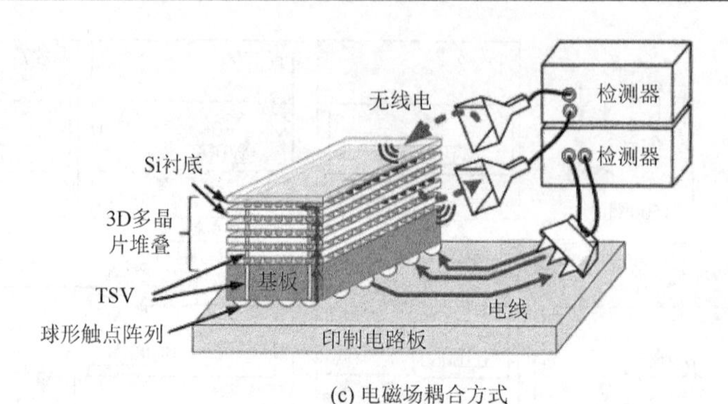

(c) 电磁场耦合方式

图 6.33　无线测试访问技术

表 6.1　几种面向 3D SIC 的无线测试访问技术

拓扑	电容耦合	电感耦合	键合线天线 1	键合线天线 2	片上天线
应用	IC 测试	芯片到芯片	芯片到芯片	芯片到芯片	芯片到芯片
范围	4μm	15μm	14μm	4cm	＜40cm
工艺	65nm CMOS	90nm CMOS	40nm CMOS	180nm CMOS	65nm CMOS
功耗/比特/(pJ/bit)	0.47	0.065	6.4	17	11
功耗/比特/长度/(pJ/bit/mm)	117.5	4.33	0.45	0.425	0.0275
数据率/信道/(Gbit/s)	15	1	11	6	10.4
位出错率	$<10^{-12}$	$<10^{-12}$	$<10^{-11}$	$<4\times10^{-13}$	$<7.7\times10^{-8}$
面积/信道/mm^2	0.0064	0.0009	0.13	0.62	4.84

近年来，本书作者团队也尝试开发了基于 IR-UWB 的无线测试信号收发电路。IR-UWB 收发器电路采用无载波式方式，由发射机产生高斯脉冲，直接对脉冲进行调制并用于传输数据，这种方式具有低功耗、高带宽的优点。本书开发的无线测试接口电路的技术基本参数如下：OOK 调制方式；工作频率范围为 3～4.5GHz；传输速率为 100Mbit/s；最大测试距离为 1cm；误码率＜10^{-3}；供电电压为 1.8V；接收机灵敏度为–60dBm；发射功率为 180mW。基于 IR-UWB 的无线测试信号收发电路如图 6.34 所示。采用 TSMC 180nm RF COMS 工艺，设计完成的无线收发机电路总体版图如图 6.35（a）所示，键合后的照片如图 6.35（b）所示。

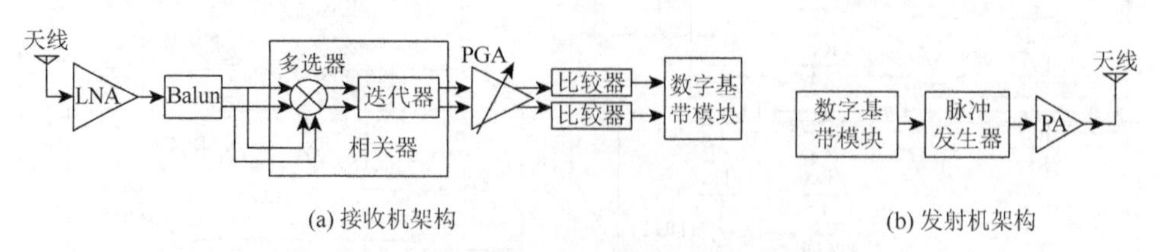

(a) 接收机架构　　(b) 发射机架构

图 6.34　基于 IR-UWB 的无线测试信号收发电路

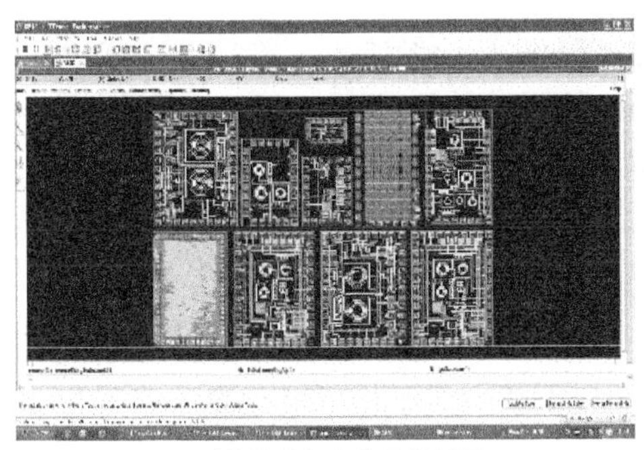

(a) 无线收发机电路总体版图

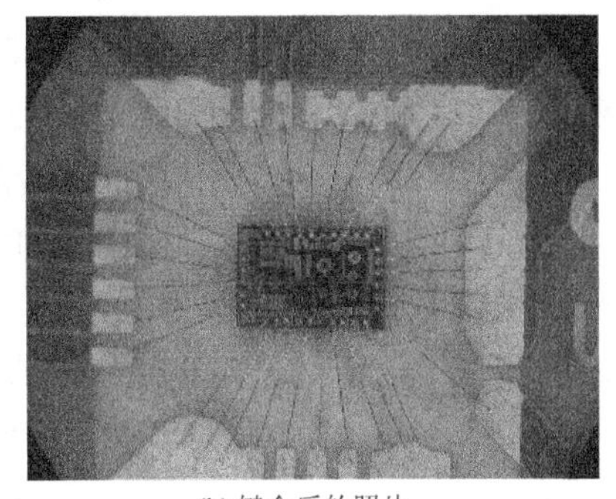

(b) 键合后的照片

图 6.35　无线收发机电路版图

此 IR-UWB 无线收发电路可作为 IP 核嵌入到 3D IC 中，与 ATE 端的匹配无线收发电路协同，发挥无线测试接口的作用。将此无线测试接口配置在三维 IC 的顶层晶片中作为测试数据 I/O 端口，加上位于底层晶片中的测试接口，形成了双测试通路[27-30]。本书作者团队在此条件下，进行了 3D SIC 片上测试架构的优化设计。两个测试通路并行工作，可以将测试时间压缩一半。

6.3.3　三维 IC 的测试调度问题：单塔情形

测试调度是 SoC 测试中的传统问题。对于多核的 SoC 芯片而言，由于测试访问通道的带宽、测试功耗等方面的限制，各电路模块的测试顺序需要合理的安排，才能达到减少测试时间、避免测试资源使用冲突、控制测试功耗等工程目的，其中对测试并行性的挖掘和控制是重要的手段。

与传统的 2D SoC 芯片的测试相比，3D SoC 增加了纵向测试通道的约束，情况变得更加复杂。受到如 IEEE P1838 标准结构的限制，3D SoC 的测试数据的输入输出只能通过底层晶片完成，故输入输出引脚数量是受限的。三维 IC 的散热问题比二维芯片更加困难，因此测试功耗控制约束也更加严格。在 3D SoC 中，大多数的 TSV 承担着层间信号、电源网络、地网络、时钟网络的连接作用及散热作用，专门用于测试的 TSV（称为测试电梯或纵向 TAM）的数量也受到很大限制。对于电路模块 i，设其层内 TAM 宽度为 W_{hi}，层间 TAM（即测试用的 TSV）宽度为 W_{vi}，该模块总的 TAM 宽度为 $W_{hi}+W_{vi}$，则对 3D SoC 内的所有电路模块，其$\sum_i W_{vi}$应小于一个上限 W_{vmax}，且总的 TAM 宽度不能超过 W。IEEE P1838 标准架构规定的测试数据流向为倒 U 形，因此测试引脚和测试 TSV 的数量实际上为 TAM 宽度的两倍。

单塔 3D 芯片由多个晶片线性堆叠而成，结构相对简单，其测试调度问题可简单描述为：给定一个由 M 个 die 堆叠而成的 3D SoC，可用测试通道宽度为 $W_{\max}$，最大可用的测试 TSV 数量为 $\text{TSV}_{\max}$。对于每个晶片，可用测试通道宽度

$w_m(w_m < W_{max})$、峰值功耗限制 P_m 和测试时间 t_m 已经给定。给出一个 TAM 的设计和相应的测试调度，使得整个 3D SoC 的测试时间最短。

实际上，对于单塔三维芯片，若晶片编号自底向上增加，晶片 i 与晶片 $i+1$ 之间的测试 TSV 数量由两个因素决定。其一是晶片 $i+1$ 的 TAM 宽度及晶片 $i+1$ 上方各晶片 TAM 宽度的最大值 W_{tmax_i}，其二是晶片 $i+1$ 及其上方各并行测试晶片集合中的晶片 TAM 宽度之和的最大值 $TSV_{pmax_{i+1}}$。晶片 i 与晶片 $i+1$ 之间的测试 TSV 数量取决于 W_{tmax_i} 与 TSV_{pmax_i} 二者的最大值。对于塔中晶片最小序号为 n_{start}、最大序号为 n_{end} 的单塔 3D-SIC，其所需要的测试专用 TSV 总数量计算公式为

$$TSV_{single} = \sum_{i=n_{start}+1}^{n_{end}} \max(W_{tmax_i}, TSV_{pmax_i}) \tag{6.1}$$

测试调度问题是一个 NP 难问题，难以在多项式时间内计算出最优解。具有随机特征的仿生群智能方法比较适于求解此问题，可在有限时间内获得近似优化的解。Cui 等[31]给出一个类遗传算法的 3D IC 测试调度算例。

用个体表示一个可行的解，用种群表示可行解空间。每个个体拥有一个适应度值，表示此个体所对应的解的优良程度。种群向最佳适应度方向进化，从而找到近似优化的解。类遗传调度算法大致需要以下四个步骤。

步骤 1：初始种群生成。随机生成一个由 F 个个体组成的初始种群，由按适应度降序排列的集合$\{F_1, F_2, \cdots, F_F\}$表示。将初始种群分为 M 个子群，每个子群中包括 N 个个体。

步骤 2：局部搜索。假设当前在子群 i 中具有最佳适应值的个体是 F_{bi}，具有最差适应值的个体是 F_{wi}，而整个种群中具有最佳适应值的个体是 F_g。在每个子群中，利用公式更新 F_{wi}。

$$F_{w,i,\text{new}} = F_{w,i,\text{old}} + \text{rand}() \cdot (F_{bi} - F_{wi}),\ \text{rand}()\text{ 为}[0, 1]\text{上的随机数} \tag{6.2}$$

更新步长 $\text{rand}() \cdot (F_{bi} - F_{wi})$ 较大，容易漏掉最优解，故我们限制 $\text{rand}() \times (F_{bi} - F_{wi})$ 的值在$[-D_{max}, D_{max}]$上。若 $F_{w,i,\text{new}}$ 的适应值优于 $F_{w,i,\text{old}}$，则可用 $F_{w,i,\text{new}}$ 替代 $F_{w,i,\text{old}}$，否则用 F_g 更换 F_{wi}。这样的更新策略可以使子群向着适应值改善的方向进化。此进化过程迭代数轮后暂停，局部搜索告一段落。

步骤 3：所有的子群均完成局部搜索后，将当前子群中的个体进行混合并重新划分子群。

步骤 4：重复执行步骤 2 和步骤 3，直到满足算法终止条件。此时，取当前的 F_g 作为全局最优解。

该算法的整体思路与遗传算法的思路相似，但不使用交叉、变异等操作，仅仅利用适应值更新的随机化，以避免陷入局部最优解。

每一个电路模块的测试性能可以用测试时间、测试功耗、层内 TAM 宽度、

层间 TAM 宽度这四个维度来表示，测试调度问题则可以模型化为一个四维装箱问题[32]。下面简述基于简化类遗传算法的 3D IC 测试调度方法。该方法不对种族进行子群划分，故称为简化的类遗传算法。算法步骤如下。

步骤 1：生成一个总 TAM 宽度为 $W_{\text{total, preferred}}$ 的初始个体。随机生成一个 $[0, W_{\text{total, preferred}}]$ 上且小于 W_{vmax} 的值，作为此个体的纵向 TAM 宽度。

步骤 2：设置 K 个进化个体，设置各进化个体的纵向 TAM 宽度为 W_{vmax}/K，将层内 TAM 宽度的值赋为［0,（总 TAM 宽度$-W_{\text{vmax}}/K$）］上的一个随机值。计算每个个体的测试时间，并选择其中的最佳个体。

步骤 3：按照四维装箱模型进行调度，计算所有个体的测试时间。

步骤 4：若初始个体与进化个体中的最优者相比具有更短的测试时间，则利用式（6.2）更新进化个体。在进化过程中，若某个体违反 $\sum_i W_{vi} \leqslant W_{\text{vmax}}$ 及总 TAM 宽度 $\leqslant W$ 的条件，则需重新进行个体的进化。

步骤 5：若最佳进化个体的测试时间短于初始个体的测试时间，则将两个个体进行互换。

步骤 6：若总测试时间有所下降，则记录此解为当前的最优解。

步骤 7：重复执行步骤 2～步骤 6，直到满足迭代停止条件。

我们将基准 SoC 电路 d695 中的多个电路模块分布在两层内，构成 3D d695 电路，如图 6.36 所示。假设只有 48 个 TSV 可被用作纵向 TAM，使用上述测试调度算法计算测试时间及其对应的（W_{hi}, W_{vi}）。例如，若 3D d695 的每个电路模块

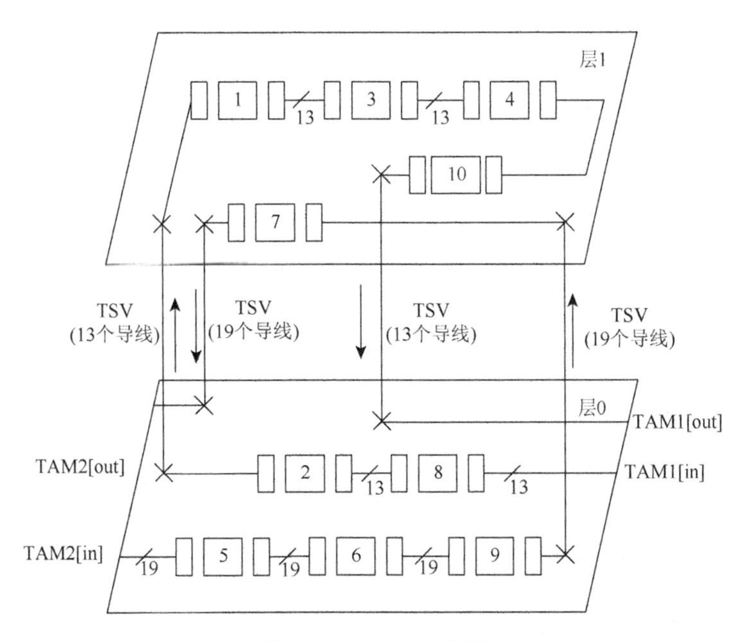

图 6.36　3D d695 电路

的峰值测试功耗上限为 1500，且纵向 TAM 宽度上限为 32，则计算出的测试时间为 23520，10 个电路模块的（W_{hi}, W_{vi}）配置分别为（30, 1），（29, 0），（2, 0），（3, 1），（32, 0），（19, 0），（20, 0），（4, 0），（32, 0），（30, 1）。这组结果显示，电路模块 3 和电路模块 6 可以进行并行测试。表 6.2 给出 3D d695 电路在变化的峰值功耗上限，以及变化的 TAM 总宽度约束下，测试时间的计算结果。

表 6.2　3D d695 电路的测试时间的计算结果

功耗峰值	$W=16$	$W=24$	$W=32$	$W=48$	$W=56$
1500	42578	31739	23520	19439	18156
2000	42437	27964	24376	18652	14974
2500	41826	29581	24558	18799	14974

对采用相同手段构造的 3D p28810 和 3D p93791 电路，也应用上面算法进行了测试调度。比较所计算出的 2D d695、2D p28810 和 2D p93791 等电路的测试时间，我们发现三维情况下的大多数测试时间结果小于二维情况下的对应值，说明 3D IC 测试调度算法在 3D SoC 的测试调度中可以取得良好的优化效果[32]。

6.3.4　三维 IC 的测试调度问题：多塔情形

多塔 3D SoC 在一个底层晶片上集成多个垂直晶片塔，而每个晶片塔上还可以集成子塔，其结构较单塔 3D SoC 更加复杂。与单塔 3D SoC 的线性垂直堆叠结构相对应，多塔 3D SoC 芯片将多个晶片以树形结构进行垂直堆叠。树的根节点表示底层晶片，树的顶层节点表示顶层晶片，树的中间节点表示中间晶片，而树的结构表示了多塔三维芯片的结构。

多塔 3D SoC 的测试调度问题可描述为：给定一个由 M 个晶片、Q 个塔构成的 3D SoC，塔 $q(1\leqslant q\leqslant Q)$中有 M_q 个晶片。记底部晶片上可以用于测试的引脚总数为 $W_{\max}$，塔 q 上最多可以用于 3D SoC TAM 设计的测试专用 TSV 数量上限为$\mathrm{TSV}_{\max_q}$，测试允许的峰值功耗为 $P_{\max}$。对于序号为 i 的晶片 $i\in M$，其 TAM 宽度为 $w_i(w_i\leqslant W_{\max})$，相应的测试时间为 t_i，测试功耗为 p_i。在不违反 $W_{\max}$、$\mathrm{TSV}_{\max_q}$ 和 $P_{\max}$ 约束的条件下，确定一个测试调度方案，使得 3D SIC 的总测试时间最少。

并行测试晶片集合包含了可同时进行测试的多个晶片，其测试时间取决于其中测试时间的最长者。各个并行测试晶片集合之间的测试操作串行进行，故 3D SoC 终堆的总测试时间 T 为所有并行测试晶片集合的测试时间之和，即

$T=\sum_{j=1}^{n}t_{pj}$，其中，n 为并行测试晶片集合个数；t_{pj} 为第 j 个并行测试晶片集合的测试时间。对于一个包含 M 个晶片的 3D SoC，最多有 M 个并行测试晶片集合，此时每个集合中只包含一个晶片，所有晶片串行测试。

因此，多塔 3D SoC 芯片的测试调度问题可归结为在测试引脚数量约束、峰值功耗约束、测试专业 TSV 数量约束下，有

$$T_{\text{Minminze}}=\text{Minminze}\sum_{j=1}^{n}t_{pj} \tag{6.3}$$

多塔三维 SoC 与单塔三维 SoC 相比较，最重要的差别在于 TSV 约束计算方面。由于塔之间所使用的测试 TSV 互不相关，因此各塔中所使用的测试 TSV 数量应独立计算。多塔 3D SoC 可包含多个子塔，其中第一个子塔包括底层晶片，其他各子塔不再包括底层晶片，以避免重复计算。多塔 3D SoC 终堆调度时，堆中晶片的编号方式为：将底部晶片序号设为 0，按深度优先前序遍历的方式对各晶片进行编号，每访问一个晶片节点，编号值加 1。当前塔中的晶片编号完成以后，再以同样方法对下一个塔中的晶片进行编号，以此类推，如图 6.37 所示。

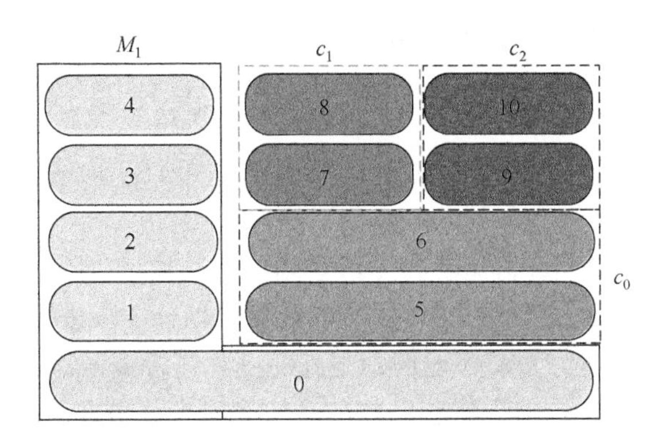

图 6.37　多塔 3D SoC 晶片分组与编号示例

多塔 3D SIC 各塔中测试专用 TSV 数量的计算分为两种情况。

情况一：塔中不包含子塔。如图 6.37 中实线框内的塔，其中包含 M_1 个晶片。这种情况和单塔的测试 TSV 数量计算方法相同。

情况二：塔中包含子塔。为便于 TSV 数量的计算，需对塔中的晶片进行分组。①子塔下方的晶片为一组，晶片数量记为 c_0，②各子塔中的晶片各为一组，晶片数量记为 c_i（$1\leqslant i\leqslant n_{\text{sub}}$，$n_{\text{sub}}$ 为子塔个数）。例如，图 6.37 中虚线框内的塔，包含

了 2 个子塔；子塔下方的晶片组包含晶片 5 和晶片 6，故 c_0 为 2；子塔 1 由晶片 7 和晶片 8 组成，子塔 2 由晶片 9 和晶片 10 组成，故 c_1 和 c_2 均为 2。

已知晶片集 $D_i\,(0 \leqslant i \leqslant M-1)$，塔 q 中晶片数量 M_q，子塔下方的晶片数量 c_0，子塔 j 中的晶片数量 $c_j\,(j>0)$，塔 q 中晶片的起始序号 s_q，多塔 3D SoC 中任意塔 q 需要测试 TSV 的总数 TSV_q 可由算法 CalTSV_q 计算得出，其步骤如下所示。

步骤 1：令 $\mathrm{TSV}_q = 0$，设置塔中晶片的终止序号 $e_q = s_q + M_q - 1$。

步骤 2：对序号处于 s_q 与 e_q 之间的每个晶片 i_q 执行步骤 3～步骤 5。

步骤 3：若序号 $i_q = 0$，跳过本步骤，因为晶片 0 不需要测试专用 TSV；否则执行下一步。

步骤 4：若 $i_q < s_q + c_0$，令 $n_{\mathrm{start}} = i_q - 1$，$n_{\mathrm{end}} = e_q$，利用式（6.1）计算塔 q 中子塔下方 c_0 个晶片所需的测试专用 TSV 数量总和（记为 TSV_{c_0}），然后计算当前总测试专用 TSV 数量 $\mathrm{TSV}_q = \mathrm{TSV}_q + \mathrm{TSV}_{c_0}$；否则执行下一步。

步骤 5：若 $i_q \in [s_q + c_0, s_q + c_0 + c_1]$，令 $n_{\mathrm{start}} = i_q - 1$，$n_{\mathrm{end}} = s_q + c_0 + c_1 - 1$，利用式（6.1）计算第 1 个子塔所使用的测试专用 TSV 数量；若 $i_q \in [s_q + c_0 + c_1, s_q + c_0 + c_1 + c_2]$，令 $n_{\mathrm{start}} = i_q - 1$，$n_{\mathrm{end}} = s_q + c_0 + c_1 + c_2 - 1$，利用式（6.1）计算第 2 个子塔所使用的测试专用 TSV；其他子塔的计算以此类推（记第 j 个子塔所需的测试专用 TSV 数量为 TSV_{c_j}），然后计算当前总测试专用 TSV 数量 $\mathrm{TSV}_q = \mathrm{TSV}_q + \sum_{j=1}^{n_{\mathrm{sub}}} \mathrm{TSV}_{c_j}$，$n_{\mathrm{sub}}$ 为子塔个数。

步骤 6：返回 TSV_q。

算法返回的是塔 q 中所需测试专用 TSV 的总和 TSV_q，故第 q 个塔的测试专用 TSV 约束可以表示为 $\mathrm{TSV}_q \leqslant \mathrm{TSV}_{\max_q}$。

一般化的多塔 3D SIC 模型支持多级子塔嵌套结构。对于这种树形结构的三维芯片，塔中晶片间的测试专用 TSV 数量的计算可以分 3 步进行。

步骤 1：按照深度优先前序遍历的方式对晶片进行编号。

步骤 2：塔的标定。由于树状结构的分支表示了塔或子塔的存在，因此应从根节点开始，查找分支节点（即入度为 1，出度大于 1 的节点），并将其标定为塔基节点。当某个塔基节点 o_i 为另一塔基节点 o_j 的后继节点时，则 o_i 所对应的塔为 o_j 所对应的塔的子塔。

步骤 3：塔中测试专用 TSV 数量计算。针对步骤 2 中标定的塔或子塔，调用 CalTSV_q 算法进行测试专用 TSV 数量的计算。对整个 3D SoC 而言，此计算过程表现为对 CalTSV_q 算法过程的递归调用。

当然，多塔三维 SoC 测试调度也受到测试引脚数量、峰值功耗的约束。这些约束的计算并无特殊之处，在此不再赘述。

根据本书作者团队的实践，给出基于量子粒子群优化（quantum particle swarm optimization，QPSO）算法的多塔三维 SoC 测试调度算法。QPSO 算法为随机算法，其中的粒子位置由概率密度函数经蒙特卡罗方法模拟计算得到。对于第 i 个粒子，其位置函数和收敛点分别为

$$X_i(t) = h \pm (L_i / 2) \times \ln(1/\mu) \tag{6.4}$$

$$h = \varphi \times H_i + (1-\varphi) \times H_g \tag{6.5}$$

式中，$X_i(t)$为粒子在 t 时刻的位置；h 为算法中粒子的收敛点；μ 和 φ 为[0, 1]上均匀分布的随机数；H_i 为粒子 i 的个体最优位置；H_g 为群体全局最优位置；L_i 为第 i 个粒子的 δ 势阱的特征长度，它决定了一个粒子的搜索范围，其计算公式为

$$L_i(t+1) = 2\beta \times \left| m_{\text{best}} - X_i(t) \right| \tag{6.6}$$

$$m_{\text{best}} = \sum_{i=1}^{M} H_i / G = \left(\sum_{i=1}^{M} H_{i,1} / G, \sum_{i=1}^{M} H_{i,2} / G, \cdots, \sum_{i=1}^{M} H_{i,M} / G \right) \tag{6.7}$$

式中，m_{best} 为种群中所有粒子的平均最好位置点，即所有粒子的重心，该值的引入有助于算法均匀收敛；G 为种群中的粒子数目；M 为粒子的维数。将 $L_i(t+1)$ 代入式（6.4）可以得到粒子位置更新方程

$$X_i(t+1) = h \pm \beta \times \left| m_{\text{best}} - X_i(t) \right| \times \ln(1/\mu) \tag{6.8}$$

式中，$X_i(t+1)$表示粒子 i 在 $t+1$ 时刻的位置；在迭代过程中，“±”由（0, 1）上产生的随机数大小决定，当产生的随机数大于 0.5 时取“−”，否则取“+”；β 称为收缩扩张系数，是算法中的唯一参数，其值影响单个粒子的收敛速度和算法性能。收缩扩张系数与进化次数有关，在第 r 次进化时一般取

$$\beta = (1.0 - 0.5) \times \frac{r_{\max} - t}{r_{\max}} + 0.5 \tag{6.9}$$

式中，$r_{\max}$ 为最大进化次数。

在一个 M 维的目标搜索空间中，QPSO 算法由 G 个代表潜在可行解的粒子组成群体 $X(t) = \{X_1(t), X_2(t), \cdots, X_G(t)\}$；在 t 时刻，第 i 个粒子位置为 $X_i(t) = [X_{i,1}(t), X_{i,2}(t), \cdots, X_{i,M}(t)]$，$i = 1, 2, \cdots, G$。本节中目标搜索空间维度与 3D SoC 中晶片数量相等。粒子位置的第 i 维对应第 i 个晶片，$i \in [0, M-1]$；粒子位置向量中的第 i 维向下取整后的值表示与第 i 个晶片并行测试的晶片序号。QPSO 是连续空间中

的优化算法，而测试调度是一个离散空间的优化问题，故需要在粒子位置所属的连续空间与调度问题所属的离散空间之间建立一种映射关系，间接生成调度方案。本节采用粒子位置值向下取整操作，实现连续空间到离散空间的映射。在搜索过程中，粒子位置更新仍在连续空间中进行，只在生成测试调度方案时临时进行对位置值的向下取整操作。

适应值用于评价调度方案的优劣，即粒子当前位置的好坏。本节算法采用与总测试时间相关的目标函数作为粒子的适应值，其定义为

$$T_{\text{serial}} + \sum_{j=1}^{n}\left(\left|W_{\text{diff}_j}\right| + \left|P_{\text{diff}_j}\right|\right) + \sum_{q=1}^{Q}\left(\left|\text{TSV}_{\text{diff}_q}\right|\right) \tag{6.10}$$

式中，T_{serial}为 3D SIC 中所有晶片串行测试时的总测试时间；$W_{\text{diff}_j} = W_{\text{used}_j} - W_{\max}$，$P_{\text{diff}_j} = P_{\text{used}_j} - P_{\max}$，$\text{TSV}_{\text{diff}_q} = \text{TSV}_q - \text{TSV}_{\max_q}$，$W_{\text{used}_j}$、$P_{\text{used}_j}$、$\text{TSV}_q$ 分别为并行测试晶片集合 j 所使用的测试引脚数量、并行测试晶片集合 j 中晶片测试功耗总和、第 q 个塔所使用的测试专用 TSV 总数；Q 为 3D SIC 中塔的数量。在多塔 3D SoC 测试调度问题中，适应值越小，表示所对应的调度方案越好。若满足约束条件测试 TSV 数量、峰值功耗、测试引脚数量等约束，该适应值为实际测试时间；若不满足约束，则应给粒子赋一个较大的适应值，以使其在后续的迭代过程中被取代。

粒子的适应值的计算可以通过调用 CalFitness 过程进行。

步骤 1：生成并行测试晶片集合。对于当前粒子，保持粒子位置参数不变，对粒子位置值临时向下取整，生成测试调度方案，得到相应的并行测试晶片集合。

步骤 2：根据步骤 1 得到的并行测试晶片集合，分别计算并行测试晶片集合 j 所使用的测试引脚数量 W_{used_j}、测试功耗总和 P_{used_j} 与第 q 个塔所使用的测试专用 TSV 总数 TSV_q。

步骤 3：计算适应值。分别计算 $\text{TSV}_{\text{diff}_q}$、$P_{\text{diff}_j}$ 和 W_{diff_j}。若三者中任何一个大于 0，表明存在约束违反情况，适应值由式（6.10）中的第二个子式计算；否则利用第一个子式计算当前调度方案下的总测试时间，并作为当前粒子的适应值。

多塔 3D SoC 终堆测试调度问题的 QPSO 算法流程如下所示。

步骤 1：初始化。置迭代次数 $r = 0$：确定粒子种群规模 G，粒子维度 M，最大迭代次数 $r_{\max}$。在可行范围$[0, M-1]$内初始化粒子群中每一个粒子的当前位置 $X_i(0)$，并设置个体最好位置 $H_i(0) = X_i(0)$。利用 CalFitness 过程计算每个粒子的适应值，通过比较所有粒子的适应值，找出具有最小适应值的粒子，该粒子的位置即为当前全局最好位置 $H_g(0)$。

步骤 2：根据式（6.7）计算粒子群的平均最好位置 m_{best}，根据式（6.9）计算收缩扩张系数 β。

步骤 3：对于粒子群中的每一个粒子 i（$1 \leqslant i \leqslant G$），执行如下步骤。

步骤 4：计算个体最优位置 H_i。利用 CalFitness 过程计算粒子 i 的当前位置 $X_i(r)$的适应值。与其历史最优值进行比较，若当前适应值小于历史最优值，则把当前位置替换为个体最优位置 H_i；否则不替换。

步骤 5：计算粒子群体全局最优位置 H_g。将粒子 i 的个体最优位置的适应值与前一次迭代的全局最优位置的适应值进行比较。若该值小于前一次迭代的全局最优值，则将当前粒子 i 的个体最好位置替换为全局最优位置 H_g；否则不替换。

步骤 6：对粒子 i 的每一维，根据式（6.5）计算得到一个收敛点的位置。

步骤 7：根据式（6.8）更新粒子 i 的位置。在进化过程中，若粒子位置中某一维的值超出了限制范围，则对该维在可行范围[0, M）内重新随机取值。

步骤 8：若 $r < r_{max}$，则 $r = r + 1$，转步骤 2；否则，算法结束，即得到全局最优位置的粒子和最小测试时间，并根据全局最优位置生成最佳调度方案。

使用 ITC'02 基准电路中的几种典型 SoC 电路作为 3D SoC 中的晶片，搭建如图 6.38 所示 5 个双塔 3D SoC。图 6.38 中括号外的数字表示晶片在堆中的序号，括号内的数字表示所使用的晶片（表 6.3）。前 3 个基准电路的塔中不包含子塔。SoC1 中，最复杂的晶片放在最底部，各塔中晶片的复杂度由下到上依次递减；SoC2 中，最简单的晶片放在底部，塔中的晶片的堆叠顺序与 SoC1 相反；SoC3 中最复杂的晶片放在中间；基准电路 SoC4 和 SoC5 的塔中包含子塔，堆中复杂晶片主要位于下层。

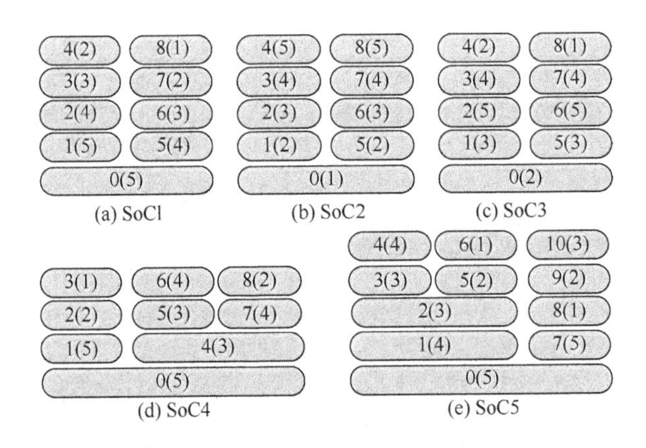

图 6.38　多塔 3D SoC 的实验电路

表 6.3　晶片的参数

晶片	d695（1 号）	f2126（2 号）	p22810（3 号）	p34392（4 号）	p93791（5 号）
测试长度/周期	96297	669329	651281	1384949	1947063
TAM 宽度	15	20	25	25	30
测试功耗/mW	3.66	6.94	12.91	10.24	43.15

设算法最大迭代次数为 300，粒子个数为 50，由于算法的随机性，实验中执行算法过程 10 次，记录最优结果。

为了考察测试引脚和测试专用 TSV 数量对总测试时间的影响，在给定不同 TSV_{max} 约束条件下，将 SoC1～SoC4 的测试引脚数量由 30 变化到 200、SoC5 的测试引脚由 30 变化到 250，分别进行实验，结果如图 6.39（a）～（e）所示，其中 $TSV_{max(1,2)}$ 表示塔 1 和塔 2 的测试专用 TSV 约束。在这组实验中，暂时忽略功耗约束。从图 6.39 可以看出，当保持测试专用 TSV 数量不变时，测试时间不会随着测试引脚的增加而一直减少，即出现“帕累托”点。同样，保持测试引脚数量不变时，增加测试专用 TSV 数量也不能一直减少测试时间。测试引脚和测试专用 TSV 的数量共同决定着 3D SIC 中晶片的测试并行性，即共同决定着 3D SIC 总测试时间。实验过程中还发现，少量增加测试引脚比少量增加测试专用 TSV 数量更有利于减少测试时间。

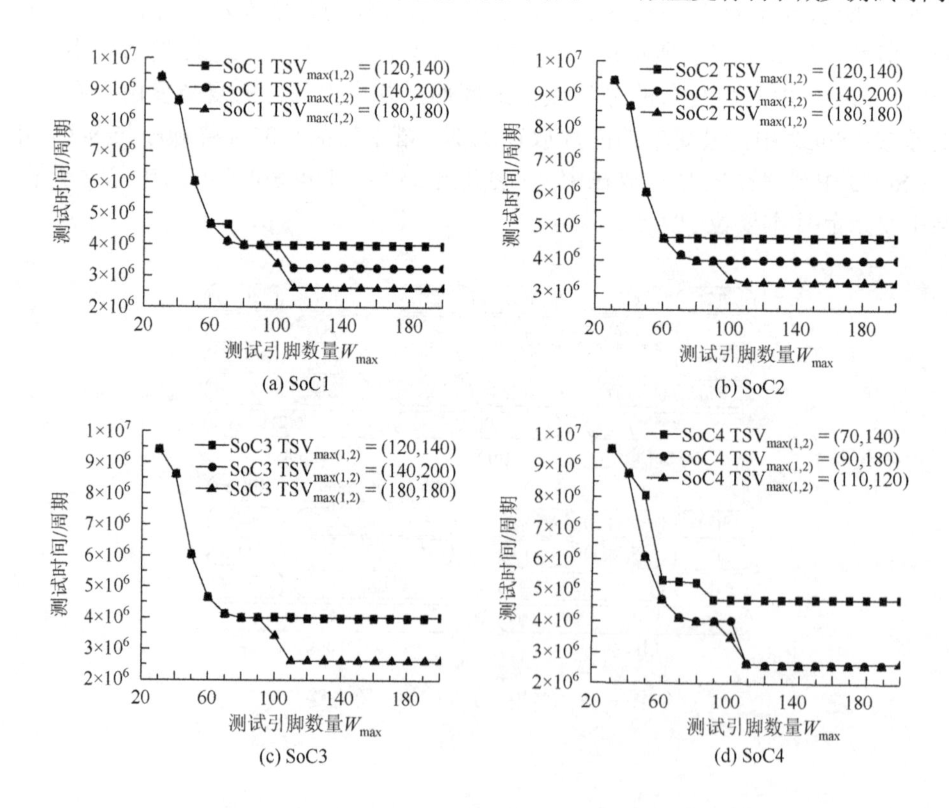

(a) SoC1　　(b) SoC2

(c) SoC3　　(d) SoC4

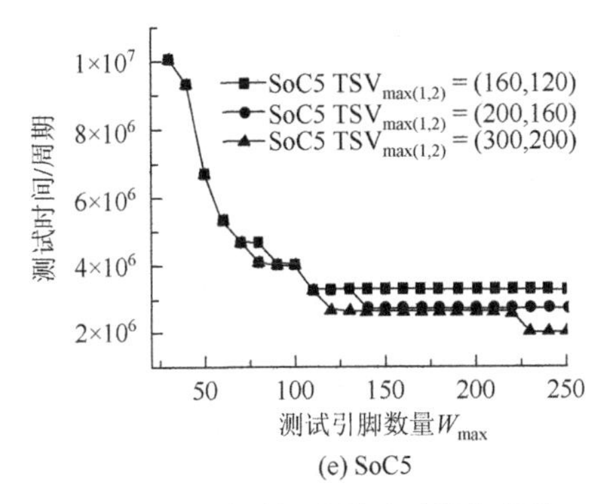

(e) SoC5

图 6.39　测试时间随测试引脚的变化

在给定 2 个塔的测试专用 TSV 数量分别为 120 和 140 时，SoC1、SoC2 和 SoC3 变化测试引脚数量得到的实验结果如表 6.4 所示。表 6.4 中第 1、2 列分别为测试专用 TSV 和测试引脚的数量约束（$TSV_{max(1,2)}$和 W_{max}）；第 3、6、9 列分别列出了 SoC1、SoC2 和 SoC3 的测试时间；第 4、7 和 10 列分别列出了 3 个 3D SoC 的调度方案，其中列于“||”符号两侧的晶片可以同时测试，而位于“,”两侧的晶片只能串行测试；第 5、8、11 列给出了相对于串行测试方案的测试时间减少百分比。表 6.5 列出了 SoC4 和 SoC5 的实验结果，不再赘述。为了比较方便，表 6.4 和表 6.5 中的第 3 行列出了所有晶片串行测试时的测试时间。从表 6.4 可以看出，与串行测试相比，经调度后，对于复杂晶片分别处于底层、顶层和中层 3 种堆叠方式的 SoC1、SoC2 和 SoC3，其测试时间分别最大减少了 57.63%、50.51%和 57.43%，说明在同等测试引脚和测试专用 TSV 数量约束下，将复杂的晶片放在 3D SoC 的下层更有利于减少测试时间。从表 6.5 可看出，与串行测试相比，调度后 SoC4 和 SoC5 的测试时间分别最大减少了 50.70%和 67.49%，同样说明了测试调度算法在压缩测试时间方面的有效性。

为了考察功耗约束的影响，在测试专用 TSV 数量和测试引脚数量约束不变的条件下，逐渐增加 SoC1～SoC5 的测试功耗上限并进行实验，结果如表 6.6 和表 6.7 所示。从 2 个表中可知，与无功耗约束情况相比，考虑功耗约束时 5 个 3D SIC 的测试时间都有所增大。当功耗约束值增至一定大小时，总测试时间不再受其影响，而主要受限于测试资源约束。在相同的功耗约束下，与 SoC2 和 SoC3 相比，SoC1 的测试时间随着功耗约束的放松而变得更短。从表 6.6、表 6.7 可以看出，与各自无功耗约束时的测试时间相比，SoC1 的测试时间最大增加了 81.48%，而 SoC2～SoC5 的测试时间分别最大增加了 48.88%、48.66%、127.35%和 84.98%。这说明在给定测试专用 TSV 数量和测试引脚数量约束条件下，对于复杂晶片放在各个塔下层的 3D SoC 来说，其总测试时间对功耗约束更敏感。

表 6.4　终堆优化调度结果（SoC1，SoC 2，SoC 3）

<table>
<tr><th colspan="2">3D SoC</th><th colspan="3">SoC1</th><th colspan="3">SoC2</th><th colspan="3">SoC3</th></tr>
<tr><th>$TSV_{max(1,2)}$</th><th>W_{max}</th><th>测试时间/周期</th><th>调度方案</th><th>减少/%</th><th>测试时间/周期</th><th>调度方案</th><th>减少/%</th><th>测试时间/周期</th><th>调度方案</th><th>减少/%</th></tr>
<tr><td>（120，140）</td><td>30</td><td>9401541</td><td>0，1，2，3，4，5，6，7，8</td><td>0</td><td>9401541</td><td>0，1，2，3，4，5，6，7，8</td><td>0</td><td>9401541</td><td>0，1，2，3，4，5，6，7，8</td><td>0</td></tr>
<tr><td>（120，140）</td><td>40</td><td>8635915</td><td>0，1，2，3，4||7，5||8，6</td><td>8.14</td><td>8635915</td><td>0||2，1||5，3，4，6，7，8</td><td>8.14</td><td>8635915</td><td>0||4，1，2，3，5，6，7||8</td><td>8.14</td></tr>
<tr><td>（120，140）</td><td>50</td><td>6026653</td><td>0||4，1||7，2||5，3||6，8</td><td>35.89</td><td>6026653</td><td>0，1||8，2||6，3||7，4||5</td><td>35.89</td><td>6026653</td><td>0||2，1||5，3||7，4||6，8</td><td>35.89</td></tr>
<tr><td>（120，140）</td><td>60</td><td>4652622</td><td>0||1，2||5，3||6，4||7||8</td><td>50.51</td><td>4652622</td><td>0||1||5，2||6，3||7，4||8</td><td>50.51</td><td>4652622</td><td>0||4||8，1||5，2||6，3||7</td><td>50.51</td></tr>
<tr><td>（120，140）</td><td>70</td><td>4652622</td><td>0||1，2||5||7，3||6||8，4</td><td>50.51</td><td>4652622</td><td>0||3||7，1||5，2||6，4||8</td><td>50.51</td><td>4097638</td><td>0||3||7，1||4||5，2||6，8</td><td>56.41</td></tr>
<tr><td>（120，140）</td><td>80</td><td>3983293</td><td>0||1||4，2||5||7，3||6||8</td><td>57.63</td><td>4652622</td><td>0||4||8，1，2||6，3||5||7</td><td>50.51</td><td>4001341</td><td>0||2||6，1||4||5，3||7||8</td><td>57.43</td></tr>
<tr><td>（120，140）</td><td>90</td><td>3983293</td><td>0||1||5，2||4||7||8，3||6</td><td>57.63</td><td>4652622</td><td>0||1||5||6，2，3||7，4||8</td><td>50.51</td><td>4001341</td><td>0||1||4||8，2||5||6，3||7</td><td>57.43</td></tr>
<tr><td>（120，140）</td><td>100</td><td>3983293</td><td>0||1||4||7，2||5||6||8，3</td><td>57.63</td><td>4652622</td><td>0||2，1||5||6，3||7，4||8</td><td>50.51</td><td>4001341</td><td>0||1||4，2||6||8，3||5||7</td><td>57.43</td></tr>
</table>

表 6.5　终堆优化调度结果（SoC4，SoC5）

<table>
<tr><th>3D SoC</th><th colspan="4">SoC4</th><th colspan="4">SoC5</th></tr>
<tr><th>W_{max}</th><th>$TSV_{max(1,2)}$</th><th>测试时间/周期</th><th>调度方案</th><th>减少/%</th><th>$TSV_{max(1,2)}$</th><th>测试时间/周期</th><th>调度方案</th><th>减少/%</th></tr>
<tr><td>30</td><td>（70，140）</td><td>9401541</td><td>0，1，2，3，4，5，6，7，8</td><td>0</td><td>（160，120）</td><td>10052822</td><td>0，1，2，3，4，5，6||8，7，9，10</td><td>0</td></tr>
<tr><td>40</td><td>（70，140）</td><td>8635915</td><td>0，1，2||8，3||4，5，6，7</td><td>8.14</td><td>（160，120）</td><td>9287196</td><td>0，1，2，3||8，4，5||9，6||10，7</td><td>7.62</td></tr>
<tr><td>50</td><td>（70，140）</td><td>7966586</td><td>0，1，2||7，3||4，5，6||8</td><td>15.26</td><td>（160，120）</td><td>6677934</td><td>0||9，1||4，2||10，3，5||7，6||8</td><td>33.57</td></tr>
<tr><td>60</td><td>（70，140）</td><td>5232784</td><td>0||6，1||7，2||4，3||5||8</td><td>44.34</td><td>（160，120）</td><td>5321951</td><td>0||7，1||4，2||5，3||10，6||8||9</td><td>47.06</td></tr>
<tr><td>70</td><td>（70，140）</td><td>5214736</td><td>0||3||7，1||6，2||5||8，4</td><td>44.53</td><td>（160，120）</td><td>4652622</td><td>0||7，1||4||9，2||5||10，3||6||8</td><td>53.72</td></tr>
<tr><td>80</td><td>（70，140）</td><td>5196688</td><td>0||2||7，1||6||8，3||5，4</td><td>44.72</td><td>（160，120）</td><td>4634574</td><td>0||5||7，1||4||9，2||8，3||6||10</td><td>53.89</td></tr>
<tr><td>90</td><td>（70，140）</td><td>4634574</td><td>0||1||7，2||6||8，3||5，4</td><td>50.70</td><td>（160，120）</td><td>4097638</td><td>0||1||7，2||4||10，3||5||9，6||8</td><td>59.24</td></tr>
<tr><td>100</td><td>（70，140）</td><td>4634574</td><td>0||1||7，2||6||8，3||4，5</td><td>50.70</td><td>（160，120）</td><td>4001341</td><td>0||1||6||7，2||5||10，3||4||8||9</td><td>60.19</td></tr>
<tr><td>110</td><td>（70，140）</td><td>4634574</td><td>0||1||6||8，2||7，3||5，4</td><td>50.70</td><td>（160，120）</td><td>3267673</td><td>0||1||4||7，2||5||8||9，3||6||10</td><td>67.49</td></tr>
<tr><td>120</td><td>（70，140）</td><td>4634574</td><td>0||1||7，2||6||8，3||4，5</td><td>50.70</td><td>（160，120）</td><td>3267673</td><td>0||1||4||7，2||6||8||9，3||5||10</td><td>67.49</td></tr>
</table>

表 6.6　功耗对终堆测试时间的影响（SoC1，SoC2，SoC3）

3D SoC			SoC1		SoC2		SoC3	
P_{max}	W_{max}	$TSV_{max(1,2)}$	总测试时间/周期	增加/%	总测试时间/周期	增加/%	总测试时间/周期	增加/%
45	120	（140，200）	5930356	81.48	5930356	48.88	5948404	48.66
55	120	（140，200）	5214736	59.58	4563455	14.56	4563455	14.05
65	120	（140，200）	4545407	39.10	4545407	14.11	4563455	14.05
75	120	（140，200）	4545407	39.10	4545407	14.11	4563455	14.05
85	120	（140，200）	4545407	39.10	4545407	14.11	4563455	14.05
95	120	（140，200）	3983293	21.90	3983293	0	4001341	0
105	120	（140，200）	3983293	21.90	3983293	0	4001341	0
115	120	（140，200）	3267673	0	3983293	0	4001341	0
125	120	（140，200）	3267673	0	3983293	0	4001341	0

表 6.7　功耗对终堆测试时间的影响（SoC4，SoC5）

3D SoC		SoC4			SoC5		
P_{max}	W_{max}	$TSV_{max(1,2)}$	总测试时间/周期	增加/%	$TSV_{max(1,2)}$	总测试时间/周期	增加/%
45	120	（90，180）	5948404	127.35	（200，160）	6044701	84.98
55	120	（90，180）	5214736	99.31	（200，160）	5214736	59.59
65	120	（90，180）	4545407	73.73	（200，160）	4545407	39.10
75	120	（90，180）	3990423	52.52	（200，160）	4545407	39.10
85	120	（90，180）	3894126	48.83	（200，160）	3990423	22.12
95	120	（90，180）	3894126	48.83	（200，160）	3983293	21.90
105	120	（90，180）	3332012	27.35	（200，160）	3983293	21.90
115	120	（90，180）	2616392	0	（200，160）	3267673	0
125	120	（90，180）	2616392	0	（200，160）	3267673	0

参 考 文 献

[1] 王喆垚. 三维集成技术. 北京：清华大学出版社，2014.

[2] Stucchi M，Perry D，Katti G，et al. Test structures for characterization of through-silicon vias. IEEE International Conference on Microelectronic Test Structures，Hiroshima，2010：130-134.

[3] Xu Y，Miao M，Fang R，et al. Low-frequency testing of through silicon vias for defect diagnosis in three-dimensional integration circuit stacking technology. IEEE Electronic Components and Technology Conference，Orlando，2014：1986-1991.

[4] Liu F，Gu X，Jenkins K A，et al. Electrical characterization of 3D through-silicon-vias. IEEE Electronic

Components and Technology Conference，San Diego，2015：1100-1105.

[5] Sylvester D，Chen J C，Hu C. Investigation of interconnect capacitance characterization using charge-based capacitance measurement（CBCM）technique and three-dimensional simulation. IEEE Journal of Solid-State Circuits，1998，33（3）：449-453.

[6] Stucchi M，Velenis D，Katti G. Capacitance measurements of two-dimensional and three-dimensional IC interconnect structures by quasi-static C-V technique technique. IEEE Transactions on Instrumentation and Measurement，2012，61（7）：1979-1990.

[7] Eisenstadt W R，Eo Y. S-parameter-based IC interconnect transmission line characterization. IEEE Transactions on Components Hybrids and Manufacturing Technology，1992，15（4）：483-490.

[8] Leung L L W，Chen K J. Microwave characterization and modeling of high aspect ratio through-wafer interconnect vias in silicon substrates. IEEE Transactions on Microwave Theory and Techniques，2005，53（8）：2472-2480.

[9] Deutsch S，Chakrabarty K. Non-invasive pre-bond TSV test using ring oscillators and multiple voltage levels. Proceedings of Design，Automation，and Test Conference in Europe，Grenoble，2013：18-22.

[10] Wang C，Zhou J，Weerasekera R，et al. BIST methodology，architecture and circuits for pre-bond TSV testing in 3D stacking IC systems. IEEE Transactions on Circuits and Systems I Regular Papers，2015，62（1）：139-148.

[11] Cho M，Liu C，Kim D H，et al. Pre-bond and post-bond test and signal recovery structure to characterize and repair TSV defect induced signal degradation in 3-D system. IEEE Transactions on Components Packaging and Manufacturing Technology，2011，1（11）：1718-1727.

[12] Chen P Y，Wu C W，Kwai D M. On-chip testing of blind and open-sleeve TSVs for 3D IC before bonding. VLSI Test Symposium，Santa Cruz，2010：263-268.

[13] Gerakis V，Katselas L，Hatzopoulos A. Fault modeling and testing of through silicon via interconnections. On-line Testing Symposium，Halkidiki，2015：30-31.

[14] Rashidzadeh R. Contactless test access mechanism for TSV based 3D ICs. VLSI Test Symposium，Berkeley，2013：1-6.

[15] Kim J J，Kim H，Kim S，et al. Non-contact wafer-level TSV connectivity test methodology using magnetic coupling. IEEE International 3D Systems Integration Conference，San Francisco，2013：1-4.

[16] Chien J H，Hsu R S，Lin H J，et al. Contactless stacked-die testing for pre-bond interposers. IEEE Design Automation Conference，San Francisco，2014：1-6.

[17] Jing X，Yu D，Wang W，et al. Non-destructive testing of through silicon vias by using X-ray microscopy. IEEE International Conference on Electronic Packaging Technology and High Density Packaging，Guilin，2012：1254-1257.

[18] Sylvester Y，Hunter L，Johnson B，et al. 3D X-ray microscopy：A near-SEM non-destructive imaging technology used in the development of 3D IC packaging. IEEE International 3D Systems Integration Conference，San Francisco，2013：1-7.

[19] Eklow B. Major milestones for two IEEE standards groups in 2011. IEEE Design and Test of Computers，2012，28（6）：85-87.

[20] Marinissen E J，Chi C C，Verbree J，et al. 3D DfT architecture for pre-bond and post-bond testing. IEEE International 3D Systems Integration Conference，Osaka，2011：1-8.

[21] Marinissen E J，Mclaurin T，Jiao H. IEEE Std P1838：DfT standard-under-development for 2.5D-，3D-，and 5.5D-SICs. IEEE European Test Symposium，Saarbrücken，2016：1-10.

[22] Papameletis C，Keller B，Chickermane V，et al. Automated DfT insertion and test generation for 3D-SICs with

embedded cores and multiple towers. IEEE European Test Symposium，Avignon，2013：1-6.

[23] Marinissen E J，Verbree J，Konijnenburg M. A structured and scalable test access architecture for TSV-Based 3D stacked ICs. VLSI Test Symposium，Honolulu，2010.

[24] Kim G S，Ikeuchi K，Daito M，et al. A high-speed，low-power capacitive-coupling transceiver for wireless wafer-level testing systems. IEEE International 3D Systems Integration Conference，Munich，2010：1-4.

[25] Niitsu K，Kawai S，Miura N，et al. A 65fJ/b inter-chip inductive-coupling data transceivers using charge-recycling technique for low-power inter-chip communication in 3-D system integration. IEEE Transactions on Very Large Scale Integration Systems，2012，20（7）：1285-1294.

[26] Kawasaki K，Akiyama Y，Komori K，et al. A millimeter-wave intra-connect solution. IEEE Journal of Solid-State Circuits，2010，45（12）：2655-2666.

[27] Epubs P，Wuhsin C，Sanghoon J，et al. A 6-Gb/s wireless inter-chip data link using 43-GHz transceivers and bond-wire antennas. IEEE Journal of Solid-State Circuits，2009，44（10）：2711-2721.

[28] Kong L，Seo D，Alon E. A 50mW-TX 65mW-RX 60GHz 4-element phased-array transceiver with integrated antennas in 65nm CMOS. IEEE Solid-State Circuits Conference，San Francisco，2013：234-235.

[29] He Y，Cui X，Lee C L，et al. New DfT architectures for 3D-SICs with a wireless test port. IEEE International Conference on ASIC，Shenzhen，2013：1-4.

[30] Iyengar V，Chakrabarty K，Marinissen E J. Test wrapper and test access mechanism co-optimization for system-on-chip. Journal of Electronic Testing Theory and Applications，2002，18（2）：213-230.

[31] Cui X L，Shi X M，Li H，et al. A shuffle frog-leaping algorithm for test scheduling of 2D/3D SoC. IEEE International Conference on Solid-State and Integrated Circuit Technology，Xi'an，2012：1-3.

[32] 崔小乐，王文明，缪旻，等. “多塔”3D-SIC 的量子粒子群测试调度方法. 计算机辅助设计与图形学学报，2017，29（1）：196-210.

第7章　TSV转接板技术

7.1　引　　言

TSV互连是利用贯穿过孔互连结构和表面再布线工艺实现的类似高密度有机封装基板，这种封装基板称为TSV转接板。最初，TSV转接板技术被认为是TSV三维集成技术发展过程中的过渡性技术。2010年美国Xilinx公司推出了基于TSV转接板的2.5D集成FPGA产品，自此之后，它在系统级封装层面的价值贡献被进一步发掘、认可，成为未来三维系统级封装体中不可或缺的支撑技术，如可以支持不同衬底基材、不同工艺制程、不同类别微电子器件的芯片级集成，有助于缩短量产周期，降低成本，成为TSV三维集成领域独具特色的发展方向。目前，国际知名半导体代IC工厂如台湾积体电路制造股份有限公司（Taiwan Semiconductor Manufacturing Company，TSMC）[1]、UMC[2]、Global Foundries[3]、中芯国际集成电路制造有限公司[4]等都在各自不同的IC技术节点具备了TSV转接板的规模制造能力，主要采用IC后端金属化工艺——铜大马士革工艺制作再布线层，国际知名MEMS代工厂如Silex Microsystems[5]及封测企业如日月光集团[6, 7]、安靠技术[8, 9]、星科金朋公司（STATS ChipPAC）[10]、矽品（SPIL）[11, 12]等也在推进TSV转接板技术的产业化，还出现了专注TSV转接板的企业如AllVIA[13, 14]、EPworks[15]、RTI International[16, 17]等，我国从“十一五”规划也开始了TSV转接板技术的研究探索，目前国内中芯国际集成电路制造有限公司、华进半导体封装先导技术研发中心有限公司等初步具备了工程化能力，但由于起步晚，基础薄弱，在应用发展等方面与国际上的发展水平还有很大的差距。

目前，TSV转接板技术已在FPGA、高性能运算IC等少数高端产品获得工程化应用，主要应用在超级计算机、高性能计算、网络服务器、高性能网络交换机和路由器等领域，其产品化应用速度规模目前仍滞后于预期，除却量产工艺、成本等因素，竞争性技术如高密度有机封装基板、EMIB（embedded muti-die interconnect bridge）、扇出型封装等先进封装技术等也是重要的原因。然而，随着5G通信、人工智能、云计算、物联网等市场应用发展，TSV转接板技术将会迎来大规模发展应用的机会。

在此背景下，TSV转接板技术概念与内涵也在进一步发展，从最初仅具再布线互连功能向片上集成多功能化（集成有源器件、无源器件甚至散热微流道）发展[18-21]，应用领域从传统低频数字信号 IC 向高频、高速、光学等混合信号方向发展[22-27]，相应的衬底材料也从最初常规低阻硅衬底向高阻硅衬底、玻璃衬底等方向发展，以解决硅材料高频损耗问题[28-31]。玻璃衬底上通孔（through glass via，TGV）借鉴 TSV 转接板命名规则将其称为 TGV 转接板技术，该技术主要是在铜大马士革工艺、封装布线工艺的基础上增加了 PCB 布线工艺[32-36]，其成为学术界和产业界研发的热点。

针对国产抗辐照 SRAM 准三维集成应用需求，立足国内 MEMS 工艺试验线，本书作者团队开展了 TSV 转接板技术研究，旨在形成自主可控的开发应用能力。为了降低工艺良率影响及提高服役应用中的可靠性，研究中采用了双 TSV 互连的冗余设计，TSV 直径为 40μm，深宽比约为 5。考虑到应用场景多样性及在当前电子制造生态体系下的成本因素，TSV 转接板的一个表面通过电镀铜层制作再布线层、旋涂制作 2-(苄氧羰基)[(benzyloxycarbonyl)benzyl，BCB]作为介质层，实现 2 层再布线金属层，另一个表面 1 层再布线金属层，两者通过冗余 TSV 互连实现电气连接。

本章将结合作者团队科研实践重点介绍面向存储器 IC 三维集成的 TSV 转接板技术研究进展，抛砖引玉，供读者参考。

7.2　面向数字 IC 三维集成的 TSV 转接板工艺设计

图 7.1 是 TSV 转接板工艺流程图。主要包括：①备片，选用双抛 6in 的高阻硅片；②在硅片一个表面上进行光刻工艺制作图形掩模，利用深硅刻蚀工艺制备深孔，去除光刻胶，后续此面命名为正面；③利用热氧工艺，在整个硅片表面及深孔内表面制备一层均匀的 SiO_2 绝缘层；④利用溅射工艺，在硅片正面及深孔内表面制备 Ti 黏附层/阻挡层和 Cu 种子层，Ti 层增加金属与绝缘层之间的黏附性，并起到防止 TSV 金属材料向衬底中扩散的作用[37]；⑤利用电镀工艺，电镀铜填充深孔制备铜 TSV 互连；⑥结合抛光工艺和湿法腐蚀工艺，将硅片正面多余的 Cu 层和 Ti 层去除；⑦利用溅射工艺，在硅片正面制备 Ti 黏附层/阻挡层和 Cu 种子层，利用光刻工艺制作掩模，电镀铜制备第一层再布线金属层，去除光刻胶及 Ti 黏附层/阻挡层和 Cu 种子层，通过旋转涂覆工艺在硅片正面均匀地涂覆一层光敏 BCB 胶；⑧利用光刻技术，在 BCB 介质层上制作层间互连窗口，然后固化；⑨类似地，继续制备第二层铜再布线层；⑩通过旋转涂覆工艺，在硅片正面涂覆一层光敏 BCB 胶，光刻在 BCB 介质层上制作层间互连窗口，类似地，继续利用溅射和电镀工艺电镀制备正面铜微凸点；⑪通过旋转涂覆工艺，在硅片正面和载体晶圆正面均匀地涂覆一层临时键合胶，利用临时键合工艺，将两者面对面临时键合；⑫通过减薄工艺，对硅片背面进行减薄，暴露出铜 TSV 互连外围 SiO_2 介质层；⑬通过旋转涂覆工艺，在硅片背面涂覆一层光敏 BCB 胶，利用光刻工艺，

在覆盖 TSV 互连端面的 BCB 介质层上制作互连窗口；⑭利用溅射工艺，制备 Ti 黏附层/阻挡层和 Cu 种子层，利用光刻工艺，电镀铜制备硅片背面的铜再布线层；⑮通过旋转涂覆工艺，在硅片背面涂覆一层光敏 BCB 胶，利用光刻工艺，制作开口，最后利用溅射和电镀工艺，电镀制备背面微凸点；⑯划片，解键合，将转接板样品与载体晶圆进行分离，筛选样品。

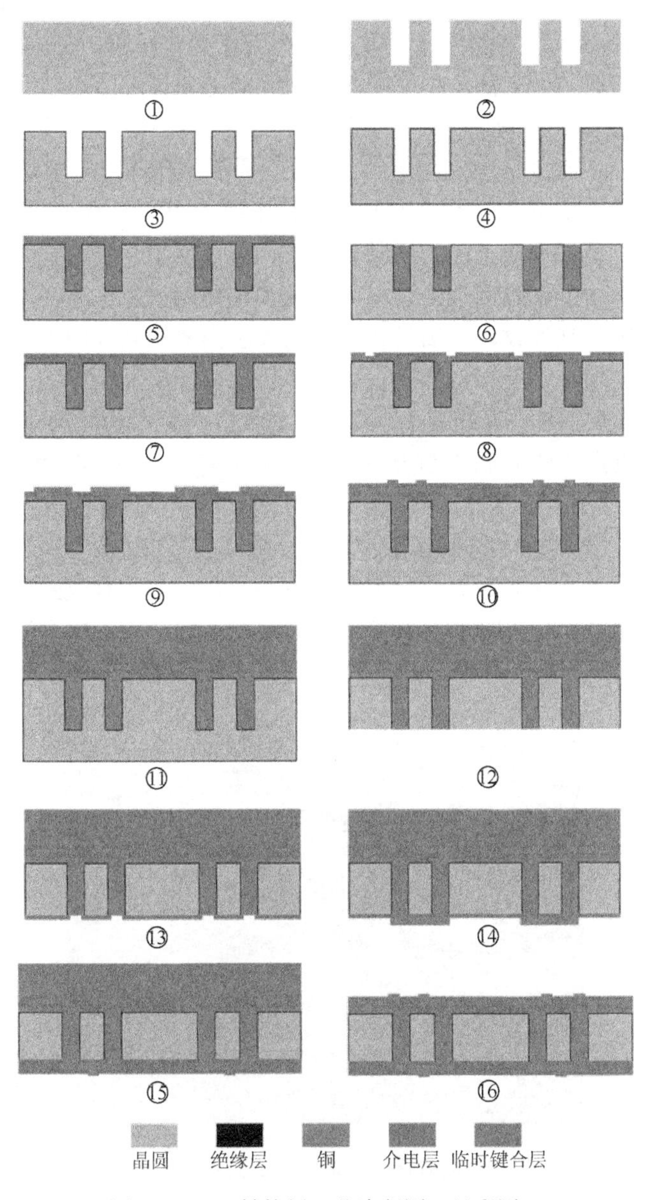

图 7.1　TSV 转接板工艺流程图（见彩图）

7.3 TSV 转接板工艺研究

为了验证本节所提出工艺的可行性，本书作者团队立足国产设备，以 TSV 转接板设计为载体（其中 TSV 转接板样品每条边包含 4 条菊花链测试结构和 2 个开尔文测试结构，每条菊花链包含 14 个 TSV）进行工艺质量检测分析。本书作者团队在国内 MEMS 工艺试验线上开展了系列工艺整合试验，在开发工艺的同时了解国产设备工艺能力，支撑自主可控成套技术能力建设。

图 7.2 是在国产扩散氧化炉上采用热氧工艺制备的 SiO_2 绝缘层，厚度约为 680.7nm。图 7.3 是通过溅射工艺在 TSV 盲孔样品制作 Ti/Cu 阻挡层/种子层的检测结果。图 7.3（a）是在硅片表面制作的种子层。图 7.3（b）～（d）分别是在 TSV 盲孔开口、侧壁和底部所沉积的种子层，可以发现沿着深孔径向方向种子层厚度越来越薄。由于深硅刻蚀工艺中的刻蚀和钝化的交替作用，深孔开口处的轮廓呈现明显的扇贝状波纹，该扇贝状波纹的大小沿着深孔径向方向逐渐减小。由于扇贝状波纹的存在，凸起部位所沉积的种子层厚度明显大于凹进去的部位。值得注意的是，随着 TSV 孔径变小、深宽比增大，当阻挡层/种子层设计的沉积厚度太薄时，扇贝内凹部位无阻挡层/种子层覆盖的风险大为提高，如图 7.4 所示，其中 TSV 直径为 10μm，深宽比为 8∶1，表面沉积铜种子层为 110nm；在 TSV 开口处种子层连续，此时凸起的地方种子层厚度已经明显大于凹进去的地方，如图 7.4（b）所示；沿着 TSV 深度方向，种子层厚度差别越来越明显，直至凹陷处完全没有种子层覆盖，如图 7.4（c）所示；由于深宽比太大，TSV 底部完全没有种子层，如图 7.4（d）所示。

图 7.2　在国产扩散氧化炉上采用热氧工艺制备的 SiO_2 绝缘层

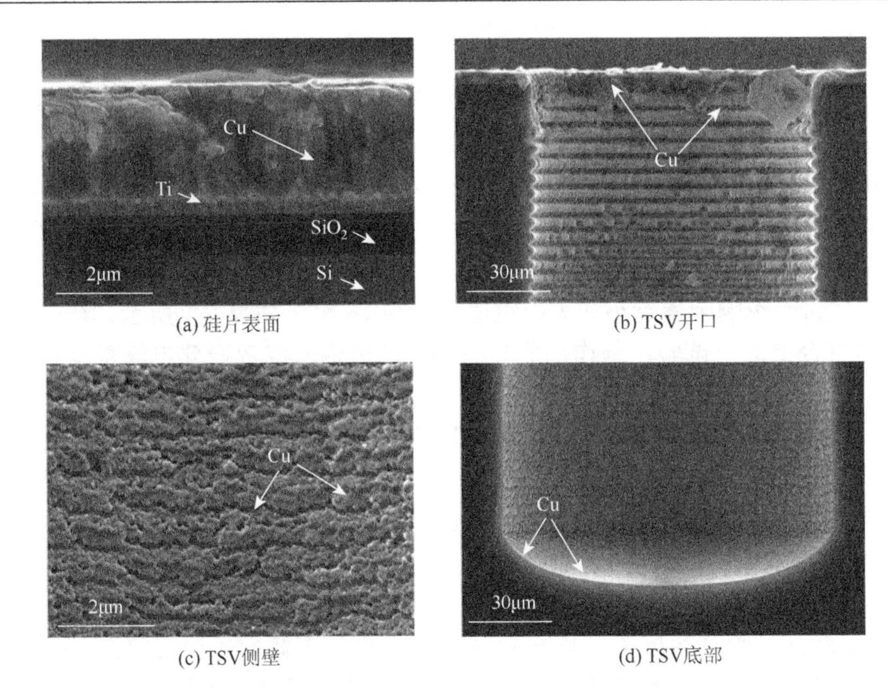

(a) 硅片表面　(b) TSV开口

(c) TSV侧壁　(d) TSV底部

图 7.3　通过溅射工艺在 TSV 盲孔样品制作 Ti/Cu 阻挡层/种子层的检测结果

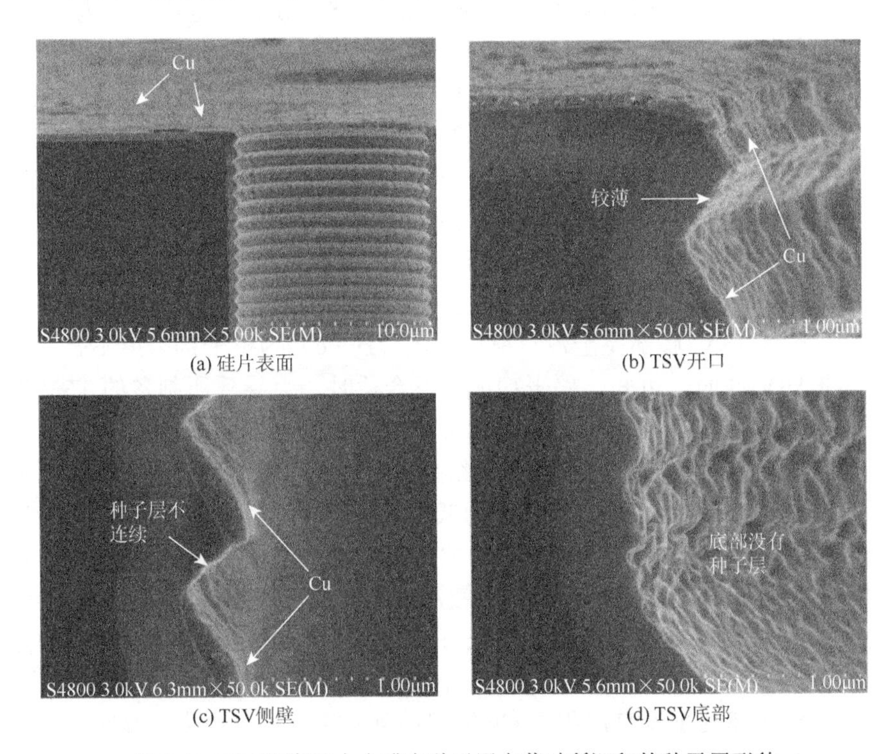

(a) 硅片表面　(b) TSV开口

(c) TSV侧壁　(d) TSV底部

图 7.4　TSV 深宽比太大或者种子层太薄时所沉积的种子层形貌

电镀铜填充 TSV 孔是实现 TSV 转接板最为关键的步骤之一。本书采用上海新阳半导体材料股份有限公司生产的电镀液，主要成分包括基础液 SYS^{T}2510、SINYANG® ADDITIVE UPT3360 系列添加剂（加速剂为 UPT3360A，抑制剂为 UPT3360S，整平剂为 UPT3360L），产品推荐参数范围：UPT3360A 为 0.5～5mL/L，UPT3360S 为 3～10mL/L，UPT3360L 为 3～10mL/L，电流密度为 0.1～1ASD。在第 3 章的基础上，本节设计 DOE（design of experiments）试验，重点考虑 4 个影响因素，每个影响因素有小和大两组值，一共 16 组，如表 7.1 所示，在国产订制电镀机台上进行试验，制作剖面样品提取电镀铜层参数研究电流密度和添加剂（加速剂、抑制剂、整平剂）对 TSV 填充模式与填充质量的影响。除了 DOE 试验，还进行了大量的参数优化试验，以此研究其他电镀参数（如电镀液对流速度、电镀液温度）对 TSV 填充模式和填充质量的影响。DOE 试验表明，在小电流密度（一般指 0.1～0.3ASD）、低加速剂浓度（一般指 0.5～2mL/L）和低抑制剂浓度（一般指 3～5mL/L）条件下电镀铜填充 TSV 盲孔倾向于自底向上实心填充；在大电流密度（一般指 0.8～1.5ASD）、高加速剂浓度（一般指 3～5mL/L）和高抑制剂浓度（一般指 6～8mL/L）条件下倾向于保形填充——环形铜 TSV 互连。图 7.5 为不同电镀条件下填充 TSV 盲孔样品的截面 SEM 检测结果。图 7.5（a）为在过大的电流密度下电镀所得的 TSV 截面，电流密度为 3ASD，加速剂浓度为 3.5mL/L，抑制剂浓度为 6.5mL/L。在过大的电流密度作用下，会导致 TSV 表面和开口的电镀速度过快，而 TSV 侧壁和底部需要依靠电镀液的扩散作用进行粒子输运，这会导致 TSV 快速封口，侧壁和底部没有进行有效的电镀填充。图 7.5（b）为添加剂和抑制剂配比不合适时电镀所得的 TSV 截面，可知，在高的加速剂浓度和抑制剂浓度作用下，如果其配比不合适，会导致不等壁环形 TSV 填充。所制备的环形 TSV，沿着 TSV 径向方向，越靠近 TSV 底部，镀层越薄。在此情况下，如果电流密度不合适，同样会导致 TSV 开口处封口，或者 TSV 底部完全没有镀层。图 7.5（c）为整平剂浓度不合适时电镀所得的 TSV 截面，可知，整平剂浓度不合适时，会导致所制备的 TSV 镀层表面特别粗糙，这会严重影响 TSV 后续使用的电学性能和可靠性。在此进行了多组不同整平剂浓度的电镀实验，实验结果表明，整平剂对 TSV 的填充模式确实影响不大。图 7.5（d）和（e）分别为低电镀液对流速度（磁力搅拌器转速为 100r/min）和高电镀液对流速度（磁力搅拌器转速为 1200r/min）时电镀所得的 TSV 截面，可知，在过低和过高的电镀液对流速度下 TSV 均倾向于不等壁环形 TSV 填充。当电镀液对流速度过低时，TSV 底部的粒子输运完全靠扩散作用，当 TSV 底部周围粒子被消耗以后，粒子很难再及时地输运到 TSV 的底部，因此在 TSV 底部几乎没有沉积上 Cu 镀层；当电镀液对流速度过高时，在 TSV 的底部的确形成了镀层，但是镀层非常疏松，而且 TSV 侧壁的镀层表面也非常不平整。这是因为过高的电镀液对流速度并没有促进加速剂和整平剂的吸收，但是却促进了抑制剂的吸收，从而导致 TSV 镀层厚度沿着径向方向逐渐减少且镀层表面非常粗糙。图 7.5（f）与（g）分别为电镀液温度为 25℃和 55℃时电镀所得的 TSV 截面，两者的其他电镀参数均相同，电流密度为 1.2ASD，加速剂浓度为 4.5mL/L，抑制剂浓度为 8.5mL/L，整平剂浓度为 8mL/L，电镀时间为 15min。可知，电镀液温度对 TSV 的填充模式并没有太大的影响，但是其对 TSV 的电镀速率影响很大，随着电镀液温度的逐渐增加，电镀速率越来越快。虽然提高电镀液温度可以加快电镀速率，但是电镀液温度过高会影响添加剂在 TSV 表面的吸附和解吸附过程，影响 TSV 孔填充质量。图 7.5（h）是保形填充 TSV 盲孔的截面，优化的参数：电流密度为 1.2ASD，加速剂浓度为 5mL/L，抑制剂浓度为 8mL/L，整平剂浓度为 8mL/L，电镀时间为 15min，镀层表面平整，TSV 侧壁看似杂质的物质为制作 TSV 截面时的残留纸屑，不是 TSV 电镀过程中产生的。所制作的环形 TSV 的侧壁厚度为 7.2μm。图 7.5（i）为典型的实心 TSV 截面，优化的参数：电流密度为 0.3ASD，加速剂浓度为 1mL/L，抑制剂浓度为 4mL/L，整平剂浓度为 8mL/L，电镀时间为 65min。在此参数下，所制作的 TSV 实现了良好的自底向上填充，TSV 内无明显孔洞，镀层均匀不粗糙。比较两者的电镀时间，可以发现，实心 TSV 所需的电镀时间远大于环形 TSV 所需的电镀时间，一方面是因为环形 TSV 所施加的电流密度大于实心 TSV 所施加的电流密度，另一方面，环形 TSV 所需电镀的镀层比实心 TSV 的少。

图 7.6 为铜 TSV 互连检测结果。

表 7.1 电镀铜填充 TSV 孔 DOE 试验

序号	电流密度/ASD	加速剂/(mL/L)	抑制剂/(mL/L)	整平剂/(mL/L)	填充模式	填充质量
01	0.2	1	4	4	自底向上	一般
02	0.2	1	4	10	自底向上	好
03	0.2	1	10	4	其他	不好
04	0.2	1	10	10	其他	不好
05	0.2	5	4	4	其他	不好
06	0.2	5	4	10	其他	不好
07	0.2	5	10	4	其他	一般
08	0.2	5	10	10	其他	一般
09	1.4	1	4	4	其他	一般

续表

序号	电流密度/ASD	加速剂/(mL/L)	抑制剂/(mL/L)	整平剂/(mL/L)	填充模式	填充质量
10	1.4	1	4	10	其他	一般
11	1.4	1	10	4	其他	不好
12	1.4	1	10	10	其他	不好
13	1.4	5	4	4	其他	不好
14	1.4	5	4	10	其他	不好
15	1.4	5	10	4	环形	一般
16	1.4	5	10	10	环形	好

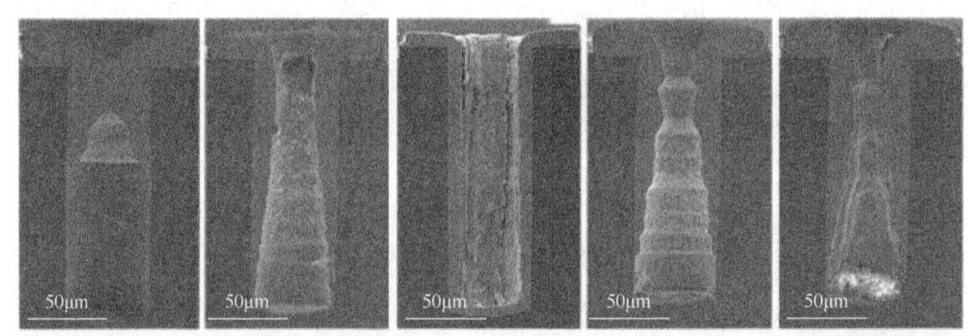

(a) 过大的电流密度　(b) 添加剂和抑制剂配比不合适　(c) 整平剂浓度不合适　(d) 低电镀液对流速度　(e) 高电镀液对流速度

(f) 电镀液温度为25℃　(g) 电镀液温度为55℃　(h) 保形填充TSV盲孔的截面　(i) 典型的实心TSV截面

图 7.5　不同电镀条件下填充 TSV 盲孔样品的截面 SEM 检测结果

(a) 样品整体俯视图

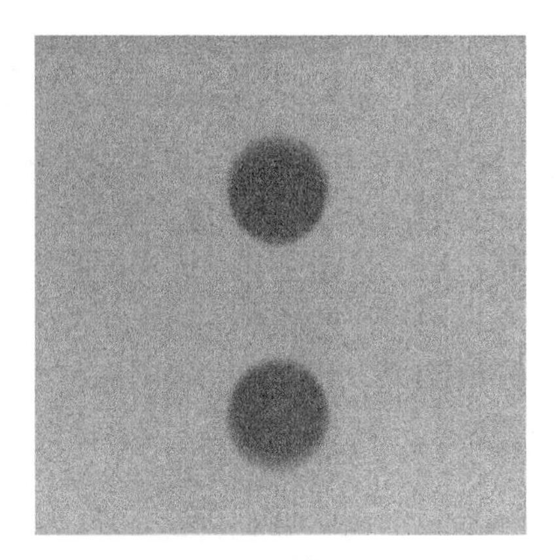

(b) 双TSV结构俯视图

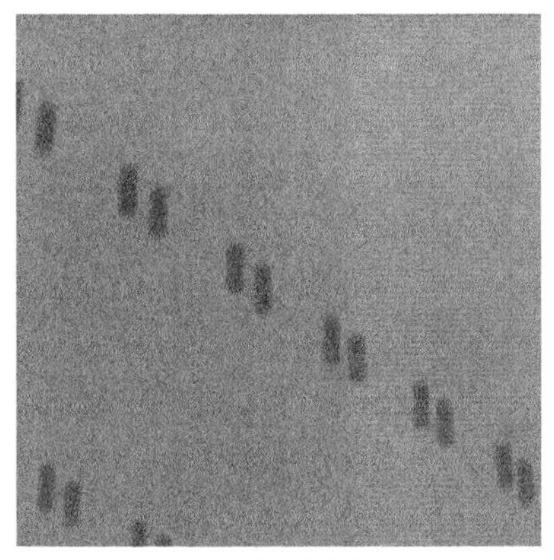

(c) 局部斜视图

(d) 剖面样品SEM照片

图 7.6　铜 TSV 互连检测结果

电镀铜填充 TSV 孔后，铜平坦化去除表面在电镀过程中生长的多余铜层及 Cu 种子层/Ti 阻挡层，采用的工艺方法见第 3 章铜平坦化部分，在此不再赘述。在此表面上，制作再布线层，优化工艺。在当前 IC 制造封测生态体系下，再布线层制作技术相对成熟，可以采用铜大马士革工艺、封装工艺、PCB 板再布线层工艺，考虑到应用场景和成本因素，本书采用电镀铜制作再布线金属层，以及采用光敏 BCB 制作介质层。铜再布线层直流电阻和泄漏电流是衡量再布线工艺质量的关键参数。本书中设计开尔文测试结构进行铜 RDL 电学参数的提取，RDL 直流电阻测量 I-(V^+−V^-)曲线如图 7.7 所示。其中，铜 RDL 厚度约为 3μm，长度为 500μm，包括三种宽度如 10μm、20μm、30μm，其两端是四探针测试的焊盘。由曲线拟合得到的电阻值分别是 0.144Ω、0.222Ω 和 0.458Ω，大致与相应的线宽成正相关，根据测量得到的铜 RDL 的电阻值，推算得到方块电阻平均值约为 8.87mΩ/□，电镀铜电导率约为 3.76×107S/m，小于铜室温下的电导率值 5.8×107S/m。光刻线条的精度、RDL 金属表面粗糙度、RDL 金属厚度的控制等是影响 RDL 电阻精度的主要因素。铜 RDL 漏电测试采用图 7.8（a）所示的两组 RDL 金属线交叉形成的梳齿状结构，图中标记 V^+、V^-为两个焊盘，分别并联了 7 段 700μm 长、20μm 宽的铜 RDL，图中相邻金属线间距为 30μm，也可以根据需要进行设计。电压加载在图中 V^+、V^-两个焊盘上，从 0V 扫描至 50V，限流 1mA。经过多个样品的测试，漏电流都保持在 pA 量级，如图 7.8（b）所示，50V 以下，漏电流只有 2.6pA，5V 以下，漏电流小于 0.5pA，绝缘特性良好，与文献[38]中的结果类似。将图 7.8 中相邻 2 个梳齿之间的绝缘电阻设为 R，整个梳齿状结构等效为 13 个电阻 R 并联，

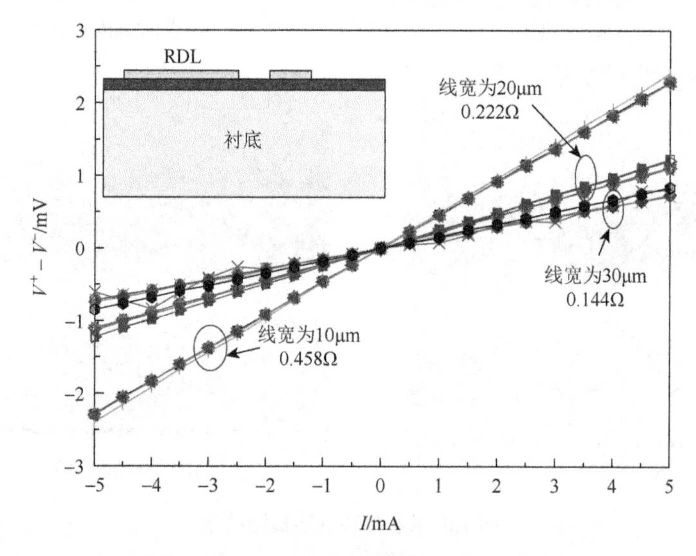

图 7.7　RDL 直流电阻测量 I-(V^+−V^-)曲线

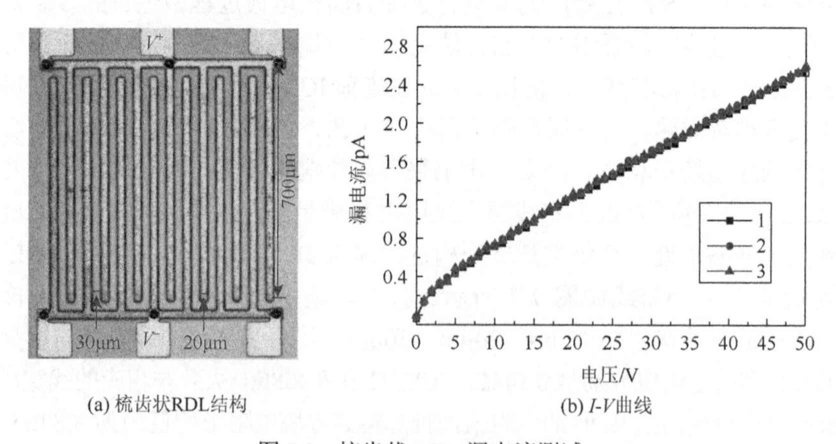

(a) 梳齿状RDL结构　　(b) I-V曲线

图 7.8　梳齿状 RDL 漏电流测试

根据 *I-V* 曲线可以看出，铜 RDL 之间的绝缘电阻数量级在 $10^{12}\Omega$ 以上。采用优化的铜 RDL 工艺参数，图 7.9 是制作的第一层铜 RDL 互连线，RDL 线宽为 10μm。图 7.10 为制作的第二层铜 RDL 互连线，RDL 线宽仍为 10μm，由于第二层 RDL 互连线是在 BCB 上进行制作的，平整度有所降低，需要对 BCB 制备工艺进行优化，图 7.10（a）与（b）为制作铜 RDL 互连线完好样品的照片，图 7.10（c）与（d）分别为出现局部断路的镜检照片。图 7.11 为带两层铜 RDL 互连线的双 TSV 结构的横截面，BCB 胶厚度约为 7μm，第一层铜 RDL 互连线厚度约为 4.5μm，第二层铜 RDL 互连线厚度约为 7μm。

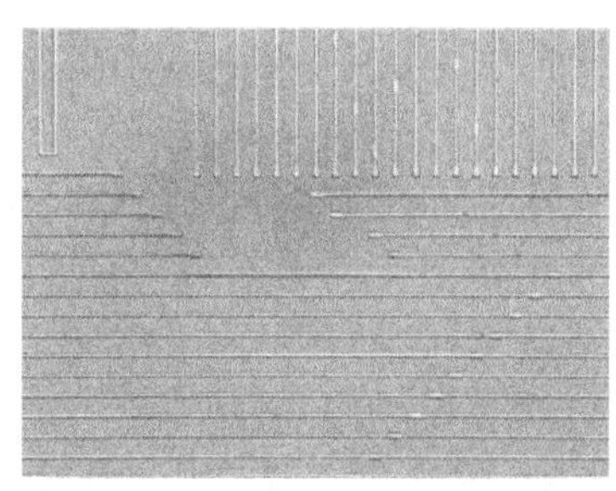

第一层铜RDL无缺陷

图 7.9　第一层铜 RDL 互连线

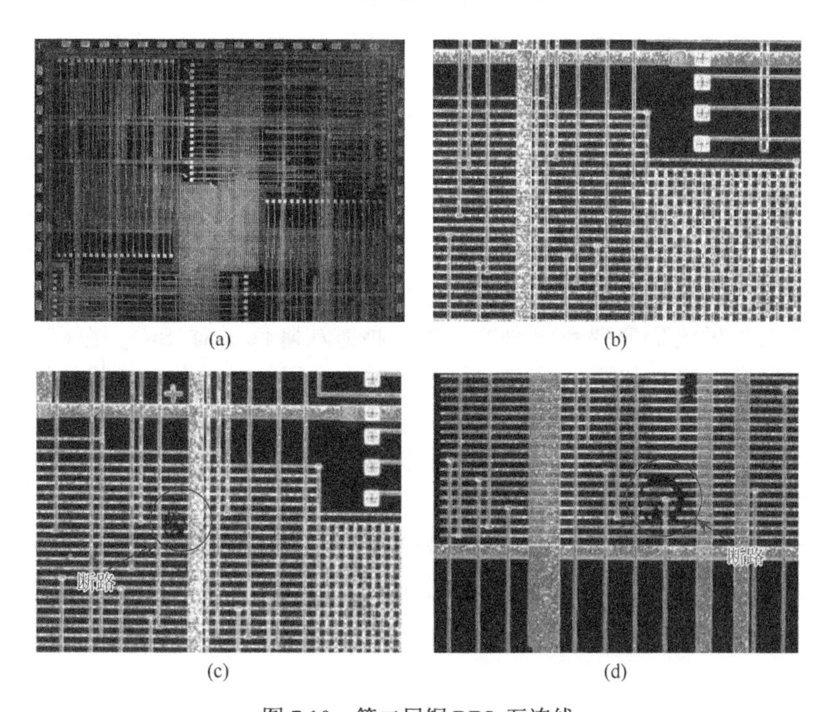

图 7.10　第二层铜 RDL 互连线

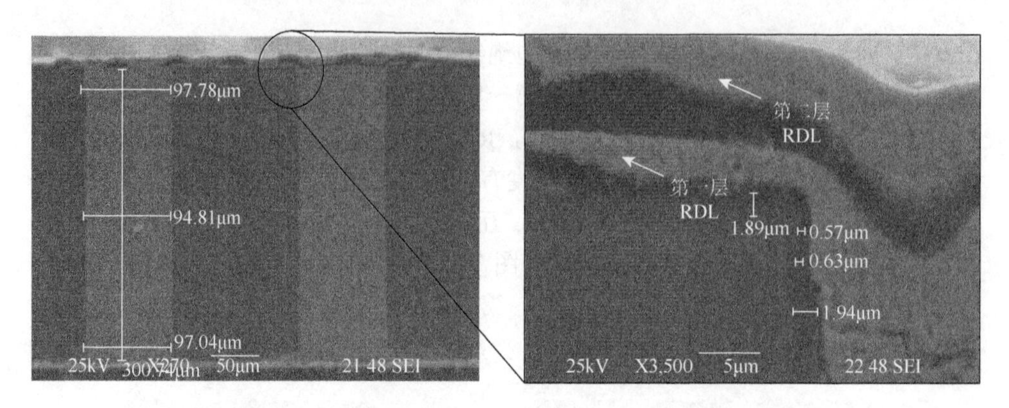

图 7.11　带两层铜 RDL 互连线的双 TSV 结构的横截面

制作完正面的工艺后，采用临时键合胶将硅片黏接至辅助晶圆上，进行硅片背面减薄抛光工艺，暴露铜 TSV 互连。目前有两种常用的背面露铜方法，第一种方法是直接减薄暴露出铜 TSV 互连，抛光，清洗，然后利用 PECVD 工艺在硅片背面沉积一层 SiO_2 绝缘层，结合光刻工艺和刻蚀工艺，在覆盖铜 TSV 互连端面 SiO_2 绝缘层上开窗口，如果窗口尺寸大，后续制作的铜 RDL 互连线和微凸点将面临与硅衬底电气短接的风险，为了保证样品的电学性能，刻蚀窗口应小于铜 TSV 互连直径，同时由于减薄抛光过程中会出现铜层和硅衬底层同时抛光，这会引入衬底金属杂质污染，清洗难度大，如图 7.12（g）所示。第二种方法是减薄抛光或者结合化学干法/湿法选择性腐蚀工艺暴露出铜 TSV 互连周围覆盖的 SiO_2 绝缘层，在硅片背面沉积绝缘层或旋涂一层光敏 BCB 胶，在覆盖铜 TSV 互连端面 SiO_2 绝缘层上开窗口，然后再制作铜再布线层和微凸点/微焊垫，如图 7.12（l）所示。图 7.13 是利用第一种方法暴露出铜 TSV 互连端面形貌，这种方法可能会对铜 TSV 互连侧壁的 SiO_2 绝缘层造成损伤，引入污染风险大，清洗难度大，目前该过程中污染风险的控制及这些污染在服役阶段引起的失效风险仍需要系统研究。第二种方法降低了对 SiO_2 绝缘层造成损伤风险的概率，但是需要精确地控制减薄抛光过程，对减薄和选择性抛光工艺能力的要求较高，图 7.14 为利用第二种方法刻蚀后露出的铜 TSV 互连端面形貌，其中铜 TSV 互连高度约为 20μm，铜 TSV 互连暴露面存在 SiO_2 绝缘层保护，根据本书作者团队研究实践发现，该方法重复性较差，在减薄工艺阶段便直接露出了铜 TSV 互连，对于国产减薄抛光设备及抛光垫、抛光液等，仍存在较大提升空间以支撑减薄抛光工艺能力的提升。

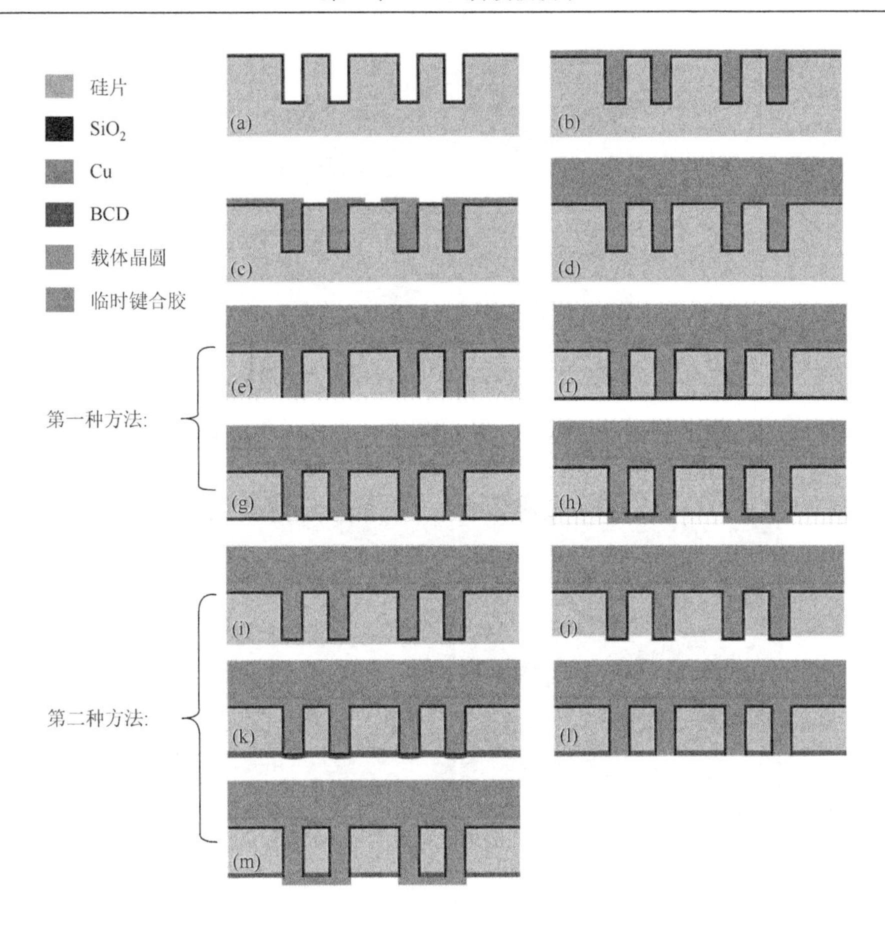

图 7.12　两种常用的背面露铜方法示意图（见彩图）

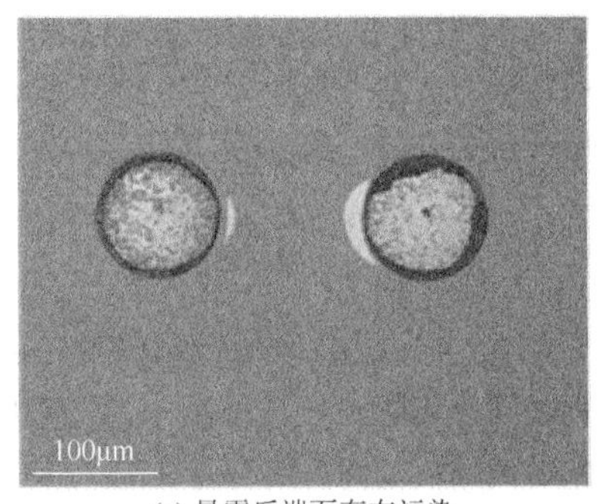

(a) 暴露后端面存在污染

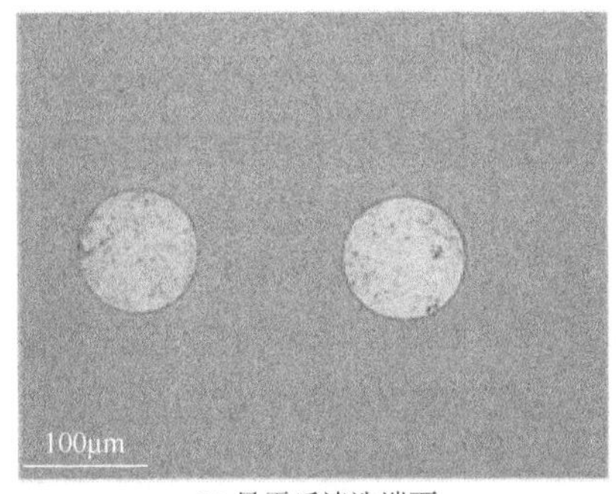

(b) 暴露后清洗端面

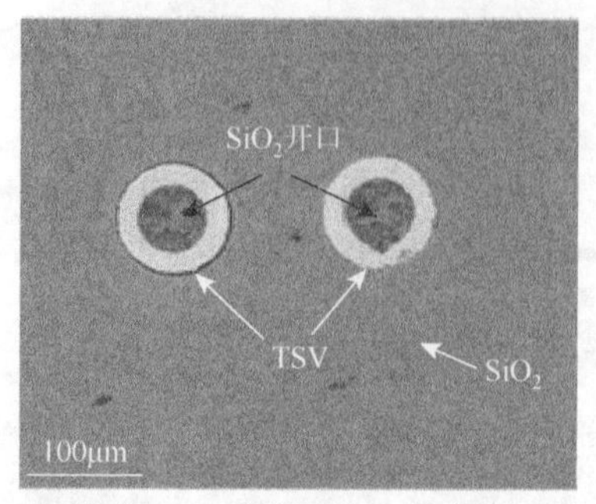

(c) 在覆盖铜TSV互连端面的SiO_2绝缘层上开窗口

图 7.13　利用第一种方法暴露出铜 TSV 互连端面形貌

图 7.14　利用第二种方法刻蚀后露出的铜 TSV 互连端面形貌

在完成背面暴露铜 TSV 互连及表面绝缘层制作后，类似地，在背面制作铜再布线层。针对抗辐照 SRAM 准三维集成应用，本书在 TSV 转接板背面设计了焊盘，如图 7.15 所示，植球后与下层封装基板实现互连。最后，进行解键合，划片，筛选。图 7.16 为所制作的转接板样品，TSV 转接板尺寸为 1.6mm×1.6mm，厚度约为 300μm。首先，利用 X 射线无损检测对 TSV 互连、铜 RDL 层进行检测，筛选出 TSV 无孔洞、铜 RDL 线无短路断路样品，图 7.17 为转接板 X 射线无损检测照片。其次，利用 TSV 转接板上菊花链测试结构和开尔文测试结构，测试提取铜 TSV 互连、铜 RDL 线电学参数，评估分析工艺质量。

试验测试发现，铜 TSV 互连电学参数离散性大、不稳定，退火处理可以改善铜 TSV 互连的电学性能。考虑到 TSV 转接板工艺过程中的热过程，有必要研究退火处理与铜 TSV 互连电学性能之间的依赖关系。研究中采用 2 组 TSV 转接板样品，每组有 10 颗样品，一组采用环形铜 TSV 互连，另一组采用传统实心 TSV 互连，每个样品包含 8 个 TSV 开尔文测试结构，在氮气保护下退火处理 3h，退火温度分别为 150℃、250℃、350℃、450℃，采用 Agilent 4156B 半导体参数分析仪和 KARL SUSS PM8 手动型四探针台进行电气性能测试，测试电流

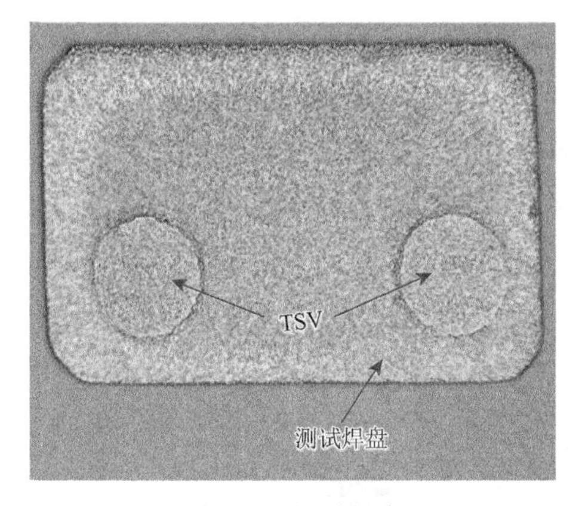

图 7.15　测试焊盘

图 7.16　所制作的转接板样品

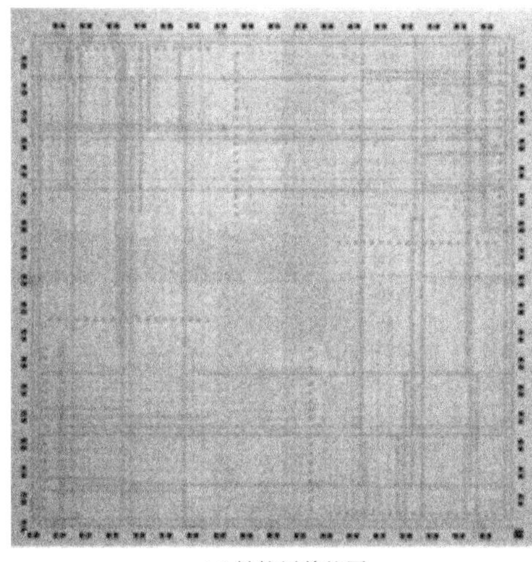

(a) 转接板整体图

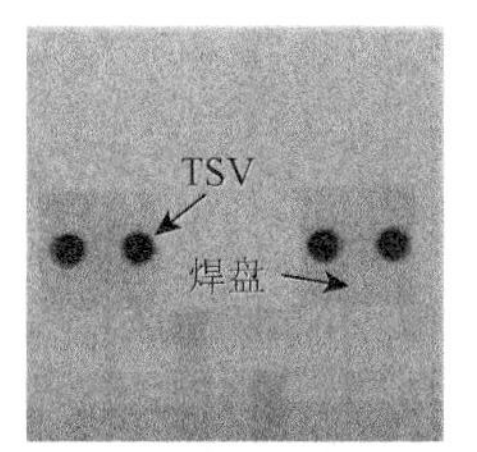

(b) 转接板局部图

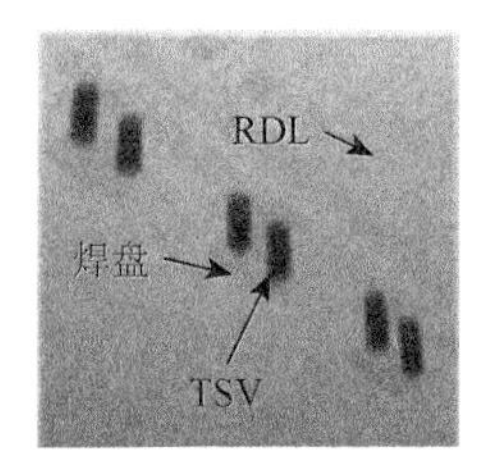

(c) 局部斜视图

图 7.17　转接板 X 射线无损检测照片

为–10～10mA，单步为 500μA，电阻值由拟合的伏安特性曲线进行标定。图 7.18 为环形 TSV 与实心 TSV 退火前和退火后典型的伏安特性曲线，环形 TSV 退火前后的电阻值分别为 10.6mΩ 和 8.96mΩ，实心 TSV 退火前后的电阻值分别为 8.78mΩ 和 8.13mΩ。图 7.19 为退火前后所测试的开尔文结构中单个 TSV 的电阻分布统计图。可以发现，环形 TSV 与实心 TSV 转接板样品的电阻在退火处理之前均匀性不好，方差大，这意味着所制作的 TSV 电学均匀性较差，工艺仍需要进一步优化。退火处理后，环形 TSV 与实心 TSV 转接板样品的电阻波动范围和平均电阻值均有显著下降，整体而言，随着退火温度的增加，TSV 的电阻波动范围和平均电阻值均在减小。在 150℃、250℃、350℃和 450℃温度下进行退火处理后，实心 TSV 转接板样品的平均电阻值分别下降了 5.56%、12.28%、14.03%和 13.34%。在 450℃退火 3h 后，所计算得出的实心 TSV 样品的电阻率为 $3.23\times10^{-8}\Omega\cdot m$，这与理论值相符合[39, 40]。因此，在工艺条件允许下和样品可承受的温度范围内，可以适当地增加退火温度。

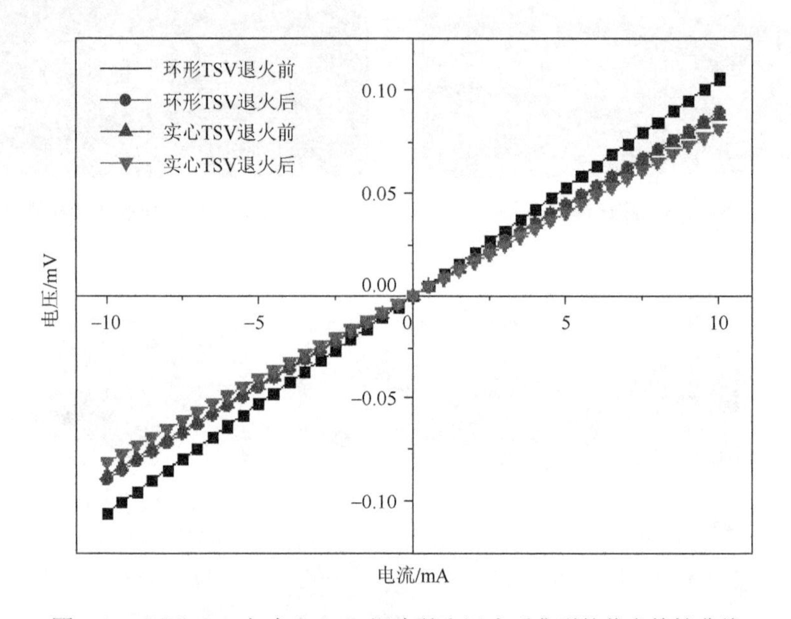

图 7.18　环形 TSV 与实心 TSV 退火前和退火后典型的伏安特性曲线

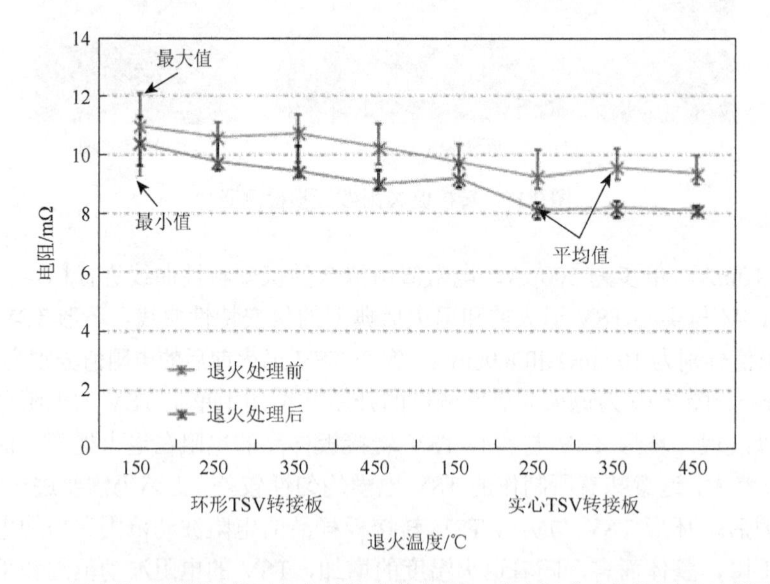

图 7.19　退火前后所测试的开尔文结构中单个 TSV 的电阻分布统计图（见彩图）

为了揭示退火处理对铜 TSV 互连电学特性影响机理，本书对不同退火条件处理下铜 TSV 互连内部微观结构进行了测试分析。为了研究不同退火温度条件对 TSV 内部微观结构的影响，设定了多组退火温度，退火温度分别为 25℃、100℃、200℃、300℃，退火时间为 3h，然后磨样，进行电子背散射衍射（electron backscattered diffraction，EBSD）分析，EBSD 分析可以高精度地获得样品表面晶粒的晶粒尺寸和晶粒取向。由于衍射电子起源于样品表面的几纳米层，表面的任何的污染或变形都会严重降低 EBSD 图案，因此制备高质量的样品表面是获得高质量 EBSD 结果的关键。由于 Cu 非常软，在研磨过程中很容易产生凹坑、划痕，导致出现损伤层，而在后续抛光过程中单纯的化学-机械抛光想要彻底去除该损伤层非常困难，需要使用电解抛光来去除其损伤层。电解液配比（重量比）：H_3PO_4 为 65%；H_2SO_4 为 15%；CrO_3 为 6%；去离子水为 14%，电解 2min。图 7.20 是采用研磨、机械抛光、机械-化学抛光及电解抛光以后的铜 TSV 互连结构截面 SEM 照片。图 7.21 是未退火处理时的铜 TSV 互连的 EBSD 标定图。图 7.21（a）为 TSV 的标定质量分布图，显示了衍射图案中菊池带的相对强度，图中 TSV 的晶界和晶粒结构通过明暗程度来区分；图 7.21（b）为晶粒取向分布图，可以发现晶粒尺寸较小，晶粒大小和晶粒取向均呈随机分布。图 7.22 为不同退火温度条件下 TSV 的晶粒取向分布图。由图 7.22 可知，随着退火温度的增加，晶粒会生长，晶粒尺

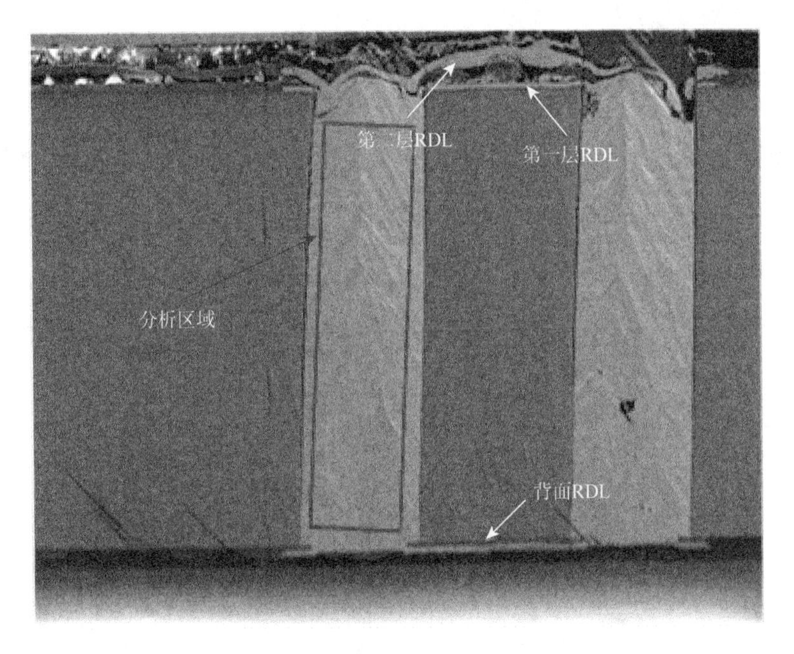

图 7.20　采用研磨、机械抛光、机械-化学抛光及电解抛光以后的铜 TSV 互连结构截面 SEM 照片

(a) TSV的标定质量分布图　　(b) 晶粒取向分布图

图 7.21　未退火处理时的铜 TSV 互连的 EBSD 标定图

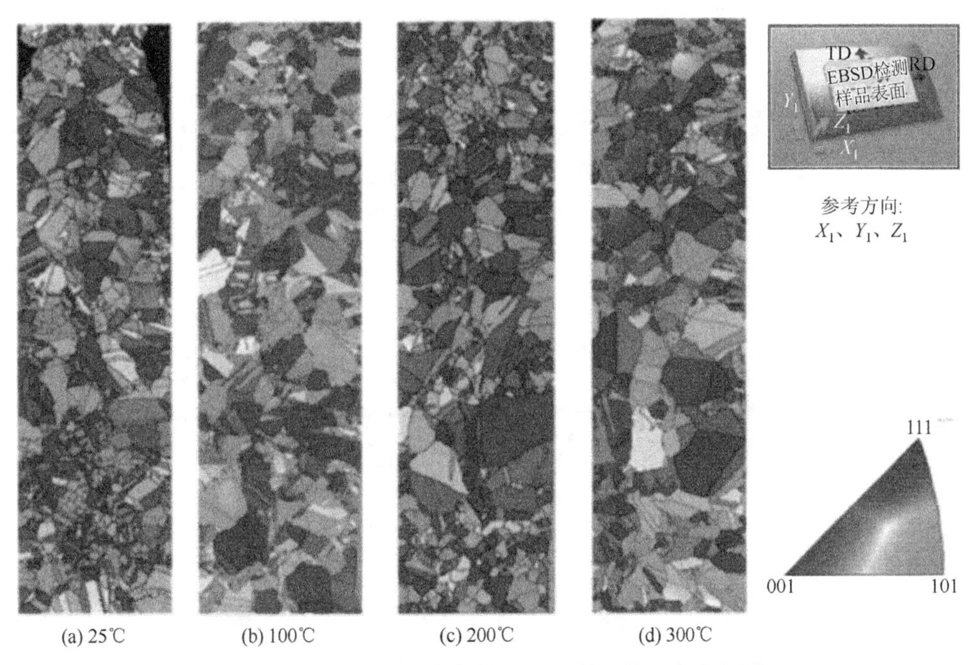

(a) 25℃　(b) 100℃　(c) 200℃　(d) 300℃

图 7.22　不同退火温度条件下 TSV 的晶粒取向分布图

寸会增加。这种晶粒生长方式基本上是由总晶界面积的减小和晶界总能量的相应减少所驱动的[41, 42]。图 7.23 为不同退火温度下的反极图。反极图是将样品坐标（或方向，如 RD，TD，ND）表示在晶体坐标系中。各晶向取向的强度由极密度强度（multiple of uniform density，mud）来进行统计学描述，极密度强度可以从右边的颜色柱获得。极密度强度小于 1 的部分表示随机取向的晶粒，若大面积的极密度强度大于 1，则表示晶粒出现择优取向。从图 7.23 中可知，25℃和 300℃退火处理后的样品最大极密度强度均位于<111>晶向处，但整体来说，大部分极密度强度都小于 1。表 7.2 列出了各晶粒取向所占的比例，(100)、(110)、(111)晶粒取向所占的比例在各个退火温度下都小于 15%，没有观察到明显的择优取向。从图 7.24 也可以明显得知，随着退火温度的增加，晶粒尺寸增大，但是铜 TSV 互连晶粒取向一直都是呈随机分布的，未观察到由退火引起的织构变化。图 7.24 为 25～300℃不同退火温度条件下的晶粒尺寸分布统计图，从各个子图的横坐标可知，随着退火温度的增加，横坐标范围越来越大，也就是说晶粒尺寸逐渐变大，从各个子图内的晶粒尺寸比例可知，尺寸为 4～30μm^2 的晶粒所占的百分比明显减少，尺寸为 30～130μm^2 的晶粒所占的百分比明显增加，尺寸为 130～240μm^2 的大晶粒所占的百分比也有所增加。可以发现，与常规的退火可以细化晶粒不同，对于电镀铜 TSV，退火会增大其晶粒尺寸。

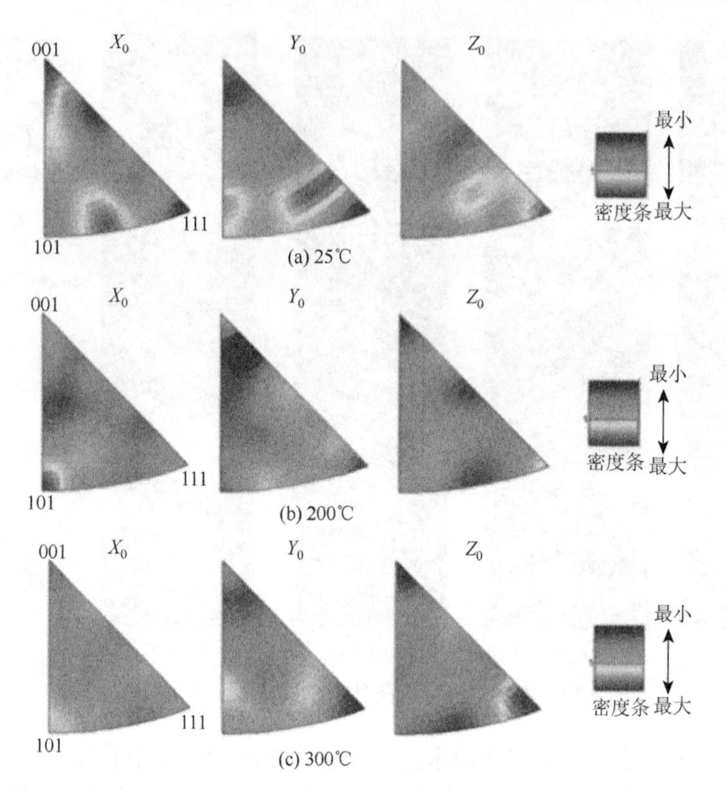

(a) 25℃　(b) 200℃　(c) 300℃

图 7.23　不同退火温度下的反极图

表 7.2　各晶粒取向所占的比例

退火温度/℃	晶粒取向		
	（100）	（110）	（111）
25	8.1%	7.6%	11.6%
200	7.2%	8.6%	9.2%
300	6.7%	8.4%	13.2%

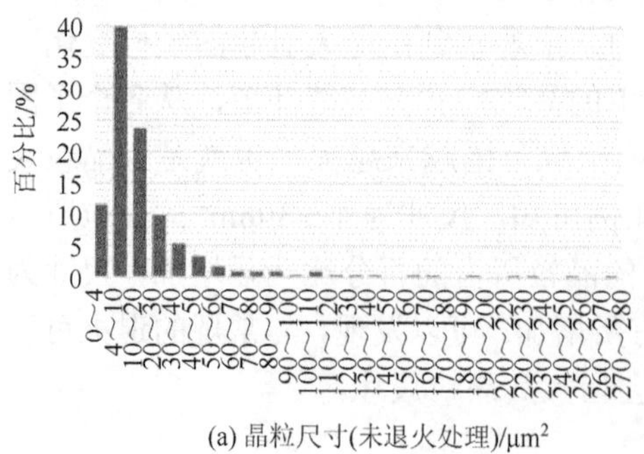

(a) 晶粒尺寸(未退火处理)/μm²

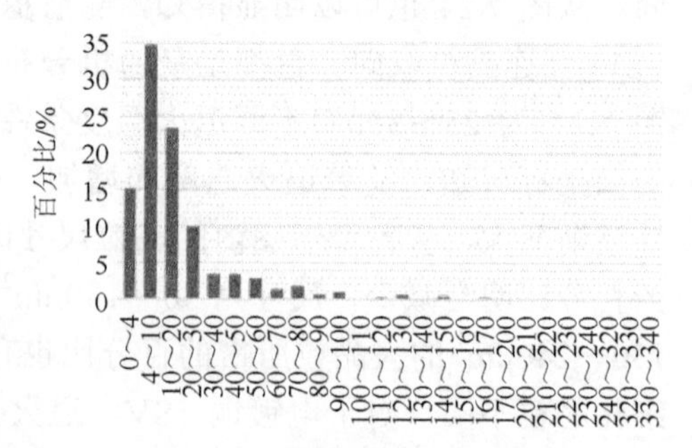

(b) 晶粒尺寸(100℃, 3h)/μm²

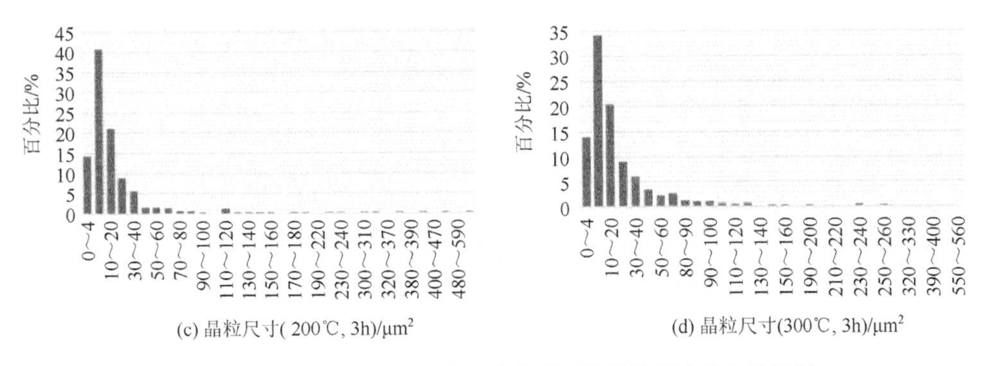

图 7.24　25～300℃不同退火温度条件下的晶粒尺寸分布统计图

在前述 TSV 转接板工艺研究基础上，针对抗辐照 SRAM 芯片，本书作者团队前期完成了基于 TSV 转接板的准三维集成 SRAM 演示样品研制。图 7.25 是基于 TSV 转接板准三维集成 SRAM 存储器的集成示意图，每个 SRAM 储存器具有 1MB 的存储功能，每个转接板上集成 4 个 SRAM 存储器，实现具有 4MB 存储功能的三维高密度存储样品。图 7.26 为 SRAM 存储器实物图，其尺寸为 5178μm×8143μm，微凸点间距为 260μm，微凸点直径为 80μm。通过四次键合依次将 4 个 SRAM 键合到转接板进行填充，测试后装配至封装基板上。图 7.27 为键合完成以后的三维高密度存储样品实物图，图 7.28 为三维高密度存储样品的 X 射线无损检测结果，可知转接板与 SRAM 存储器内部连接良好，微凸点连接处无明显裂缝，整个样品中无明显短路和断路现象。为了对其进行测试，又设计和制造了专用的存储器功能应用板，通断测试和存储测试表明，该三维高密度存储样品可以实现 4MB 的存储功能。

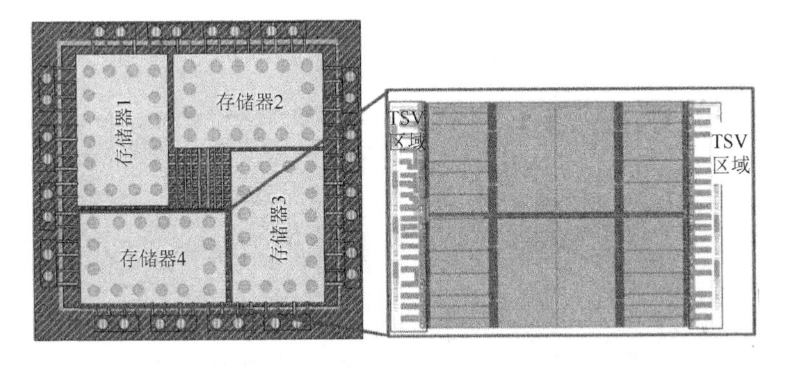

图 7.25　基于 TSV 转接板准三维集成 SRAM 存储器的集成示意图

(a) SRAM存储器

(b) 微凸点

图 7.26　SRAM 存储器实物图

图 7.27　键合完成以后三维高密度存储样品实物图

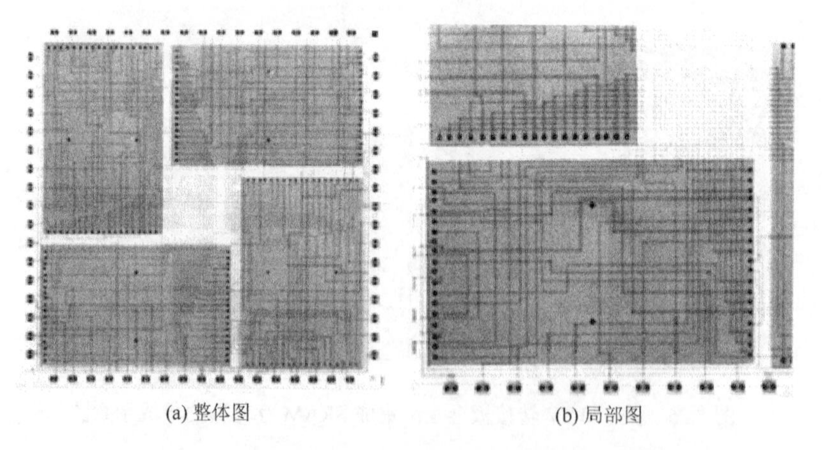
(a) 整体图　　(b) 局部图

图 7.28　三维高密度存储样品的 X 射线无损检测结果

7.4　TSV转接板失效分析

TSV转接板主要由再布线层和铜TSV互连二者组成，相对而言，再布线层工艺与服役环境下失效模式机理分析研究较多，较为成熟。铜TSV互连不论在工艺层面失效还是服役环境下失效的研究均是关注的热点，前者是TSV工艺研究的关键核心，后者是其应用推广阶段进行可靠性设计的基础。本书作者团队以针对抗辐照SRAM准三维集成TSV转接板为对象，对其在服役环境下的失效机理模式进行探索研究。

热循环测试（thermal cycling testing，TCT）和湿热测试（moisture sensitivity testing，MST）是产品质量控制与可靠性评估中最常用的测试技术。根据联合电子设备工程委员会（Joint Electron Device Engineering Council，JEDEC）标准设计了热循环测试和湿热测试，其中热循环测试条件参考JESD22-A104D标准，实验条件为–40～125℃，升降温过程各10min，最低温最高温各保持5min，单次循环需要30min；湿热测试参考JESD22-A110D标准，实验条件为130℃/85%RH，单次循环需要1h。试验中采用空心环形TSV互连的转接板样品作为参照，重点分析了采用实心铜TSV互连的转接板样样品——未装配有源芯片的失效模式。为了保证用于可靠性测试的转接板样品在可靠性测试前都具有电学性能，在可靠性测试之前利用X射线、红外光弹及探针台对样品一一进行测试分析，将TSV内部填充有缺陷的、TSV周围应力过大的，以及电学测试为失效的样品进行剔除，最终用于可靠性测试的实心TSV和空心环形TSV转接板样品各有50个。虽然每组用于可靠性测试的样品只有50个，但是在每个空心环形TSV转接板样品和实心TSV转接板样品中都分别有若干条菊花链测试结构与开尔文测试结构，因此，用于测试的测试结构足够多，测试结果可以进行统计分析，符合工业标准。可靠性测试过程中，测试结构的电阻值会逐渐增大，根据应用要求设定测试结构的电阻增加50%被认为出现电学失效。表7.3为热力学可靠性试验结果。所有的样品先经历500次湿热测试，然后再经历可靠性测试。从表7.3中可知：所有的样品在500次湿热测试和1000次热循环测试后都没有测试结构出现电学失效。实心TSV转接板样品中，有3个菊花链测试结构在2000次热循环测试后出现电学失效，8个菊花链测试结构在3000次热循环测试后出现电学失效。两种不同的样品中，所有的开尔文测试结构在500次湿热测试和3000次热循环测试后都没有出现电学失效。相比而言，实心铜TSV互连在可靠性试验中失效风险较大，这主要是由铜TSV互连与周围介质热膨胀系数失配造成的，在TSV孔径尺寸相同条件及相同温度环境下，空心环形铜TSV互连热应力较实心铜TSV互连小。

表 7.3　热力学可靠性试验结果

样品	500 次 湿热测试	1000 次 热循环测试	2000 次 热循环测试	3000 次 热循环测试
电学失效的空心环形 TSV 转接板样品/样品总数	0/50	0/50	0/50	2/50
电学失效的实心 TSV 转接板样品/样品总数	0/50	0/50	3/50	8/50

同时，结合对失效样品显微镜的观测发现，铜 TSV 互连凸出导致与之互连的铜再布线层断裂是可靠性试验中的主要失效模式[43]，如图 7.29 所示。图 7.30 是实心 TSV 和空心环形 TSV 转接板样品可靠性测试后的 TSV 截面图。图 7.30（a）与（b）分别是实心 TSV 转接板样品可靠性测试后的 TSV 截面图，在 $Cu/SiO_2/Si$ 界面出现了明显的绝缘层分层失效。图 7.30（c）与（d）分别是空心环形 TSV 转接板样品可靠性测试后的 TSV 截面图，在 $Cu/SiO_2/Si$ 界面没有出现任何的绝缘层分层失效。失效的原因同样是因为 Cu、SiO_2 及 Si 材料之间热膨胀系数不匹配，在热循环过程中，Cu、SiO_2 及 Si 材料不断周期性地收缩和膨胀，最终导致出现绝缘层分层失效。统计结果表明：在 8 个失效的实心 TSV 转接板样品中，其中 1 个样品仅有绝缘层分层失效，2 个仅有 Si 裂纹失效，剩下的 5 个则同时存在绝缘层分层失效和 Si 裂纹失效。而在 2 个失效的环形 TSV 转接板样品中，未观察到明显的绝

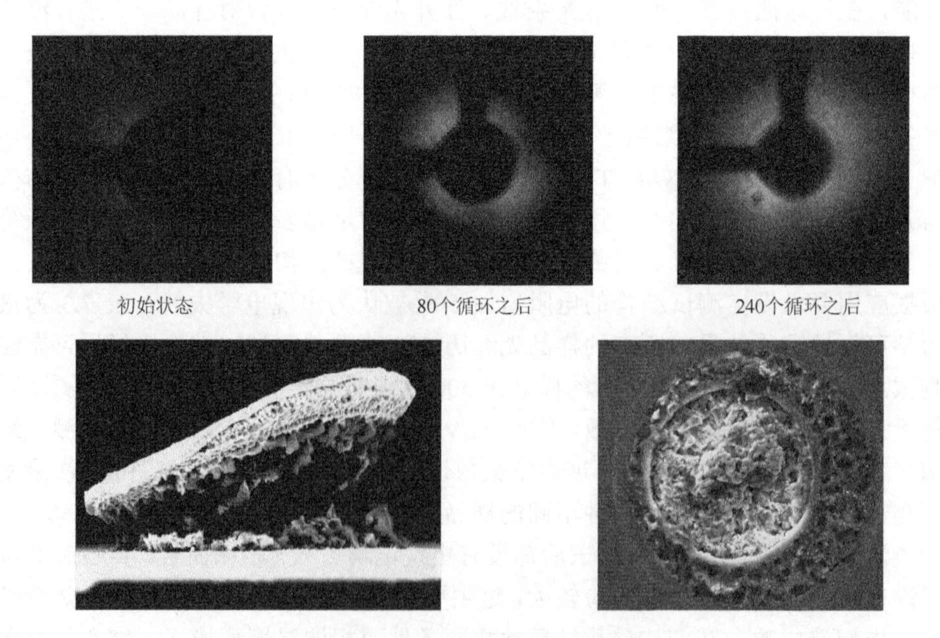

图 7.29　铜 TSV 互连典型失效模式

缘层分层失效和 Si 裂纹失效。分析表明这 2 个空心环形 TSV 转接板样品失效的原因是环形 TSV 样品的镀层很薄且没有任何保护，在湿热测试和热循环测试过程中长时间与空气接触，导致其过度氧化，使得样品的电阻逐渐增大，并最终导致电学失效。因此，如果环形 TSV 转接板样品的镀层受到保护，将会进一步地提高其可靠性。在后续的工作中，我们将在环形 TSV 铜镀层表面保形覆盖金层或 SiO_2 或者 BCB 光敏胶，以防止其氧化，并与未保护前进行比较，研究其可靠性表现的差异。

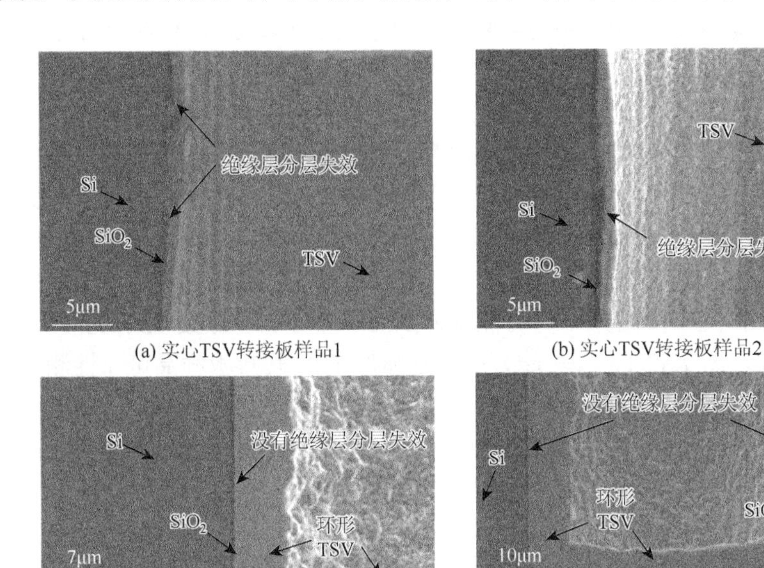

(a) 实心TSV转接板样品1　(b) 实心TSV转接板样品2

(c) 空心环形TSV转接板样品1　(d) 空心环形TSV转接板样品2

图 7.30　实心 TSV 和空心环形 TSV 转接板样品可靠性测试后的 TSV 截面图

为了研究不同可靠性试验条件中铜 TSV 互连凸失效的影响，将可靠性测试前就检测为电学失效的样品进行抛光，去掉测试焊盘、RDL 互连线及 BCB 光敏胶，直接露出 TSV，然后对其进行可靠性测试，可靠性测试之后，利用光学显微镜观察 TSV 表面的变化情况，并利用台阶仪测量其铜凸的值。图 7.31 为不同可靠性测试条件下的实心 TSV 表面形貌。图 7.31（a）为可靠性测试前的 TSV 表面形貌，其表面有抛光后留下的轻微划痕，没有明显氧化，具有铜金属光泽，此时铜凸值为 0.36μm；图 7.31（b）为湿热测试后的 TSV 表面形貌，表面氧化严重，说明在湿热测试过程中遭到严重氧化，此时铜凸值为 0.48μm；图 7.31（c）为 2000 次热循环测试后的 TSV 表面形貌，其表面本来氧化加重，为了更好地观测，用稀盐酸进行了漂洗，显微镜下可见铜凸情况加重，此时铜凸值为 1.31μm；图 7.31（d）为 3000 次热循环测试后的 TSV 表面形貌，铜凸情况加重，此时铜凸值为 1.80μm。可知，随着可靠性试验的进行，铜凸值逐渐增大。在一定范围内，不会对电学性能带来过大影响，但随着铜凸的增加，可能会导致开口处 TSV 和 RDL 互连线发生断裂，出现电学失效。相比之下，环形 TSV 经历 3000 次热循环测试以后，仍未见明显铜凸。为了更好地观察 TSV 表面是否出现微裂纹，当电学测试表明样品经历可靠性测试后出现电学失效时，需要用抛光工艺和湿法腐蚀工艺去除 TSV 上的测试焊盘、RDL 互连线及 BCB 光敏胶。湿法腐蚀所用的腐蚀液为 1∶1∶20 的乙酸、过氧化氢和水的混合液，腐蚀速率约为 180nm/min，该腐蚀液同样会对 TSV 进行腐蚀，因此需要小心地控制腐蚀时间。图 7.32 为实心 TSV 和空心环形 TSV 转接板样品可靠性测试后的 TSV 表面图像，图 7.32（a）与（b）是实心 TSV 转接板样品可靠性测试后的 TSV 表面图像，其上可见特征尺寸为百微米的 Si 裂纹，Si 裂纹的存在会导致 TSV 漏电严重，电学性能失效。随着湿热测试和热循环测试次数的增加，该裂纹尺寸逐渐增大。由于实验采用的是 N 型（100）晶面的硅片，切边为＜110＞晶向，在前期 TSV 互连工艺中，如 DRIE 刻蚀工艺、晶圆减薄工艺、抛光工艺中，都可能会产生微裂纹，在后续可靠性测试过程中，微裂纹往往会在＜110＞晶向上逐渐延伸，并可能延伸到另一个 TSV，导致 TSV 的漏电增加，电学性能失效。图 7.32（c）与（d）是空心环形 TSV 转接板样品可靠性测试后的 TSV 表面图像，没有出现任何明显的 Si 裂纹，这是因为空心环形 TSV 有一端是自由端，进行湿热测试和热循环测试时，Cu、SiO_2 及 Si 材料之间的相互挤压没有实心 TSV 严重。

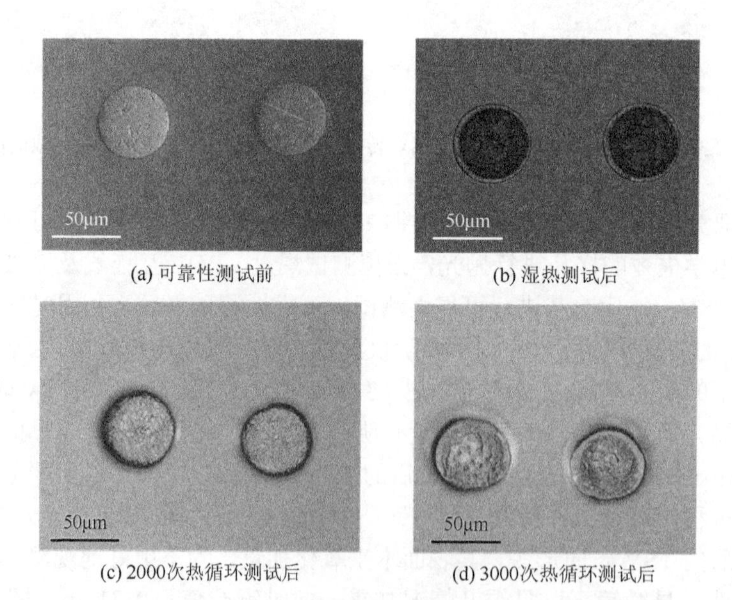

(a) 可靠性测试前　(b) 湿热测试后

(c) 2000次热循环测试后　(d) 3000次热循环测试后

图 7.31　不同可靠性测试条件下的实心 TSV 表面形貌

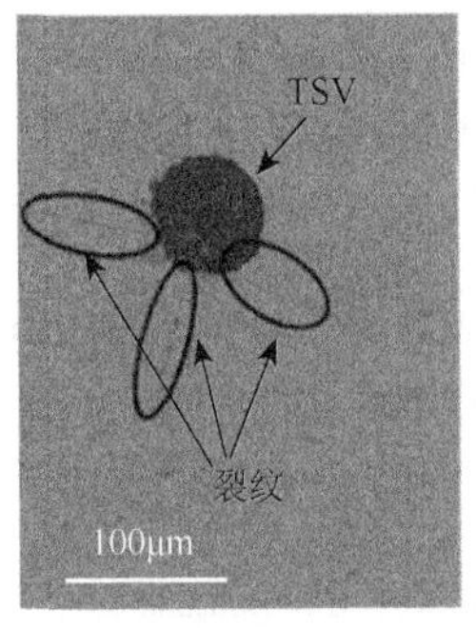

(a) 实心TSV互连端面1

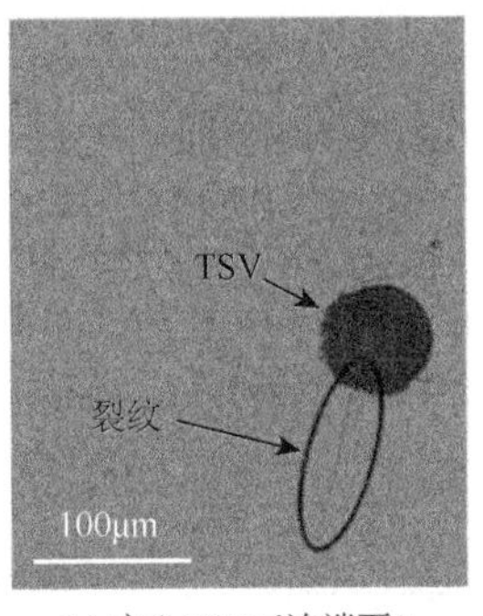

(b) 实心TSV互连端面2

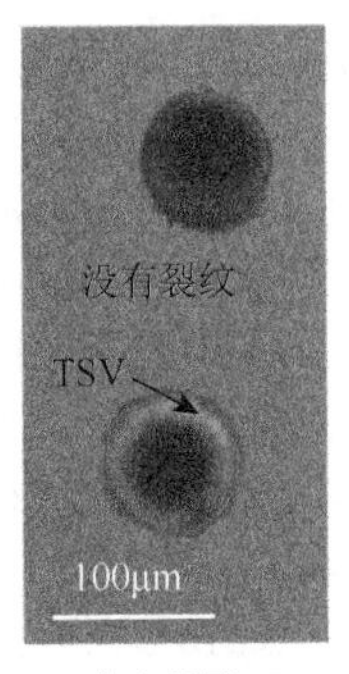

(c) 空心环形TSV互连端面1

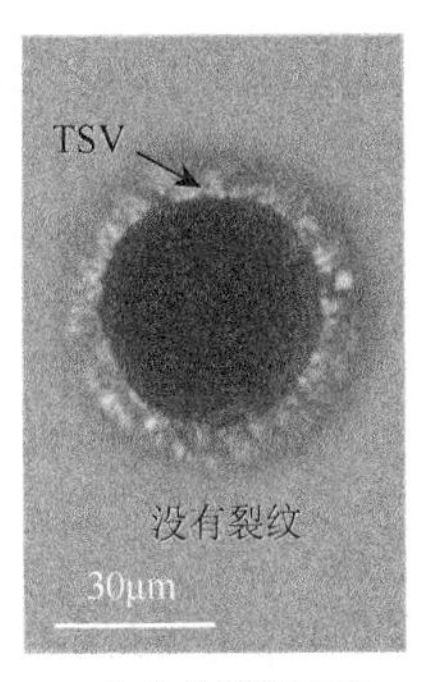

(d) 空心环形TSV互连端面2

图 7.32 实心 TSV 和空心环形 TSV 转接板样品可靠性测试后的 TSV 表面图像

根据本书作者团队研究发现，TSV 互连凸出及其与之互连的铜再布线层断裂是可靠性试验中的主要失效模式。TSV 互连与周围介质热膨胀系数失配是主要诱因。更为精确地描述 TSV 互连凸出失效模式可以采用界面理论，这需要提取准确的 TSV 互连组成材料的力学参数，这已经成为目前 TSV 互连可靠性研究关注的热点话题。

7.5 结 束 语

本章立足国产设备，在国内试验线上通过工艺整合试验，从技术原理层面验证并演示了几种技术路线的 TSV 转接板技术的可行性，重点探讨了工艺实现层面一些基础问题、关键问题，结合本书作者团队科研实践就这些问题的解决提出了一些思考与建议，当然，真正彻底解决这些问题更需要跳出原型技术层面，结合工程化、产品化阶段研发，在整个技术链条上寻找答案。在这一点上，本章乃至本书相关工艺部分都存在一定的局限性。然而，如本章引言所述，尽管国际上 TSV 转接板技术在 FPGA、GPU 等准三维集成应用取得工程化突破，可是工程化过程中形成的专业知识、技术诀窍等作为秘密，鲜有论著公开发表，鉴于此，作为一种尝试，本书结合作者团队的一线科研实践，基于实验室条件，开展了原型技术研发，同时也对未来工程化面临的问题进行了一定的探讨与思考，希望给业内同行一定参考启发，这也是本章乃至本书的初衷。

参 考 文 献

[1] Hou S Y, Chen W C, Hu C, et al. Wafer-level integration of an advanced logic-memory system through the

second-generation CoWoS technology. IEEE Transactions on Electron Devices，2017，64(10)：4071-4077.

[2] Hu L，Chen C H，Hsu S，et al. Optimization and characterization of the metal cap layout above through-silicon via to improve copper dishing and protrusion effect for the application of 3D integrated circuits. IEEE Transactions on Components，Packaging and Manufacturing Technology，2018，8（12）：2222-2226.

[3] Min M，Kadivar S. Accelerating innovations in the new era of HPC，5G and networking with advanced 3D packaging technologies. 2020 International Wafer Level Packaging Conference（IWLPC），San Jose，2020：1-6.

[4] Xu J，Lin P C，Li P，et al. CMP slurry and process development for TSV front-side polishing. ECS Transactions，2019，44（1）：537-542.

[5] Ebefors T，Fredlund J，Perttu D，et al. The development and evaluation of RF TSV for 3D IPD applications. 2013 IEEE International 3D Systems Integration Conference（3DIC），San Francisco，2013：1-8.

[6] Wang C C，Chen J H，Chen K H，et al. Electrical design and analysis from die level to system level in advanced semiconductor engineering group. 2012 Asia Pacific Microwave Conference Proceedings，Kaohsiung，2012：875-877.

[7] Chang K T，Huang C Y，Kuo H C. Ultra high density IO fan-out design optimization with signal integrity and power integrity. 2019 IEEE 69th Electronic Components and Technology Conference（ECTC），Las Vegas，2019：41-46.

[8] Agarwal R，Kannan S，England L，et al. 3D packaging challenges for high-end applications. 2017 IEEE 67th Electronic Components and Technology Conference（ECTC），Orlando，2017：1249-1256.

[9] Oswald J，Goetze C，Gao S，et al. 2.5D packaging solution-From concept to platform qualification. 2015 IEEE 17th Electronics Packaging and Technology Conference（EPTC），Singapore，2015：1-7.

[10] Na D J，Aung K O，Choi W K，et al. TSV MEOL（Mid End of Line）and packaging technology of mobile 3D-IC stacking. 2014 IEEE 64th Electronic Components and Technology Conference（ECTC），Orlando，2014：596-600.

[11] Liu C，Chen L，Lu C，et al. Wafer form warpage characterization based on composite factors including passivation films，re-distribution layers，epoxy molding compound utilized in innovative fan-out package. 2017 IEEE 67th Electronic Components and Technology Conference（ECTC），Orlando，2017：847-852.

[12] Liu C，Liao Y，Chen W，et al. Silicon interposer warpage estimation model for 2.5D IC packaging utilizing passivation film composition and stress tuning. 2015 IEEE 65th Electronic Components and Technology Conference（ECTC），San Diego，2015：1502-1508.

[13] Vodrahalli N，Li C Y，Kosenko V. Silicon TSV interposers for photonics and VLSI packaging. Proceedings of SPIE 7928，Reliability，Packaging，Testing，and Characterization of MEMS/MOEMS and Nanodevices X，San Francisco，2011.

[14] Marcoux B P. Title：Through silicon via（TSV）technology creates electro-optical interfaces. 2012 Optical Interconnects Conference，Beijing，2012：82-83.

[15] Seo S，Park J，Seo M，et al. The electrical，mechanical properties of through-silicon-via insulation layer for 3D ICs. 2009 International Conference on Electronic Packaging Technology and High Density Packaging，Beijing，2009：64-67.

[16] Malta D，Vick E，Lueck M. TSV-Last，heterogeneous 3D integration of a SiGe BiCMOS beamformer and patch antenna for a W-band phased array radar. 2016 IEEE 66th Electronic Components and Technology Conference（ECTC），Las Vegas，2016：1457-1464.

[17] Vick E，Temple D S，Anderson R，et al. Demonstration of low cost TSV fabrication in thick silicon wafers. 2014 IEEE 64th Electronic Components and Technology Conference（ECTC），Orlando，2014：1641-1647.

[18] Kim N，Wu D，Kim D，et al. Interposer design optimization for high frequency signal transmission in passive and active interposer using through silicon via (TSV). Electronic Components and Technology Conference（ECTC），Las Vegas，2016.

[19] 黄旼，朱健，石归雄. 应用于微波/毫米波领域的集成无源器件硅基转接板技术. 电子工业专用设备，2017，46（265）：24-27.

[20] Schultz M D，Maria C，Jr C J，et al. Column interconnects：A path forward for embedded cooling of high power 3D chip stacks. 2018 IEEE 68th Electronic Components and Technology Conference（ECTC），San Diego，2018.

[21] Oh H，Zhang X，May G S，et al. High-frequency analysis of embedded microfluidic cooling within 3D ICs using a TSV testbed. Electronic Components and Technology Conference，Kyoto，2016.

[22] Yang Y，Yu M，Fang Q，et al. 3D silicon photonics packaging based on TSV interposer for high density on-board optics module. 2016 IEEE 66th Electronic Components and Technology Conference（ECTC），Las Vegas，2016：483-489.

[23] Kröehnert K，Glaw V，Engelmann G，et al. Gold TSVs（through silicon vias）for high-frequency III-V semiconductor applications. 2016 IEEE 66th Electronic Components and Technology Conference（ECTC），Las Vegas，2016：82-87.

[24] Wang C H，Fan K，Lee H. Wideband 40GHz TSV modeling analysis under high speed on double side probing methodology. 2015 IEEE 65th Electronic Components and Technology Conference（ECTC），San Diego，2015：2026-2029.

[25] Suwada M，Kanai K. Considerations of TSV effects on next-generation super-high-speed transmission and power integrity design for 300A-class 2.5D and 3D package integration. 2016 IEEE International 3D Systems Integration Conference（3DIC），San Francisco，2016：1-4.

[26] Apriyana A A A，Ye L，Seng T C. TSV with embedded capacitor for ASIC-HBM power and signal integrity improvement. 2019 IEEE SOI-3D-Subthreshold Microelectronics Technology Unified Conference（S3S），San Jose，2019：1-2.

[27] Wang F，Pavlidis V F，Yu N. Miniaturized SIW bandpass filter based on TSV technology for THz applications. IEEE Transactions on Terahertz Science and Technology，2020，10（4）：423-426.

[28] Chen L，Yu T，Ren X，et al. Development of low cost through glass via（TGV）interposer with high-Q inductor and MIM capacitor. 2020 21st International Conference on Electronic Packaging Technology（ICEPT），Guangzhou，2020：1-4.

[29] Takashashi S，Horiuchi K，Tatsukoshi K，et al. Development of through glass via（TGV）formation technology using electrical discharging for 2.5/3D integrated packaging. Proceedings of Electronic Components and Technology Conference（ECTC），Las Vegas，2013：348-352.

[30] Pares G，Jeanphilippe M，Edouard D，et al. Highly compact RF transceiver module using high resistive silicon interposer with embedded inductors and heterogeneous dies integration. Electronic Components and Technology Conference，Las Vegas，2019.

[31] Pares G，Jean-Philippe M，Edouard D，et al. Highly compact RF transceiver module using high resistive silicon interposer with embedded inductors and heterogeneous dies integration. 2019 IEEE 69th Electronic Components and Technology Conference（ECTC），Las Vegas，2019：1279-1286.

[32] Takano T，Kudo H，Tanaka M，et al. Submicron-scale Cu RDL pattering based on semi-additive process for heterogeneous integration. 2019 IEEE 69th Electronic Components and Technology Conference（ECTC），Las Vegas，2019：94-100.

[33] Chong C T，Guan L T，Ho D，et al. Heterogeneous integration with embedded fine interconnect. 2021 IEEE 71st Electronic Components and Technology Conference（ECTC），San Diego，2021：2216-2221.

[34] Watanabe A O，Ali Z，Rui Z，et al. Glass-based IC-embedded antenna-integrated packages for 28-GHz high-speed data communications. 2020 IEEE 70th Electronic Components and Technology Conference，Orlando，2020：89-94.

[35] Cai H，Yan J，Ma S L，et al. Design，fabrication，and radio frequency property evaluation of a through-glass-via interposer for 2.5D radio frequency integration. Journal of Micromechanics and Microengineering，2019，29（7）：075002.

[36] Kuramochi S，Kudo H，Akazawa M，et al. Glass interposer technology advances for high density packaging. 2016 IEEE CPMT Symposium Japan，Kyoto，2016：213-216

[37] Yang S，Cheng W，Wu H，et al. Conformal barrier/seed layers deposition for voids free copper electroplating in high aspect ratio TSV. 2015 European Microelectronics Packaging Conference（EMPC），Friedrichshafen，2015：1-4.

[38] Jin H，Cai J，Wang Q，et al. Effects of post-CMP annealing on TSV Cu protrusion and leakage current. 2016 17th International Conference on Electronic Packaging Technology（ICEPT），Wuhan，2016：1064-1068.

[39] Andricacos P C，Boettcher S H，Chung D S，et al. Electroplated copper interconnection structure，process for making and electroplating bath：U.S. Patent 7, 227, 265. 2007.

[40] Kondo K. No pumping at 450°C with electrodeposited copper TSV. 2016 IEEE 66th Electronic Components and Technology Conference（ECTC），Las Vegas，2016：1265-1270.

[41] Choi J W，Guan O L，Mao Y J，et al. TSV Cu filling failure modes and mechanisms causing the failures. IEEE Transactions on Components，Packaging and Manufacturing Technology，2014，4（4）：581-587.

[42] Guan Y，Zeng Q，Chen J，et al. Effect of annealing process on the properties of through-silicon-via electroplating copper. 2017 18th International Conference on Electronic Packaging Technology（ICEPT），Harbin，2017：139-142.

[43] Su F，Lan T，Pan X，et al. Development and application of a micro-infrared photoelasticity system for stress evaluation of through-silicon vias (TSV). 2015 IEEE 65th Electronic Components and Technology Conference（ECTC），San Diego，2015：1789-1794.

第 8 章　TSV 三维集成应用

8.1　引　　言

近年来，TSV 三维集成技术已在 CMOS 图像传感器（CMOS image sensor，CIS）、惯性 MEMS、红外焦平面阵列（infrared focal plane array，IRFPA）、薄膜体声波谐振器等半导体微纳传感器领域取得商业化应用突破，图 8.1 是三维集成 CIS 样品剖面 SEM 照片，图 8.2 是美国 mCube 公司开发的三轴 MEMS 加速度计产品[1]。图 8.3 是三维集成 IR PA 芯片[2]。图 8.4 是三维集成薄膜体声波器件[3]。本质上在这些应用中 TSV 技术首先解决了器件晶圆级封装问题，其次为三维集成提供了便利支撑。这类应用更多以微纳器件功能性能为中心，整体协同设计，是一种产品、一种设计、一种集成方案的业务模式，技术复杂性封闭性高[4]。在面向存储器 IC、高性能运算 IC 等数字 IC 三维集成应用中，这类产品设计、制造与封测存在成熟的分工协作模式，TSV 技术不可避免地对既有分工协作模式造成了冲击。尽管国际知名企业已在 DRAM（dynamic random access memory）、GPU（graphics processing unit）等领域取得工程化突破，但是围绕这类产品的新生态体系与底层的设计流程及支撑方法多属于商业机密，鲜会公开报道，这对于推动 TSV 三维集成应用能力建设是极为不利的。基于此，本书作者团队将从电学设计、工艺设计、封装与测试出发着重介绍所在课题组开展的 TSV 三维立体集成 SRAM、多波束三维集成接收组件研究实践，抛砖引玉，供读者参考。

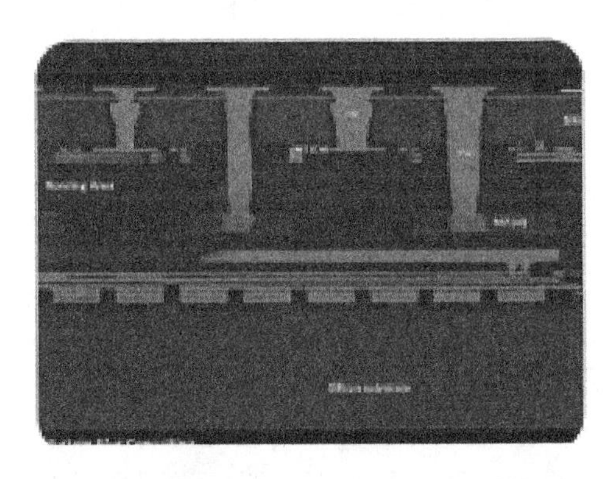

图 8.1　三维集成 CIS 样品剖面 SEM 照片

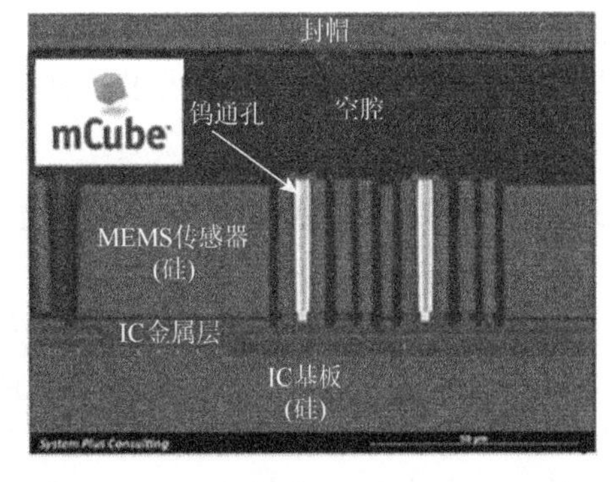

图 8.2　美国 mCube 公司开发的三轴 MEMS 加速度计产品

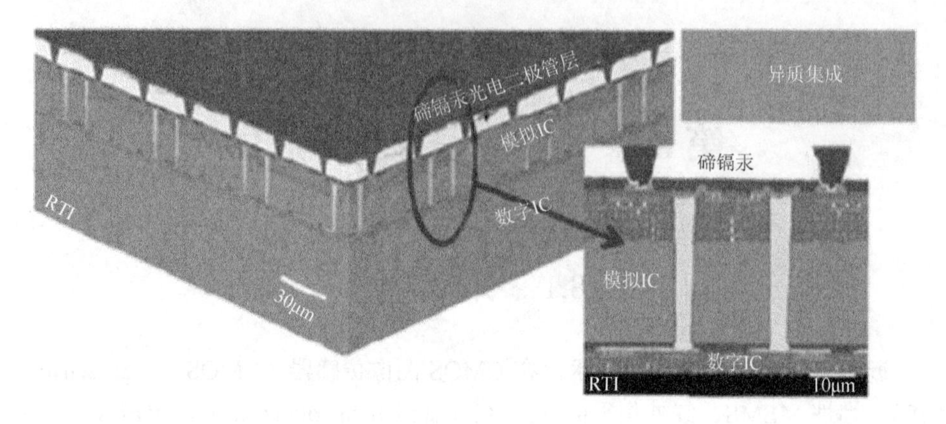

图 8.3　三维集成 IR PA 芯片

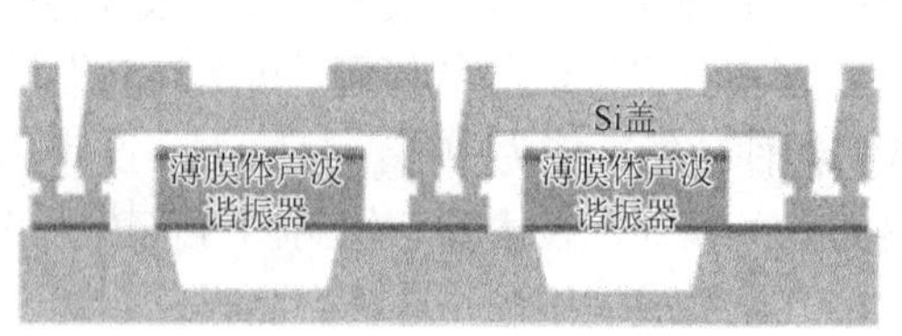

(a) 薄膜谐振器剖面图

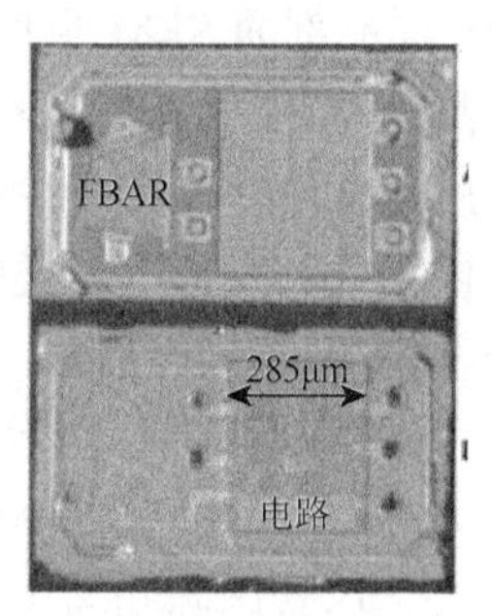

(b) 薄膜谐振器实物俯视图

图 8.4　三维集成薄膜体声波器件

8.2　TSV 三维立体集成 SRAM 存储器

针对空间用抗辐照大容量 SRAM 存储器需求，本书作者团队（包括北京大学、西安微电子技术研究所、上海交通大学、厦门大学等）开展了集成架构设计、电学设计、热学设计、工艺开发及封测验证分析。

8.2.1　TSV 三维集成 SRAM 存储器架构设计

本书以西安微电子技术研究所研发的 LACM128K8LRH 型 1MB SRAM 存储器芯片为基础进行设计，如图 8.5 所示，该芯片由存储单元阵列和外围电路两大部分组成，存储单元阵列地址共 131072 位（512×256），每位地址对应 8 位数据，外围电路主要包括灵敏放大器与写驱动电路、预充电电路、译码器及时序与控制电路等，面积为 5148.14μm×8113.43μm。该款芯片为异步操作，没有外部时钟，采用地址转换检测技术（address translation detection，ATD）来进行芯片内部的时序控制。图 8.6 是 LACM128K8LRH 型异步静态存储器功能框图。写操作时，需要分别将片选信号 NCS1 置低、CS2 置高、写使能信号 NWE 置低，在此条件下，8 个数据端口（I/O1～I/O8）上的数据将会写到由地址端口（A0～A16）确定的相应地址中。读操作时，需要将片选信号一 NCS1 和输出使能信号 NOE 置低、写使能 NWE 和片选二 CS2 置高，在此条件下，地址信号确定的位置中的数据将在数据端口读出。如果没有被选中（NCS1 为高或 CS2 为低）或者输出使能信号无效（NOE 为高），则 8 个数据端口会处于高阻态。在三维叠层架构设计时，选用了片选扩展基础架构，如图 8.7 所示。由于图中单个器件的存储容量为 1MB，8 个 1MB SRAM 芯片的 A0 短接作为整个模块地址 A0 的输入，A1 短接作为整个模块地址 A1 的输入，以此类推直到 A16，DQ0～DQ7 与地址短接类似，4 个芯片读写使能信号 NWE 短接作为模块的读写使能信号，输出使能 NOE 信号短接作为模块的输出使能信号。在片选使能方面，1MB SRAM 芯片本身有两个片选信号：NCS1（低电平有效）、CS2（高电平有效）。用户实际使用时可以使用一个片选信号，另外一个固定接有效电平即可。基于以上原因，将四个芯片的 CS2 固定接在高电平上，处于时刻有效状态。同时因为有 8 个 SRAM 芯片，每个管芯独立工作，每个芯片的片选 NCS 单独引出形成 8 个片选信号，外部使用时通过 NCS1～NCS8 分别选中叠层中不同的芯片。因此在本设计中每个芯片的 NCS 都需要独立引出，当 8 个片选 NCS 全为高时，整个模块处于 standby 模式；当其中一个片选 NCS 为低电平时，则被选中的单元工作；2 个（含 2 个）以上片选为低电平的状态为非法输入。

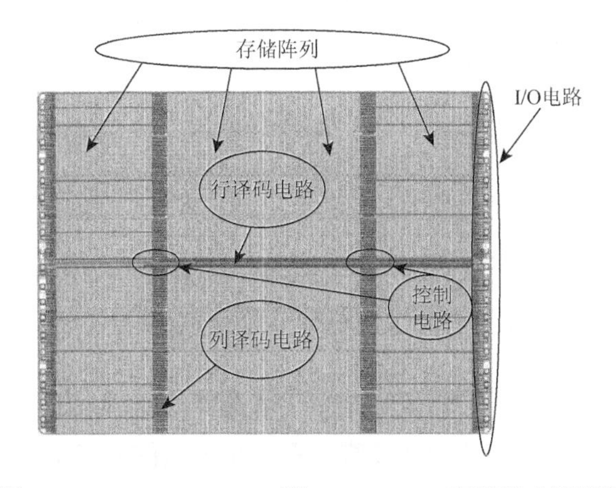

图 8.5　LACM128K8LRH 型 1MB SRAM 存储器功能框图

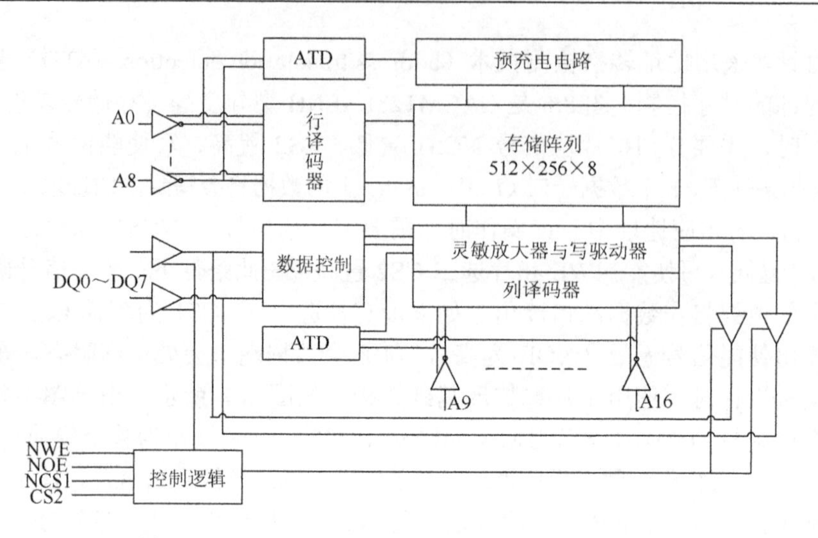

图 8.6　LACM128K8LRH 型异步静态存储器功能框图

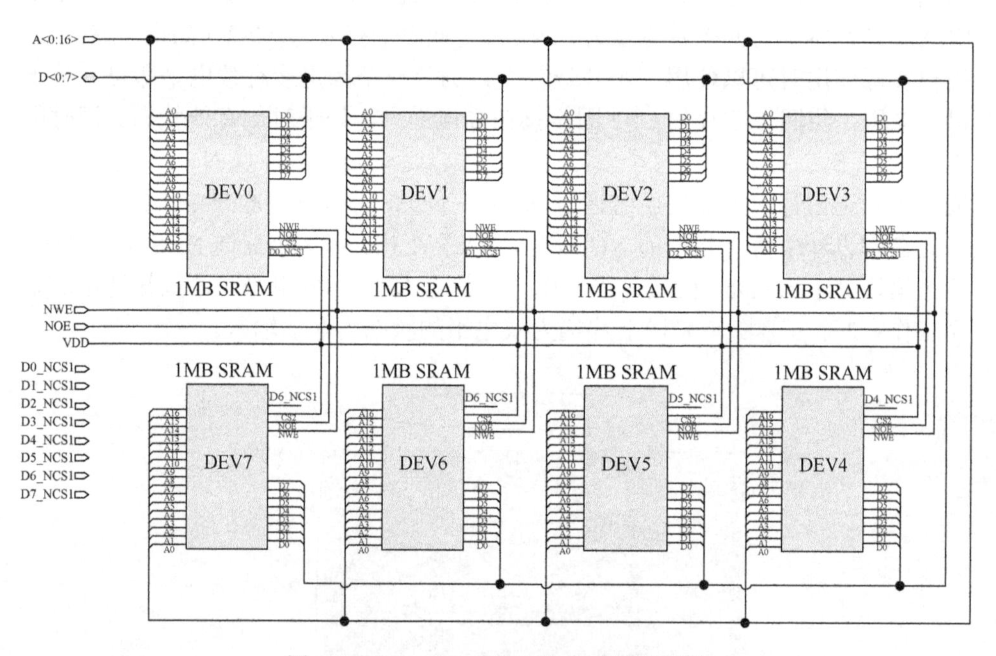

图 8.7　8MB SRAM 芯片模块互连原理图

为了减少对 SRAM 存储器 IC 芯片设计的影响，在保持原有 SRAM 核心电路布局设计前提下，在 SRAM 芯片 I/O 焊盘接口电路区的外侧增加芯片衬底宽度（约为 750μm），用于制作 TSV 和 RDL，芯片总面积约为 5148.14μm×9613.42μm，如图 8.8 所示。在 TSV 转接板上集成两组 4 层堆叠的存储器模块，集成在 TSV 转接板上，装配至管壳之内，实现该 8MB 立体存储器，如图 8.9 所示。

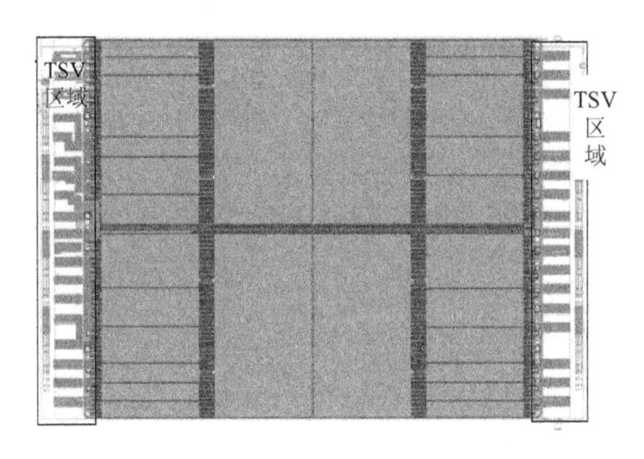

图 8.8　有 TSV 区域的 1MB SRAM 版图

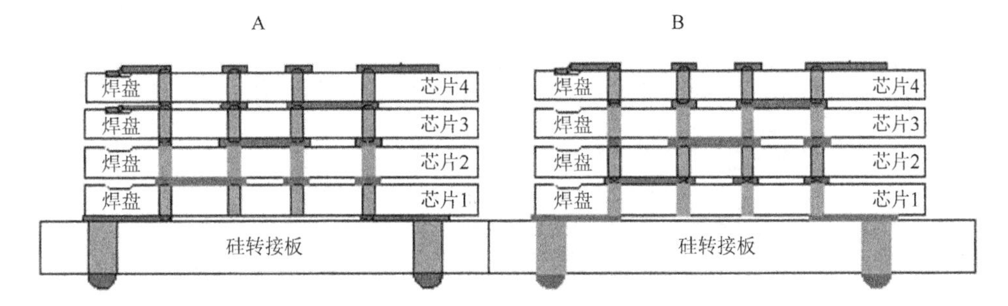

图 8.9　8MB 三维堆叠 SRAM 样品示意图

8.2.2　三维互连电设计分析

1. 1MB SRAM 存储器芯片三维互连版图设计

图 8.10 是 LACM128K8LRH 型 1MB SRAM 存储器芯片三维互连设计版图局部，在芯片 I/O 外围扩展区域使用再布线将 SRAM 芯片 I/O 焊盘与 TSV 互连、微焊点根据电气互连需求与部分 TSV 互连，负逻辑片选焊盘分别通过不同的 TSV 通孔与外部连接。同时，为了便于堆叠工艺研究，也在扩展区域设计了 TSV 互连链条。

2. TSV 转接板版图设计

用于三维立体 SRAM 存储器的 TSV 转接板，采用双层 Cu RDL 互连，实现 4 层堆叠 SRAM 芯片的 8MB SRAM 信号转接和扇出。图 8.11 为 8MB SRAM 转接板版图，图内两个方框为 1MB SRAM 芯片叠层位置，采用 120μm×120μm 的承载焊盘进行接触，I/O 焊盘为四面分布，总数目为 40 个（上面 15 个，左侧 5 个，右侧 7 个，下面 13 个），设计的转接板面积为 17000μm×17000μm。

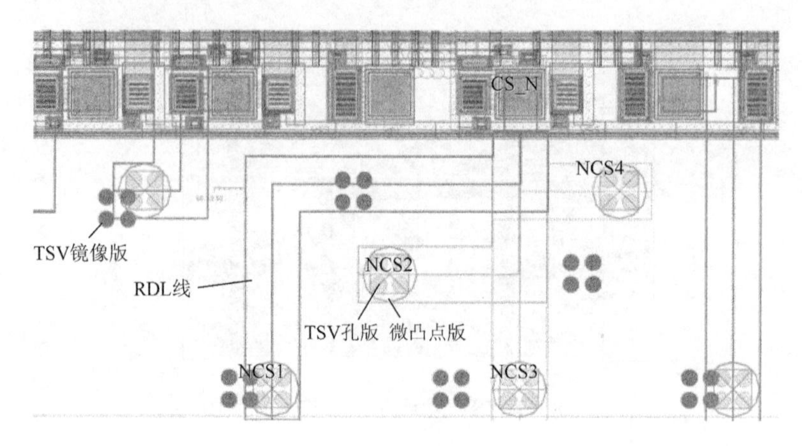

图 8.10　LACM128K8LRH 型 1MB SRAM 存储器芯片三维互连设计版图局部

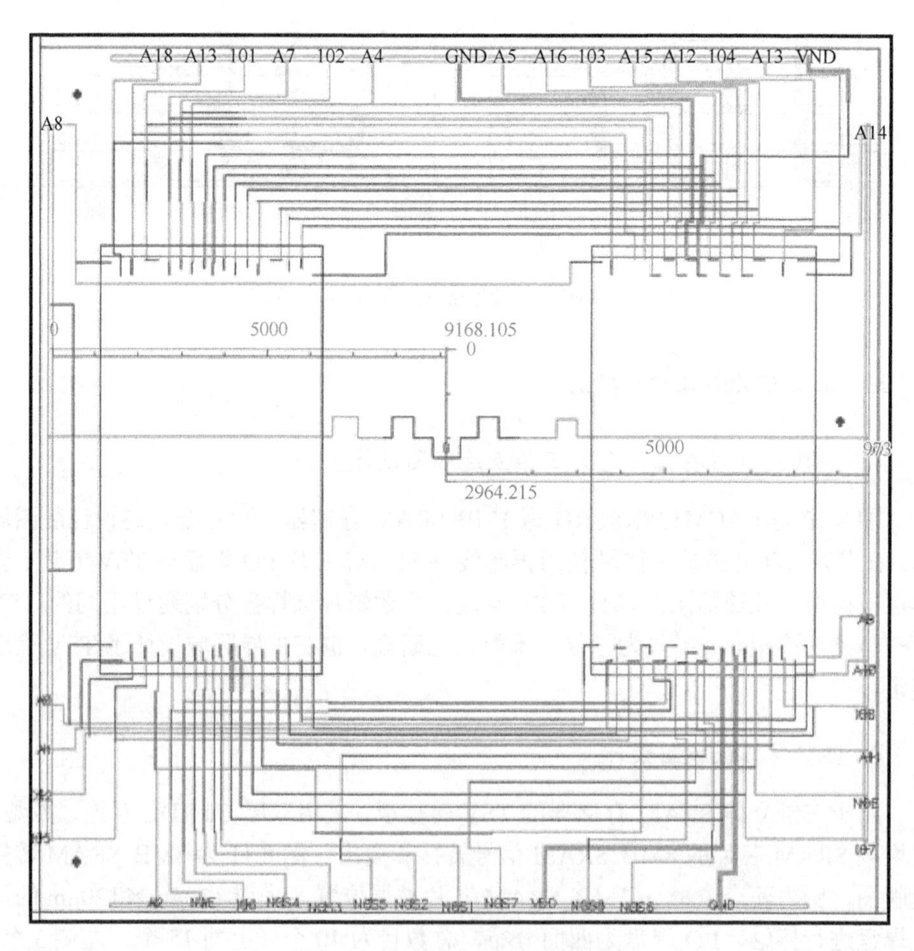

图 8.11　8MB SRAM 转接板版图

3. 三维集成 SRAM 仿真分析

三维集成 SRAM 存储器仿真分析，需要考虑三维互连影响。由于 SRAM 芯片核心电路并未变化，三维集成 SRAM 存储器模块仿真验证分析只导入三维互连仿真分析模型进行联合仿真分析即可，图 8.12 是 TSV 互连电路模型。三维集成 SRAM 存储器仿真分析中，设定工作频率为 25MHz，模块 I/O 端口负载为 55pF 的电容，图 8.13 是 TSV 三维集成 SRAM 存储器模块仿真分析结果。仿真分析结果显示，TSV 及转接板互连造成的时延约为 313ps，叠层 8MB SRAM 的速度为 40.8ns，意味着信号的速度变慢，这主要是因为 TSV 互连引入的寄生效应与芯片并联数目较多，但未影响异步时序正常工作，电路能够实现预期功能。在高温低压 SS CASE 下，负载为 8mA，对输出高低电平进行仿真分析，如图 8.14 所示，结果表明，模块输出高电平为 2.97V，输出低电平为 2.16mV，满足指标要求。对模块进行 SI 仿真分析，建立了 RDL 线条间的耦合电容模型，经计算最大串扰电容约为 95fF，仿真分析结果如图 8.15 所示，最大串扰噪声约为 271mV，小于电源电压（3.3V）的 10%，满足噪声要求。在原理图中构建电源通路的电阻模型进行 PI 仿真分析，包含电源内阻、TSV 孔电阻与 RDL 线电阻，分析结果如图 8.16 所示，当模块工作的最大电流为 50mA 时，即最恶劣情况下，电源焊盘上的压降很小，约为 10mV，不会对模块工作产生影响。TSV 三维集成 SRAM 存储器中，

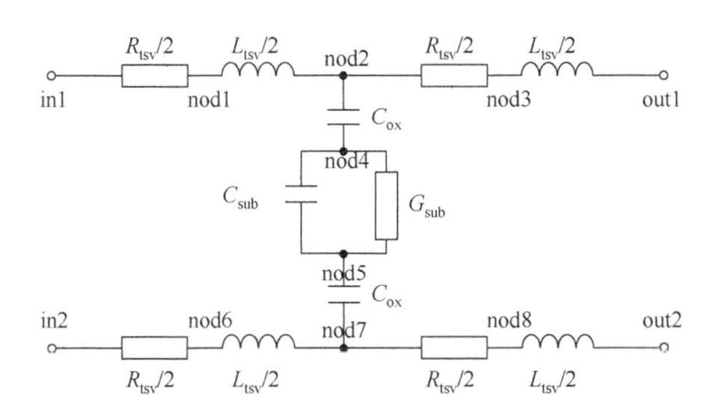

图 8.12　TSV 互连电路模型

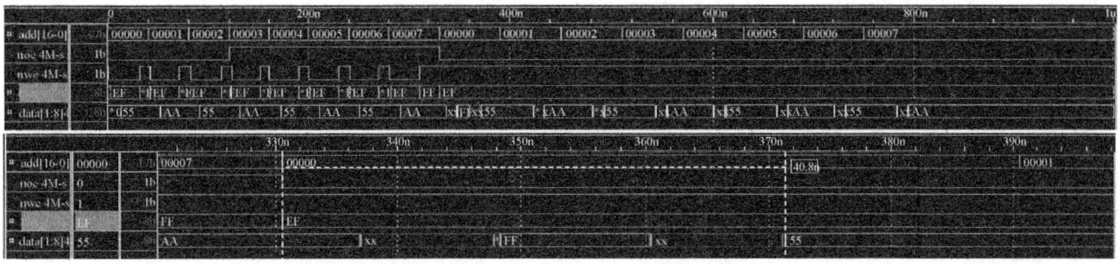

图 8.13　TSV 三维集成 SRAM 存储器模块仿真分析结果

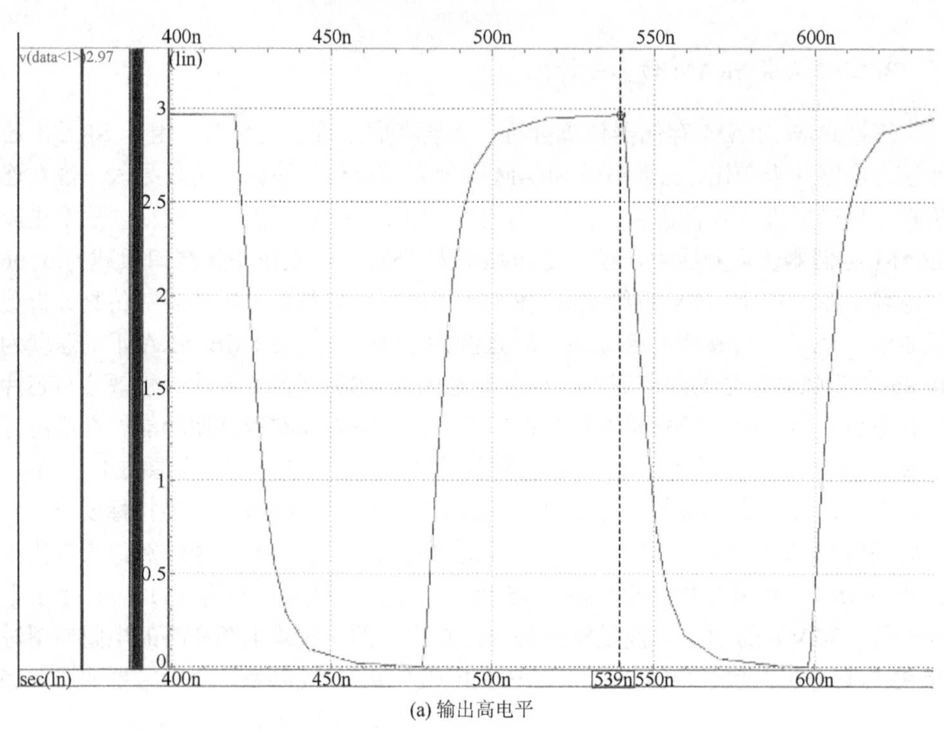

(a) 输出高电平

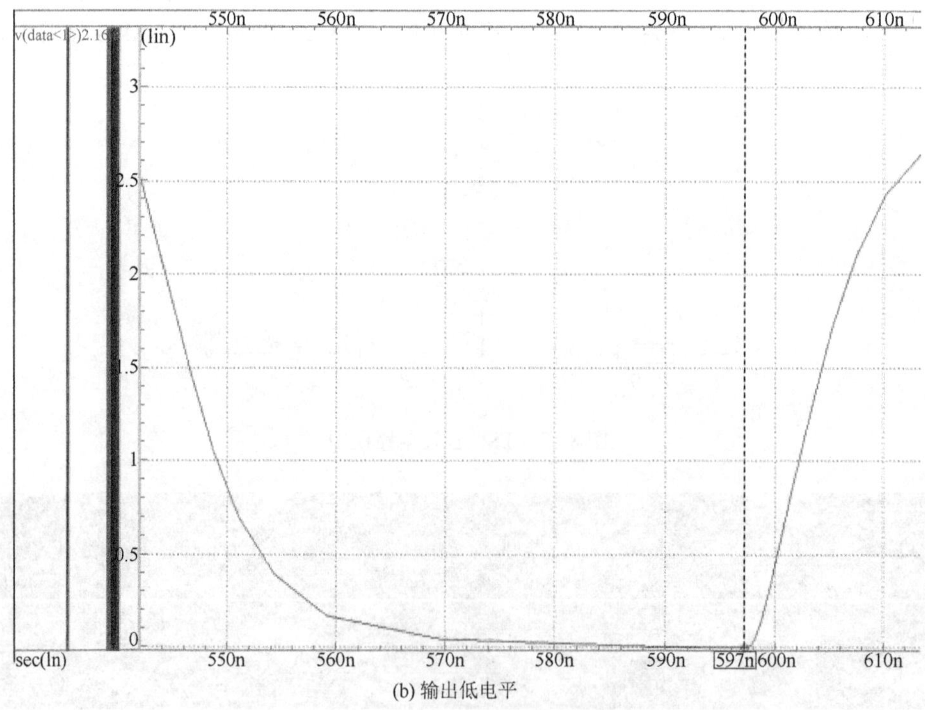

(b) 输出低电平

图 8.14　TSV 三维集成 SRAM 存储器 IO 端口

SRAM 芯片上铜 TSV 互连采用 4 冗余设计，单根 TSV 互连直径为 30μm，截面积为 707μm^2，计算显示 1mm 互连长度电阻相当于 0.52mm 的金丝，铜再布线层厚度为 10μm，宽为 40μm，截面积为 400μm^2，1mm 互连长度电阻相当于 0.92mm 的金丝。根据版图设计进行测量计算，最长 TSV 与 RDL 线布线长度约为 9mm，相当于 8mm 的金丝，这意味着电源布线引入的电阻与压焊金丝相当，不会对 SRAM 模块供电产生明显影响。由于 SRAM 芯片本身功耗低，热分析结果显示即使所有 SRAM 芯片同时工作的情况下整个芯片的最大温升也仅为 2.5℃，热问题风险不大。

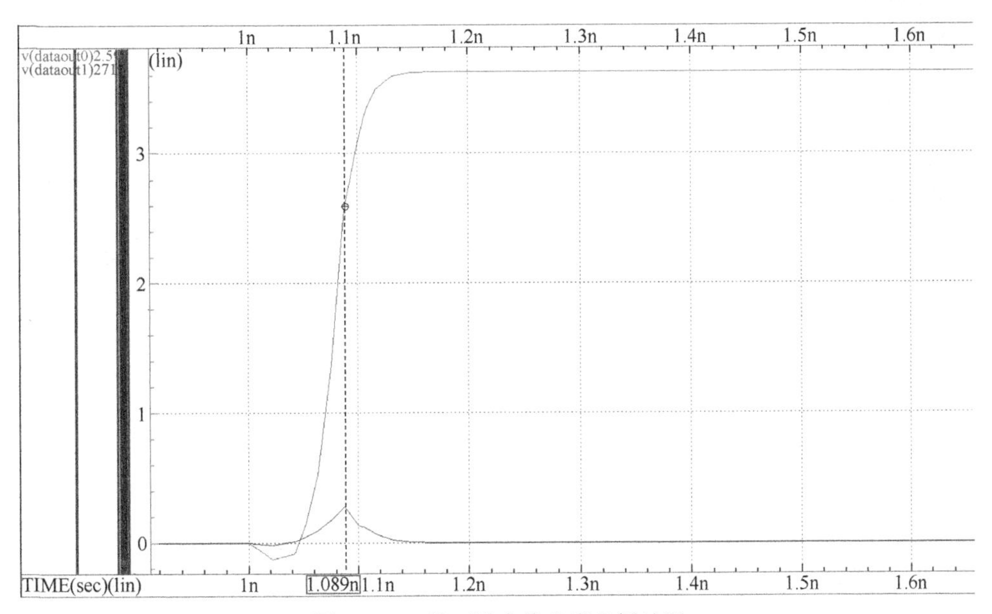

图 8.15　三维互连串扰仿真分析结果

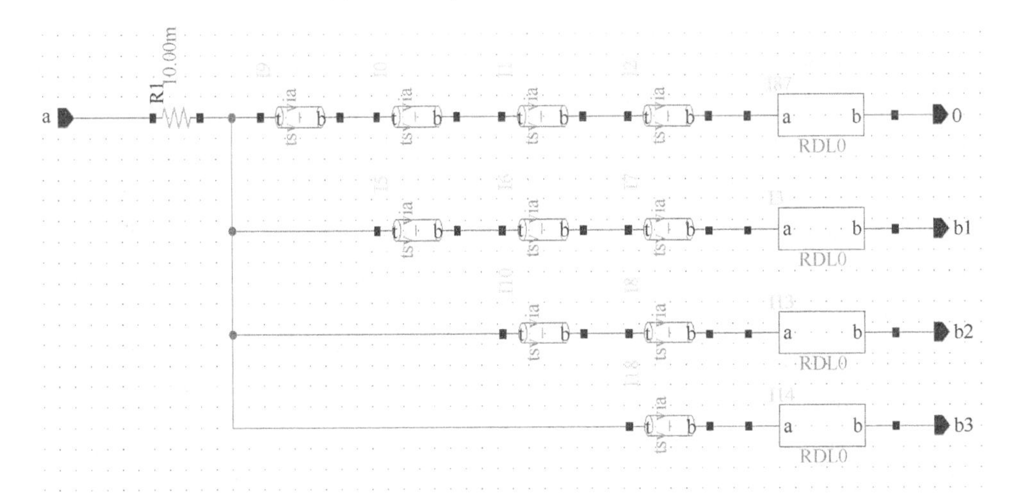

(a) PI仿真电路示意图

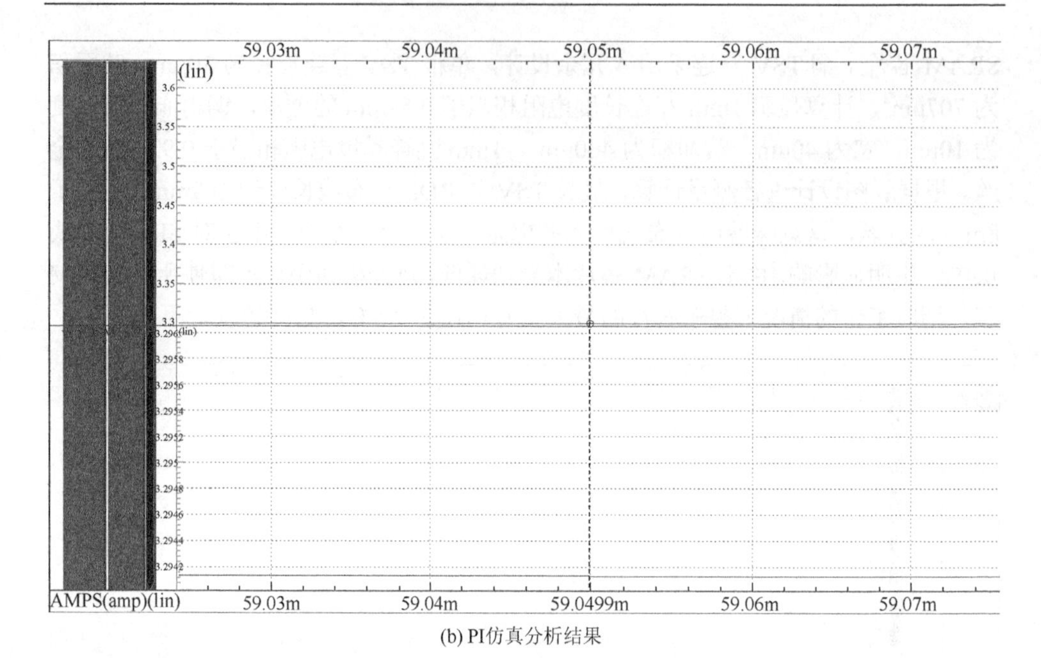

(b) PI仿真分析结果

图 8.16　三维互连 PI 仿真分析结果

8.2.3　8MB 三维立体 SRAM 存储器集成工艺与封装方法

本书采用 Via-last 工艺在 SRAM 晶圆上制作 TSV 互连及再布线层、微焊点等，切割筛选后，以 chip to chip 方式堆叠集成在 TSV 转接板上实现三维集成，工艺流程如图 8.17 所示。首先完成 1MB SRAM 的管芯流片工艺，在完成最后一步钝化层淀积并刻蚀出压焊点后开始 TSV 相关工艺：①在 SRAM 有源层面继续淀积 TEOS SiO_2 作为 TSV 通孔刻蚀的硬掩模，光刻并刻蚀 SiO_2，暴露出 SRAM 管芯区域外的预留区域 TSV 通孔刻蚀区。采用 Bosch 刻蚀工艺完成 TSV 盲孔刻蚀。②采用 CVD 淀积 TEOS SiO_2 层保形填充 TSV 盲孔制作绝缘层。③PVD 淀积 TaN 阻挡层和 Cu 种子层。电镀 Cu 填充 TSV 孔。CMP 平坦化去除绝缘层表面的 Cu 层和 TaN 阻挡层。④再次 PVD 淀积 TaN 阻挡层和 Cu 种子层，光刻露出 TSV 互连端面和微焊点及它们之间的互连区域。电镀 Cu，形成 Cu 再布线层。⑤将 SRAM 晶圆有源面采用临时键合胶固定在辅助玻璃片上。⑥采用 CMP 工艺对晶圆背面进行研磨，减薄至铜 TSV 互连绝缘层介质。⑦Si 片背面淀积 TEOS SiO_2，光刻并刻蚀 SiO_2 露出铜 TSV 互连端面。光刻并化学镀 Sn，形成微焊点。⑧划片，将带载片的单个 SRAM 芯片分离。⑨将单个 SRAM 芯片分别堆叠至 TSV 转接板上，对准，Cu 与 Sn 微焊点共晶键合。⑩去除临时载片，形成两层

chip 堆叠。⑪在芯片间进行下填充。重复以上步骤，堆叠键合形成 8MB 立体 SRAM 存储器。在第 7 章的基础上，本章进行了工艺流水试验，图 8.18（a）、（b）是在 SRAM 晶圆上制作的 TSV 互连及再布线层、微焊点后有源面光学纤维镜照片，可以清晰地观测到 4TSV 互连冗余设计及它们之间的铜再布线层，图 8.18（c）、（d）是 SRAM 晶圆上 TSV 工艺结束后背面照片，晶圆背面微焊点高度实测值归纳在表 8.1 中。

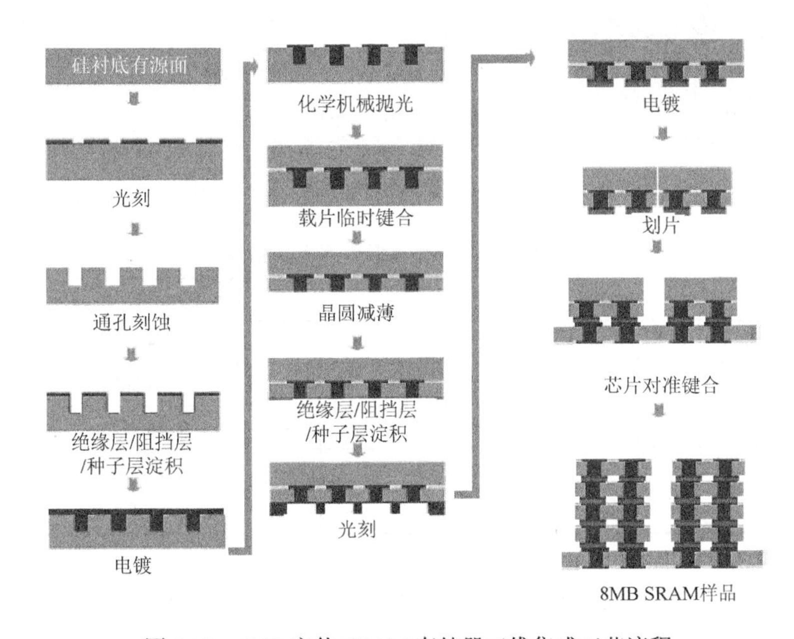

图 8.17　8MB 立体 SRAM 存储器三维集成工艺流程

(a) SRAM晶圆正面

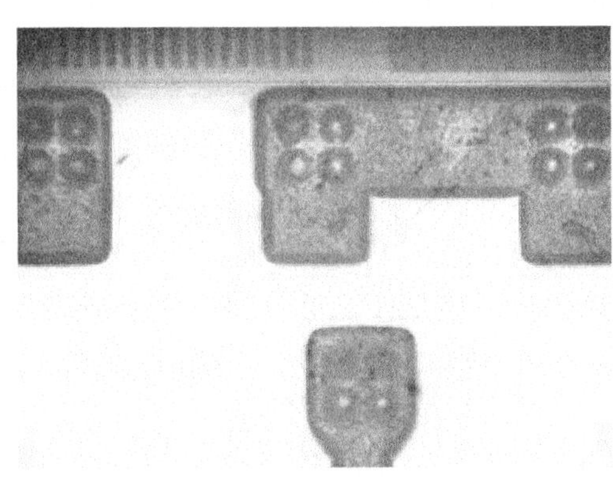

(b) 有源面光学纤维镜照片

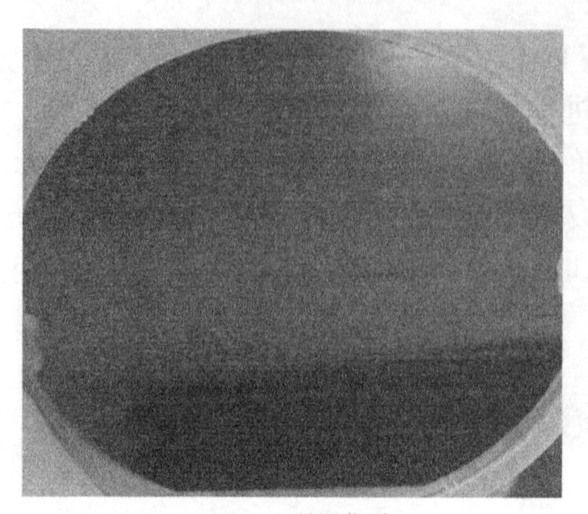

(c) SRAM晶圆背面

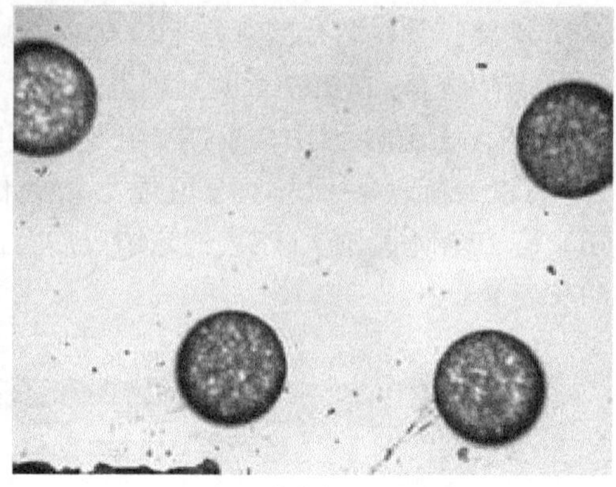

(d) TSV工艺结束后背面照片

图 8.18　在 SRAM 晶圆上制作 TSV 过程中的照片

表 8.1　晶圆背面微焊点高度实测值

序号	区域	数据
1	上面	13.694μm
2	下面	14.363μm
3	中间	16.259μm
4	左边	15.775μm
5	右边	15.431μm

图 8.19 是 TSV 三维集成 SRAM 存储器整体封装管壳设计示意图。SRAM 叠层通过微焊点装配在 TSV 转接板上，TSV 转接板背面的 I/O 焊盘通过厚膜基板扇出，装配在管壳内，通过金丝引线实现厚膜基板和管壳外部端口的电气连接。封装流程如下：首先，厚膜基板装配在订制封装壳体内，基板采用氧化铝，金布线丝采用网漏印和厚膜烧结工艺制作，表面植球制作 Pb/Sn 微焊球，图 8.20 是厚膜基板表面植球后表面照片。其次，采用 X 射线对准实现硅转接板焊接焊盘与厚膜基板表面微球之间的精确对位，采用回流焊接工艺实现硅转接板与厚膜基板焊接，可以通过 X 射线对对准精度及焊接质量进行检测分析。再者，将完成 TSV 互连工艺的 SRAM 芯片通过背面微焊点对准键合到 TSV 转接板上，多层堆叠键合，图 8.21 是 Cu-Sn 键合温度压力曲线。由于芯片与转接板键合后存在一定高度间隙，采用汉高 FP4549 填充间隙，防止热应力和机械应力对叠层芯片及转接板间键合点造成损伤，同时为叠层芯片提供力学支撑。最后，通过引线键合实现厚膜基板与管壳之间电学互连，并将管壳盖板与管壳机体平行缝焊实现管壳的密封，四叠层 SRAM 样品封装实物照片及内部 TSV 互连 X 射线检测结果如图 8.22 所示。

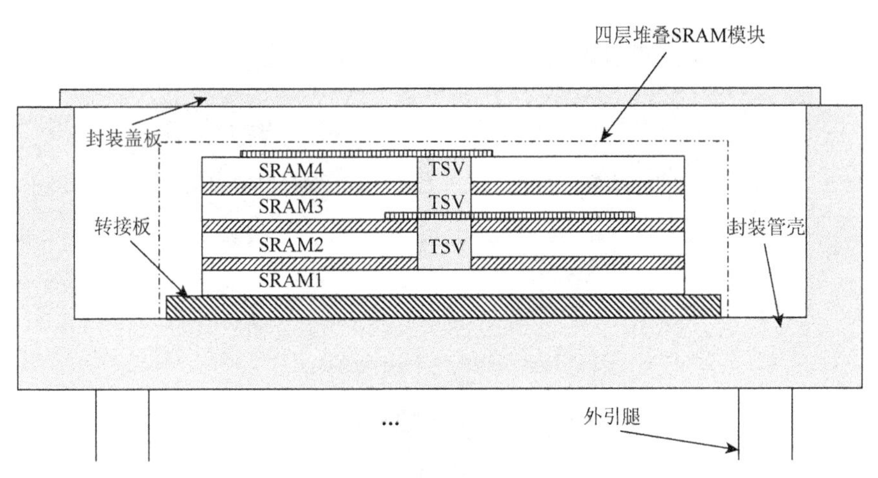

图 8.19　TSV 三维集成 SRAM 存储器整体封装管壳设计示意图

图 8.20　厚膜基板表面植球后表面照片

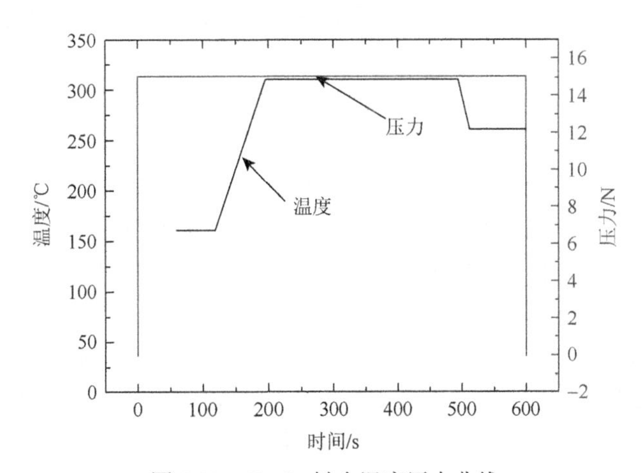

图 8.21　Cu-Sn 键合温度压力曲线

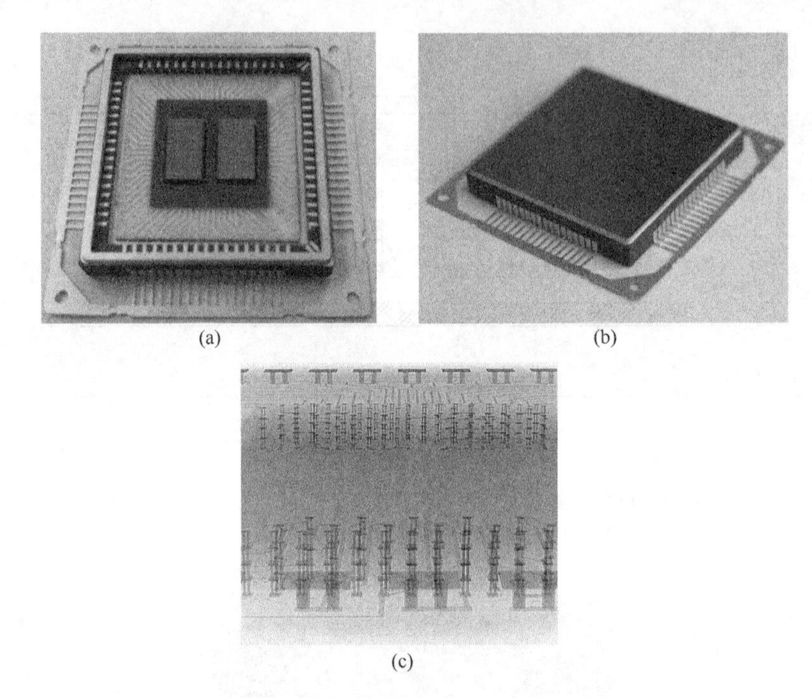

(a)　(b)

(c)

图 8.22　四叠层 SRAM 样品封装实物照片及内部 TSV 互连 X 射线检测结果

对于 TSV 三维集成技术而言，测试方法不论是在工艺研发还是应用环节都具有重要意义。TSV 互连及叠层工艺等都有可能对功能良好的芯片造成影响，甚至引起 KGD 失效。在 TSV 工艺监控测试方面，国内外鲜有报道，作为工艺开发初期的必要测试项，多处于不公开状态。本书作者团队根据研发实践确定了开焊盘后探针测试、焊点形成后的背面铜锡焊点无损探针测试、逐层故障定位测试和逐层堆叠 KGD 测试，形成工艺监控测试流程，实现了重要工艺步骤可测，如图 8.23 所示，主要包括以下几种。

（1）叠层用 SRAM 晶圆测试。叠层用 SRAM 晶圆采用 V93k 设备进行 ATE 中测，完成接触测试、输入输出高低电平测试、功能向量测试，通过测试后的晶圆 MAP 图确定合格管芯，用于后续叠层 SRAM 制作工艺参考。

（2）开焊盘后工艺测试。TSV 工艺制作完成后将用于钝化的介质层刻蚀后的监控，测试方法及要求与 SRAM 晶圆测试相同，通过测试后的晶圆 MAP 图确定以上工艺完成后的合格管芯。

（3）背面减薄后的晶圆测试。该测试是为了验证在晶圆完成 RDL 制作、临时键合、背面减薄至露出铜焊盘并在铜焊盘上电镀铜锡焊点后管芯的成品率。针对背面圆形焊点定制垂直探针卡，利用 V93k 直接进行测试，通过测试后的晶圆 MAP 图确定合格管芯。

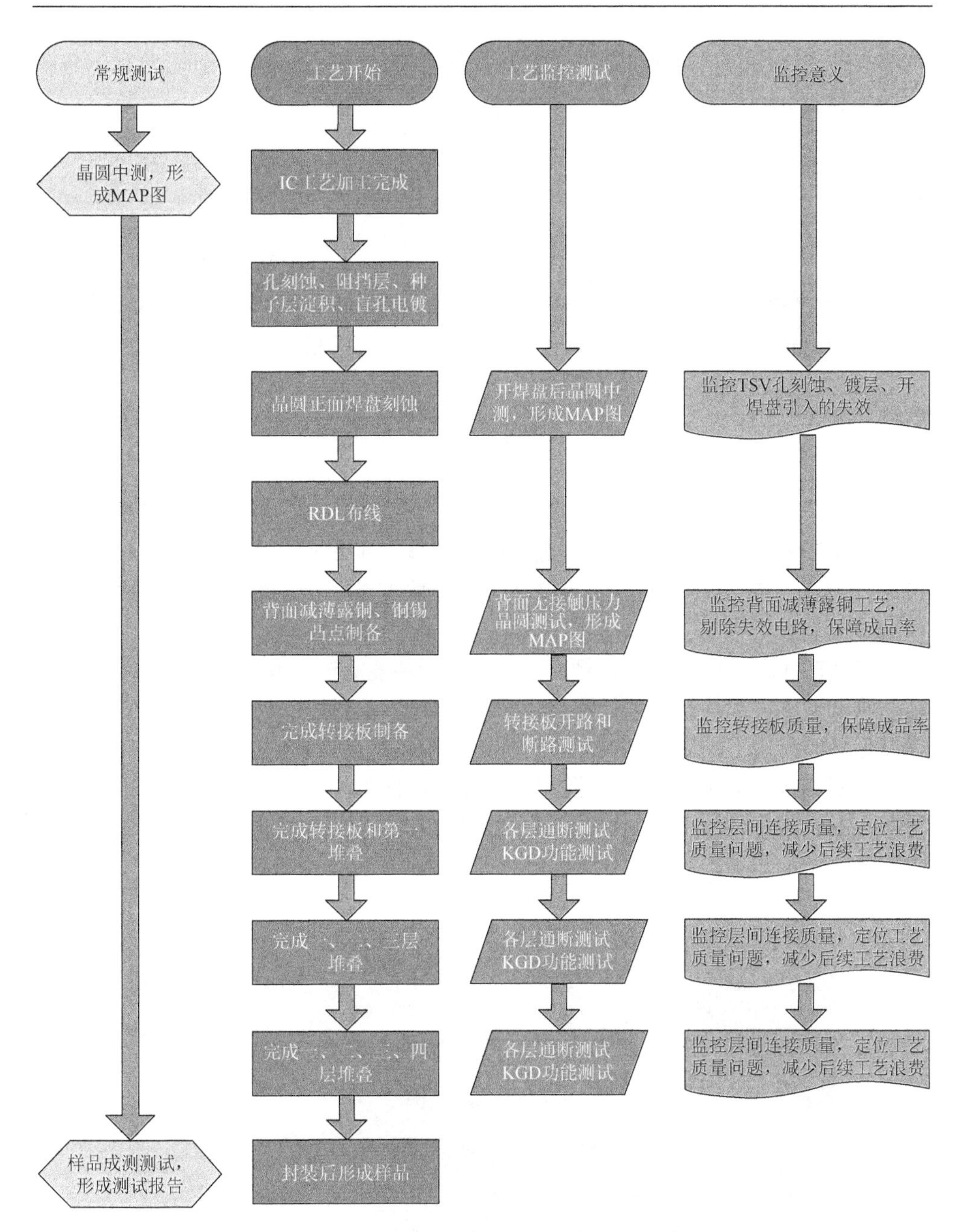

图 8.23　TSV 三维集成工艺监控测试方法

（4）堆叠过程中测试。为提高堆叠工艺过程中的实时监控，采用探针台对工艺实现情况进行初步判断。测试时探针一端扎堆叠芯片焊盘，一端扎转接板，来测试每个样品在逐层堆叠工艺完成后的关键信号（包括电源、地、片选及读写控制等）的连通性，从而保证后端工艺制作的可靠性，逐层堆叠探针台测试示意图如图 8.24 所示。

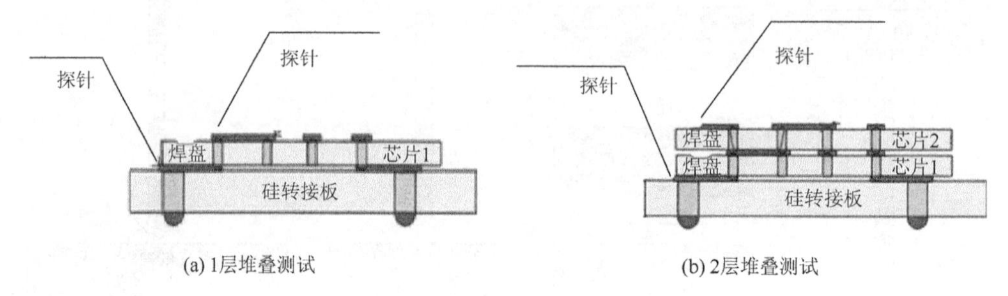

图 8.24　逐层堆叠探针台测试示意图

该方法由于采用了现有设备和夹具，原理简单，可行性较好。在测试中，需要人工对样品的多个信号管脚进行探针操作，工作量较大，且无法对芯片功能进行测试，该方法可作为前期样品的实验性测试手段，但其不具备批量测试能力。

在 ATE 机上用定制 KGD 插座的方式进行功能测试。其中，转接板下部的焊球与测试插座内部的微型顶针连接，因此需要焊球与插座准确对位，在插座加工精度足够的前提下需要转接板划片尺寸误差较小。该方法由于采用了自动测试设备和自对准夹具，具有一定的批量测试能力，因此可以作为长远技术方案，以提高堆叠过程中的成品率。图 8.25 为用于 TSV 堆叠过程测试的 KGD 插座及对应成测板。

图 8.25　用于 TSV 堆叠过程测试的 KGD 插座及对应成测板

8.2.4　TSV 三维集成 SRAM 存储器测试分析

ATE 测试软件平台如表 8.2 所示。测试主要针对 8MB 堆叠 SRAM 模块的输出高低电平、容量和访问速度进行测试，具体测试结果如图 8.26 所示。测试结果表明，被测样品在采用 3.3V 工作电压的情况下，输出高电平 V_{OH} 最低约为 3.2V，输出低电平 V_{OL} 最高为 230mV。最小写周期为 30.8ns，最小读周期为 41.6ns。存储器容量为 8MB。图 8.27 为存储空间遍历测试。表 8.3 为测试项目及结果。

表 8.2　ATE 测试软件平台

序号	软件名称	厂家	装机/台套	功能与用途
1	smartest	Advantest	2	数字与混合信号测试软件包
3	Modelsim	Mentor	1	仿真验证软件
4	VBA for EXOEL	Microsoft	1	数据处理软件

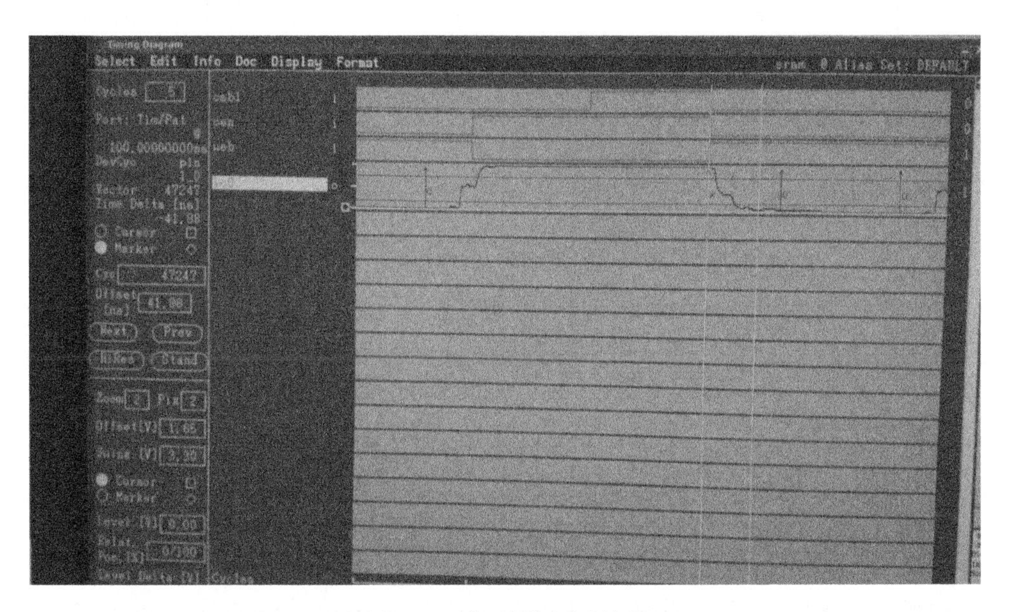

图 8.26　读写周期测试结果

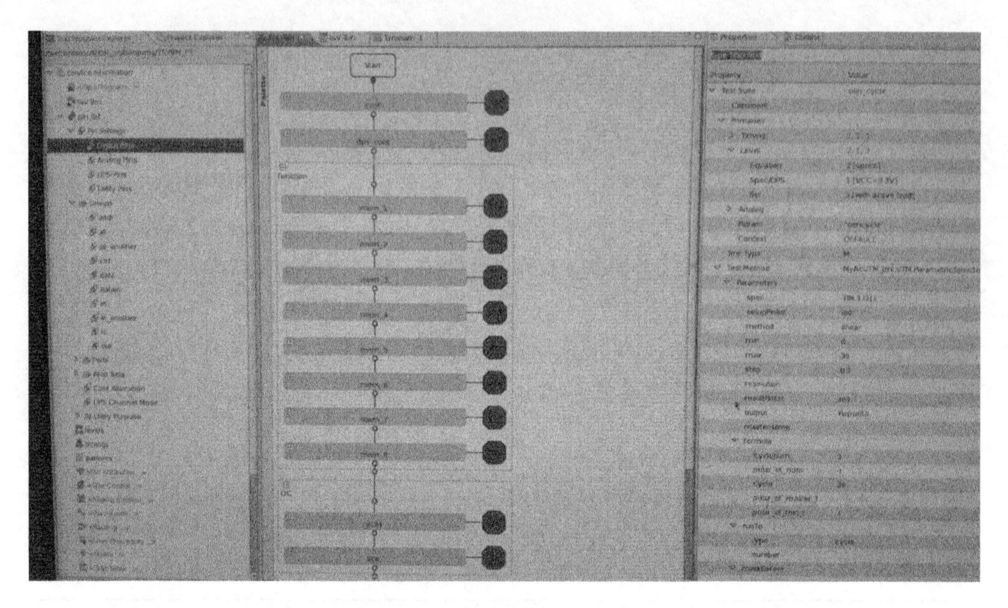

图 8.27　存储空间遍历测试

表 8.3　测试项目及结果

序号	参数	符号	条件（25℃，$V_{DD}=3.3V$）	测试结果
1	工作电压	V	—	3.3V
2	输出高电平电压	V_{OH}	$I_{OH}=-1mA$	3.20V
3	输出低电平电压	V_{OL}	$I_{OL}=2mA$	0.23V
4	存储器容量	—	$V_{IH}=3.3V$，$V_{IL}=0V$	8MB
5	写周期	T_{AVAW}	—	30.8ns
6	读周期	T_{AVAV}	—	41.6ns

8.3　基于高阻硅 TSV 转接板准三维集成四通道接收组件

TR 组件是雷达、通信、电子对抗等先进电子装备的重要基础元件，高性能、轻量化、小型化、高集成是重要发展方向。本质上，TR 组件是一种集成微波/热/结构等多功能需求的复杂系统，一般由功率放大器（power amplifier，PA）、射频开关、低噪声放大器（low noise amplifier，LNA）、滤波器等功能单元组成。为实现轻量高集成，从集成方式上 TR 组件可以分为单片集成和混合集成两种形式。单片集成主要指在某种特定工艺基片上实现多功能器件功能的集成，这意味着某些异质元器件性能的折中造成综合射频性能提升受限。异质器件混合集成是指将多个异质射频器件集成在微波印制基板、陶瓷基板等基材上，可最大限度地利用各异质器件的优越性能提升集成度，是单片集成方式不可缺少的补充性技术。与目前微波印制电路板、低温共烧陶瓷（low temperature co-fired ceramic，LTCC）高密度封装基板技术等相比，高阻硅 TSV 转接板技术在线宽尺寸/精度等方面具有显著的提升，被认为是下一代竞争性技术。因此，本书作者团队在前述高阻硅 TSV 转接板技术研究基础上，研制了 L 波段准三维集成四通道接收组件原型样品，在演示验证技术的同时争取建立相应的设计方法。

8.3.1 集成架构与电学设计

图 8.28 是双波束四通道 L 波段接收组件电路原理图，双波束四通道接收组件所用芯片实测 S 参数如图 8.29 所示，均为正面贴装设计。该接收组件芯片以多芯片组件方式混合集成在高阻硅 TSV 转接板上，基于高阻硅转接板的 2.5D/3D 射频微电子器件异构集成封装结构示意图如图 8.30 所示，整体装配至测试夹具上，模块射频输入输出端口及数字控制信号均采用 TSV 互连通路实现。根据高阻硅 TSV 转接板工艺能力，四通道接收组件转接板版图设计如图 8.31 所示。为了准确地分析设计的合理性，首先建立了高阻硅 TSV 转接板射频传输通路三维电磁仿真分析模型，计算提取 S 参数，如图 8.32 所示。其次，将单通道路径上所有芯片 S 参数及传输线 S 参数导入 ADS 进行系统级计算分析，判断是否满足性能要求。在此基础上，就芯片和转接板射频传输通路进行协同设计优化，以及不同射频通路电磁干扰分析，形成优化版图。图 8.33 是系统级仿真分析模型及计算结果。由于演示样件主要起接收功能，功率密度低，根据工程经验前期未进行热学和热力学可靠性设计分析[5, 6]。

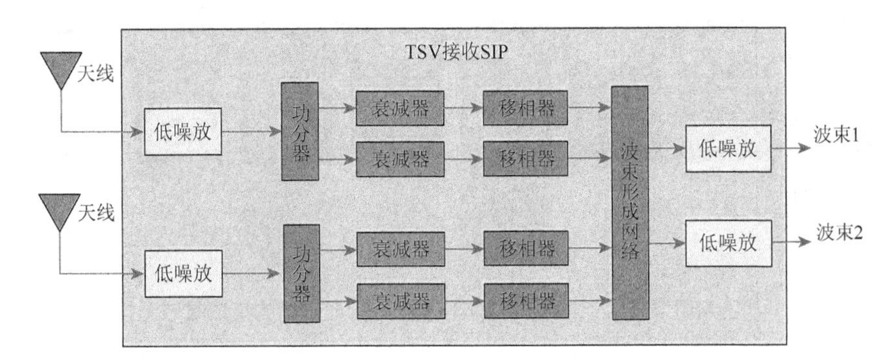

图 8.28　双波束四通道 L 波段接收组件电路原理图

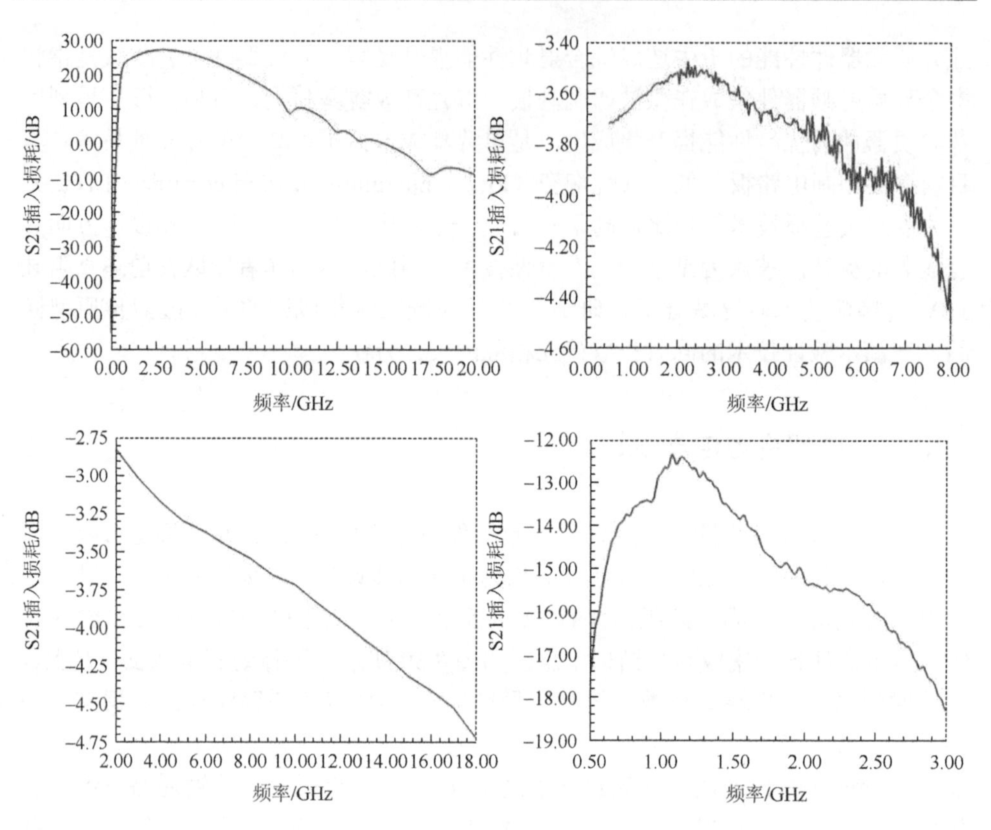

图 8.29　双波束四通道接收组件所用芯片实测 S 参数

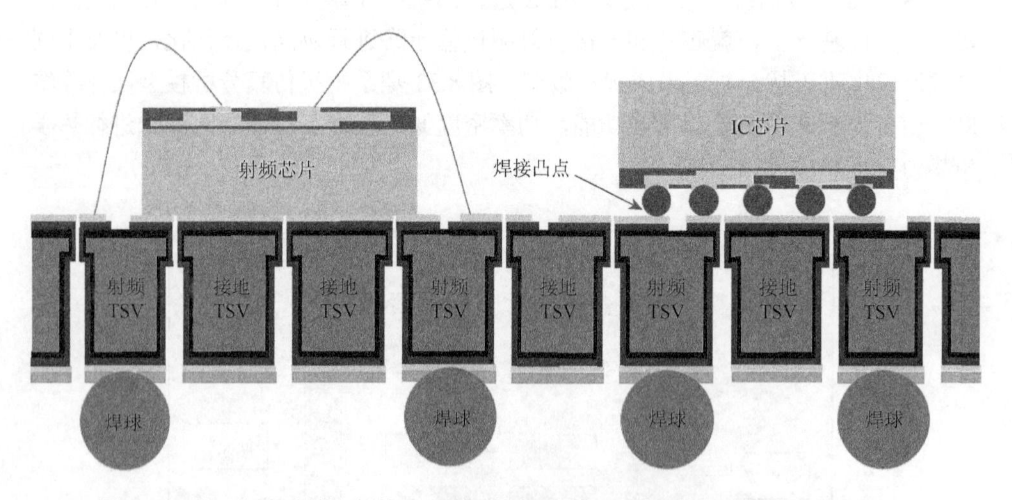

图 8.30　基于高阻硅转接板的 2.5D/3D 射频微电子器件异构集成封装结构示意图

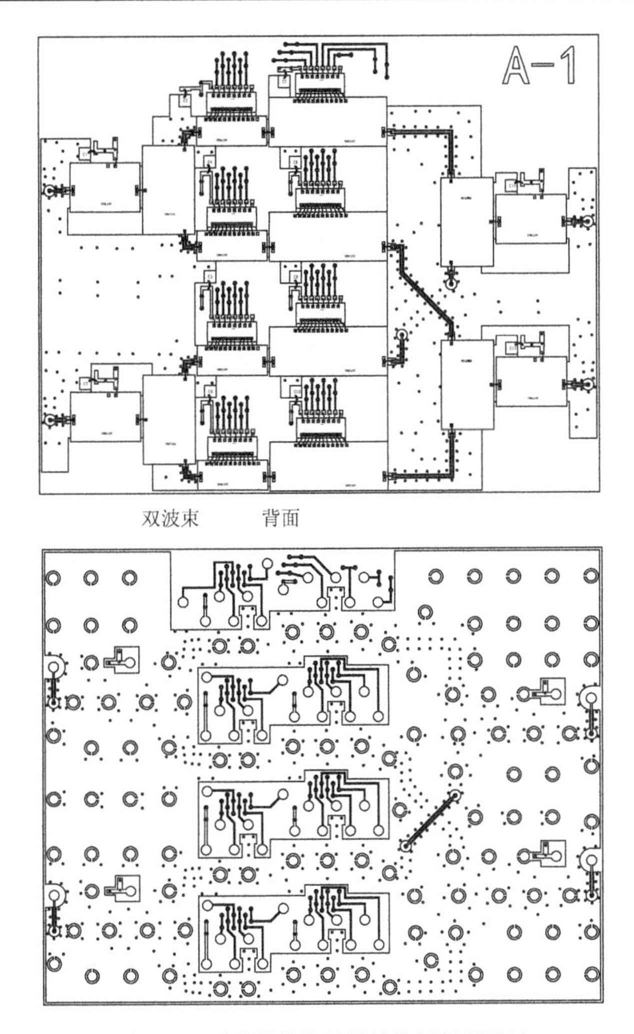

图 8.31　四通道接收组件转接板版图设计

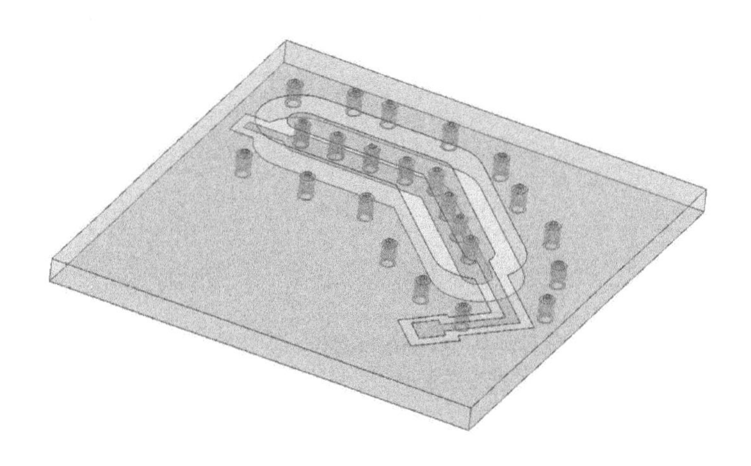

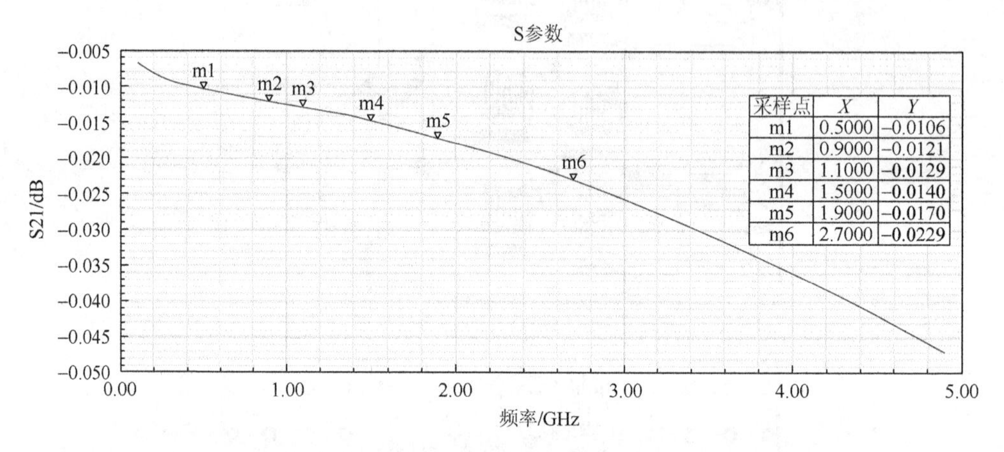

图 8.32　四通道接收组件转接板射频传输通路三维电磁仿真分析模型

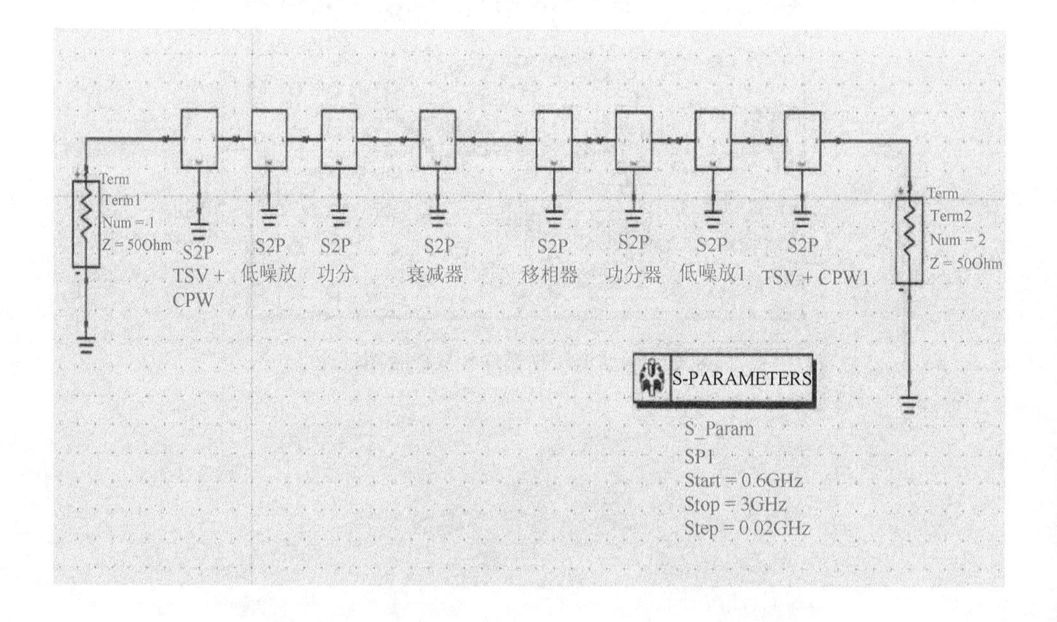

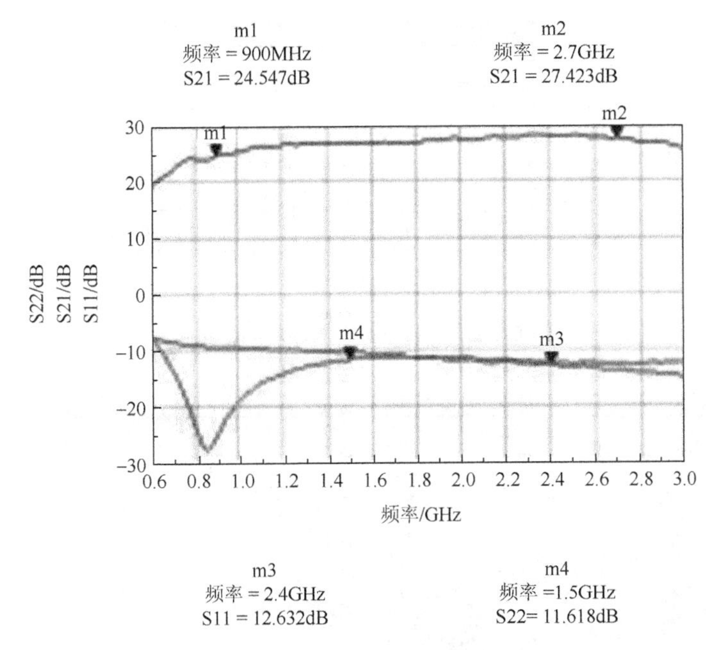

图 8.33 系统级仿真分析模型及计算结果

8.3.2 基于高阻硅 TSV 转接板准三维集成工艺

在前述 TSV 转接板工艺研究（见 7.3 节）结果的基础上，本节设计四通道接收组件用高阻硅 TSV 转接板工艺流程，如图 8.34 所示，并开展了工艺流水试验，高阻硅 TSV 转接板样品照片如图 8.35 所示。在完成高阻硅 TSV 转接板镜检和在片电气测试后，开展四通道接收组件集成装配试验，高阻硅 TSV 转接板集成装配工艺流程图如图 8.36 所示。首先，清洗转接板，在转接板大孔面涂覆助焊剂进行植球，并通过回流固定焊球；其次，通过焊球将转接板焊接在 PCB 板上，回流固定，再次清洗；最后，通过共晶键合将射频芯片正面贴装至高阻硅 TSV 转接板上，金丝打线实现彼此之间的电气互连，最后加装封盖，如图 8.37 所示[7, 8]。

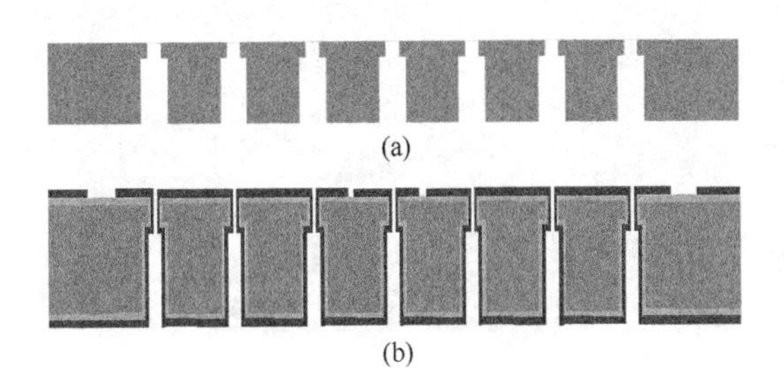

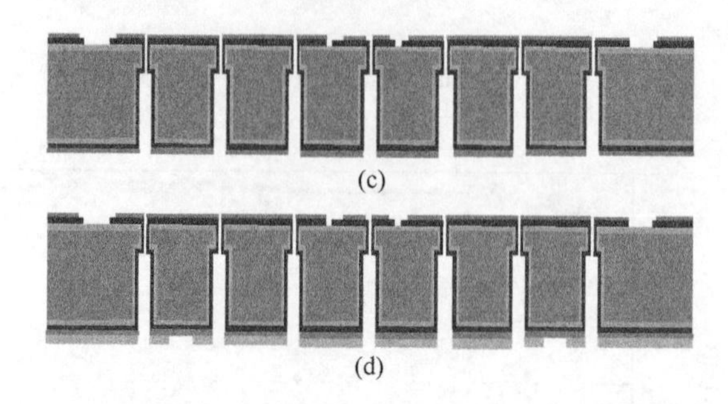

(c)

(d)

图 8.34　四通道接收组件用高阻硅 TSV 转接板工艺流程

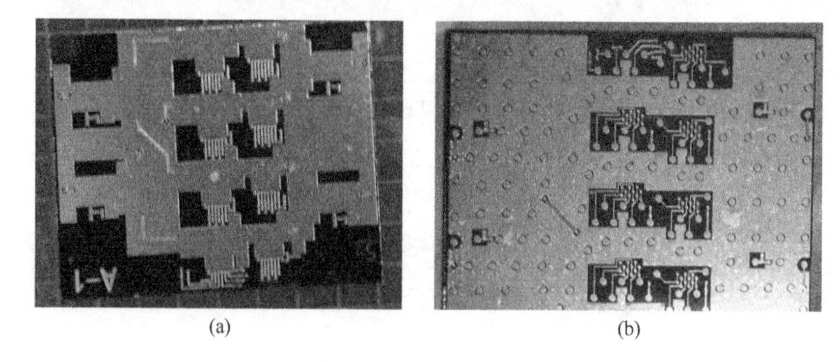

(a)　　　　　　　　　　(b)

图 8.35　高阻硅 TSV 转接板样品照片

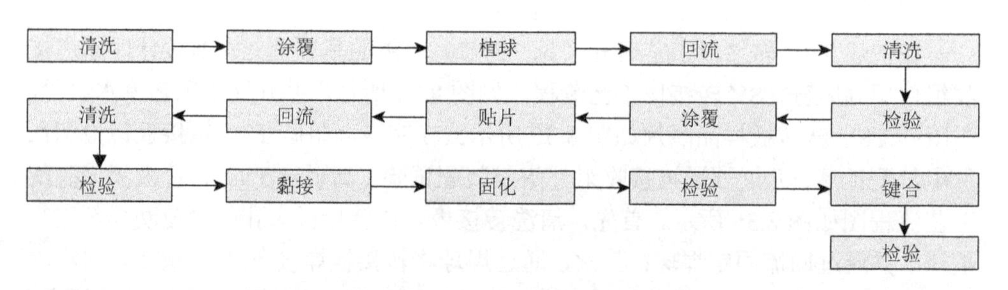

图 8.36　高阻硅 TSV 转接板集成装配工艺流程图

图 8.37　高阻硅 TSV 转接板样品在集成装配过程中的照片

8.3.3　测试分析

图 8.38 是基于高阻硅 TSV 转接板准三维集成 L 波段四通道接收组件测试过程照片。根据演示样件设计功能参数，对双波束四通道的放大、移相、衰减、功分等进行测试验证，图 8.39 为基于高阻硅 TSV 转接板准三维集成 L 波段四通道接收组件通道增益测试结果。波束之间隔离度实测为 50dBc，相关测试结果归纳在表 8.4 中。与仿真设计结果相比，增益、输入输出驻波仍有一定偏差，主要原因是电镀铜材料电阻率、表面状态都与仿真设计中的理想铜材料有较大差别，TSV 铜金属化工艺优化仍是一个关键点。

图 8.38　基于高阻硅 TSV 转接板准三维集成 L 波段四通道接收组件测试过程照片

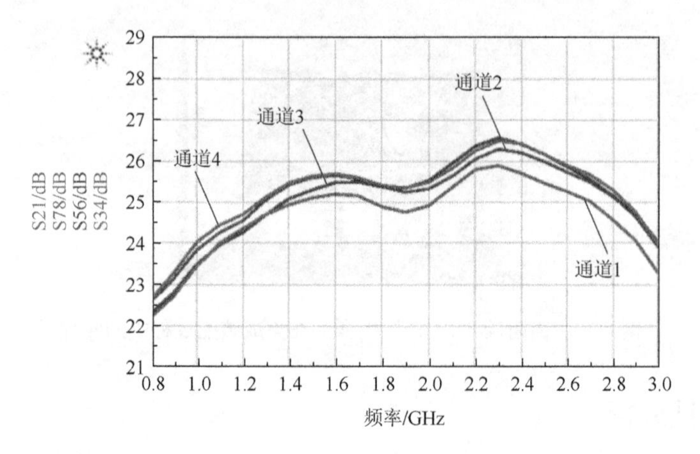

图 8.39　基于高阻硅 TSV 转接板准三维集成 L 波段四通道接收组件通道增益测试结果

表 8.4　基于高阻硅 TSV 转接板准三维集成 L 波段四通道接收组件通道增益测试结果

测试结果（0.9～2.8GHz）	增益/dB	输入驻波	输出驻波	移相	衰减	备注
通道 1（J6-J5）	22.7～25.5	2.2	1.9	工作正常	工作正常	
通道 2（J6-J8）	22.4～25.3	2.1	2	工作正常	工作正常	
通道 3（J7-J5）	22.1～25.4	2.2	1.9	工作正常	工作正常	
通道 4（J7-J8）	22.5～25.1	2.2	2	工作正常	工作正常	

8.4　结　束　语

以本书作者团队的科研实践为基础，本章简要介绍了 TSV 三维集成在存储器 IC、射频接收组件应用的研发案例。当然，这些应用案例难免具有一定的局限性。当时，本书作者团队在筛选应用方向时，基本原则：一是优先关注我国装备发展的迫切需求，解决卡脖子问题；二是遵循先从简单入手，先易后难，寻求突破。2008 年左右，TSV 技术风生水起之时，TSV 技术更多被认为是一项基础性、共性的技术，有可能在半导体领域引起一系列变革，冲击既有产业协作体系。成也萧何，败也萧何，这种变革性特质也许正是 TSV 技术产业化与商业化一再滞后于业界预期的重要原因。时至今日，TSV 技术应用发展更多呈现出多样化、蚕食渗透的发展模式，应用水平与深度也大为提高，也逐渐揭开变革特质面纱。与当今应用相比，如基于 TSV 转接板的 41 核 GPU 模块，不论是存储器 IC 或是接收组件三维集成设计层面的复杂度难度都大为降低，包括热设计、电设计、可靠性设计等，在这点上，两个应用案例的参考价值多少会打折扣。但是，麻雀虽小，五脏俱全，希望借此应用案例的展示，给读者未来 TSV 三维集成应用研发提供一些基本参考、启发，已是足够。

参 考 文 献

[1] Yole development. More than Moore market and technology trends. https://soiconsortium.org. [2019-06-20].

[2] Temple D S，Lueck M R，Malta D，et al. Scaling of three-dimensional interconnect technology incorporating low temperature bonds to pitches of 10 m for infrared focal plane array applications. Japanese Journal of Applied Physics，2015，54（3）：030202.

[3] Small M, Ruby R, Zhang F, et al. Wafer-scale packaging for FBAR-based oscillators. 2011 Joint Conference of the IEEE International Frequency Control and the European Frequency and Time Forum（FCS）Proceedings，San Francisco，2011.

[4] Deng Y，Maly W P. Interconnect characteristics of 2.5D system integration scheme. Proceedings of the International Symposium on Physical Design，Sonoma，2001：171-175.

[5] Ma S L. A 2.5D integrated L band receiver based on high-R Si interposer. IEEE International Conference on Integrated Circuits，Technology and Applications，Beijing，2018.

[6] Cai H，Yan J，Ma S，et al. Design，fabrication，and RF property evaluation of a TGV interposer for 2.5D RF integration. Journal of Micromechanics and Microengineering，2019，29（7）：075002.

[7] 王梦诚. 基于 TSV 的三维射频互连设计、工艺以及应用验证. 厦门：厦门大学，2021.

[8] 颜俊. 三维射频集成低损耗 TSV 转接板工艺及应用基础研究. 厦门：厦门大学，2018.

第9章 发展趋势

当今世界正进入一个以数字化、网络化和智能化为核心的电子信息技术时代，微电子产业链后道所沿用的引线键合、载带自动焊等传统封装技术已经不能满足技术进步的需求。在“延续摩尔”和“超越摩尔”的战略中，基于TSV的三维集成技术，具有高集成密度、宽信号带宽、低信号时延等优点，可望成为产业链中的发展助推器[1-3]。

TSV三维集成技术已在CIS、MEMS传感器、RF射频模块、高亮度LED、3D SiP和大容量存储器IC等的集成封装中得到应用，市场前景十分广阔。但技术分析也指出，产品应用中也遇到了由于TSV互连引入在工艺与应用设计实现层面带来的难度复杂度大增、集成散热效率不够高、新架构电磁串扰等问题[4-6]，发展中遇到的新难题必将成为研究的新动向。

本章从四个方面对TSV三维集成技术的未来发展趋势进行分析，一是从面向高性能IC提高集成密度所需的小尺寸TSV方面，探讨TSV必须朝着小尺寸、高深宽比方向的发展趋势；二是从提高TSV集成能力方面，探讨基于TSV技术的异质三维混合信号集成技术，包括多传感器集成、宽禁带半导体集成等；三是从可能的创新TSV三维集成技术方面，探索性能功能突出的新材料、更加先进的集成工艺，以及更经济高效的集成方法等；四是从基于纵向互连的三维集成体系新架构、面向应用的软硬件结合，以及信号完整性为重点的电设计等方面，探索以性能、功能和成本更优化为导向的系统发展新思路。

9.1 小尺寸TSV三维集成

针对高性能IC三维集成应用，基于TSV的三维集成工艺路线众多。其中，Via-First工艺集成密度高，但涉及原有IC芯片设计的改动，多由半导体设计与前道工艺厂商进行联合研发，也有前道工艺厂商开发通用TSV工艺的；Via-Last工艺则在电路晶圆加工完成后，制作TSV互连与再布线，对原有IC芯片设计的影响小，集成方式相对灵活，封测厂和系统厂商的优势相对明显。

不管是Via-First工艺还是Via-Last工艺，提高集成密度、开发更小尺寸TSV技术是共同的发展方向。具体而言，TSV的直径和TSV的间距将越来越小，TSV占用芯片面积的比例将越来越小，TSV的互连密度将越来越高。

根据国际半导体技术发展蓝图 2012 年发布的预测报告[7, 8]，Via-First 工艺和 Via-Last 工艺中的 TSV 三维集成关键指标的发展预测分别如表 9.1 和表 9.2 所示。

表 9.1 Via-First 工艺中的 TSV 三维集成关键指标的发展预测

关键指标	2013～2014 年的数据	2015～2018 年的数据
最小 TSV 直径/μm	1～2	0.5～2
最小 TSV 间距/μm	2～4	1～4
最小 TSV 深度/μm	5～40	5～20
最小 TSV 深宽比	5∶1～20∶1	5∶1～20∶1
键合重叠精确率/μm	1.0～1.5	0.5～1.0
最小接触孔间距/μm	2～3	2～3
层数	2～5	8～16（DRAM）

当 TSV 直径达到 5μm 以下时，TSV 的深宽比为 10∶1。TSV 尺寸越小，相应的硅衬底厚度就要求越小，为 10～50μm，甚至更小。例如，为了制造一个直径为 2μm、纵横比为 10∶1 的 TSV，衬底厚度仅为 20μm，这对后期晶圆制造、晶圆键合等工艺的制作过程提出了更高的要求。

表 9.2 Via-Last 工艺中的 TSV 三维集成关键指标的发展预测

关键指标	2013～2014 年的数据	2015～2018 年的数据
最小 TSV 直径/μm	4～10	2～3.5
最小 TSV 间距/μm	8～20	4～7
最小 TSV 深度/μm	40～100	30～50
最小 TSV 深宽比	5∶1～12∶1	12∶1～20∶1
键合重叠精确率/μm	1.0～1.5	0.5～1.0
最小接触孔间距/μm	10	5
层数	2～5	2～8

直径为 2μm，深度为 30μm，深宽比为 15∶1 的填充完好的 TSV 聚焦离子束（focused ion beam，FIB）横截面图像[9]如图 9.1 所示。而在实际研究过程中，TSV 的尺寸常常被深硅刻蚀、种子层淀积、深盲孔填充、背面绝缘层制作等相关工艺约束着。

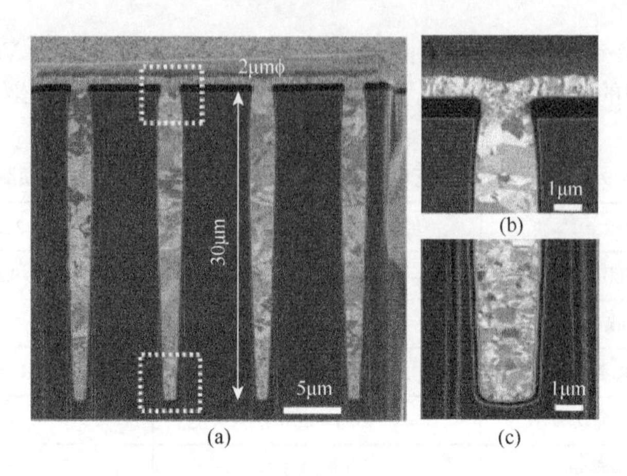

图 9.1　直径为 2μm，深度为 30μm，深宽比为 15∶1 的填充完好的 TSV 聚焦离子束横截面图像

常规的深硅刻蚀采用 Bosch 工艺，形成的深孔侧壁将呈扇贝状条纹，随着孔径尺寸的缩小，扇贝状条纹会直接影响后续的工艺制作，因此必须开发无扇贝状条纹光滑侧壁的小尺寸深孔刻蚀工艺。较为成功的方法有两种，一种方法是仍采用常规 Bosch 工艺进行刻蚀，再用 Parylene 等聚合物材料进行绝缘层保护，该工艺绝缘层制作温度低，应力小，图 9.2 为聚合物制作的绝缘层侧壁与 PECVD 制作的绝缘层侧壁比较图[10]；另一种方法是采用磁中性回路放电（magnetic neutral loop discharge，NLD）等离子体刻蚀系统，通过高电子密度（$10^{12}/cm^3$）的电感耦合等离子体，可直接对氧化层、硅衬底、聚合物等进行刻蚀[11-13]，得到非常光滑的 TSV 侧壁，如图 9.3 所示。

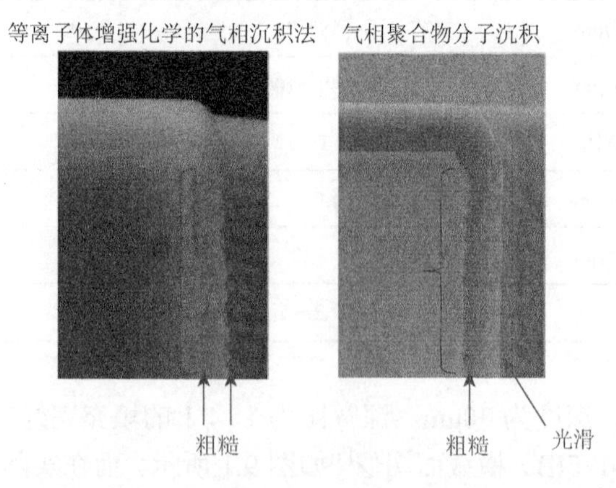

图 9.2　聚合物制作的绝缘层侧壁与 PECVD 制作的绝缘层侧壁比较图

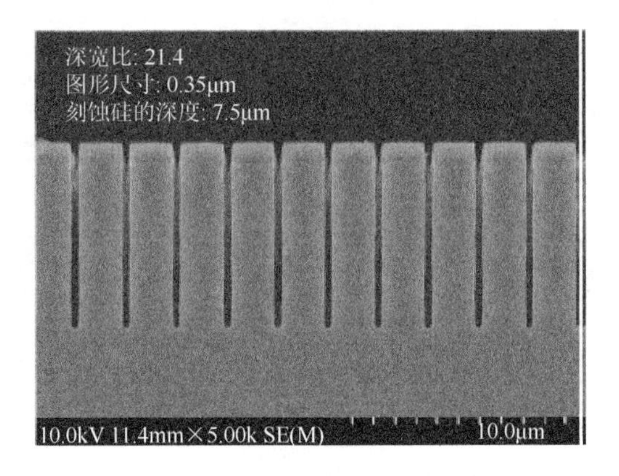

图 9.3 无扇贝状条纹侧壁的 TSV 刻蚀工艺

为应对 TSV 尺寸减小、深宽比增大的挑战，目前研究较多的是采用原子层淀积的方法制作 WN 阻挡层和采用化学镀沉积（electroless deposition，ELD）方法制作 Cu 种子层[14, 15]。图 9.4 是在直径为 3μm、深度为 50μm 的 TSV 侧壁淀积 TiN 黏附阻挡层和无电镀沉积的 Cu 种子层。

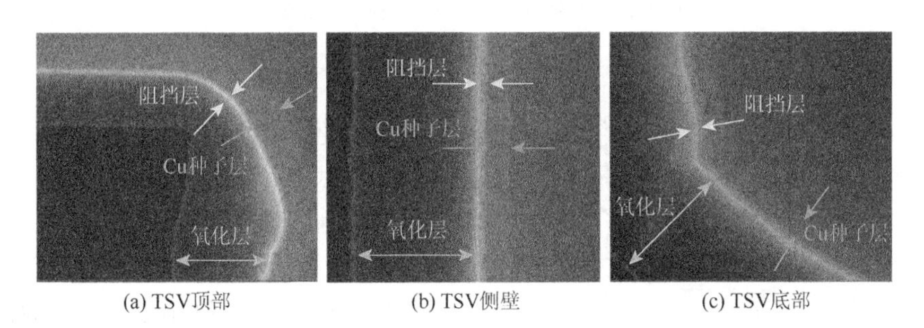

图 9.4 在直径为 3μm、深度为 50μm 的 TSV 侧壁淀积 TiN 黏附阻挡层和无电镀沉积的 Cu 种子层

TSV 盲孔填充是制约尺寸减小的一个关键因素[16]，这需要开发高效的、长时稳定的、绿色、无污染杂质残留的铜电镀液添加剂材料与配方，高效填充、大尺寸晶圆内一致性、对 TSV 孔尺寸/布局的弱依赖、TSV 铜晶粒微观尺寸精准控制、低残余应力、低污染杂质等是未来小尺寸 TSV 孔电镀填充工艺开发的主要方向。

正面工艺完成后，可以采用临时键合胶将晶圆与衬片键合，进行背面减薄暴露 TSV 工艺[17]。常规的背面 TSV 绝缘层制作采用光刻工艺，在 TSV 上制作绝缘开口。TSV 尺寸越来越小且带锥度导致 TSV 背面绝缘层的制作越发困难[18]。目前较为主流的方法是采用自对准的方法进行背面绝缘层的制作，不再需要进行光刻制作绝缘开口。典型的小尺寸 TSV 制作工艺流程如图 9.5 所示[19]。

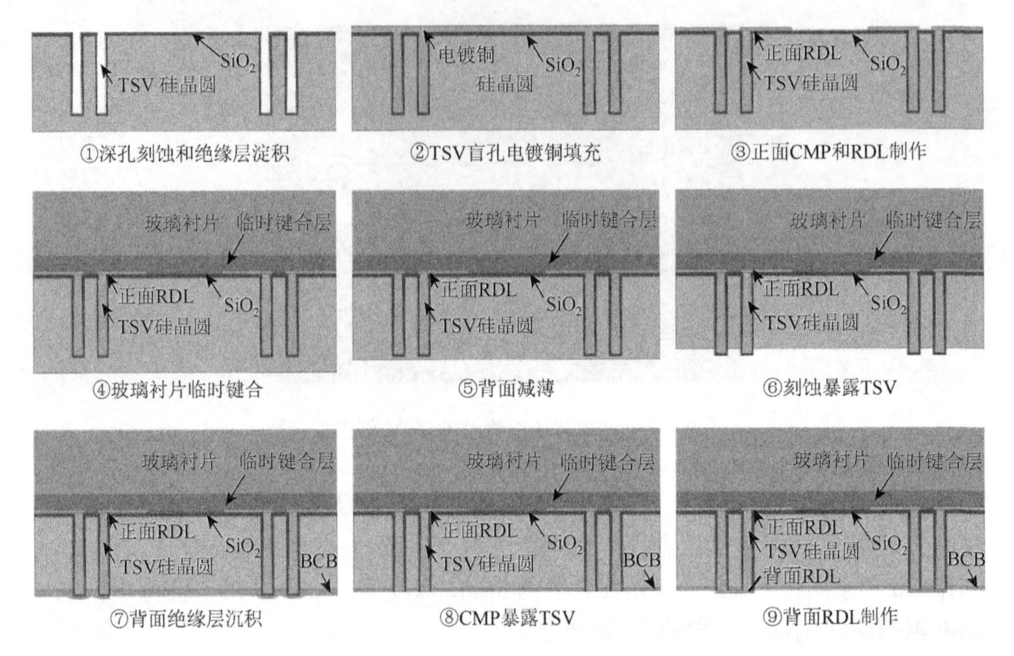

图 9.5　典型的小尺寸 TSV 制作工艺流程

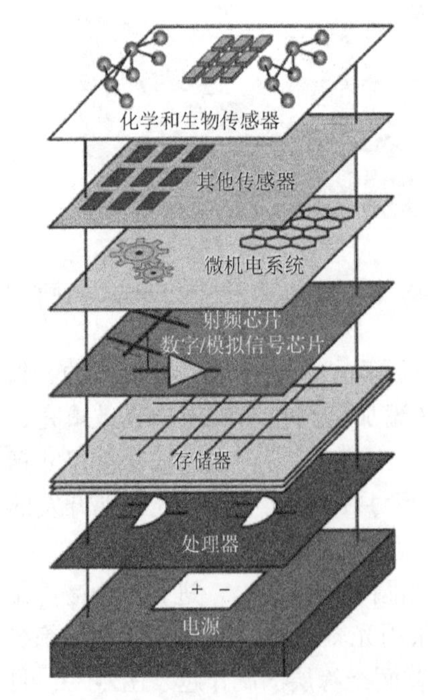

图 9.6　三维异质混合信号集成概念图

小尺寸 TSV 会不会延续到 1μm 以下？产业界还没有明确的意见，我们认为需要综合考虑技术、成本、产业上下游技术路线等多种因素。一方面在开发 1μm 以下小孔刻蚀技术的同时，要考虑相关的绝缘层制作、电镀填孔和 10μm 以下厚度晶圆的键合等成套技术；另一方面亚 10μm 芯片层叠可能被器件层减薄转移方案或者直接在器件层上制作新的器件层等新型三维集成方法来代替。

9.2　异质三维混合信号集成

TSV 三维集成技术不仅可以实现同类芯片的同质集成[20]，也将推动高密度、多功能的异质信号混合信号三维集成发展，终极目标是将 Si、GaAs、GaN、SiC 等多种半导体材料和不同工艺的芯片实现多功能、一体化、高密度集成。图 9.6 是三维异质混合信号集成概念图，可望实现生物和化学传感器、微机电系统、射频芯片、数字/模拟信号芯片、存储器、处理器及电源等异质芯片的垂直堆叠集成[21]。半导体三维异质集成技术涵盖物理、生物、化学、光学及先进制造等多个学科，仍面临较大挑战，这也是未来发展的重要方向。

2009 年，日本东北大学的 Lee 等[22]提出一种智能车载系统用光电异质集成系统，如图 9.7 所示，该系统由电学转接板和光学转接板键合堆叠构成，实现光电异质集成。其中，电学转接板表面贴装了专用电路、*LC* 滤波器及压力传感器等，如图 9.8 所示；光学转接板集成垂直腔面发射激光器和光电二极管等。2012 年，Noriki 等[23]提出了一种片上光互连的硅衬底三维光电子集成系统，如图 9.9 所示，为百亿亿次超级计算机的实现提供了一种技术方案。在该系统中，电学器件和光学器件集成在一个基板上，通过光子硅通孔（through-silicon-photonic-vias，TSPV）和 TSV 实现三维垂直集成互连。其中，TSPV 由 Si 及 SiO_2 构成，与 TSV 工艺兼容[24, 25]。

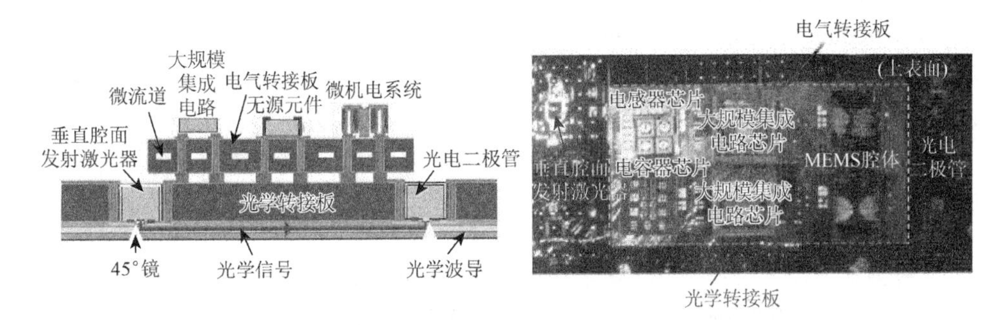

图 9.7 日本东北大学研制的光电异质集成系统

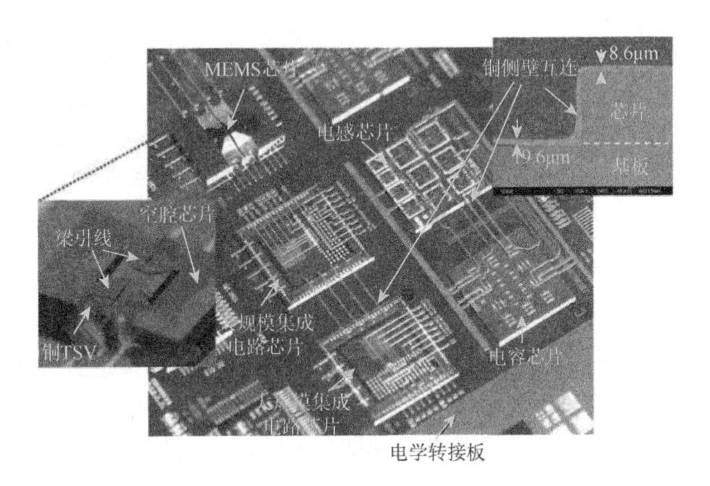

图 9.8 光电异质集成系统电学转接板

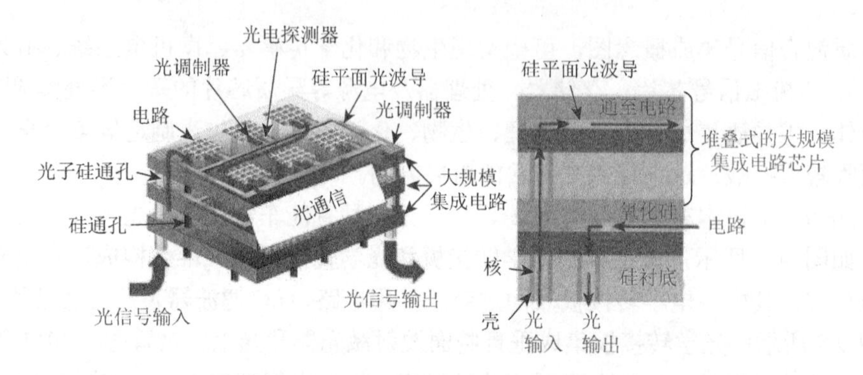

图 9.9　片上光互连的三维光电子集成系统

2010 年，德国 Fraunhofer 可靠性和微集成研究所报道了基于钨 TGV 玻璃转接板上集成的 4 通道双向光电收发模块[26]，如图 9.10 所示。TGV 玻璃转接板厚度为 500μm，边长约为 10mm，钨 TGV 互连直径为 100μm。收发器模块中包含两个 ASIC 芯片、一个光电二极管和一个垂直腔面发射激光器 VCSEL，通道传输速率达到 10Gbit/s，功耗为 592mW。在收发模块工作过程中，最高温度达到 60℃，热点出现在 VCSEL（vertical cavity surface emitting laser）和接收 ASIC（application specific integrated circuit）芯片上。由于玻璃的导热性较差，热管理是玻璃转接板设计的一大挑战，合理布局芯片/元件，增加导热 TGV 互连等都是改善玻璃转接板散热特性的可选方案。

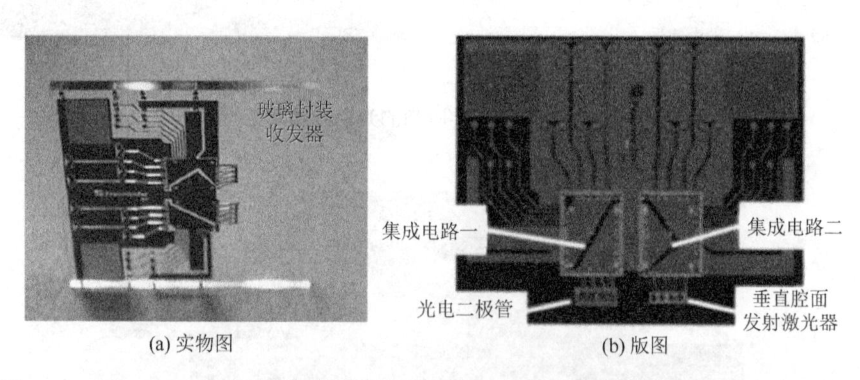

(a) 实物图　　(b) 版图

图 9.10　Fraunhofer 可靠性和微集成研究所开发的基于玻璃转接板的双向光电收发模块

2012 年，新加坡微电子所提出了无线传感器节点（wireless sensor node，WSN）三维异质集成系统[24]，如图 9.11 所示，并开展了系统功能模块划分、三维堆叠方案设计与验证等。该系统包括了 RF 芯片、IF 芯片、数字/模拟混合信号芯片、集成天线芯片及基带芯片等，堆叠芯片间通过 Via-Last 的 TSV 工艺实现垂直互连。因该系统具有小体积和低功耗的特点，可应用于植入式人体健康无线监测系统，对血压等人体生理指标可以进行长时间有效监测，且不影响人体正常活动和身体机能。

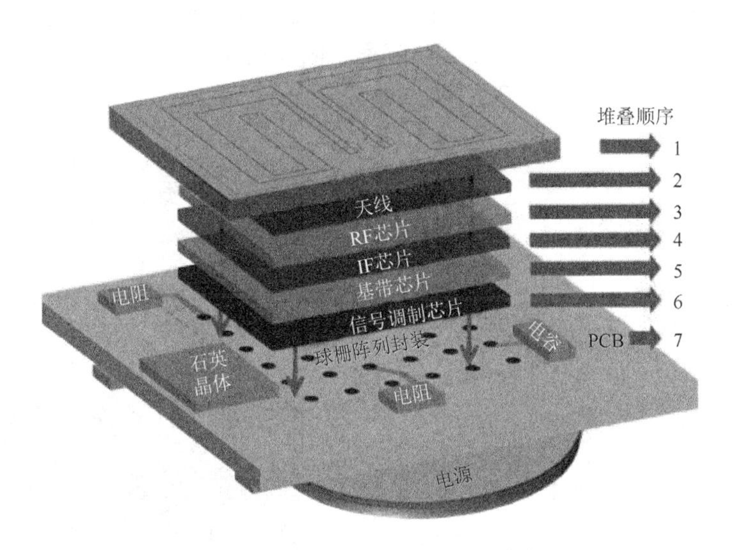

图 9.11 WSN 三维异质集成系统

2015 年法国半导体研究机构 CEA Leti 报道了一款基于 TSV 转接板集成的毫米波收发器模块[27]。如图 9.12 所示，TSV 转接板尺寸为 6.5mm×6.5mm×0.6mm，衬底为 120μm 厚的高阻硅，上表面共有 2 层 RDL 布线用于实现互连和制作收发天线，TSV 用于实现垂直互连及射频的屏蔽隔离，射频收发芯片通过倒装焊键合在高阻硅 TSV 转接板上，TSV 转接板通过 BGA 焊球装配在 PCB 基板上。转接板上收发天线的阻抗带宽（S11＜–10dB）为 57～68GHz，增益为 0～5.5dBi。根据 CEA Leti 的转接板发展路线图，未来转接板上将可以集成 MEMS、RF、存储芯片、数字芯片、光电子器件、无源元件等各种元器件，形成可交互、可调谐的智能微系统模块。

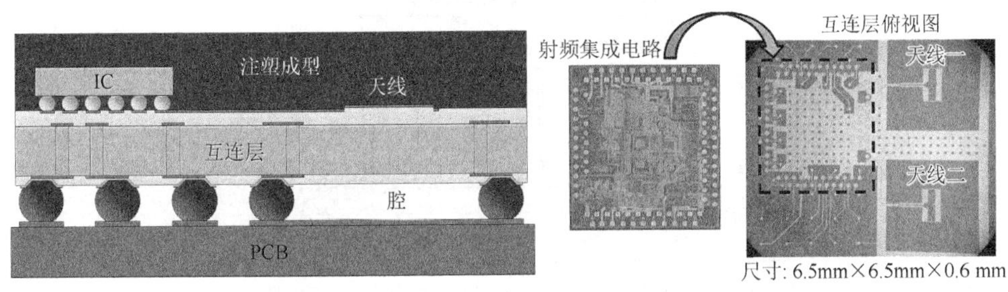

(a) 剖面示意图 (b) RF芯片与转接板

图 9.12 法国 CEA Leti 的 TSV 转接板集成的毫米波收发模块[27]

2014 年，Xilinx 提出可重构的三维异质集成模块，在 65nm 工艺制作的转接板上集成了两个 58 万个逻辑单元的 FPGA 芯片（28nm 工艺）和两个模数/数模转换混合信号芯片（65nm 工艺），封装总尺寸为 35mm^2，转接板除了提供 TSV 等高密度互连，还优化了系统划分及噪声隔离。图 9.13（a）和（b）分别是 Xilinx 三维异质集成模块的设计方案及实物。

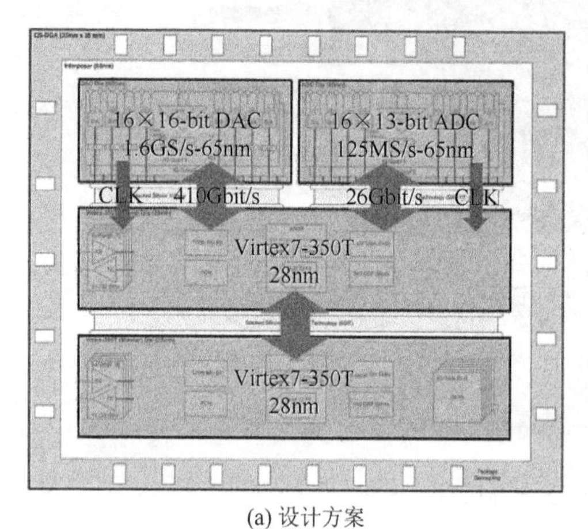

(a) 设计方案

(b) 实物

图 9.13　Xilinx 三维异质集成模块

佐治亚理工学院提出的一种新型无源转接板集成系统，参见图 9.14，该系统集电学 TSV、光学 TSV、流体 TSV 于一体装配在转接板一侧。电学 TSV 实现母板到转接板顶部堆叠芯片间的信号传递，光学 TSV 实现不同转接板上芯片间超大带宽通信，流体 TSV 起冷凝作用，结构中单一模块芯片均采用 3D 堆叠结构来集成 SRAM、Cache 和处理器。

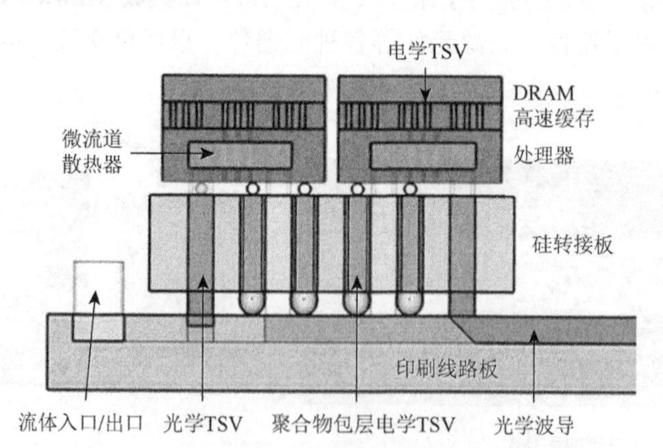

图 9.14　新型无源转接板集成系统

综上，三维异质混合信号集成是未来发展重要方向，近年来在国内外备受关注，一些原型样品初步展示了异质混合集成带来的技术优势。三维异质混合信号集成本质上是一个由异质材料构成的内部具有精细微纳结构的宏观尺度模块，目前尚未有统一集成架构，涉及多物理场、多信号域，工艺实现、功能及可靠性设计难度高。未来应用的多样化发展将是常态。

9.3 三维集成新技术

目前比较主流的TSV互连，大多采用SiO_2绝缘层及Ti/W/Cu黏附层/阻挡层/种子层，将Cu作为填充物，深孔直径为5～50μm，深宽比为2∶1～15∶1。在当前IC集成制造生态体系下，TSV三维集成仍存在工艺难度大、技术复杂、成本居高不下等问题，发展新材料、新工艺、新集成方法既是开发更加先进的三维集成技术的需要，也是降低成本的需要。

9.3.1 三维集成新材料

TSV孔绝缘是实现的关键步骤。随着TSV技术的发展，新型的通过旋涂实现TSV孔保形填充新材料新工艺也被开发出来用于TSV孔绝缘。图9.15是旋涂有机聚合物填充TSV孔的剖面SEM照片。

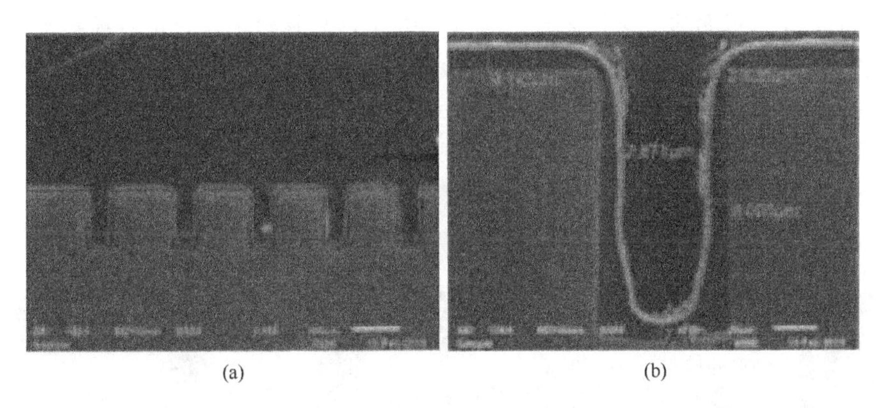

(a) (b)

图9.15 旋涂有机聚合物填充TSV孔的剖面SEM照片[4]

高深宽比小尺寸TSV互连一直是三维集成产品的关键制约因素，当通孔直径小于10μm后问题将更加突出，Cu互连内的任何空洞在偏置电压作用下，均可能发生因迁移现象而导致互连通路的开路故障。由于铜TSV互连热膨胀系数与相邻的绝缘层、硅衬底存在失配，TSV互连结构在受热或受压时会产生应力，绝缘层不致密或存在微裂纹均可能导致 Cu 向硅衬底的扩散，造成芯片失效[28]。

2015 年，IBM 公司研究了环形中空钨通孔结构的可靠性问题[29]，图 9.16 是环形钨 TSV 互连试验样品结构截图，TSV 互连可靠性主要与 TSV 孔形貌、特征尺寸、填充材料等因素相关，初步研究显示，环形钨 TSV 互连在 1000 次热循环（–25～125℃）以后电互连电阻仍然没有变化，可靠性高，而环形铜 TSV 和实心铜 TSV 在经历了 1000 次热循环以后，电阻值均发生了较大的变化，失效概率高[30]。

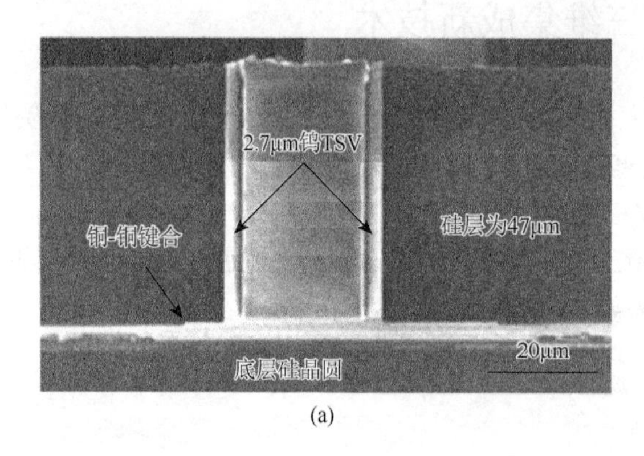

(a)

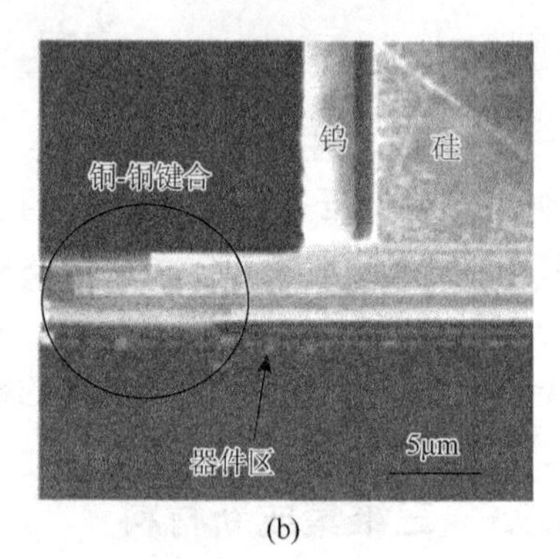

(b)

图 9.16　环形钨 TSV 互连试验样品结构截图

9.3.2　三维集成新工艺

随着 PCB 板布线工艺技术水平发展，其与 TSV 转接板融合可以提高集成度、降低成本，是未来 TSV 转接板发展的新方向[31]。2014 年，韩国电子技术研究所以 80μm 厚减薄硅晶圆作为衬底，利用 ABF 材料进行双面层压，利用紫外激光在 ABF 填充硅通孔内制备通孔及再布线层，形成 TSV 转接板技术概念图（图 9.17），该转接板集成了 NiCr 电阻、MIM 电容、螺旋电感等无源元件[32-34]。

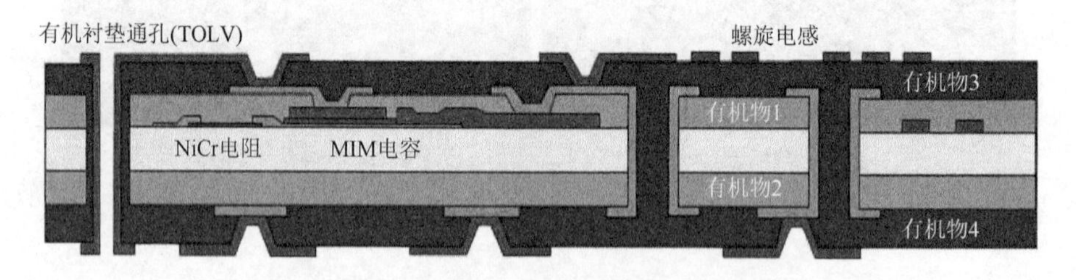

图 9.17　融合层压工艺的 TSV 转接板技术概念图

随着 TSV 转接板技术的发展，衍生发展出了有机转接板，这为三维集成提供了新的衬底选择。有机转接板以常见的增层式封装基板为基础，结合半导体工艺，在其上制作更精细的布线层和微凸点，面板尺寸比硅/玻璃晶圆大很多，生产效率高。图 9.18（a）为日本 Shinko 公司以增层式基板为基础研发的具有精细布线层和高密度微凸点的有机转接板[35-39]，其中基板芯层厚度为 400μm，上下表面各有 2 层和 3 层铜布线层，以此为衬底利用半加成法在上表面制作了 4 层精细布线层，布线层最小线宽/线距可达到 2μm/2μm，布线层之间的介质层为 3μm，倒装焊盘为 25μm，焊盘下的过孔为 10μm，焊盘间距为 40μm，展示的转接板尺寸为 21mm×15mm×0.66mm。图 9.19 为美国 Cisco 公司研发的有机转接板演示模块，转接板尺寸为 38mm×30mm×0.4mm，12 层再布线层包括 5 层顶层布线层、2 层芯层、5 层底层布线层，布线层最小线宽/线距可以达到 6μm/6μm，集成了 1 个 ASIC 芯片与 4 个 HBM DRAM 芯片，其中 ASIC 芯片尺寸为 19.1mm×24mm×0.75mm，DRAM 芯片尺寸为 5.5mm×7.7mm×0.48mm。

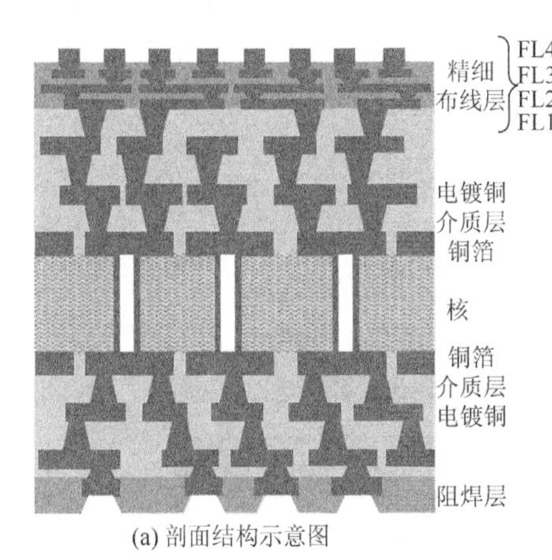

(a) 剖面结构示意图

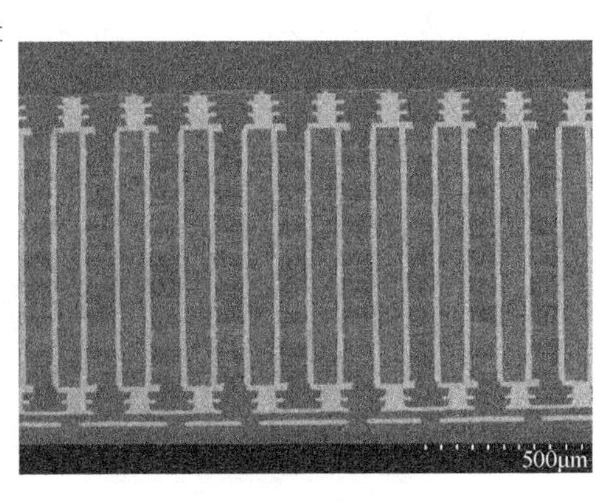

(b) 剖面样品SEM照片

图 9.18　日本 Shinko 公司研发的高密度有机转接板

图 9.19　美国 Cisco 公司研发的有机转接板演示模块

9.3.3　三维集成新结构新工艺

在做好经典 TSV 三维集成技术的同时，一些新型高密度集成封装方法的探索颇具特色。多家 IC 代加工厂发挥前道晶圆级精细加工平台优势，向系统级高密度集成的中下游渗透。例如，TSMC 的芯片-晶圆-基板（chip-on-wafer-on-substrate，CoWoS）整合型芯片服务，基于 TSV 技术将多个芯片整合于单一封装中。

系统厂家对新型三维集成技术非常重视，基于 TSV 技术优化系统架构是众多系统厂家快速推出新产品的新路径。Cisco 公司报道了转接板两面集成芯片的 2.5D 解决方案，如图 9.20 所示[40]。测试模块中，采用 CuSn 微凸点键合工艺将 1 个 22mm×18mm ASIC 和 2 个 10mm×10mm 存储器芯片装配在 28mm×28mm×0.15mm 转接板上下表面，键合温度不高于 250℃，芯片和转接板之间空隙处填充了 Underfill，存储器和 ASIC 芯片的互连 TSV 多达 1000 个。

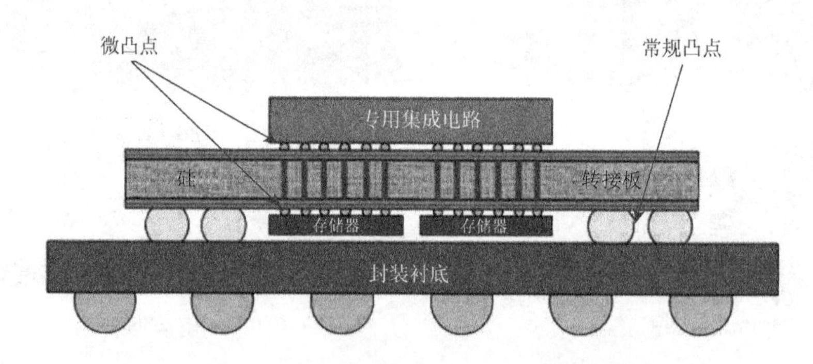

图 9.20　Cisco 公司提出的 2.5D TSV SiP 结构

9.4　三维集成新架构、新器件

随着 TSV 互连工艺尺寸不断精细化，多芯片、多层堆叠和密集纵向互连技术日益成熟，越来越多的新型电路架构借助 TSV 三维集成技术得以实现，为摩尔定律的延续创造了新的机会。

海力士、三星等公司已经推出了第二代 HBM DRAM，在多层堆叠体中借助数千个 TSV 互连组成的通道，实现了超大带宽信号处理[41]。当 HBM 中的 TSV 互连数量和堆叠的层数不断增加时，层间的数据通信将成为一个挑战，如何更有效率地利用 TSV 信号通道成为关键。SK Hynix 在 2018 ISSCC（International Solid-State Circuits Conference）会议介绍了带宽为 341GB/s 的 HBM2 DRAM，利用叠层TSV互连与再布线构成并行多螺旋式传输通路来代替传统并行直线式传输通路[42]，如图9.21所示，初步研究结果显示，该方法实现的信号传输性能比传统方式高，同时可以节省30%的TSV数量，使系统整体效益得到显著的提升。

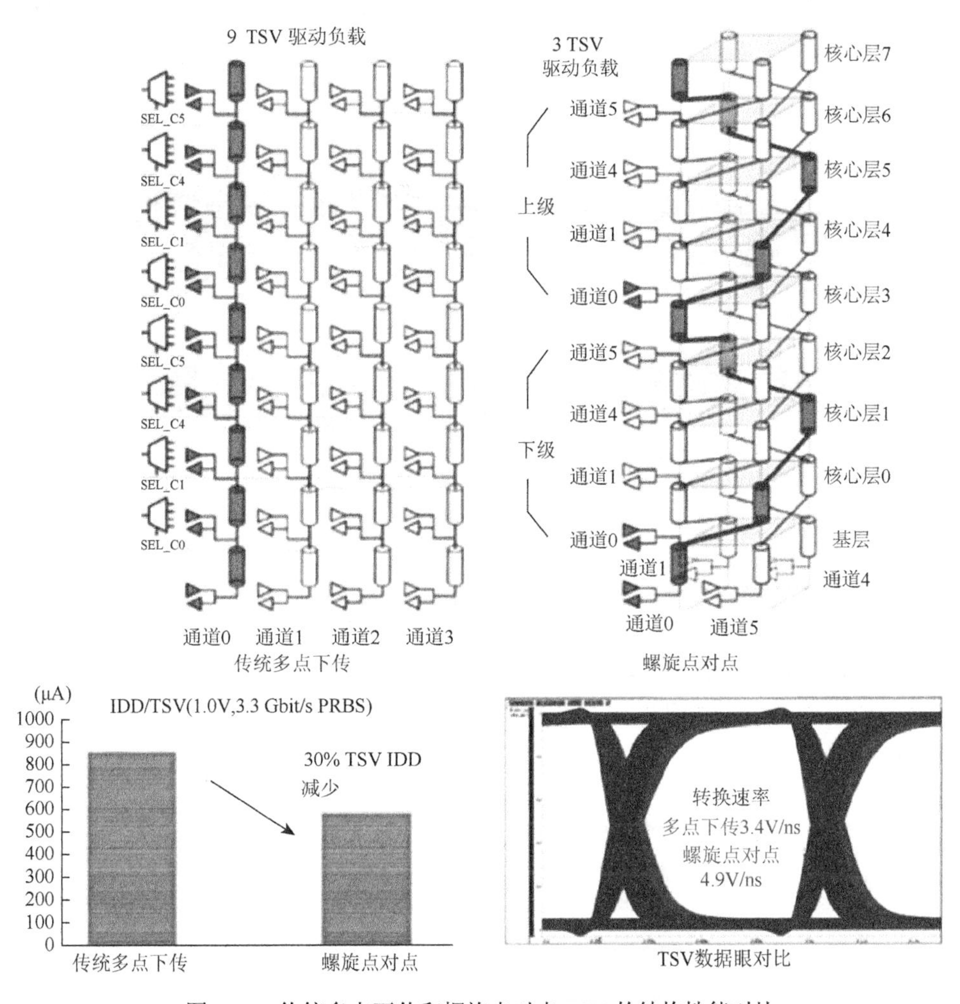

图9.21 传统多点下传和螺旋点对点TSV的结构性能对比

基于TSV互连的三维集成技术，美光公司等提出了混合存储器立体（hybrid memory cube，HMC）模块概念，采用TSV三维集成技术将DRAM芯片存储单元部分与逻辑控制部分在三维空间内重新划分与优化，打破了传统DRAM存储器平面架构设计，开辟了超大容量存储器件技术的新途径，有望打破“储存墙”效应，成为引领1TB计算机制的方向。

2016 WMED（Workshop on Microelectronics and Electron Devices）会议上，美光公司介绍了它们的第二代 HMC 芯片[43]，每层 DRAM 芯片被划分为若干个存储区块，仅包含存储单元阵列和简单的电路，叠层中不同层的存储区块组成一个立体存储库，由叠层底层逻辑芯片控制。图 9.22 为第二代 HMC 芯片的截面图，底层逻辑控制芯片采用 IBM 32nm 工艺制作，上面堆叠了 4 层 DRAM 芯片，叠层采用 TSV 互连实现通信，达到 160GB/s 的带宽，可以满足交换机和高性能计算等应用需求，已在 Juniper 新一代网络系统中得到应用。

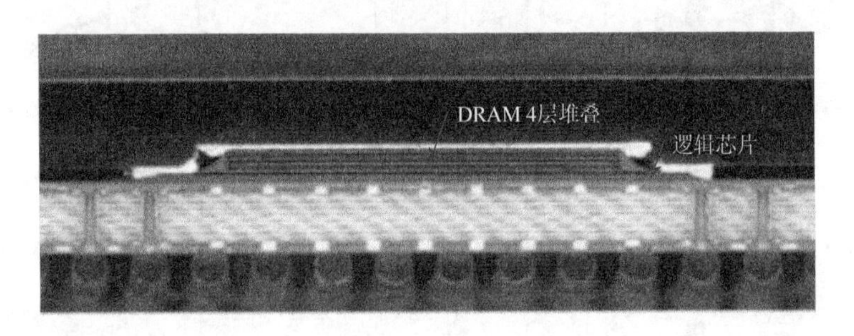

图 9.22　第二代 HMC 芯片的截面图

除了大容量存储器 IC 的多层堆叠和逻辑运算 IC 直接集成，基于有源转接板的多芯片集成也是一个潜力巨大的研究领域。随着 SoC 复杂度和加工成本的显著上升，利用 TSV 三维集成技术可以将多片不同类型的芯片紧凑地集成在一起。在 2018 年的国际计算架构会议上，AMD 公司提出了一种基于芯片组构建系统的模块化路由设计方法[44]，图 9.23 为将多个芯片集成在有源硅转接板上形成系统芯片的方法。

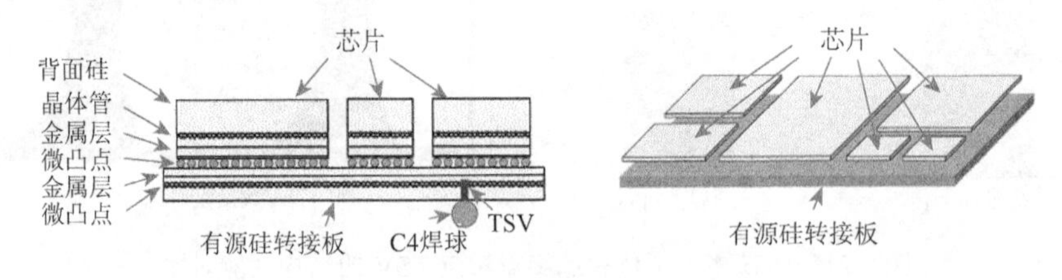

图 9.23　将多个芯片集成在有源硅转接板上形成系统芯片的方法

但是，当将多个芯片组集成为一个 SoC 时，验证其功能的正确性难度很大。AMD 公司介绍了一种简约、模块化的方法来确保多集成芯片系统的功能正确性。AMD 公司的 SoC 的基准形态架构如图 9.24 所示。

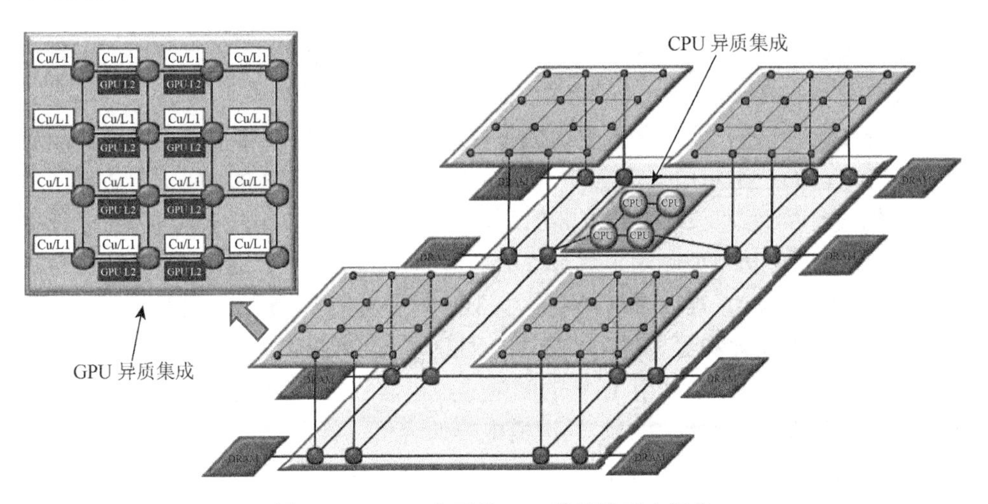

图 9.24 AMD 公司的 SoC 的基准形态架构

得益于 TSV 技术的 HBM DRAM 技术将存储器的带宽大幅度提升；基于 HMC 概念，逻辑运算 IC 芯片与存储器 IC 的集成实现高性能和低功耗；通过 3D SoC 设计方法学的进步，可以实现更加丰富的系统集成。这些新架构新模式在带来性能提升的同时，在信号完整性、电源完整性、片上互连网络、散热等方面也提出了新的挑战。

基于 TSV 的三维集成电设计，主要包括电路系统架构设计、三维互连设计等，针对新结构新材料新工艺 TSV 互连的建模、测量、高效率与高精度模拟仿真方法，也是研究关注的热点。在近年的学术会议上，陆续有实心铜 TSV 或环形铜 TSV 互连、铜填充或碳纳米管填充、单端 TSV 或差分 TSV 传输结构等多种形式的 TSV 结构研究进展报道，多数采用全波实体仿真或者等效电路的方法对 TSV 互连进行建模，通过制备样品进行频域和时域的实测来研究 TSV 互连的电学特性并验证模型的准确性。

信号完整性是 TSV 互连电设计研究关注的热点，主要采用新的仿真方法或者新的信号传输机制进行研究，如 Rao[38]使用 Elmore 时延方法来估计铜/碳纳米管复合 TSV 的垂直双向信号时延。Shimizu 等[39]研究了 PAM4 和 NRZ 传输机制下的眼图估计方法，得到随机抖动和误码率等特征参数，并与 MATLAB 得到的结果进行对比，验证了方法的正确性。Kim 等[40]提出了一个基于 TSV 互连的电学-光学集成微系统，采用了 SOI 衬底上的 TSV 转接板，测量结果表明 GSG 传输结构，在 50GHz 频率下，插入损耗优于−3.5dB，回波损耗小于−13dB。

将电性能表征与 TSV 互连的缺陷检测和可靠性评估结合也是一大趋势。除了传统的测量开尔文结构和菊花链的电阻、测量 TSV 互连的 CV 特性来获得可靠性信息，研究者也提出了一些基于机器学习的评估方法。Huang 等[41]采用最近邻方法和随机森林方法来检测 TSV 中的孔洞比率，Piersanti 和 Orlandi[42]使用人工神经网络检测菊花链传输通路中的开路和短路缺陷。

随着 TSV 互连技术工艺水平的提升，基于 TSV 的组件将被大规模地应用到电路系统中，如三维集成无源器件。Sun 等[43]针对基于 TSV 的 3D 电感进行了材料和结构设计的优化，以得到更高的品质因子，含有空气腔或者磁芯的电感在 MHz 范围的电源/功率型应用中具有很大的潜力。Kung 等[44]也实现了基于 TSV 的 3D 螺线管型电感，并且设计制造了一个 3D 双工器，与 2D 的双工器相比，具有更小的通带插入损耗和更大的阻带衰减，性能更佳。Lin 等[45, 46]设计制造了基于 TSV 的 3D 电容，充分地利用 TSV 的侧壁形成电容极板，实现了电容密度的提升，相同的参数条件下，达到 2.5 倍的沟槽电容的容值，样品测试显示在电场强度为 2.4MV/cm 时，漏电流为 4.0×10^{-11}A/cm^2。结合电感电容等基础元件，可以实现变压器、滤波器等具有更复杂功能的电路组件[47]。此外，由于 TSV 互连具有高密度和寄生参数小的优点，其也被应用于高性能的微机电系统中，如高精度的磁定位传感系统[48, 49]。

总之，TSV 三维集成作为一个全新的技术领域，其发展壮大需要方方面面的共同努力。我们坚信，三维集成的道路虽然是坎坷的，但前途必定是光明的！

参 考 文 献

[1] 金玉丰，王志平，陈兢. 微系统封装技术概论. 北京：科学出版社，2006.

[2] 田民波. 电子封装工程. 北京：清华大学出版社，2003.

[3] Guan Y，Zhu Y，Zeng Q，et al. Mechanical and electrical reliability assessment of bump-less wafer-on-wafer integration with one-time bottom-up TSV filling. IEEE Electronic Components and Technology Conference，San Diego，2015：816-821.

[4] Temiz Y，Guiducci C，Leblebici Y. Post-CMOS processing and 3-D integration based on dry-film lithography. IEEE Transactions on Components，Packaging and Manufacturing Technology，2013，3（9）：1458-1466.

[5] Peng L，Li H Y，Lim D F，et al. Fine-pitch bump-less Cu-Cu bonding for wafer-on-wafer stacking and its quality enhancement. IEEE International 3D Systems Integration Conference，Munich，2010：1-5.

[6] 王阳元. 21 世纪硅微电子技术三个重要发展方向缩小器件尺寸，系统集成芯片（SOC），产业增长点. 华东科技，2007（Z1）：86-88.

[7] Hoefflinger B. ITRS：The International Technology Roadmap for Semiconductors. Berlin：Springer，2011.

[8] International technology roadmap for semiconductors. http://www.semiconductors.org. [2013-08-21].

[9] Inoue F，Philipsen H，Radisic A，et al. Novel seed layer formation using direct electroless copper deposition on ALD-Ru layer for high aspect ratio TSV. IEEE Interconnect Technology Conference，San Jose，2012：1-3.

[10] Lee K W，Bea J C，Fukushima T，et al. High reliable and fine size of 5-μm diameter backside Cu through-silicon via（TSV）for high reliability and high-end 3-D LSIs. IEEE International 3D Systems Integration Conference，Osaka，2012：1-4.

[11] Yamada H，Onozuka Y，Iida A，et al. A wafer-level heterogeneous technology integration for flexible pseudo-SoC. IEEE International Solid-State Circuits Conference，San Francisco，2010.

[12] Morikawa Y，Murayama T，Sakuishi T，et al. Novel TSV process technologies for 2.5D/3D packaging. IEEE Electronic Components and Technology Conference，Orlando，2014：1697-1699.

[13] Lu J Q. 3-D Hyperintegration and packaging technologies for micro-nano systems. Proceedings of the IEEE，2009，97（1）：18-30.

[14] Van H S，Li Y，Heylen N，et al. Advanced metallization scheme for 3×50μm via middle TSV and beyond. IEEE Electronic Components and Technology Conference，San Diego，2015：66-72.

[15] Lühn O，Hoof C V，Ruythooren W，et al. Barrier and seed layer coverage in 3D structures with different aspect ratios using sputtering and ALD processes. Microelectronic Engineering，2008，85（10）：1947-1951.

[16] Kondo K，Funahashi C，Hayashi T，et al. 5 minutes TSV copper electrodeposition. International Microsystems，Packaging，Assembly and Circuits Technology Conference，Taipei，2014：306-308.

[17] Watanabe N，Aoyagi M，Katagawa D，et al. Metal contamination evaluation of a TSV reveal process using direct Si/Cu grinding and residual metal removal. IEEE Electronic Components and Technology Conference，San Diego，2015：1452-1457.

[18] 马盛林. TSV 三维集成关键工艺技术研究. 北京：北京大学，2012.

[19] 朱韫晖. 静态随机存储器三维集成工艺研究. 北京：北京大学，2014.

[20] Samsung Semiconductor. http://www.samsung.com/global/business/semiconductor/news-events/press-releases/printer/newsId = 13602. [2015-09-03].

[21] Lu J Q. 3-D hyperintegration and packaging technologies for micro-nano systems. Proceedings of the IEEE，2009，97（1）：18-30.

[22] Lee K W，Noriki A，Kiyoyama K，et al. 3D heterogeneous opto-electronic integration technology for system-on-silicon (SOS). IEEE Electron Devices Meeting，Baltimore，2009：1-4.

[23] Noriki A，Lee K，Bea J，et al. Through-silicon photonic via and unidirectional coupler for high-speed data transmission in optoelectronic three-dimensional LSI. IEEE Electron Device Letters，2012，33（2）：221-223.

[24] Liu X，Wang L，Jayakrishnan M，et al. A miniaturized heterogeneous wireless sensor node in 3DIC. IEEE International 3D Systems Integration Conference，Osaka，2012：1-4.

[25] Erdmann C，Lowney D，Lynam A，et al. A heterogeneous 3D-IC consisting of two 28nm FPGA die and 32 reconfigurable high-performance data converters. IEEE Journal of Solid-State Circuits，2014，50（1）：258-269.

[26] Topper M，Ndip I，Erxleben R，et al. 3-D Thin film interposer based on TGV（Through Glass Vias）：An alternative to Si-interposer. Electronic Components and Technology Conference，Nagoya，2010.

[27] Bouayadi O E，Dussopt L，Lamy Y，et al. Silicon interposer：A versatile platform towards full-3D integration of wireless systems at millimeter-wave frequencies. Electronic Components and Technology Conference，San Diego，2015.

[28] Ramm P. Issues for 3D-TSV production. Proceedings of Panel IWLPC，Santa Clara，2011.

[29] Chen K N，Shaw T M，Cabral C，et al. Reliability and structural design of a wafer-level 3D integration scheme with W TSVs based on Cu-oxide hybrid wafer bonding. International Electron Devices Meeting，San Francisco，2010.

[30] Kang U，Chung H，Heo S，et al. 8Gb 3D DDR3 DRAM using through-silicon-via technology. IEEE International Solid-State Circuits Conference，San Francisco，2009：130-131.

[31] Vos J D，Huylenbroeck S V，Jourdain A，et al. Hole-in-one TSV，a new via last concept for high density 3D-SoC Interconnects. IEEE Electronic Components and Technology Conference，San Diego，2018.

[32] Parekh M S，Thadesar P A，Bakir M S. Electrical，optical and fluidic through-silicon vias for silicon interposer applications. IEEE Electronic Components and Technology Conference，Lake Buena Vista，2011：1992-1998.
[33] Li L，Su P，Xue J，et al. Addressing bandwidth challenges in next generation high performance network systems with 3D IC integration. IEEE Electronic Components and Technology Conference，San Diego，2012：1040-1046.
[34] Yook J M，Kim J C，Park S H，et al. High density and low-cost silicon interposer using thin-film and organic lamination processes. IEEE Electronic Components and Technology Conference，San Diego，2012：274-278.
[35] Cho J H，Kim J，Lee W Y，et al. A 1.2V 64Gb 341GB/S HBM2 stacked DRAM with spiral point-to-point TSV structure and improved bank group data control. IEEE Solid-State Circuits Conference，San Francisco，2018.
[36] F Lin，Keeth B. Memory interface design for hybrid memory cube (HMC). IEEE Workshop on Microelectronics and Electron Devices，Boise，2016：1-5.
[37] Yin J，Lin Z，Kayiran O，et al. Modular routing design for chiplet-based systems. IEEE Annual International Symposium on Computer Architecture，Los Angeles，2018.
[38] Rao M. Vertical delay modeling of copper/carbon nanotube composites in a tapered through silicon via. IEEE Electronic Components and Technology Conference，Orlando，2017：80-85.
[39] Shimizu N，Kaneda W，Arisaka H，et al. Development of organic multi chip package for high performance application. International Symposium on Microelectronics，2013，2013（1）：000414.
[40] Kim D，Yu L，Chang K，et al. 3D system-on-packaging using through silicon via on SOI for high-speed optcal interconnections with silicon photonics devices for application of 400 Gbps and beyond. IEEE Electronic Components and Technology Conference，San Diego，2018：834-840.
[41] Huang Y J，Pan C L，Lin S C，et al. Machine-learning approach in detection and classification for defects in TSV-based 3-D IC. IEEE Transactions on Components Packaging and Manufacturing Technology，2018（99）：1-8.
[42] Piersanti S，Orlandi A. Defects identification in a TSV daisy-chain structure by a machine learning approach. IEEE Transactions on Electromagnetic Compatibility，2018：1-7.
[43] Sun X，van der Plas G，Beyne E. Improved staggered through silicon via inductors for RF and power applications. IEEE Electronic Components and Technology Conference，San Diego，2018：1692-1697.
[44] Kung C Y，Chen C H，Lee T C，et al. 3D-IPD with high aspect ratio Cu pillar inductor. IEEE Electronic Components and Technology Conference，San Diego，2018：1076-1081.
[45] Lin Y，Tan C S. Physical and electrical characterization of 3D embedded capacitor：A high-density MIM capacitor embedded in TSV. IEEE Electronic Components and Technology Conference，Orlando，2017：1956-1961.
[46] Lin Y，Tan C S. Dielectric quality of 3D capacitor embedded in through-silicon via (TSV). IEEE Electronic Components and Technology Conference，San Diego，2018：1158-1163.
[47] Cheng C H，Wu T L. An ultracompact TSV-based common-mode filter（TSV-CMF）in three-dimensional integrated circuits (3-D ICs). IEEE Transactions on Electromagnetic Compatibility，2016，58（4）：1128-1135.
[48] Zoschke K，Oppermann H，Paul J，et al. Development of a high resolution magnetic field position sensor system based on a through silicon via first integration concept. IEEE Electronic Components and Technology Conference，San Diego，2018：916-925.
[49] Lau J H. Status and outlooks of flip chip technology. ASM Pacific Technology，2017.

彩　　图

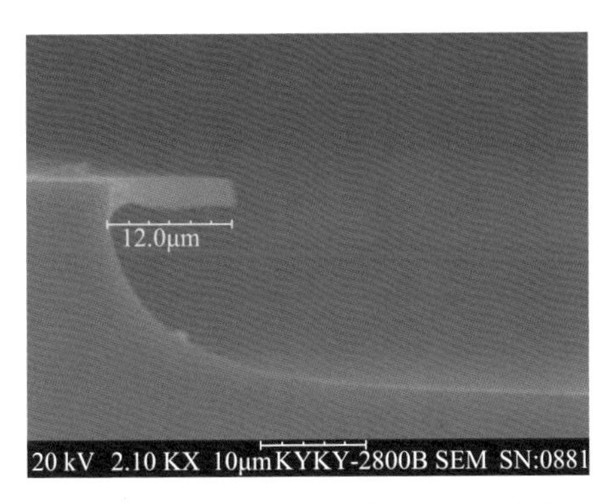

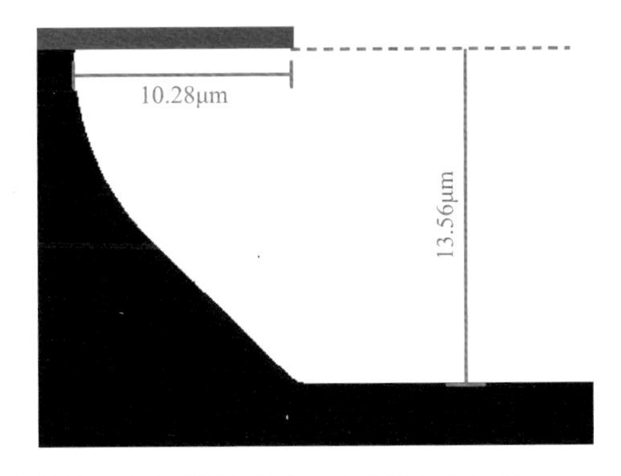

图 2.7　在线圈功率为 900W 的条件下，横向刻蚀宽度的模拟结果和实验结果的对比
模拟结果图中红色的部分代表刻蚀掩模

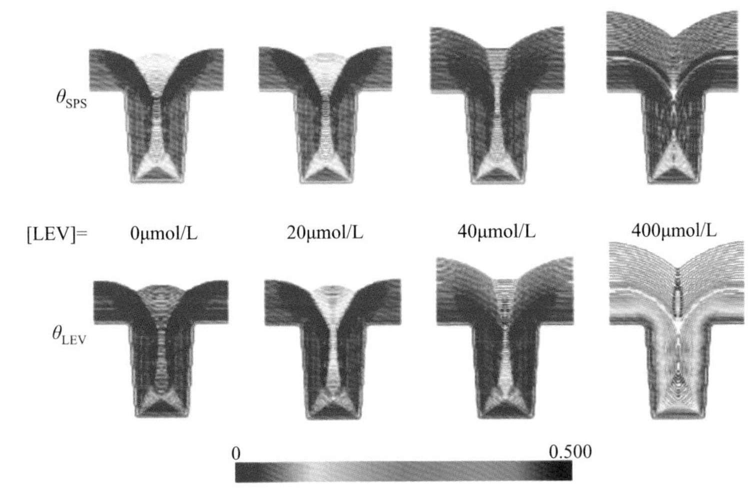

图 2.13　铜沉积演变过程模拟结果，轮廓线上的颜色代表加速剂和整平剂在沉积层表面的表面覆盖率

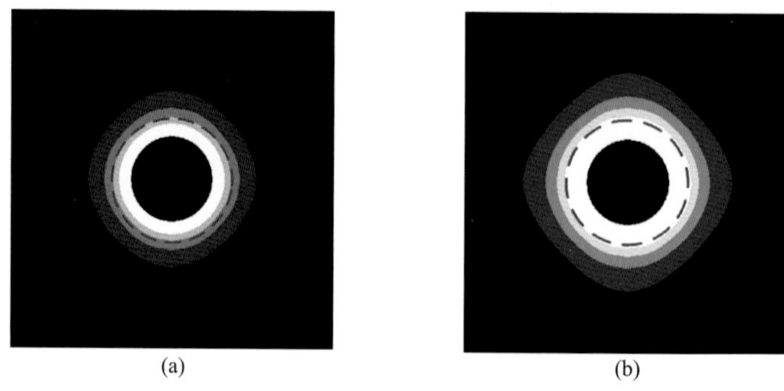

图 3.48　根据有限元计算结果和光弹性原理重构出的两个虚拟光弹条纹

红色虚线为微凸点或铜盘位置

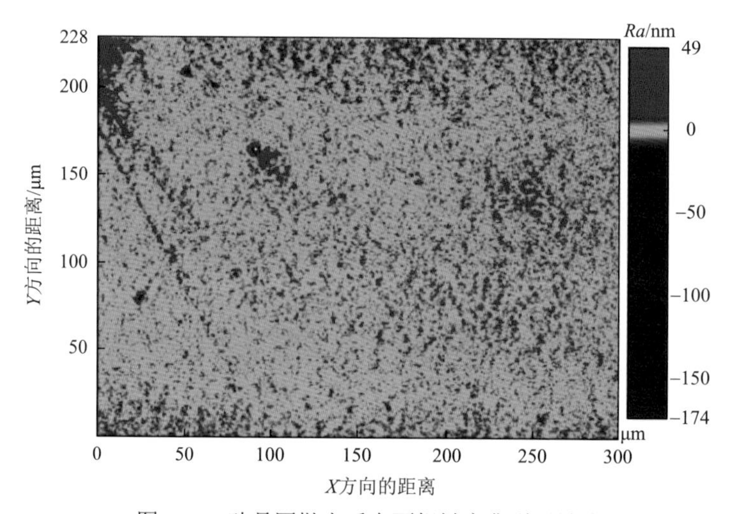

图 3.57　硅晶圆抛光后表面粗糙度典型测量结果

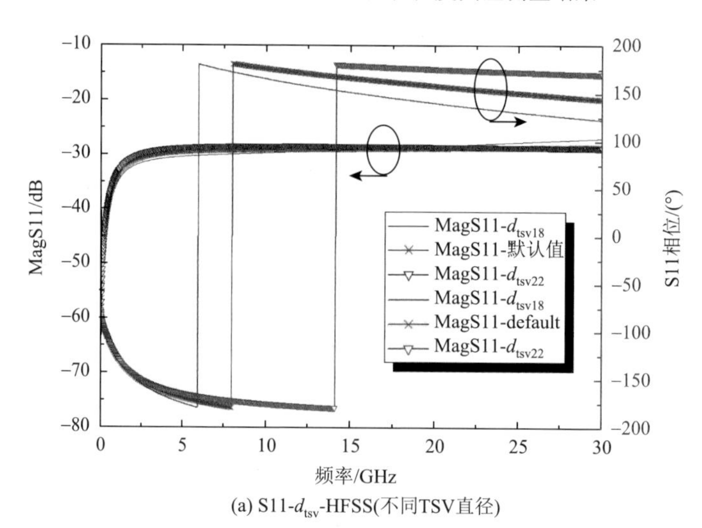

(a) S11-d_{tsv}-HFSS(不同TSV直径)

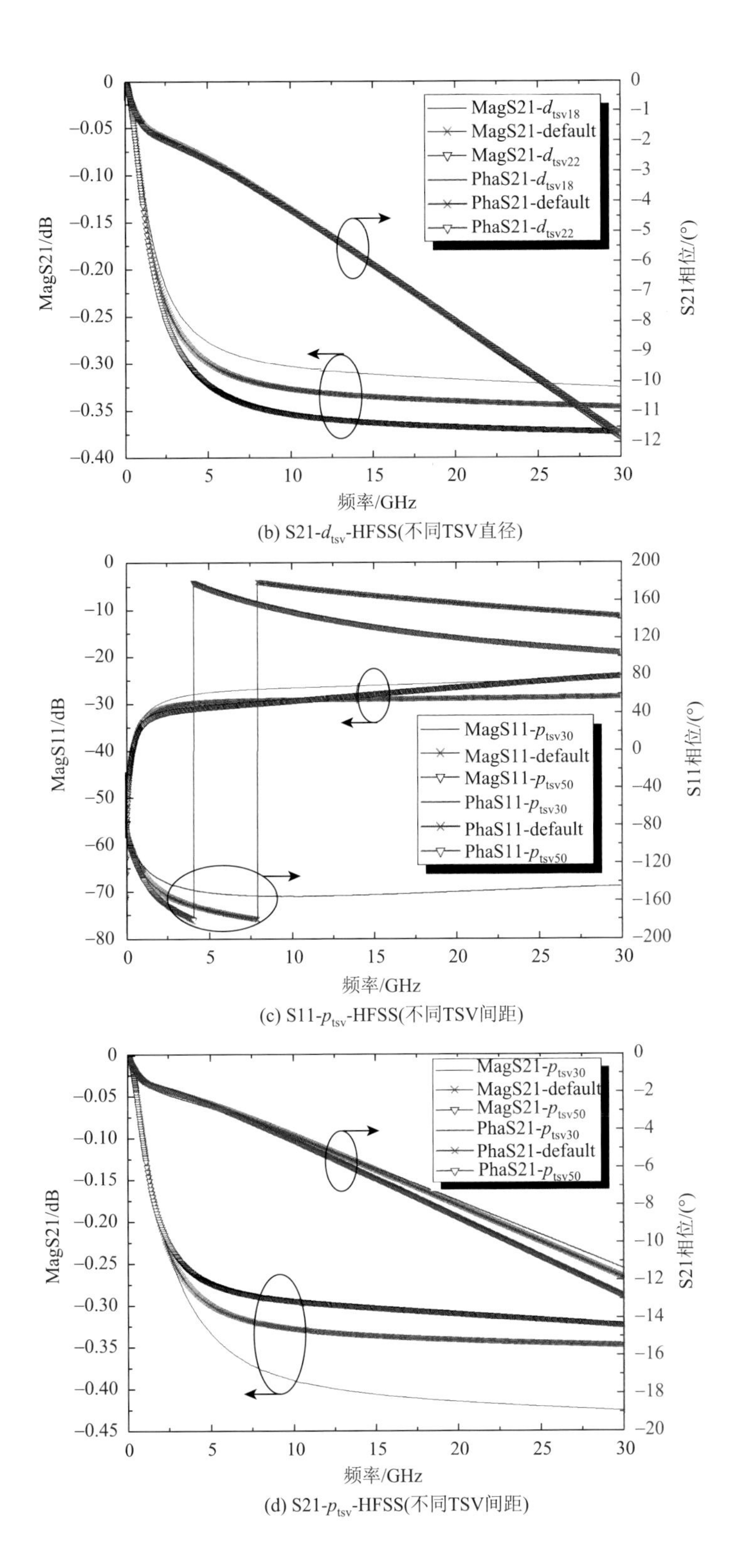

(b) S21-d_{tsv}-HFSS(不同TSV直径)

(c) S11-p_{tsv}-HFSS(不同TSV间距)

(d) S21-p_{tsv}-HFSS(不同TSV间距)

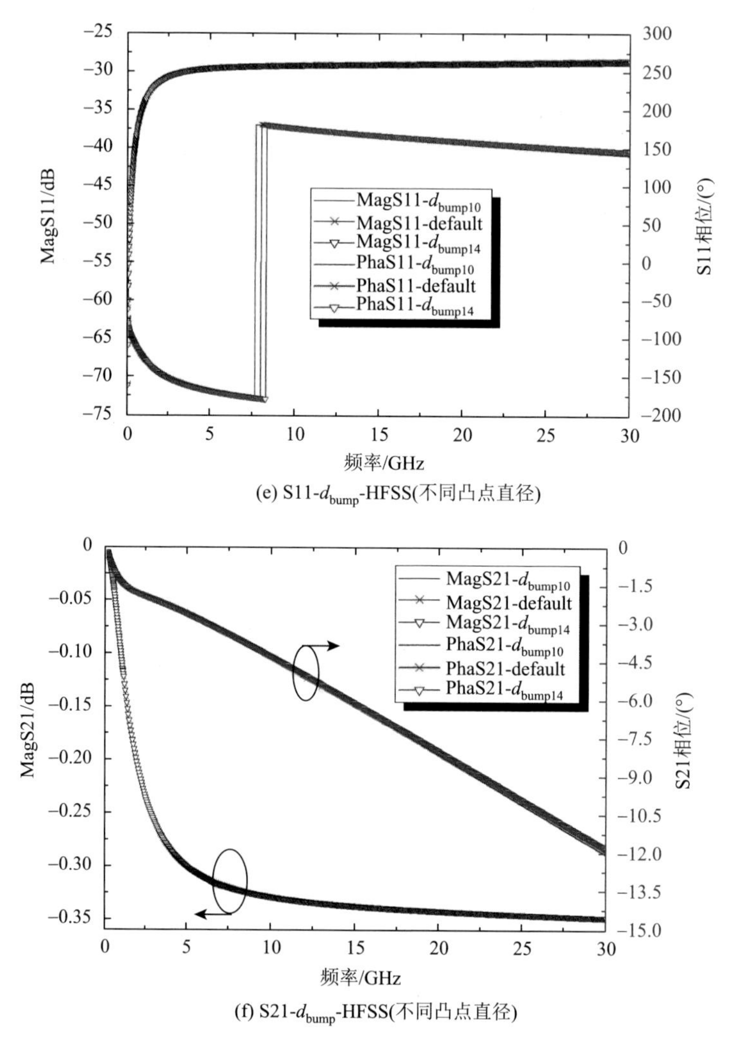

(e) S11-d_{bump}-HFSS(不同凸点直径)

(f) S21-d_{bump}-HFSS(不同凸点直径)

图 4.39　HFSS 仿真 GS-TSV 传输特性随 TSV 直径 d_{tsv}、TSV 间距 p_{tsv}、凸点直径 d_{bump} 的变化

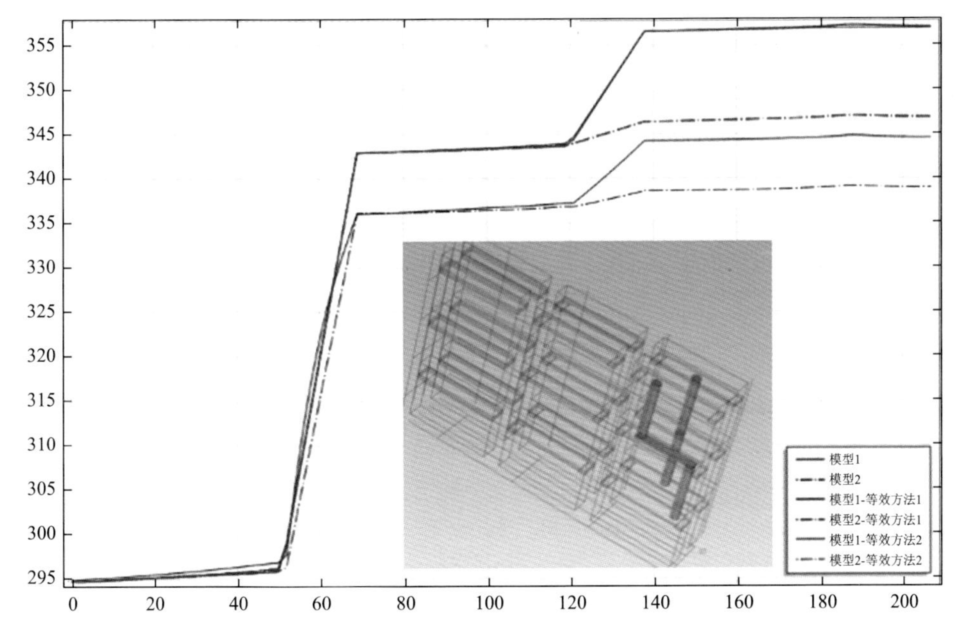

图 5.10　等效热导率计算结果与实际仿真结果的对比

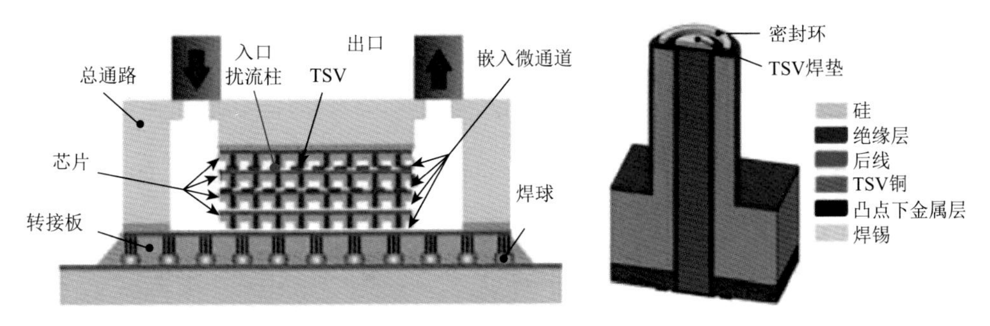

图 5.13　3D IC 封装系统近距离层间冷却的结构示意图

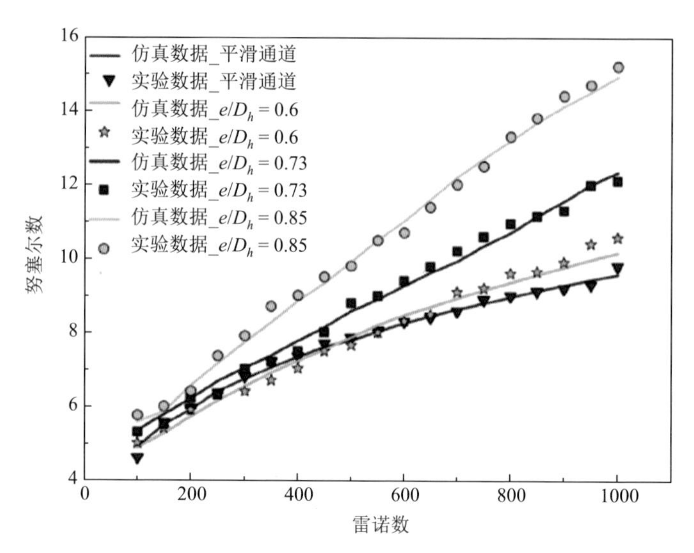

图 5.41　不同相对肋片高度下，平滑通道与包含肋片和凹槽结构通道内努塞尔数随雷诺数的变化曲线

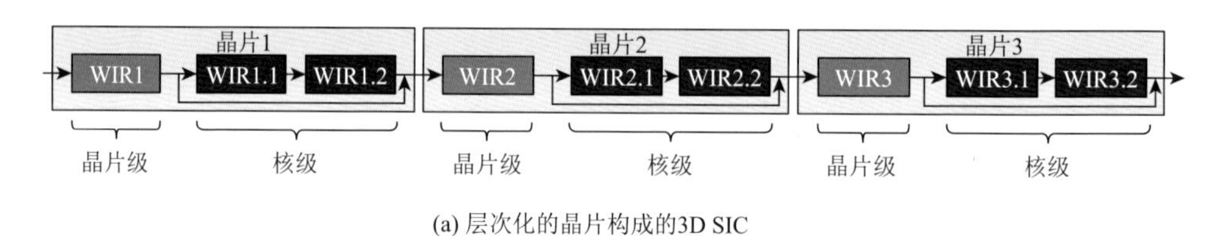

(a) 层次化的晶片构成的3D SIC

(b) 内嵌芯核的串行TAM及其测试控制

图 6.29　层次化的晶片构成的 3D SIC 的测试方案 [22]

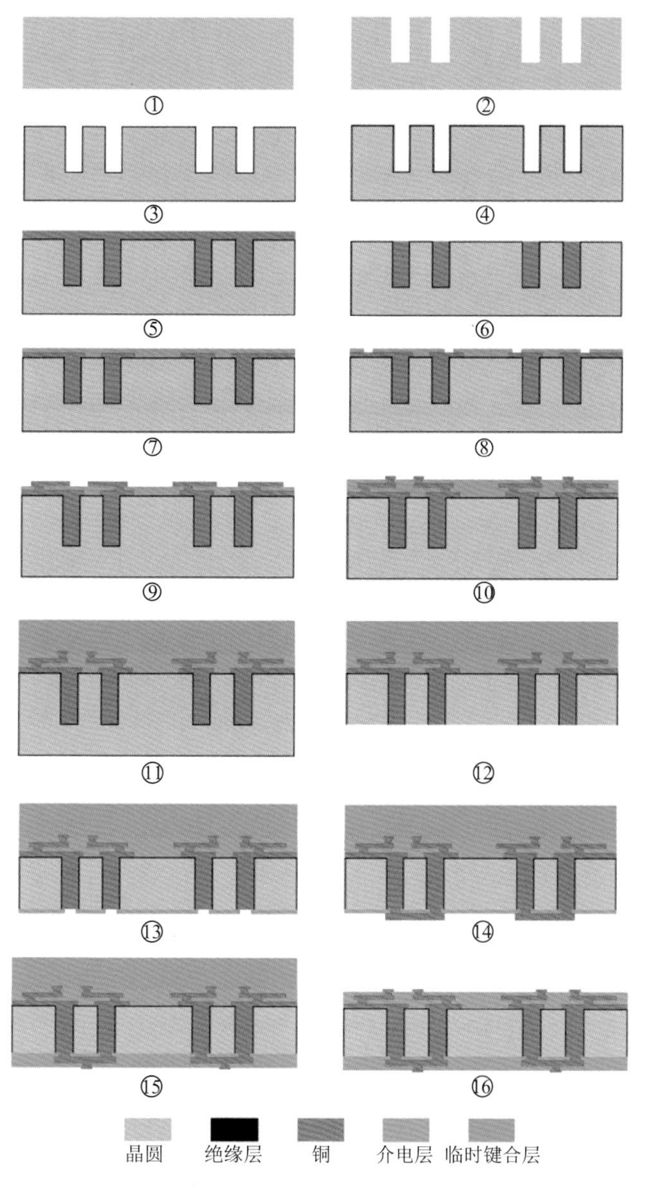

图 7.1　TSV 转接板工艺流程图

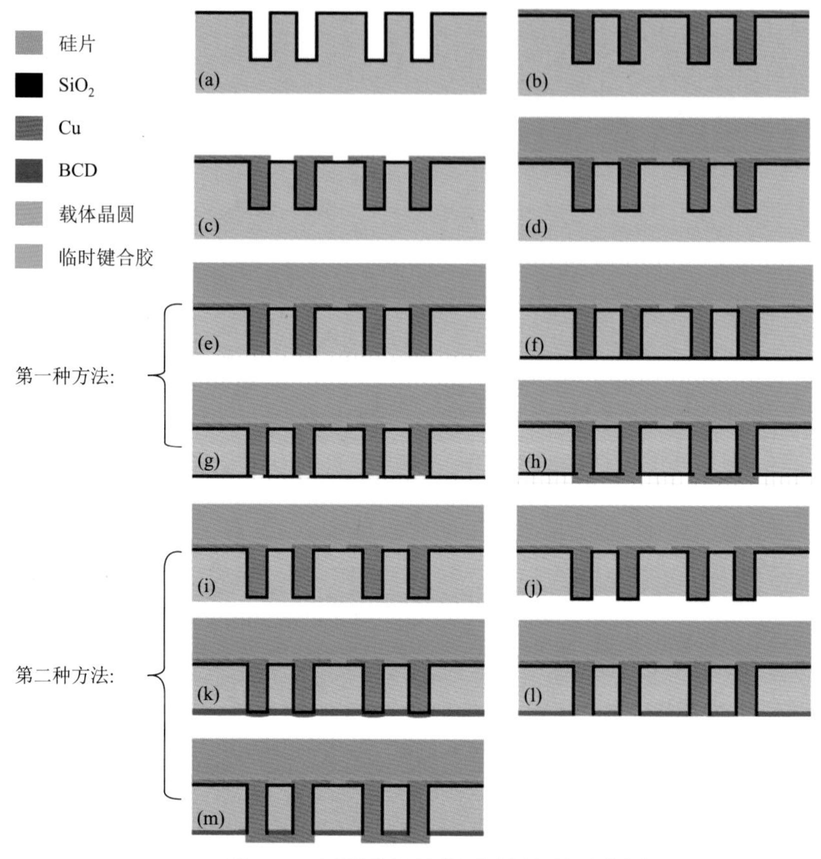

图 7.12　两种常用的背面露铜方法示意图

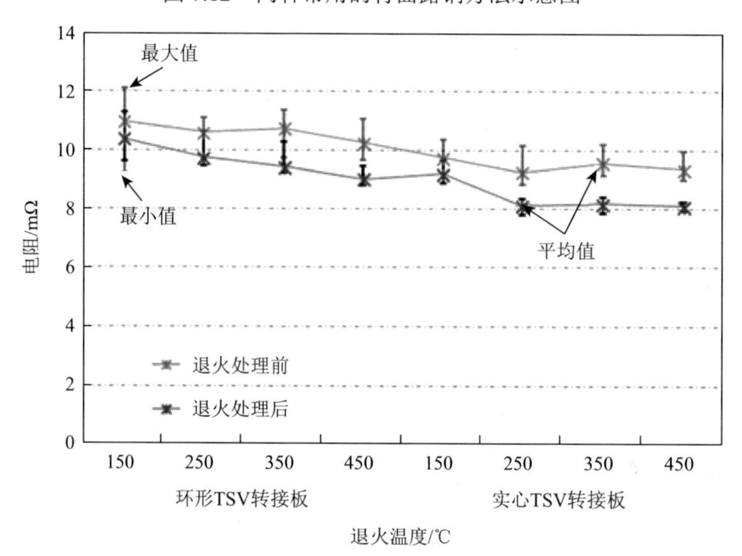

图 7.19　退火前后所测试的开尔文结构中单个 TSV 的电阻分布统计图